U0227691

水科学前沿丛书

黄河泥沙资源利用
关键技术与应用

江恩慧　宋万增　曹永涛　蒋思奇　刘　慧

郜国明　王远见　李贵勋　岳瑜素　吴国英　　著

科学出版社

北　京

内 容 简 介

本书站位国家生态安全和科学治黄的战略高度,将解决黄河泥沙淤积问题和区域社会经济发展对泥沙资源巨大需求有机结合,采用系统调研-理论探索-技术研发-精细设计-应用示范的研究思路,取得了泥沙处理与资源利用普适性强、理论创新突出、技术装备领先的"测-取-输-用-评"全链条技术体系,构建了黄河泥沙处理与资源利用整体架构,研发了深水水下低扰动取样技术与装备,提出了水库泥沙处理与资源利用模式、泥沙固结胶凝配合比通用设计方法和非水泥基黄河泥沙胶凝技术、利用黄河泥沙制作人工防汛石材规模化生产技术与装备、利用黄河泥沙改良中低产田技术和充填煤矿开采技术等。首次从经济、社会、生态环境三个维度,构建了黄河泥沙资源利用综合效益评价指标体系和评价模型,建立了黄河泥沙资源利用运行机制框架和产业化运行模式。编制的《胶结泥沙人工防汛石材》团体标准颁布实施。

本书能为读者系统地了解黄河泥沙资源利用相关知识、技术应用和政策制定提供帮助,可供政府决策、水库管理等部门及相关技术人员和大中专院校师生参考。

图书在版编目(CIP)数据

黄河泥沙资源利用关键技术与应用 / 江恩慧等著. —北京:科学出版社,2019.11

(水科学前沿丛书)

ISBN 978-7-03-062726-1

Ⅰ. ①黄… Ⅱ. ①江… Ⅲ. ①黄河－河流泥沙－资源利用－研究

Ⅳ. ①TV152

中国版本图书馆 CIP 数据核字(2019)第 226668 号

责任编辑:杨帅英 张力群 / 责任校对:何艳萍
责任印制:肖 兴 / 封面设计:图阅社

科 学 出 版 社 出版

北京东黄城根北街 16 号
邮政编码:100717
http://www.sciencep.com

北京通州皇家印刷厂 印刷

科学出版社发行 各地新华书店经销
*

2019 年 11 月第 一 版 开本:787×1092 1/16
2019 年 11 月第一次印刷 印张:26
字数:595 000

定价:198.00 元

(如有印装质量问题,我社负责调换)

《水科学前沿丛书》出版说明

随着全球人口持续增加和自然环境不断恶化，实现人与自然和谐相处的压力与日俱增，水资源需求与供给之间的矛盾不断加剧。受气候变化和人类活动的双重影响，与水有关的突发性事件也日趋严重。这些问题的出现引起了国际社会对水科学研究的高度重视。

在我国，水科学研究一直是基础研究计划关注的重点。经过科学家们的不懈努力，我国在水科学研究方面取得了重大进展，并在国际上占据了相当地位。为展示相关研究成果、促进学科发展，迫切需要我们对过去几十年国内外水科学不同分支领域取得的研究成果进行系统性的梳理。有鉴于此，科学出版社与北京师范大学共同发起，联合国内重点高等院校与中国科学院知名中青年水科学专家组成学术团队，策划出版《水科学前沿丛书》。

丛书将紧扣水科学前沿问题，对相关研究成果加以凝练与集成，力求汇集相关领域最新的研究成果和发展动态。丛书拟包含基础理论方面的新观点、新学说，工程应用方面的新实践、新进展和研究技术方法的新突破等。丛书将涵盖水力学、水文学、水资源、泥沙科学、地下水、水环境、水生态、土壤侵蚀、农田水利及水力发电等多个学科领域的优秀国家级科研项目或国际合作重大项目的成果，对水科学研究的基础性、战略性和前瞻性等方面的问题皆有涉及。

为保证本丛书能够体现我国水科学研究水平，经得起同行和时间检验，组织了国内多名院士和知名专家组成丛书编委会，他们皆为国内水科学相关领域研究的领军人物，对各自的分支学科当前的发展动态和未来的发展趋势有诸多独到见解和前瞻思考。

我们相信，通过丛书编委会、编著者和科学出版社的通力合作，会有大批代表当前我国水科学相关领域最优秀科学研究成果和工程管理水平的著作面世，为广大水科学研究者洞悉学科发展规律、了解前沿领域和重点方向发挥积极作用，为推动我国水科学研究和水管理做出应有的贡献。

刘昌明

2012 年 9 月

序 一

黄河因"水少沙多、水沙关系不协调"而成为世界上最复杂、最难治理的河流。泥沙淤积一直是保障黄河河道防洪安全、水库有效库容长久维持、灌区灌溉工程安全运行的关键性技术难题。中华人民共和国成立以来,党和政府高度重视黄河的治理,众多科技工作者围绕黄河泥沙处理与利用问题一直孜孜不倦地进行着研究和实践,逐步提出和实施了"拦、排、放、调、挖"黄河泥沙综合治理战略措施,确保了黄河安澜 70 年。但是,随着经济社会发展对黄河水资源需求的日益增加,突出的泥沙问题使黄河严峻的水资源形势日益严峻,水资源的严重短缺进一步凸显黄河泥沙问题。

进入 21 世纪,随着黄河调水调沙工程实践的不断优化与推进,人们意识到单纯靠水保、水力措施解决黄河泥沙问题是不够的。与此同时,科学技术的进步和经济社会发展需求的增加,使人们认识到泥沙资源利用具有广阔的市场前景和巨大潜力,泥沙资源利用是真正有效减少黄河泥沙的根本措施,是解决黄河泥沙问题的有效途径之一。基于河流健康、生态安全、经济社会发展有机协同与耦合的黄河泥沙资源高效利用,是"拦、排、调、放、挖"黄河泥沙治理基本思路的延展与基本落脚点,是实现黄河长治久安的重要手段之一。

水利部、黄河水利委员会及黄河下游两岸的河南省与山东省政府都高度重视黄河泥沙处理与资源利用工作。2006 年 12 月黄河水利委员会组织召开的"黄河小浪底水库泥沙处理关键技术及装备"研讨会,拉开了 21 世纪黄河泥沙资源利用研究的序幕。2011 年黄河水利委员会又将黄河泥沙资源利用作为一个重大问题提出,进而在2012 年的全河工作会议上,将黄河泥沙资源利用专题研究和规划工作作为亟待开展的十大重要课题之一,并依托黄河水利科学研究院,成立了"黄河泥沙处理与资源利用工程技术研究中心"。中心主任江恩慧同志带领整个研究团队,基于黄河泥沙资源利用的重大意义和存在的问题,按照黄河水利委员会的部署,自 2007 年开始,通过科技部研发专项、水利部公益性行业科研专项经费项目、水利部科技推广项目、黄河水利委员会防汛项目、小浪底建设管理局科研专项、中国保护黄河基金会研究项目等,对黄河深水水库泥沙取样技术、深水水库泥沙处理技术、管道输沙技术、泥沙资源利用技术与装备等进行了持续研究,取得了一系列创新性成果,基本形成了"测-取-输-用-评"黄河泥沙资源利用全链条技术,为黄河泥沙的大规模资源利用奠定了基础。

该书是作者 10 余年研究成果的总结。全书在理论层面揭示了非水泥基黄河泥沙固结胶凝机理,构建了黄河泥沙资源利用综合效益评价指标体系和评价模型,在技术层面研发改进了深水水下低扰动取样技术与装备、构建了黄河泥沙处理与资源利用整体架构、提出了水库泥沙处理与资源利用有机结合技术、泥沙固结胶凝配合比通用设计方法和非水泥基的黄河泥沙胶凝技术、利用黄河泥沙制作人工防汛石材规模化生产技术及成套装备、利用黄河泥沙膏体充填煤矿开采技术，在运行机制与技术标准层面建立了黄河泥沙资源利用运行机制框架和产业化运行模式、编写了黄河泥沙资源转型利用技术标准等。

　　这是一本凝结了作者多年艰辛研究心血的好书，为黄河泥沙处理与资源利用提供了强力的技术支撑，值得推荐。希望今后在不断总结实践经验的基础上，为研究黄河泥沙的资源利用做出更大的贡献。

高安泽

2018 年 10 月

序 二

黄河难治，根本症结在于泥沙。历史上，黄河三年两决口、百年一次大改道也归因于泥沙淤积。1946 年人民治黄以来，治黄方略经历了从"上拦下排""拦、排、放"到"拦、排、调、放、挖"多举措综合处理泥沙的演变过程，取得了黄河下游 70 余年伏秋大汛不决口的巨大成就。长期以来，在黄河治理的实践中，人们对泥沙处理的理念，其着眼点是以泥沙的"灾害性"为前提的，对待泥沙的态度以被动的泥沙处理为主，社会公众参与度低，泥沙的资源性和经济价值难以体现。事实上，黄河泥沙作为一种资源，与黄河有着同样悠久的历史，从黄淮海平原的诞生到黄河大堤加高加固、二级悬河治理、滩区群众淤筑村台、供水引沙、放淤改土等，无一不体现着黄河泥沙资源利用的民生效益、生态效益和社会经济效益。

进入 21 世纪，随着经济社会的发展和技术的进步，在国家生态文明和乡村振兴等战略指引下，随着生态环境保护措施力度的进一步加强、城市与乡村基础设施建设步伐的进一步加快，泥沙作为一种可利用资源已被越来越多的人认识、接纳和重视，黄河泥沙的资源属性和经济价值逐渐显现。黄河下游所处的河南中原经济区、山东半岛蓝色海洋经济区和黄河三角洲高效生态经济区是国家经济发展战略的重要区域，正处于高速发展阶段，各种基础性建设和产业发展迅速，对建筑材料及其他工程材料的需求日益增加，亟需大量泥沙类原材料。随着烧结黏土砖的禁用和禁止开山采石，使保障黄河防洪安全的基本料物——防汛石材已经到了无石可买的地步，沿黄人民基本生活保障住房建设所需的基础建材（砖、沙）价格高到了地方政府无法接受的状态，社会各方面对黄河泥沙转化为可利用资源的需求逐年加大。

由于以往对黄河泥沙资源利用技术重视不够，系统研究严重缺乏，因而要大规模推动黄河泥沙的广泛利用，还存在开发利用无序可循、无规可依、水库泥沙处理与资源利用有机结合的成套技术和运行机制缺乏、直接利用技术简单、转型利用的基础研究难以支撑技术研发需要等问题，严重制约着黄河泥沙资源规模化利用的进程。鉴于泥沙资源利用在黄河治理、沿黄经济社会发展方面的重要作用，水利部、黄河水利委员会高度重视相关研究工作。自 2006 年以来，通过水利部公益性行业科研专项、水利部技术示范项目、中国保护黄河基金会研究项目等 20 余项重大项目的资助，黄河水利科学研究院联合有关单位，开展了黄河泥沙处理与资源利用技术的系统研究。2012 年黄河水利委员会依托黄河水利科学研究院成立了"黄河泥沙处理与资源利用工程技术研究中心"，分别在河南孟州市、山西垣曲县小浪底库区、新疆哈密巴里坤县小柳沟水库和塔里木河流域管理局等地建立了"泥沙处理与资源利用工程技术示范基地"。研究团队提出的"水库泥沙处理与资源利用"理念得到国际、国内学界广泛认同。10 余年来，在国际国内会议上就相关研究成果应邀做了近 20 次特邀报告，大大推动了泥沙资源利用技术的发展。2011 年 6 月在瑞士卢塞恩国际大坝学会年会上，国际大坝学会水库泥沙专业委员会主席江恩慧教授提议并经专委会委员讨论确定近期专委会关注的议题为"水库泥沙处理与资源利用"。

在习近平总书记新时期治水十六字方针指引下，我国生态治理战略正稳步推进，为黄河泥沙资源利用提供了良好契机。该书作者坚持多年的持续研究，在黄河泥沙处理与资源利用的理论、技术、装备、标准与运行机制等层面，取得了突破，形成了"测-取-输-用-评"黄河泥沙资源利用全链条技术，对黄河泥沙资源利用起到了技术示范和引导作用。作为上述 10 余年研究成果的总结与凝练，该书的出版及相关技术的推广，将为发挥黄河泥沙的资源优势，彰显黄河泥沙利用的社会效益和经济效益，引导更广泛的社会力量参与，控制黄河泥沙资源利用风险，有效减轻黄河泥沙淤积，维护黄河健康生命、促进流域人水和谐和黄河长治久安，提供有力的科技支撑。

2018 年 10 月

前　言

黄河是世界上最为著名的多沙河流，因"水少沙多、水沙关系不协调"而成为世界上最为复杂、最难治理的河流。突出的泥沙问题使黄河严峻的水资源形势更加严峻，水资源的严重短缺又进一步凸显黄河泥沙问题。泥沙淤积一直是困扰河道防洪安全、水库有效库容长久维持、灌区安全运行的关键性技术难题。因此，泥沙问题始终是黄河治理开发、保护与管理要面对的首要问题，给泥沙以出路是解决黄河泥沙问题的关键。

人民治黄以来，以王化云为代表的一代代治黄人在不断发展和总结的基础上，逐步形成了"拦、排、调、放、挖"处理和利用泥沙的基本策略，但其着眼点更多体现的是为了处理泥沙而被动的利用。更重要的是，由于没有一套切实可行、可供广泛推广的利用技术和良性运行机制，黄河泥沙的资源利用长期停滞在小规模的量级与成效上；同时也因为缺乏一套科学的泥沙资源利用综合效益评价指标体系和评价方法，无法向国家、地方政府、公众、企业等相关各方阐明黄河泥沙资源规模化利用的必要性、规模化利用的倍增效应。因而，社会公众参与度低，经济价值较难体现，国家和地方政府更无人下决心推进、建立一个长久的泥沙处理与利用有机结合的良性运行体制与机制。

进入 21 世纪后，随着经济社会的发展，泥沙的资源属性和经济价值逐渐显现，泥沙资源利用成为解决黄河泥沙问题的有效途径之一，具有巨大的社会经济生态效益。近十几年来，在水利部、黄河水利委员会（以下简称黄委）的大力支持下，黄河水利科学研究院（以下简称黄科院）围绕黄河泥沙处理与资源利用持续开展研究，取得了一定成效，为黄河泥沙利用打下了坚实基础。但是，要大规模推动黄河泥沙资源的广泛利用，还存在泥沙资源利用方向和途径不明确、开发利用无序可循、成套技术和设备缺乏、转型利用成本高、综合效益评价方法缺失等瓶颈问题。

基于此，自 2006 年开始，黄科院在水利部公益性行业科研专项等一系列项目资助下，逐步开展了黄河泥沙处理与资源利用关键技术研究工作，并受黄委党组指派江恩慧牵头于 2011 年 1 月完成了"黄河泥沙处理与资源利用总体架构设计"（黄委党组提出的黄河十大自然规律、十大关键技术问题和十大经济生态等 30 个问题研究之一）。在此框架下，黄科院联合河南黄河河务局、大连理工大学、清华大学等多家单位 100 余位科研人员持续 10 余年持续攻关，取得了系统的研究成果，形成了黄河泥沙处理与资源利用"测-取-输-用-评"全链条技术。主要创新性成果如下。

在理论层面，阐明了黄河泥沙"解构-重构-凝聚-结晶"非水泥基激发胶凝过程，首次发现了泥沙本身具有可直接激发的火山灰活性；系统揭示了直接激发黄河泥沙、单项激发黄河泥沙+掺合料、复合激发黄河泥沙+掺合料固结胶凝机理，通过系列配合比对比试验研究，发现了三种激发剂 [$Ca(OH)_2$、$NaOH$、$CaSO_4 \cdot 2H_2O$] 复合激发黄河泥沙可使早期生成大量稳定胶凝结构体,大幅度提高黄河泥沙胶凝试块早期强度。不仅使人工防汛石材非水泥基固结胶凝理论取得突破,也为非水泥基固结胶凝技术的提高奠定了理论基础。引入系统理论,基于全面性、代表性、时效性及空间差异性原则,首次从经济、社会、生态环境三个维度,提出了黄河泥沙资源利用综合效益双层三维评价指标体系;应用工程经济学、生态经济学、能值理论等,确定了7项具体指标的定量计算方法,构建了黄河泥沙资源利用综合效益评价模型,突破了现有水利经济效益评价方法单一维度的局限性,为全面客观评价泥沙资源利用效益、更广泛的吸引社会力量参与黄河泥沙资源利用提供科学依据,体现了黄河泥沙资源规模化利用的倍增效应。

在技术层面,强化"以河治河"和系统治理的新理念,在详细调查沿黄地区对泥沙资源的需求和不同河段泥沙物化特性分析基础上,量化了不同河段可利用泥沙资源量和不同利用方向的利用潜力,构建了黄河泥沙处理与资源利用整体架构;为实现黄河泥沙资源的有序利用和规模化、标准化、系列化利用,发挥了有效的指导作用。借鉴深海沉积物保真取样原理,研发改进了机械传动环节、控制爪簧,改进了取样刀头、取样密封件及取样管等,集成了一套水下深层泥沙低扰动取样技术与设备,解决了其他设备取样深度浅、样品扰动大等关键问题,提高了水下深层泥沙低扰动取样技术。提出了水库泥沙处理与资源利用有机结合的"抽取-输送-利用"链式技术,确定了水库泥沙处理的长距离输送最优输沙浓度 $400\sim600\text{kg/m}^3$ 和管线敷设适宜坡度 $6°\sim8°$,西霞院水库的示范应用检验了水库泥沙处理与资源利用有机结合的流畅性。提出了泥沙固结胶凝配合比通用设计方法,研发了非水泥基的黄河泥沙胶凝技术,设计了细度模数低至 0.001 的全级配免分选黄河泥沙、不同掺合料、不同激发方式、不同强度等级的人工防汛石材系列配合比,其抗冻性和抗冲磨性完全满足生产要求。研制了人工防汛石材振动挤压耦合成型机,集成了一套利用黄河泥沙制造人工防汛石材规模化生产成套技术与装备和移动式人工防汛石材生产工艺,两种生产方式可灵活布局,相互补充。研发了利用河道泥沙改良中低产田技术和煤矿充填开采技术。

在运行机制与技术标准层面,系统研究了黄河泥沙资源利用产业化的动力机制、运行机制和约束机制,提出了黄河泥沙资源利用运行机制框架;分别提出了社会资本和黄河河务局下属企业参与的"财政投入+政府引导"产业化运行模式和"PPP融资+企业经营"的运营方案,突破了黄河泥沙资源利用难以规模化、标准化、市场化运行的瓶颈问题。制定了中国水利学会《胶结泥沙人工防汛石材》技术团体标准和《黄河泥沙胶结蒸养砖》和《全自动振动挤压耦合成型机》等企业标准,填补了利用黄河泥沙制作人工防汛石材技术和设备标准的空白,为人工防汛石材和黄河泥沙胶结蒸养砖的广泛推广提供了技术标准。

目　　录

第1章 绪 论

黄河是世界上著名的多沙河流，因"水少沙多、水沙关系不协调"而成为世界上最为复杂、最难治理的河流。突出的泥沙问题使黄河严峻的水资源形势更加严峻，水资源的严重短缺又进一步凸显黄河泥沙问题。泥沙淤积一直是困扰河道防洪安全、水库有效库容长久维持、灌区安全运行的关键性技术难题。实际上，给泥沙以出路是解决黄河泥沙问题的基本思路，泥沙资源利用是有效减少入黄泥沙的根本措施，是解决黄河泥沙问题的有效途径。基于河流健康、生态安全、经济社会发展协同运行的黄河泥沙资源高效利用，是"拦、排、调、放、挖"黄河泥沙治理基本思路的延展与落脚点，是实现黄河长治久安的重要手段之一。

中华人民共和国成立以来，党和政府高度重视黄河的治理，治黄人围绕黄河泥沙处理、利用问题一直孜孜不倦地进行着研究和实践，逐步提出和实施了"拦、排、调、放、挖"黄河泥沙综合治理战略措施，确保了黄河的安全。泥沙问题的解决有赖于河道泥沙淤积的减少。减少泥沙淤积的途径一是从源头上减少，即减少流域水土流失；二是通过如放淤、调水调沙、泥沙利用等人工干预措施直接减轻河道的沙量负担。从"上拦下排""拦、排、放"相结合到"拦、排、调、放、挖"多项措施并举的黄河泥沙处理思想，大多是以泥沙"灾害性"为前提的，对待泥沙的态度多以被动的泥沙处理为主，社会公众参与度低，经济价值难以体现。但是，黄河泥沙作为一种资源和黄河有着同样悠久的历史，从黄淮海平原及山东省东营市的诞生到黄河的大堤加固、二级悬河治理、淤筑村台、供水引沙、放淤改土，以及黄河泥沙高附加值制品的出现，无一不体现着黄河泥沙资源利用的民生效益、生态效益和社会经济效益。

进入21世纪，随着经济社会的发展和技术的进步，在生态文明和乡村振兴等国家战略指引下，生态环境保护措施和力度进一步加强，城市与乡村基础设施建设步伐进一步加快，泥沙作为一种可利用资源更是被人们认识、接纳和重视，黄河泥沙的资源属性和经济价值逐渐显现。黄河下游所处的河南中原经济区、山东半岛蓝色海洋经济区和黄河三角洲高效生态经济区是国家经济发展战略的重要区域，正处于高速发展阶段，各种基础性建设和产业发展迅速，对建筑材料及其他工程材料的需求日益增多，亟需大量泥沙类原材料。随着烧结黏土砖的禁用和禁止开山采石，使保障黄河防洪安全的基本料物——防汛石材已经到了无石可买的地步，沿黄城乡人民基本生活保障住房的建设所需基础建材（砖、沙）价格高到了地方政府无法接受的状态，社会各方面对黄河泥沙转化为可利用资源的需求逐年加大。泥沙资源利用既满足经济社会发展的需求，又有利于保护生态环境，具有巨大的社会、经济、生态效益。

但是，由于以往对黄河泥沙资源利用技术重视不够，系统化的研究严重缺乏，因而要大规模推动黄河泥沙的广泛利用，还存在以下主要问题。

（1）适应黄河深水水库和河道泥沙淤积特点的深层低扰动取样技术与装备至今无人

开展针对性的研发，也无人系统地开展黄河泥沙资源调研与分析，使得黄河泥沙作为资源开发时的物化特性、空间分布情况不明朗，资源利用的方向和途径不明确，社会资本投入处于迷茫状态，黄河泥沙资源的开发利用无序可循、无规可依。

（2）黄河干支流水库泥沙现有的处理方式，主要采用水力调节排沙措施。在水库运用初期，多以异重流排沙为主，这种排沙方式，如果调度不当，在异重流排沙期，下游河道易出现洪峰增值现象，给防洪安全带来极大威胁；水库进入正常运用期，排沙多以降水冲刷为主，这种排沙方式，往往会将沉积在库底的粗泥沙排往下游河道，使下游河道出现 20 世纪 90 年代河槽快速萎缩、排洪能力极度下降的险恶局面。因而，目前水库泥沙处理存在的主要问题是水库泥沙处理与资源利用有机结合的成套技术缺乏，水库淤积与库容恢复一直是科技界和社会高度关注的技术难题。

（3）泥沙资源的直接利用技术简单，社会需求量极大，目前存在的主要问题是规范化的开采技术与方式、科学的管理与运行机制缺乏，同时也不符合国家环保要求。泥沙资源的转型利用技术国内外都有不少研究成果，但存在的主要问题除运用机制和运营模式缺乏之外，还有转型利用的基础研究难以支撑技术研发需要，使得泥沙产品的成本较高、成品率较低，成型工艺不能满足生产实践要求，社会上还没有满足泥沙资源转型利用的规模化、标准化、系列化生产设备，因而导致相关研究成果长期处于实验室研究和试验阶段。

（4）泥沙资源利用作为泥沙进入黄河河道以后最有效的处理措施之一，对黄河防洪安全、生态环境保护和经济社会发展等综合效益巨大，然而至今没有一套科学的评价方法和评价模型，现有的水利经济评价方法根本无法彰显黄河泥沙资源规模化利用以后的现实和长远效应，国家和流域机构无法向社会公众推介和展示黄河泥沙资源利用的直接经济价值和长远的国家安全、防洪安全、生态安全、粮食安全等综合效益，加之良性运行机制和运行模式、泥沙产品的规范标准的缺失，直接导致无法正确引导社会资本和公众合理、合法、合规的参与其中。

总之，由于上述技术和运行机制等问题的存在，使黄河泥沙资源的利用受到较大约束，长期停滞在小规模的量级上，同时，也因为缺乏一套科学的泥沙资源利用综合效益评价指标体系和评价方法，无人能告诉国家、公众、企业等相关各方，黄河泥沙规模化利用的必要性和规模化利用的倍增效应，因而社会公众参与度低，经济价值较难体现，更无人下决心去建立一个长久的泥沙处理与利用有机结合的良性运行体制。

随着黄河调水调沙工程实践的不断优化与推进，人们意识到纯粹靠水力措施解决水库泥沙淤积问题是不现实的。因此，以 2006 年 12 月黄委组织召开的"黄河小浪底水库泥沙处理关键技术及装备"研讨会为标志，开始逐步将泥沙处理与资源利用提到了空前高度。此后，水利部、黄委、河南省与山东省政府都高度重视黄河泥沙资源利用工作。基于黄河泥沙资源利用的重大意义和存在的问题，自 2007 年开始，通过科技部研发专项、水利部公益性行业科研专项经费项目、水利部科技推广项目、黄河防汛项目、小浪底建设管理局科研专项、中国保护黄河基金会研究项目等，对黄河深水水库泥沙保真取样技术、深水水库泥沙处理技术、管道输沙技术、泥沙资源利用技术与装备等研究开发，予以持续资助。在此基础上，2011 年黄委将黄河泥沙资源利用作为治黄重大问题提出，2012 年全河工作会议明确要求把黄河泥沙资源利用专题研究和规划工作作为亟待开展的十大关键技术问题之一（黄河十大自然规律、十大关键技术问题和十大经济生态），并责成黄科院主持编写课题研究顶层设计。2012年河南省省长郭庚茂，针对九三学社河南省委员会提出的《开拓黄河泥沙资源化利用，服务经济社会持续性发展》的提案（该提案由黄科院的张俊华委员递交），批示有关部门抓紧开展调查研究；在政协第十二届全国委员会第一次会议上，张亚忠①委员提出了《关于加强黄河泥沙资源化利用的提案》（第0985号），进一步提出了包括尽快制订黄河泥沙资源利用系统规划、加强黄河泥沙资源利用管理等4项建议。

黄河泥沙淤积问题亟待多种措施协同解决，沉睡的黄河泥沙资源亟待规范化开发。2012年7月，黄委会依托黄科院，成立了"黄河泥沙处理与资源利用工程技术研究中心"，黄河泥沙资源利用技术研究得到了进一步加强。2013年先后启动了水利部公益性行业科研专项经费项目"深水库区底泥水下综合探测关键技术与示范"（编号：201301024）、"高含沙水流远距离管道输送技术试验研究"（编号：201301063）等多个项目的研究工作。2015年黄科院又组织实施了水利部公益性行业科研专项经费项目"黄河泥沙资源利用成套技术研发与示范"（编号：201501003），在多年持续研究成果的基础上，将泥沙资源利用的工作推向了工程实践，走出了实验室。

多年的持续研究，取得一系列科技成果，形成了"测-取-输-用-评"黄河泥沙资源利用全链条技术，对黄河泥沙资源利用起到了技术示范和引导作用，达到了控制黄河泥沙资源利用的风险、发挥黄河泥沙的资源优势、彰显黄河泥沙利用的社会效益和经济效益、引导更广泛的社会力量参与其中、有效减轻黄河泥沙淤积、促进黄河长治久安的目标，其主要创新如下。

1. 理论层面

基于材料学原理，阐明了黄河泥沙"解构-重构-凝聚-结晶"非水泥基激发胶凝过程，首次发现了泥沙本身具有可直接激发的火山灰活性；系统揭示了直接激发黄河泥沙、单项激发黄河泥沙+掺合料、复合激发黄河泥沙+掺合料固结胶凝机理；通过系列配合比对比试验研究，发现了三种激发剂 $[Ca(OH)_2$、$NaOH$、$CaSO_4·2H_2O]$ 复合激发黄河泥沙可在早期生成大量稳定胶凝结构体，大幅度提高黄河泥沙胶凝试块早期强度。不仅使人工防汛石材非水泥基固结胶凝理论取得突破，也为非水泥基固结胶凝技术的提高奠定了理论基础；提出了泥沙固结胶凝配合比通用设计方法，研发了非水泥基黄河泥沙胶凝技术，实现了掺合料的多样化和就近就地取材，大大降低了掺合料成本；设计了细度模数低至0.001的全级配免分选黄河泥沙、不同掺合料（粉煤灰、矿粉、矿渣、炉灰）、不同激发方式、不同强度等级（5MPa、10MPa、15MPa、20MPa）人工防汛石材系列配合比，其抗冻性和抗冲磨性完全满足生产要求。

基于运筹学、统计学和水利经济学原理，引入系统理论，基于全面性、代表性、时效性、空间差异性原则，首次从经济、社会、生态环境三个维度，提出了黄河泥沙资源利用综合效益双层三维评价指标体系；应用工程经济学、生态经济学、能值理论等，确定了7项具体指标的定量计算方法，构建了黄河泥沙资源利用综合效益评价模型，突破了现有水利经济效益评价方法单一维度的局限性，为全面客观评价泥沙资源利用效益、

---

① 张亚忠. 2015. 关于加强黄河泥沙资源化利用的提案. 中国政协网.

更广泛的吸引社会力量参与黄河泥沙资源利用提供了科学依据。

2. 技术层面

　　基于工程测量和机械制造工艺等学科原理，借鉴深海沉积物保真取样技术，研发改进了机械传动环节、控制爪簧，改进了取样刀头、取样密封件、取样管等，集成了一套水下深层泥沙低扰动取样技术与设备，解决了其他设备取样深度浅、样品扰动大等关键问题，提高了水下深层泥沙保真取样技术水平，可用于探求河床以下深层泥沙的物化特性，为泥沙资源利用奠定基础。

　　随着我国生态治理战略的推进，泥沙的资源属性和经济价值逐渐凸显，强化"以河治河"新理念和系统治理黄河的科学性，在系统调查沿黄地区对泥沙资源的需求和不同河段泥沙物化特性分析基础上，量化了不同河段可利用泥沙资源量和不同利用方向的利用潜力，构建了黄河泥沙处理与资源利用整体架构；为实现黄河泥沙资源的有序利用和规模化、标准化、系列化利用提供了指导作用。

　　基于水力学、水利机械和流体力学等学科原理，综合考虑水库淤积物组成与分布、生产效率、长距离输送效率、生态环境要求，以及水库调度安全等因素，确定了水库泥沙处理的长距离输送最优输沙浓度 $400\sim600\text{kg/m}^3$ 和管线敷设适宜坡度 $6°\sim8°$，提出了水库泥沙处理与资源利用有机结合的"抽取-输送-利用"链条式技术；通过西霞院水库的示范应用，检验了水库泥沙处理与资源利用有机结合的流畅性。该项技术为有效解决水库泥沙淤积、实现水库功能的长效发挥提供了技术途径。

　　基于机械制造工艺与设备等学科原理，研发了振动挤压耦合成型技术，研制了人工防汛石材振动挤压耦合成型机，集成了一套利用黄河泥沙制造人工防汛石材规模化生产成套技术与装备；集成研发了移动式人工防汛石材生产工艺技术，解决了快速支模、拆模及切割工艺等瓶颈问题。两种生产方式可灵活布局，相互补充。建立了泥沙资源利用成套技术示范基地，并示范生产了 1500m^3 人工防汛石材；经现场试验检测，人工防汛石材各种性能指标满足设计和生产实践要求。通过水泥、粉煤灰、外加剂不同配比试验，研发了煤矿利用黄河泥沙膏体充填开采技术，确定了充填膏体的抗压强度等力学指标，流动性、保水性、黏聚性等和易性指标良好，初凝时间达 $2\sim4\text{h}$，终凝时间可缩短为 $6\sim8\text{h}$。

　　基于土壤学学科原理，通过黄河泥沙黏粒含量、黄河泥沙掺量、有机质含量、有机肥、耕作方式等不同土壤改良影响因素现场对比试验，确定了单独掺入黄河泥沙的最优掺量，提出了黄河泥沙与小鸡粪或者保水剂组合使用时的最佳配比，可使中低产田产量提高两倍以上。

3. 运行机制与技术标准层面

　　基于管理学和经济学原理，系统研究了黄河泥沙资源利用产业化的动力机制、运行机制和约束机制，提出了黄河泥沙资源利用运行机制框架；剖析了生产要素、市场需求、政府行为等对泥沙资源利用产业化的影响，分别提出了社会资本和黄河河务局下属企业参与的"财政投入+政府引导"产业化运行模式和"PPP融资+企业经营"的运营方案，突破了黄河泥沙资源利用难以规模化、标准化、市场化运行的瓶颈问题，为黄河泥沙资源利用的管理提供了决策依据。

　　根据黄河防汛工作的需要，通过 10 余年的试验验证，结合黄河防汛石材管理要求和本项目系列研究成果，制定了中国水利学会《胶结泥沙人工防汛石材》团体标准和《黄河泥沙胶结蒸养砖》和《全自动振动挤压耦合成型机》等企业标准，填补了黄河泥沙防汛石材技术和设备标准的空白，为人工防汛石材和沙砖的广泛推广应用提供了规范化依据。

第2章　黄河泥沙资源利用的战略意义

2.1　黄河泥沙处理方略的演变过程

针对黄河泥沙的处理问题，古往今来，很多专家学者开展过大量研究，提出了许多建设性的意见与方法，有些已应用于治黄实践，取得了显著成绩。中华人民共和国成立后，随着对黄河泥沙问题认识的逐步深入和泥沙处理工程实践的不断发展，特别是龙羊峡、刘家峡、三门峡、小浪底等黄河干支流大中型水库的运用，泥沙调控与处理的手段与能力也在不断升华。长期的治黄实践，黄河水利委员会逐步提出并完善了"拦、排、放、调、挖"处理与利用泥沙的综合治理措施，取得了丰硕的成效与经验。进入 21 世纪后，鉴于人们对泥沙资源属性认识的逐步提高，以及经济社会发展对泥沙资源利用的需求，2010 年完成的《黄河流域综合规划》，将以前的"拦、排、放、调、挖"修编为"拦、排、调、放、挖"，同时更加明确地提出了黄河"泥沙资源化利用"。

黄河泥沙处理与资源利用按其发展过程大体可分为以下几个阶段。

2.1.1　"蓄水拦沙"对策

中华人民共和国成立初期，治黄思想由着重于送水沙入海，转变为将水沙拦截在中上游，提出了"除害兴利、蓄水拦沙"的治河方略。依据这一方针，计划在黄河的干流上修筑二三十个大水库大电站；在较大的支流上，修筑五六百个中型水库；在小支流及大沟壑里修筑两三万个小水库；同时用农、林、牧、水结合的政策进行水土保持。把大小河流和沟壑变为衔接的、阶梯式的蓄水和拦沙库，同时利用水发展林草，利用林草和水库调节气候、分散水流，把泥沙拦在当地，使黄河由浊流变清流，使水害变水利。按此指导思想编制的《关于根治黄河水害和开发黄河水利的综合规划的报告》，在 1955 年全国一届人大二次会议上获得批准通过。

水土保持作为"蓄水拦沙"策略的关键和核心内容，20 世纪 50 年代初期即在小流域进行了综合治理试点，在渭河、泾河、无定河等地试验推广了沟垄种植、筑坝淤地等单项治理措施。1955 年《关于根治黄河水害和开发黄河水利的综合规划的报告》，又把黄河中游地区水土保持列入了国民经济建设计划。1956～1959 年，水土保持出现第一次高潮，中游支流泾河、汾河 50 年代水利措施减沙量分别占同期实测输沙量的 2.8%和 10.3%。

作为 1955 年《关于根治黄河水害和开发黄河水利的综合规划的报告》选定的第一期重点工程三门峡水库，原规划目标是以防洪为主综合利用的大型水利枢纽工程。1960 年工程建成后，由于当时对泥沙问题认识的不足，水库按照清水河流的方式进行蓄水调节运用，加之水库运用初期遭遇连续几年的高含沙大洪水，很快暴露出一系列问题：库区淤积严重，库容迅速减少，水库淤积末端上延，发展趋势严重威胁关中地区以西安为中心的工农业基地。与此同时，黄河下游河道经历了一次短时期的强烈冲刷，为减轻下游洪害创造了有利时机，但由于河道整治工程很不完善，滩地坍塌严重，工程险情增多，不但错失了良机，还造成了不利的影响。

2.1.2 "上拦下排"的泥沙处理对策

"蓄水拦沙"实践，是人类历史上首次试图从宏观上大规模改变黄河泥沙布局的一次尝试，其利用水利水保措施"蓄水拦沙"以控制黄河水沙的方向是正确的，但具体实施规划却脱离了当时社会、经济和技术的发展实际。在实践过程中，人们逐渐认识到，解决黄河的泥沙问题不能单靠"拦"，应该采取多种途径和措施进行综合治理，尤其要充分认识和利用河道自身的输沙能力；在多沙河流上修建蓄水拦沙水库，应同时在下游河道进行河道整治以稳定河势，来减轻大洪水的威胁。

1964年，"上拦下排"的治河思想得以明确，有关部门一方面在黄河中游抓紧进行"上拦"工程的试验和探索；另一方面在下游加强"下排"措施，大力恢复下游河道的防洪能力。在1962年3月三门峡水库由"蓄水拦沙"改为"滞洪排沙"运用后，及时提出了第二次大修堤的计划，到1965年，共完成土石方6000万 m^3，一些比较薄弱的堤段进行了重点加固，河道整治工作也重新展开，使黄河下游排洪排沙能力逐步得到了恢复。

在20世纪60～70年代"上拦"工程的实践中，水利水保工作取得了较大成绩。60年代，黄河中游河龙区间及汾河流域水土保持和水利措施年均减沙量占同期输沙量的17.0%；70年代，整个黄河中游水土保持和水利措施年均减沙量占同期输沙量的25.6%，其中坝地和水库的减沙比例最大，分别占总减沙量的43.1%、26.0%。

2.1.3 "拦、排、放"相结合的泥沙处理对策

由于黄河河道持续淤积，而三门峡水库集中排沙又加重了河道的淤积，因此在20世纪60年代初就有学者提出了"分流治理黄河并淤灌黄淮海平原""把黄河水喝光吃净"的大放淤设想。1969年的"四省会议"，首次总结提出了"拦、排、放"相结合的泥沙处理原则，并在1975～1977年的治黄规划修订中得到体现。规划中提及的黄河中下游大面积放淤方案，计有小北干流、温孟滩、原阳—封丘、东明及台前5处放淤区，淤区总面积2454km²，总淤沙量250.11亿 t。经测算：5大淤区共计可使下游减淤105.46亿 t，大体相当于解决下游20余年的淤积。但是，受各种主客观因素影响和制约，该方案并未见实施。但引黄放淤在结合抗旱灌溉进行的放淤改土、改善农业生产条件方面，以及淤临、淤背加固堤防方面取得了较大成绩。

淤滩可以减低滩地横比降，减少串沟、堤河，增加河道防洪能力，同时选择恰当的时机实施人工引洪淤滩、清水回槽，对河槽减淤也是有利的。1975年以来，黄河下游进行较大引洪淤滩共有10处，共淤土地2.0万 hm²，放淤量约1.7亿 m^3，效果较好。1970年以来，黄河中下游的放淤工程尤其是黄河下游的放淤固堤实践有较大发展，截至1999年年底，河南黄河河务局、山东黄河河务局共完成淤临、淤背的堤防长度600余 km，淤筑土方5.3亿 m^3。放淤固堤对河道防洪起到很大作用，但由于用沙量相对于来沙量很小，对河道减淤作用不大。

引黄灌溉也可引出一部分沙量。据统计，1950～1990年，黄河流域年均引水量为211.5亿 m³，年均引沙量1.71亿 t。1958～1960年，由于黄河下游大量引水，利津站以上1960年最大引沙量一度曾达8亿 t。但引黄灌溉对河道的淤积的影响比较复杂，分析计算表明：上、中游引黄灌溉可使下游淤积量增加，增加量约是下游来沙量的2%；黄河下游非汛期引黄灌溉对下游河道增淤作用不大，在高含沙洪水期下游引黄灌溉水量很少，不足洪水总量的10%，估计在高含沙水流中引水引沙而增加的河道淤积约为5%。相对而言，下游引黄灌溉使河道的增淤作用大于上、中游。

2.1.4　三门峡水库"蓄清排浑"对策

吸取"蓄水运用"和"滞洪排沙"运用的经验与教训，三门峡水库于1973年11月开始采用"蓄清排浑"控制运用，在来沙少的非汛期蓄水防凌、春灌、发电，汛期降低水位防洪排沙，把非汛期淤积在库内的泥沙调到汛期，特别是洪水期泄排出库。通过这一阶段的"蓄清排浑"调水调沙控制运用，在一般水沙条件下，潼关以下库区能基本保持冲淤平衡；遇不利的水沙条件，非汛期的淤积还不可能全部排出库外；有利水沙条件可使库区发生微冲或保持冲淤平衡，三门峡水库保持了一个长期有效的库容，为发挥综合效益提供了保证。三门峡水库"蓄清排浑"运用期间，下游河道淤积速率有所减缓，1974～1988年全下游平均年均速率0.07m/a，比1965～1973年回淤期减小30%。

通过三门峡工程"蓄清排浑"控制运用的实践，丰富和发展了水库泥沙科学及水沙调节理论。但应当指出的是："蓄清排浑"运用方式，是针对三门峡水库的特定条件形成的，有其特殊性。三门峡水库改建成功，说明通过汛期降低坝前水位，可以保持平滩以下的槽库容，改建时对下游河道的减淤作用并没有过多的考虑。随着龙羊峡等大型水库投入运用，汛期的基流与洪峰流量均在减小，冲刷能力减弱，三门峡水库的运用面临汛期"无水"排沙的新情况，即使是再降低水库的运用水位，也很难保持库区冲淤平衡，而且20世纪90年代采用小流量排沙后导致下游河道急剧恶化，给河道防洪带来了极大压力。

2.1.5　"拦、排、放、调、挖"泥沙综合处理与利用对策

由于三门峡水库"蓄清排浑"运用方式调节能力十分有限，不可能获得较大调节库容和较强的泄空冲刷条件，使出库含沙量的增幅受到限制，无法充分利用下游河道可能达到的输沙能力输沙入海，使黄河水资源的利用受到限制。黄河的问题不仅是洪水威胁很大，"水少沙多、水沙不平衡"也是造成黄河下游河道严重淤积的主要原因。单纯的"上拦下排"也有局限性。如果在黄河干流上修建一系列大型水库，实行统一调度，对水沙进行有效的控制和调节，使水沙由不平衡变为相互适应，就有可能减轻下游河道淤积，甚至达到不淤或微淤。按照这一设想，有人提出了依靠系统工程，实行黄河调水调沙的治黄思想。

调水调沙主要依靠干、支水库的运用来实现（也有人提出在下游修建平原水库或利用东平湖）。早在20世纪40年代和60年代，即有利用八里胡同水库和小浪底水库调节水沙的设想，但并未能付诸实践。90年代，有关科研部门针对相关问题开展了大量的富有成效的研究工作，研究内容包括小浪底水库合理的调水调沙运用方式及其关键技术、

小浪底水库调水调沙主要方案计算成果及分析、调沙引起的水沙条件变化及其对输沙的影响，以及桃花峪、小浪底水库联合运用对下游河道的减淤作用，碛口、三门峡、小浪底水库联合运用对下游河道的减淤作用等，这些研究成果对今后调水调沙的实践具有重要指导性意义。

1990 年进行的治理黄河规划修订工作，充分总结了 1955 年和 1975 年规划经验教训及相关治黄科研成果，认识到治理黄河是一项长期而又艰巨的任务，而泥沙问题是治黄方略的核心。在相当长时期内，黄河中下游仍将是多泥沙河流，黄河的治理开发必须建立在此基础之上。解决泥沙问题需要采取多种措施综合治理。鉴于此，需要在黄河干流上修建一系列大型水库，实行统一调度，对水沙进行有效的控制和调节，使水沙由不平衡变为相互适应，从而减轻下游河道淤积，甚至达到不淤或微淤。

基于这一认识，规划提出"拦、排、放、调"综合治理的治黄方略。随着 20 世纪 90 年代"挖河固堤"工程的启动，在 1997 年、1999 年的《黄河治理开发规划纲要》、《黄河的重大问题和决策》中坚持了"拦、排、放、调、挖"综合治理措施处理利用泥沙，期间也开展了相关的研究与探索，但除"淤背固堤"、输沙入海造陆和少量的淤填堤沟河的试验工程外，泥沙资源化利用没有实质性推进。

1998 年年底至 2001 年，围绕黄河面临的洪水威胁严重、水资源供需矛盾尖锐、水土流失和生态环境恶化等三大问题，结合国家实施西部大开发战略要求，提出了《黄河的重大问题及其对策》，在此基础上，编制完成了《黄河近期重点治理开发规划》，进一步明确了"上拦下排、两岸分滞"控制洪水，"拦、排、放、调、挖"处理和利用泥沙的基本思路。2002 年 7 月，国务院以国函[2002]61 号文批复了该规划，要求认真组织实施。

2.1.6 "拦、排、调、放、挖"+"用"的泥沙综合处理与利用对策

小浪底水库的投入运用，使得"调"的工作取得了突破性进展，先后开展的 17 次调水调沙实践与生产运用，在改善小浪底水库库区淤积形态的同时，使下游河道平滩流量增大到 4200m³/s 左右，2010 年的调水调沙还成功进行了黄河三角洲生态调水暨刁口河流路恢复过水试验，使刁口河流路断流 34 年后全线过流，湿地生态系统淡水资源得到有效补给，进一步丰富了湿地生态系统的生物多样性。

与此同时，进入 21 世纪后，随着经济社会的发展和技术的进步，泥沙作为一种可利用资源，逐渐被更多的人认识、接纳和重视，泥沙资源利用技术也随着经济社会的进步而取得了长足发展。加之小浪底水库运用后，有利的水沙过程对下游河道泥沙进行了充分分选，河道采砂逐渐兴起，黄河泥沙的资源属性得到了进一步凸显。

在这种背景下，2007 年黄委开始组织开展《黄河流域综合规划》修编时，相关领导、专家都充分认可"调"的作用，同意将以前的"拦、排、放、调、挖"修编为"拦、排、调、放、挖"。在泥沙资源利用方面，《黄河流域综合规划》修编初期研究过程中，多数科研人员希望将泥沙处理与利用的五字方略调整为六字，即"拦、排、调、放、挖、用"，以凸显泥沙资源利用的效应。但也有部分专家认为，"放""挖"的处理策略，本身也包含泥沙资源的利用，再加一个"用"不太合适，加之当时泥沙资源利用相关的技术还不成熟，缺乏大规模推广利用的成套技术和设备，因而最终确定的泥沙处理与利用策略，

仍然是"拦、排、调、放、挖",同时更加明确地提出了"泥沙资源化利用"。

2013 年 3 月 2 日,国务院以国函[2013]34 号文批复了《黄河流域综合规划》,要求认真组织实施。

2.1.7 各种措施之间的相互关系

在"拦、排、调、放、挖"处理和利用泥沙的各种措施中,水土保持是"拦"以减入黄泥沙的根本措施,但仅靠水土保持在短期内显著减少入黄泥沙并不现实;利用河道两岸有条件的地形放淤处理泥沙,虽然有很大潜力,但每年处理的泥沙量较少;利用水沙调控体系拦沙和联合调水调沙,塑造协调的水沙关系,增大河道中水河槽的过流能力和输沙能力,通过"调"和"排"的结合排沙入海,处理泥沙的单方沙投资较低,是入黄泥沙处理和利用的最优措施,但干流骨干水库的拦沙库容有限,加之水资源严重短缺,这两种泥沙处理能力受到较大制约;结合泥沙资源利用和防洪工程建设通过挖河疏浚,虽然处理泥沙的数量有限、单价也较高,但却有较好的发展前景。因此,从长期解决泥沙问题来看,必须综合考虑各种泥沙处理途径的作用、相互关系及黄河治理开发需要,合理配置多种措施。

"拦、排、调、放、挖"综合处理和利用泥沙的多种措施之间,存在着内在的联系,同时和防洪工程措施之间也有关系。通过骨干工程"拦"沙和"调"节水沙来减少河道的淤积,都需要修建水库来获得一定的库容。和河道工程、河口治理结合,塑造有利的河床边界和河口条件,通过水库"调"节出来的水沙,在有利的河床边界条件下可多"排"沙入海。黄河中游古贤水库"调"节水沙可为小北干流"放"淤创造有利的水沙条件,小浪底水库调节出库的水沙可为温孟滩放淤创造有利的水沙条件。可见,建设控制性的骨干水库可实现干流骨干工程拦沙、调水调沙,为放淤创造条件。有针对性地"挖"沙疏浚可有效提高河槽排洪、排沙、排凌能力,是"拦、排、调、放"的重要补充。"挖"与用、"放"与用结合,使泥沙利用由无序变有序,不仅处理了黄河泥沙,同时开发利用了资源,有利于地方经济的发展。

总之,黄河泥沙处理是个长期的艰巨的工作,泥沙处理的各项对策都有其自身的优势和针对性,在实践过程中,随着治黄事业的发展、科学技术和经济实力的不断提高,不同的泥沙处理对策在不同时期应多方并举、有所侧重、统筹考虑、不断改进、及时调整,这样才能充分发挥"拦、排、调、放、挖"综合治理体系的整体效应。

2.2 "黄河泥沙资源利用"新理念的诠释

从黄河泥沙处理与利用方略的演变历程可以看出,21 世纪之前对黄河泥沙的处理,大都基于泥沙的灾害属性,认为它是一切灾害的制造者,把泥沙作为一种负担进行处理。进入 21 世纪,随着经济社会发展需求的增多,以及泥沙资源利用技术的发展,泥沙作为一种资源逐渐被越来越广泛的利用,而且目前的国力、技术手段都可以实现泥沙的大规模资源利用,使泥沙变害为利。因此,对黄河泥沙的处理和利用,我们应该转变思想,更多地从其资源属性方面,进行相关研究,推动黄河泥沙大规模的应用于黄河流域的经济社会建设,从根本上解决黄河泥沙淤积问题,实现黄河的长治久安。

从泥沙资源利用角度,许多以往认为不利的泥沙淤积问题,在换个角度后,反而是有利的条件。例如在水库泥沙方面,以往只片面看到了水库淤积带来的库容淤损、发电效益减小等,从泥沙资源利用角度,水库提供了泥沙分选的绝佳场所,为泥沙的分类利用创造了有利条件。又如在河道泥沙方面,以往在防洪抢险过程中,为保证河道整治工程、堤防的安全,抛投了大量石料,无形中增加了河道淤积。实际上,防汛用石材,应分两个层面,一种是永久性工程,要求石料强度大、耐久性高;另一种是临时抢险或对滩岸的临时防护,对石料强度要求不高甚至一些土工包就可以满足要求。因此,从黄河泥沙资源利用角度,结合黄河下游局部畸形河势的疏浚治理,根据不同强度要求,利用河道泥沙制作人工防汛石材或土工包,代替天然石材,既达到了不增加河道淤积、"以河治河"的目的,又与挖河疏浚、畸形河势治理和环境保护相结合,实现一举多赢的效果。

关于泥沙资源利用的概念,以前的叫法多是"泥沙资源化利用"。2008年8月中华人民共和国全国人民代表大会常务委员会通过的《中华人民共和国循环经济促进法》中指出,"资源化"是指将废物直接作为原料进行利用或者对废物进行再生利用,是循环经济的重要内容。按此界定,"资源化"的意思过分强调了泥沙的灾害性,忽视了泥沙的资源属性。基于此,黄科院江恩慧等在近期开展相关研究时,强调黄河泥沙本来的资源禀赋,统一采用"黄河泥沙资源利用",以更加凸显泥沙作为天然资源本身应有的价值。

2.2.1 泥沙问题仍然是黄河治理的核心问题

泥沙问题是黄河难治的根源。研究表明,在今后几十年内,通过加强水土保持等综合治理措施,黄河的年减沙量可以达到6亿~8亿t/a,但是,黄河干流的年均输沙量仍有8亿~10亿t/a,黄河仍将是一条多泥沙河流。另外,黄河流域多年平均河川天然径流量534.8亿 m^3,近20年来,由于气候变化和人类活动对下垫面的影响,黄河流域水资源量明显减少,与1956~1979年水文系列相比,1980~2000年黄河流域天然径流量和水资源总量分别减少了18.1%和12.4%,未来黄河流域黄土高原水土保持工程的建设将使河川径流量进一步减少,水利工程建设引起的水面蒸发的增加也将减少河川径流量,预测2020年黄河流域河川径流量将比目前减少约15亿 m^3,2030年将比目前减少约20亿 m^3。"水少、沙多,水沙关系不协调"仍将是困扰治黄工作的核心问题。

黄河下游是我国重要的工农业生产基地,人口密集,是黄河防洪的重中之重,泥沙处理不仅关系到防洪安全、供水安全、粮食安全,而且关系到经济安全、生态安全和国家安全。黄河难治的症结在于"水少、沙多、水沙关系不协调",巨量泥沙造成河道萎缩,二级悬河日趋严峻,严重威胁黄河防洪安全。中华人民共和国成立以来,党和政府高度重视,投入大量的物力、财力治理黄河,建设水库、修筑堤防,确保了黄河的安全;但由于黄河的泥沙问题一直无法根治,下游河床不断抬高的趋势无法根本扭转,泥沙问题随时威胁着黄河下游的安全。

2.2.2 依赖河道输沙未来将受到一定制约

小浪底水库的投入运用,使得依靠水库调水调沙、通过河道输沙入海的泥沙处理工作取得了突破性进展。但是还应看到，到目前为止，调水调沙冲刷河槽的作用比较明显的原因，主要在于小浪底水库处于拦沙初期，上游大量来沙被拦截，下泄水流含沙量较小，加之下游前期河床处于多年淤积状态，易于被冲刷；随着河床的冲刷，床面逐渐粗化，调水调沙的冲刷效果将逐年减弱。同时，随着小浪底水库拦沙库容的变化，水库即将进入拦沙后期和正常运用期，水库排沙量和高含沙水流出库的概率将逐年增加，下游河道将逐渐从持续冲刷状态向冲淤交替和再度淤积抬升状态发展。

调水调沙实践虽然已取得了巨大成效，但其输沙入海的能力不是无限的，未来调水调沙作用与效果将受一定制约。随着经济社会的发展，黄河流域水资源紧缺的状况将更加严峻，1980 年以来，黄河流域用水量从 343.0 亿 m^3 增加到 2006 年 422.7 亿 m^3，工业生活用水的比例由 11.7%提高到 25.1%，随着工业化和城市化进程加快，尤其是黄河流域能源重化工基地的快速发展，到 2030 年，黄河流域经济社会发展和生态环境改善对水资源的需求也将呈刚性增长，水资源供需矛盾日益突出，生产、生活用水的增加导致其严重挤占河道内输沙、生态环境用水，输沙用水的水量不可能出现增长，反面有可能减少，期望通过调水调沙将黄河泥沙全部输送入海是不现实的。

2.2.3 泥沙资源利用是解决黄河泥沙问题的根本出路

"拦、排、调、放、挖"的泥沙处理和利用基本思路对于黄河治理起到了重要作用，保证了黄河 70 余年的防洪安全，但随着时间的增长，上述措施的局限性逐渐显现。

在"拦"的方面，水保"拦沙"措施并不能彻底解决黄河的来沙问题。黄河中游地区干支流水库是泥沙处理"拦"的另一重要工程措施，但随着水库运行年限的增加，淤积情况越来越严重，使水库逐步丧失拦沙和防洪功能，灌溉、供水、发电等功能也受到极大影响，直接影响到"拦、排、调、放、挖"治黄策略的实施。要维持水库功能的正常发挥，保持基本的冲淤平衡，必须对水库泥沙进行处理；但仅仅把泥沙清出水库还远远不够，还要考虑从水库处理出来的泥沙放到哪里的问题；放到下游则改变河道冲淤平衡关系，危及下游河道安全；放在岸坡上则占用耕地、引起地质灾害或引起风沙灾害。

"排、调"处理措施的目的都是输沙入海，特别是自 2002 年以来，黄河调水调沙虽然取得了巨大成效，但其输沙入海的能力是有限的，当小浪底运用达到冲淤平衡后，未来调水调沙作用与效果将受一定制约。同时随着经济社会的发展，黄河流域水资源紧缺的状况将更加严峻，水资源供需矛盾日益突出，输沙用水的水量不仅不会出现大幅增长，反而有可能减少，期望通过调水调沙将黄河泥沙全部输送入海是不现实的。

"放、挖"处理措施用水量相对较小，但黄河两岸适合放淤的位置逐渐减少，特别是下游标准化堤防建设趋于完成，放淤处理措施的难度逐步加大，受限越来越多，因此要使"放、挖"处理措施持续发挥作用，必需结合黄河两岸的土地整修、城市用土、建筑材料利用等社会需求，形成处理与利用有效衔接的利用关系。

整体上，"拦、排、调"是泥沙处理的主要措施，同时中游地区水保措施的"拦"和下游的"排、调"也包含了造地和造陆的利用作用；"放、挖"则是以利用为目的的处理手段。但是，上述的泥沙利用，主要是基于泥沙处理的被动利用，社会公众参与度低，经济价值较难体现，难以建立长久的泥沙处理与利用运行体制。

为了解决目前泥沙处理与利用方略的局限性，我们必须换一种思路来应对，从经济社会发展需求入手，变被动的泥沙处理利用为主动的泥沙利用，将水库淤积泥沙看成是一个宝贵的资源宝库，通过对水库泥沙进行合理的资源利用，实现延长水库使用寿命、减轻水库泥沙对下游防洪影响、减少环境污染以及创造可观经济效益等多赢的效果（尤其是增加的水力发电效益，这是最清洁的能源）；同时吸引社会资金、公众参与，推动黄河泥沙更广泛的社会利用，从根本上解决巨量泥沙处理的难题。

总之，对黄河这样的多沙河流，为维持河流健康，一方面需要水库拦截泥沙，减轻下游河道淤积及相应带来的防洪压力；另一方面为长期发挥水库除减淤以外的其他防洪、发电等综合效益，需要尽可能长时间的维持水库有效库容，减少泥沙在库区的淤积。两者之间的矛盾，只有通过泥沙资源利用、将泥沙消耗掉来解决。因此，黄河泥沙处理与资源利用是相互关联和互补的，为河流安全进行的泥沙处理是泥沙资源利用的前提和源泉，泥沙资源利用则给予泥沙处理的空间和经济价值、生态价值。推动黄河泥沙资源利用是"拦、排、调、放、挖"治黄基本思路有效作用的保障，也是维持黄河健康生命的关键措施，是实现黄河长治久安的重要手段之一。

2.2.4　泥沙资源利用具有巨大的社会经济生态效益

随着经济社会的发展和对黄河泥沙资源属性认识的加深，黄河泥沙作为一种硅酸盐类资源，越来越受到国内科研机构及相关部门、社会各界人士的重视。黄河泥沙的主要成分是二氧化硅，含量在 70%左右，其他为氧化铝、氧化铁、氧化镁、氧化钾和稀有元素等，仅从这些成分来看，黄河泥沙就是一种宝贵的资源，可成为我国稳定的新型矿产资源。

黄河下游所处的河南中原经济区、山东半岛蓝色海洋经济区和黄河三角洲高效生态经济区是国家经济发展战略的重要区域，正处于起步实施阶段，各种基础性建设和产业发展迅速，对建筑材料及其他工程材料的需求日益增多，亟需大量泥沙类原材料；另外，随着国家生态建设的要求，特别是烧结黏土砖的禁用和开山采石的禁止，以及各类原材料的紧缺，使社会各方面对黄河泥沙转化为可利用资源的需求逐年加大。据对黄河泥沙利用潜力的不完全分析估算，填筑土方加固大堤需要 3.0 亿 m^3、淤筑村台 3.2 亿 m^3，二级悬河治理（淤填堤河、淤堵串沟）需淤筑土方 5.0 亿 m^3，放淤改土需土方 2.6 亿 m^3；供水引沙年引沙量为 0.6 亿 m^3 左右，砌体材料预测近期每年可利用黄河泥沙约 600 万 m^3，随着远期建筑市场的稳定，年利用泥沙量可稳定在约 400 万 m^3；黄河干支流部分河段泥沙资源丰富，可直接应用于建筑沙料。总之，社会经济生态发展对黄河泥沙资源的需求量巨大，黄河泥沙开发利用的前景十分广阔。

鉴于社会各界对黄河泥沙资源利用需求的持续增长，黄河水利委员会在 2011 年将黄河泥沙处理与资源利用作为一个重大问题提出，要求开展相关研究；近期九三学社河南省委员会向河南省政协十届五次会议提出的《开拓黄河泥沙资源化利用，服务经济社会持续性发展》的提案，也得到了河南省政府的高度重视。

对黄河泥沙资源进行利用，既解决了黄河泥沙出路问题，又满足了经济社会发展的需求，同时还保护了生态环境，符合党的十八大提出的生态文明建设的战略方针，符合《国家中长期科学和技术发展规划纲要（2006—2020 年）》中"环境"重点领域的"综合制污与废弃物循环利用"优先主题，符合 2011 年中央一号文件"注重兴利除害结合"的精神，具有巨大的社会、经济效益。

综上所述，黄河泥沙资源利用作为黄河泥沙处理的落脚点，也是黄河泥沙处理的升华和最终出路，不仅是维持黄河健康生命、实现黄河长治久安的需要，同时也符合国家的产业政策，具有重大的社会、经济、环境、生态和民生意义。

第3章　黄河泥沙资源利用相关技术研究现状

黄河泥沙长期以灾害一面示人，黄河的多沙属性使黄河下游河道一直处于淤积抬升—决口改道—淤积抬升的循环变化中，黄河的决口泛滥给两岸人民带来严重的洪水灾害。另外，黄河泥沙也有其资源属性，造就了广阔的黄淮海大平原，成为历史上中华民族繁衍生息的中心地带，黄河是中华民族的母亲河，孕育和滋养了光辉灿烂的华夏文明。

从认知的角度看，对黄河泥沙的资源利用经历了从减灾、防灾的被动处理到作为宝贵资源的主动利用的过程。从技术视角看，泥沙资源利用主要经历了20世纪60年代末至80年代中期的放淤改土、近年来的放淤固堤等直接利用阶段，到21世纪初的利用黄河泥沙制作人工防汛石材、蒸压加气混凝土砌块、黄河泥沙多孔砖、免烧免蒸养黄河生态砖等转型利用阶段。

近十几年来，在水利部、黄委的大力支持下，黄河水利科学研究院在黄河中下游水库泥沙处理与资源利用方面持续开展了一系列研究，形成了一套黄河泥沙资源利用"测-取-输-用-评"全链条技术。在水库泥沙淤积快速探测技术方面，成功研制了深水库区泥沙取样装置，并对三门峡库区、小浪底库区的深水淤积泥沙进行了取样分析，为水库泥沙资源利用奠定了基础。在泥沙处理技术方面，先后开展了"小浪底库区泥沙起动输移方案比较研究""黄河泥沙淤积层理及水下驱赶关键技术试验"等。在泥沙资源利用方面，提出了泥沙蒸养砖、泥沙烧结砖的生产工艺，研制出人工防汛石材，取得了一定的综合利用黄河泥沙的经验；尤其是2017年刚刚完成的"黄河泥沙资源利用成套技术研发与示范"项目，成功研制了泥沙资源利用的成套装备，为实现黄河泥沙资源利用的规模化、标准化、系列化奠定了坚实基础。在泥沙资源利用效益评价方面，提出的黄河泥沙资源利用效益综合评价指标体系及评价技术，可定量评估泥沙资源利用综合效益。上述部分研究成果已在山西、河南、新疆等地得到了示范和推广，创造了巨大的社会、经济、环境、生态、民生等综合效益。

本章主要对泥沙资源利用过程中发展出来的相关技术及研究现状进行总结。3.1节、3.2节主要介绍在对泥沙被动处理中发展出来的放淤改土、放淤固堤等直接利用技术；3.3节主要介绍河床物质取样技术与设备，是传统的"测"技术，针对泥沙资源利用而研发的深层泥沙低扰动取样技术，将在第4章介绍；3.4节、3.5节主要介绍为泥沙资源利用而发展出的"用"技术，其中3.4节主要介绍转型利用技术，3.5节偏重于拓展泥沙利用领域的直接利用技术。"取""输""评"技术则在以后章节中详细介绍。

3.1　引洪放淤技术

3.1.1　发展历程

对河道泥沙的处理，主要是引洪淤灌、放淤，在我国有着悠久的历史，为黄河泥沙资源利用积累了丰富的经验。据现有资料考证，引洪淤灌始于战国，距今已有 2300 余年，开创了人类利用洪水泥沙资源的历史。郑国渠是我国古代著名的大型高含沙引水淤灌工程，始建于战国末年秦王政元年（公元前 246 年），历时 10 年竣工。灌区在放淤前主要是盐碱荒滩不毛之地，而淤灌改土后，增产效果十分明显。后来汉代建设的白渠、汴渠等也是著名的淤灌工程。明、清两代，黄河及渭河、洛河、漳河、南运河等流域，放淤较为流行，范围涉及今陕西、山西、甘肃、宁夏、内蒙古及河南、山东、河北、江苏等省（自治区）。

人民治黄以来，根据黄河水沙特点和河道特性，黄委在河道引洪放淤方面进行了大量研究和实践，取得了较大进展。自 20 世纪 50 年代，开始了利用洪水泥沙淤平堤后潭坑的实践，1955 年济南王家梨行和杨庄等堤段建成一批虹吸工程，淤平了杨庄背河 353hm² 常年积水的洼地，淤填了王家梨行 1898 年黄河决口遗留下来的潭坑；1956 年河南郑州利用花园口淤灌闸淤填了面积为 166.7hm²、水深达 13m 的大潭坑。自 20 世纪 50 年代中期在黄河三角洲进行放淤改土试验研究，到 1990 年年底，共计淤改土地超过 20 万 hm²。近年来黄委又先后进行了温孟滩淤滩改土、小北干流放淤试验、黄河下游滩区放淤等实践。

引洪放淤的基本原理和方法是：在黄河汛期水沙适宜条件下，抽吸表层黏粒含量较高的浑水，通过管道或渠系把水沙排放到预设格田，人工控制动水放淤，采取续灌轮灌方式，泥沙经自由分选沉降固结后，在沙荒地均匀平铺合格客土，达到改良土壤之目的。引洪放淤改土的最大难度表现在：①黄河水沙条件变化无常，含沙量和泥沙级配变幅大，人力难以控制机械抽取一定标准的浑水。②改土工艺是在大面积动水放淤过程中逐渐沉积形成的，不能像其他工程那样，可以进行精细的点面工序控制。③泥沙的自然分选作用，造成落淤厚度、土质差异很大。④改土区在吹填加荷和土体自身固结作用下，将产生广泛的不均匀沉降。

近代放淤方法主要有：①自流放淤。河道水位高于放淤区地面高程，在汛期水流含沙量大时，有计划地利用涵闸、虹吸引水，在淤区沉淀后，退出清水。自流放淤方法简便，取土不毁农田，设备及投资都比较少，放淤量大。但受地形和来沙条件影响，放淤含沙量一般不大，而退水量比较大，常与排涝发生矛盾。②提水放淤。放淤区地面淤到一定高度后，河水不能自行流入淤区，需用扬水站把浑水送入淤区。在汛期水流含沙量大时，使用扬水站放淤可取得较好效果。③泥浆泵放淤。用高压水枪冲起滩地泥沙，用泥浆泵吸出泥浆，借助管路输送到放淤区。这种方法设备投资较少，适应性强，转移方便，但效率较低。④吸泥船放淤。用铰刀切割或水枪冲击河床泥沙，由船载水泵吸泥，通过管道输送放淤。这种方法不受季节限制，含沙量大，排水量小，机械化生产效率高，但船体投资较大，远距离输送需加接力泵。

3.1.2 引洪放淤模式

黄河下游滩区由于客观原因，形成了唇高、滩低、堤根洼的特殊地形。滩区大水漫滩后，洪水很难自排。因此，通过人工引洪放淤，可有计划地淤筑堤河、串沟、村台、洼地、坑塘、控导工程背水侧滩面等，降低滩面横比降，减缓或消除"二级悬河"，使漫滩洪水能够自排入河。

滩区引洪放淤，针对性较强，不同的放淤目的，有不同的放淤标准和要求，所采用的放淤技术措施也就不尽相同。引洪淤滩技术是一项系统性工程。放淤工程包括进水口门、输沙渠道、围隔堤、退排水及交通衔接工程等，放淤效率与引水引沙条件和沉沙、放淤控制技术等有关。

1. 堤河淤筑模式

堤河是指靠近堤脚的低洼狭长地带。其形成原因：一是洪水漫滩时，泥沙首先在滩唇沉积，形成河槽两边滩唇高，滩面向堤根倾斜的地势；二是培修堤防时，在临河取土，降低了地面高程。堤河常年积水、杂草丛生，无法耕种。由于堤河的存在，洪水漫滩后，水流顺堤河而下，形成顺堤行洪，对堤防防守极为不利。黄河下游滩区堤河主要分布在陶城铺以上河段，共计186条，累计长度815.1km。采用引洪或机械放淤途径，将堤河淤至与堤河附近滩面平，消除或减缓漫滩洪水顺堤行洪对黄河大堤的影响。堤河淤平后表层用耕土盖顶，以满足群众耕种需要。因此，淤筑堤河可提高堤防抗渗能力，减缓顺堤行洪威胁，改善临河生态环境，具有显著的社会效益和经济效益。

2. 串沟淤堵模式

串沟是指水流在滩面上冲蚀形成的沟槽。滩地上的串沟多与堤河相连，有的直通临河堤根，有的则顺河槽或与河槽成斜交。洪水漫滩，则顺串沟直冲大堤，甚至夺溜而改变大河流路。据初步统计，黄河下游滩区有较大的串沟89条，总长约368.4km，沟宽50～500m，沟深0.5～3.0m。当洪水达到平滩流量时，易发生串沟过水情况，应在之前进行淤堵。由于串沟多属独立存在的沟槽，进行淤堵时需根据串沟距河流距离、进退水条件分别规划设计，淤堵途径采用机械淤筑或引洪放淤途径进行。考虑到实用性、经济性以及淤筑体的自然沉降，淤积面高程定为高于邻近滩面0.5m，淤堵工程宽度按串沟实际宽度实施，长度以500m为宜。

3. 村台淤筑模式

黄河下游滩区村庄较多，安全建设标准偏低，许多村庄很难搬迁到堤外，特别是大滩。要想解决其防洪保安全的问题，可在滩区中部，淤筑长1km左右，宽300～500m的村台，将附近的村庄集中搬迁到村台上居住。利用黄河泥沙淤筑村台，一方面可疏浚河道，改善河道淤积状况；另一方面可提高滩区群众居住村台标准。

村台的设计防洪标准为20年一遇，相应黄河花园口站洪峰流量12370m³/s，台顶设计高程为设计洪水位加超高1.0m。新建村台台顶设计面积按60m²/人计，村台周边增加3m的安全宽度，边坡1：3，台顶和周边采用壤土包边盖顶，盖顶厚0.5m，包边水平宽1.0m。

4. 洼地淤筑

黄河下游滩区不少地方地势低洼，漫滩积水和降雨积水长期难以自排，严重影响滩区群众的生产、生活，易造成土地盐碱化，需要进行放淤改土，抬高滩面，增加耕地面积，提高土壤肥力，改善滩区生态环境。洼地淤改，一般采用自流放淤方式，利用已建的滩区灌溉渠系，临时修筑淤区围堤、隔堤、退水等工程措施。

5. 坑塘淤筑

在黄河下游中低滩区，修建避水村、房台需大量取土，村庄四周形成许多坑塘（村塘），小则 $1hm^2$ 左右，大的可达 10 余 hm^2。这些坑塘常年积水或季节积水，既影响土地利用，又为漫滩洪水淹没村庄提供条件，宜充分利用黄河洪水泥沙资源适时引洪淤平，改善滩区群众的生存环境。

6. 控导工程淤背模式

黄河下游控导工程是在凹岸一侧的滩岸上按设计的工程位置线修建的丁坝、垛、护岸工程。控导工程在控制主溜稳定河势、减少不利河势的发生、减少平工段冲塌险情方面发挥了无可替代的作用。

黄河下游控导工程修建于不同时期，由于受河道冲淤变化的影响，黄河下游各处控导工程设计水位所对应的设计流量发生了较大变化，总体上同水位下的流量趋于减少。当黄河下游发生漫滩洪水时，大多数控导工程因抢险道路淹没而处于"孤岛"状态，抢险人员和设备进场、撤离及抢险料物的供应都十分困难，特别是抢险作业场地狭小，无法满足抢大险的要求。

针对上述情况，在控导工程背水侧，淤筑宽 100m，其长度与工程相等的带状淤筑体，起到加固控导工程的作用。同时，若有可能，还可以结合村台建设进行淤筑。

3.1.3 引洪放淤工程设计

引洪放淤是一项系统性工程，放淤工程包括进水口门、输沙渠道、围隔堤、退排水及交通衔接工程等。放淤效率与引水引沙条件和沉沙、放淤控制技术等有关。

1. 引水口门设置

引洪放淤的引水口位置多选择在滩区的上部。从放淤的形式看，分为临时性和永久性两种形式。

1）临时性引水口门

临时性引水口门位置一般选择在险工下首、控导护滩工程弯道的下部，引水角与大河主流线成 45°～90°夹角，同时要对口门进行柳石裹护以防止洪水冲刷。临时性引水口门引洪放淤主要有如下形式和实例。

（1）在险工下首开挖输沙引渠放淤。1975 年 7 月下旬花园口流量 $7700m^3/s$ 时，在兰考县杨庄险工下首开挖输沙引渠，引水两个月，淤平了杨庄到东明阁谭约 20 余 km 的堤河和兰考军李寨临河 1855 年以前冲决老堤形成的大潭坑——耿潭，这次淤地计约 0.335 万 hm^2。

（2）利用现有涵闸的引水渠道放淤。不少县段曾采用这种办法，效果良好。例如，濮阳县在 1977 年 7 月花园口流量 $10800m^3/s$ 时在渠村闸引水渠扒口，放水流量 90～$250m^3/s$，引水两个月淤积量为 1675 万 m^3，使长约 16km 的堤河基本淤平。

（3）在控导护滩工程的坝垛中扒口放淤。菏泽的张阁楼，东明的辛店集采用这种办法。1977 年 8 月黄河下游花园口水文站出现 $7320m^3/s$ 和 $10800m^3/s$ 两次洪峰。5 日早 6

时，长兴集公社在辛店集控导工程 9 坝～10 坝之间破口，到 8 月 27 日 4 时堵复，经历了 23 天的淤滩，连坝口门最大扩大到 180m；放淤流量最大达到 1000m³/s。淤滩面积 3333.3hm²，引沙 4400 万 m³，淤厚一般 1.0～1.5m，最厚 2.5m。

采用此方法放淤虽然淤筑了部分低滩、串沟和堤河，取得了一定成效，但是放淤缺乏工程控制，若遇后续洪水，存在较大风险。

2）永久性引水口门（引水闸）

作为永久性放淤口门，常采用淤灌引水闸引洪放淤。在险工下延或控导护滩工程的连坝上修建引水闸，是控制引洪放淤的工程措施。为结合放淤后滩区灌溉引水，要求此种闸门的设计，既要满足引洪放淤的引洪流量，又要考虑枯水季节的灌溉引水。

1988～1992 年期间，先后在东明南滩淤临区利用王高寨（设计流量 20m³/s）、辛店集（设计流量 15m³/s）引水闸放淤，淤改滩地、堤河 200 余 hm²，引沙量 123.8 万 m³，淤长 4300m，淤厚 0.5～2.0m；"96.8"洪峰过后，鄄城县苏泗庄—营房淤区及时开闸引水，淤堤河 105 余 hm²，引沙量 73.4 万 m³，淤长 1996m，淤厚 0.5～1.5m，放淤效果明显。

以上两种放淤形式，临时性引水口门放淤与人工有工程控制放淤不同，有闸放淤安全可控，临时性引水口门放淤往往利用洪水扒口放淤，如果后续洪水较大，放淤又无工程控制，引洪放淤存在较大风险。

2. 输沙渠道

输沙渠道根据引水放淤要求，采用输沙冲淤平衡原理设计断面尺寸和比降，确定渠道的水流挟沙力。渠道断面采用梯形水力最佳断面，渠道的设计流速应满足不冲不淤条件。设计时以临界不冲流速条件为依据，用临界不淤流速作为核验。

黄河下游滩区土质多为沙质土壤，其临界不冲流速可用列维公式计算：

$$V_n = A\sqrt{gd_{cp}} \ln \frac{R}{7d_{cp}} \tag{3-1}$$

式中，V_n 为临界不冲流速，m/s；d_{cp} 为渠床土粒平均粒径，mm；g 为重力加速度，9.8m/s²；A 为与渠床土壤密实程度有关的经验系数，对于密实土壤 $A=3.2$，对于较松土壤 $A=2.8$；R 为水力半径，m。

临界不淤流速与水流挟沙能力有关。水流挟沙能力采用黄科院公式：

$$S_* = 7700 \frac{V^3}{gR\omega} \sqrt{\frac{H}{B}} \tag{3-2}$$

式中，S_* 为水流挟沙能力，kg/m³；V 为断面平均流速，m/s；H 为平均水深，m；ω 为加权平均泥沙沉降速度，m/s；B 为水面宽，m。

在引水放淤完成以后，应按灌溉面积所需的引水能力及时修改渠道断面。

3. 围堤与隔堤

一般按放淤引水流量的相应水位，推算淤区地面高程以上的水位，在此之上加上防风浪高 0.5m 即为淤区围堤高程。围堤断面为梯形，一般顶宽 2.0m，临水坡 1：2，背水坡 1：3，以确保放淤安全。

淤区隔堤设计与围堤相同。

4. 退排水

退排水工程是淤滩工程的重要组成部分，是能否做好放淤试验的保证。要求退排水渠道畅通，必要时可修建临时工程。退排水形式有两种：一种是退水直接入黄河，不能自排时由机泵提排；另一种是结合引黄穿堤涵闸或虹吸排入背河，供堤外农田灌溉或城市工矿利用。但在淤区末端进入穿黄闸前，需要修建退水闸，以控制淤区水位，保证淤积均匀和退水的安全。例如，东明南滩淤临区退水口选在滩区末端的谢砦闸，鄄城葛庄滩的安庄闸退水口选在旧城闸，并在闸前建退水闸一座，控制淤临区退水。

3.1.4 引流及输送技术

在放淤过程中，对引进水流的控制，一是引流技术，要保证引水口能引进合适的含沙水流；二是输送技术，要将引进的水沙有效、及时地送到淤区，使泥沙在进入淤区以前的渠道中不淤或少淤。

1. 引流技术

引流技术包含两个方面：一方面要防止引水口脱流，保证适时把水沙引入闸后输沙渠道，关键是引水口位置选择和闸前防淤问题；引水口脱流和闸前泥沙淤积问题，可通过射流清淤船加以疏通。另一方面要保证引进适当的含沙水流，随着小浪底水库投入运用，黄河下游来水来沙发生了较大变化。在汛期，除水库来水来沙满足调水调沙条件时相机进行调水调沙外，其他情况均下泄清水，因此滩区引洪放淤，要抓住小浪底水库调水调沙的有利时机来进行。小浪底水库下泄清水时，可采用如下两种方法进行引洪放淤。

（1）在引洪放淤口门附近的河道内，利用高速射流原理，实施人工扰动，塑造含沙水流，使入渠水流含沙量达到渠道设计挟沙能力。

（2）在引水口附近，利用绞吸式吸泥船，通过其绞刀搅动河床泥沙，形成高含沙量的泥浆，利用输沙管道将搅动起的泥沙输送到输沙渠中，与输沙渠水流汇合后，输送到淤区。

采用以上两种方法进行引洪淤滩，可使引洪放淤不受时间空间的限制。

2. 输送技术

水沙输送技术实际为输水输沙总干渠的设计问题。输沙渠道设计，一般按设计的引水引沙条件和要求，用输沙平衡的原理计算渠道的断面尺寸和挟沙能力，以保持渠道的正常通水和不淤。实际情况是，由于种种原因，引水引沙量的变化很大，所设计的渠道断面尺寸很难适应这种多变的引水引沙过程，输沙渠道很难避免发生淤积。

为了减轻输沙渠的淤积，根据长期引黄灌溉的经验，采用调整渠道比降和进行硬化衬砌渠道，以加大渠道比降和流速来增大渠道的挟沙能力。但是，对引洪放淤而言，硬化衬砌渠道投资较大，采用编织布衬砌是可行的。温孟滩在放淤过程中，对输沙渠进行编织布衬砌，渠道糙率降低，渠道水流的挟沙能力较土渠提高 20% 左右。

3.1.5 淤区调控技术

黄河下游滩区放淤区按其平面形状可分为带形、梭形和湖泊形三种形式。不同形式的淤区内水流演变泥沙运动情况不同，其沉沙效果也不相同。带形或梭形沉沙池一般用于淤筑堤河和窝沟，只要求将粗颗粒沉下，细颗粒则送往河道；湖泊形淤区多用于淤滩改土，其粗细颗粒泥沙大部分沉淀下来，出淤区水流的含沙量很小，沉淤后的土地有良好的耕种条件。人民胜利渠的实测资料表明，当条池长 5000m，宽 80～120m 时，其初期运用的拦沙效率可在 70%以上。根据引黄沉沙实践，引水流量同条池长度及主要水力因素的关系见表 3-1。

表 3-1 下游引黄沉沙池流量、池长关系

指标	引水流量					
	$<2m^3/s$	$2～3m^3/s$	$4～9m^3/s$	$10～25m^3/s$	$26～50m^3/s$	$51～70m^3/s$
条池长度/m	2500	3000	3500～4000	5000	6000～7000	7000～8000
h_1/h	1.0	0.91	0.67	0.64	0.73	1.12
V_1/V	1.0	0.91	0.62	0.50	0.48	0.62

注：h、V 为进口断面平均水深和流速；h_1、V_1 为出口断面平均水深和流速。

黄河下游滩区引洪放淤需有工程控制，进水口用引水闸门控制引水量，在一个大的淤区内，还可划分若干个小淤区，由隔堤分开，施行轮淤。在淤区出口处利用叠梁闸控制水位，可以调节淤区内水沙运行情况和泥沙淤积部位。在放淤过程中，根据大河流量、水位、河势情况、含沙量的变化，及时观测进、退水的含沙量、流速等参数，控制进水、退水口门的流量，调节淤区的蓄水量，以达到最佳效果。

3.1.6 近期放淤改土工程实践

1. 温孟滩移民安置区放淤

小浪底工程温孟滩移民安置区位于小浪底工程坝址下游约 20km，安置区东西长40km，南北宽 1～4km，占地面积 53km²，是小浪底库区移民最大的集中连片安置区，见图 3-1。为了给移民营造基本的生产生活环境，需要利用黄河水沙资源，通过放淤改土工程措施改良土壤。

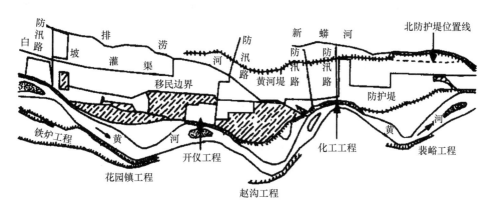

图 3-1 温孟滩放淤改土工程平面位置

温孟滩放淤改土采用如下方式：

1）泵站配合明渠输水改土

移民安置区为淤筑填高区，地势平坦，设计采用泵站配合明渠输水的方式进行淤改（图3-2），并在后来的改土工程施工中取得成功。

图 3-2　泵站配合明渠淤改

2）船泵抽淤改土

船泵抽淤改土（图3-3）就是采用活动泵站（以船作载体，其上架设混流泵群），以及吸泥船抽取黄河表层浑水至淤改区，泥沙落淤，以起到改良土壤的作用。

图 3-3　船泵抽淤改土

根据需改土区的位置，船泵淤改方案中的输水采用以下几种方式。

（1）管道输水。吸泥船或活动泵站抽取黄河浑水入管道，管道输水至格田。格田处的管道出水口设计成软管，以便放淤时能够经常移动管口位置，从而达到均匀落淤之目的。采用这种淤改方式的多是低区滩，因其距大河较近，且在淤筑填高时，已布置成格田形式，当其填筑到设计高程，稍加平整，可直接进行淤改。

（2）条渠输水淤改。条渠输水淤改多用在邻近低滩的高滩改土区，如逯村—开仪高滩III区，开仪—化工高滩II区等。因这些区块距大河较远，采用管道输水排距远，水头损失大，工效低。为解决这些问题，设计采用管道输水至渠道，再由渠道进入淤改格田。

（3）渠道输水。大玉兰移民区下界低滩区，淤改土面积 1.994km²，改土厚度 0.3m，淤改土方 59.82 万 m³。该区是淤筑填高后再进行放淤改土的。设计改土引水流量 8m³/s，淤改土取水方式为活动（临时）泵站和岸上（临时）泵站两种。活动泵站载体为 5 条布设在大玉兰工程 33 号坝～35 号坝间的 40t 铁船，每条铁船上安设 6 台 30HW-8 型混流泵；另在大玉兰工程连坝上架设 10 台 30HW-8 型混流泵以配合船泵工作。输水渠分干支两级，根据淤区布置，配水采用续灌（淤）、轮灌（淤）方式。

3）机械改土

机械改土就是采用挖土机械挖取黄河嫩滩淤土至改土区，按设计厚度盖淤压沙以达改良土壤之目的。移民安置区采用机械改土的区块都分布在距离大河较远且又分散的高滩区。机械改土共完成改土土方 283 万 m³，占总改土工程量的 38%。

2. 小北干流拦粗排细引洪放淤工程

黄河小北干流放淤试验工程位于山西河津市连伯滩黄淤 67 断面～65 断面之间，汾河口工程背水侧。该工程于 2004 年 3 月 1 日开工，计划当年 6 月 29 日完工，主要包括引水闸、输沙渠、淤区、退水闸四部分。淤区面积 5.5km²，设计淤积泥沙 1395 万 m³。

经多方案对比分析和研究，放淤试验工程淤区布置为：逐渐展宽的上段、比较顺直的中段和徐缓收缩的下段。整个淤区分成三个区域运行（图 3-4），①号、②号、③号区域长度分别为 8.6km、4.5km、4.1km，平均宽度约为 320m。

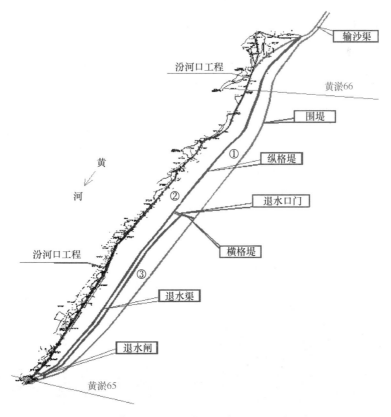

图 3-4　黄河小北干流放淤试验工程淤区布置图

黄河小北干流放淤试验，依据弯道水力学缓流分选泥沙等水力学原理，设置了放淤闸（图3-5）、弯道溢流堰、淤区格堤、退水闸等工程，力求靠水力自然力量实现粗、细泥沙的自然分选，把对下游河道及水库淤积影响较大的粗颗粒泥沙滞留在小北干流两岸洼地，细颗粒泥沙回归黄河，以达到"淤粗排细"的目的，从而改善进入下游河道及水库的水沙条件和泥沙组成，减少三门峡库区、小浪底库区及下游河道淤积，延长小浪底水库淤积库容的使用寿命，结合调水调沙，逐步恢复下游河道健康形态。

图3-5　黄河小北干流放淤闸运行情况

黄河小北干流连伯滩放淤试验2004～2007年先后进行了4年12轮放淤，总历时约576.5h，放淤闸累计引沙量894万t，其中粗、中、细颗粒泥沙分别为183万t、208万t、503万t，分别占引沙量的20.5%、23.2%、56.3%。引水平均含沙量77.6kg/m³。退水闸累计退沙量279.1万t，占引沙量的31.2%，其中粗、中、细颗粒泥沙分别为20.2万t、41.6万t、217.3万t，分别占退沙量的7.2%、14.9%、77.9%。退水平均含沙量33.7kg/m³。

按照输沙率法计算，淤区前三年累计淤积量536万t，占同期引沙量的61.7%。其中粗、中、细颗粒泥沙分别为132万t、145万t、259万t，分别占淤积沙量的24.6%、27.1%、48.3%。按照断面法计算，淤区前三年累计淤积量398万m³，其中粗、中、细颗粒泥沙分别为158万m³、130万m³、110万m³，分别占淤积沙量的39.7%、32.7%、27.6%。

黄河小北干流放淤基本实现了"淤粗排细"的目标，拦减了对黄河下游河道淤积影响严重的粗颗粒泥沙，对于降低潼关高程、减少小浪底水库入库泥沙、减缓下游河道的淤积、减轻"地上悬河"程度，进而维持黄河健康生命、保持流域经济社会可持续发展有着重要意义。小北干流放淤后，淤区原有的盐碱荒地变为良田（图3-6）。

图3-6　小北干流放淤区复耕后荒地变良田

3.2 机械放淤固堤技术

3.2.1 实践历程

20 世纪 70 年代初开始,黄河河务局的工作人员根据黄河多泥沙的特点,自制了简易挖泥船,在黄河河道中挖取泥沙,利用水力管道将泥沙输送至大堤背河侧,将黄河大堤加宽 50~100m,取得了显著效果。这种加固大堤的方式,称之为"机械淤背固堤",又简称"机淤"。1974 年 3 月国务院批转了黄河治理领导小组《关于黄河下游治理工作会议的报告》,将放淤固堤正式列为黄河下游防洪基建工程。

放淤固堤经过几十年的实践得到了快速发展,先后采用了自流放淤固堤、扬水站放淤固堤、吸泥船放淤固堤、泥浆泵放淤固堤以及组合机泵式放淤固堤等形式。

1. 放淤固堤的作用

实践证明,放淤固堤在确保防洪安全方面作用显著。对易出现险情的堤段进行淤背固堤,使得出现的险情大为减少,特别是最为危险的漏洞、管涌和滑坡,在进行淤背固堤后的堤段已得到消除。所以,黄河下游淤背固堤工程的建设,对提高堤防的防洪能力作用显著,取得了巨大的防洪效益和社会效益,具体表现在以下几方面。

(1)在河道挖取的泥沙多为沙性土,渗透系数大,置于大堤背河侧有利于背河导渗;由于淤背一般较宽,可有效地延长渗径、提高堤防强度、增强堤防的整体稳定性。

(2)淤背固堤主要在河道中取沙,对河道有一定的疏浚作用,符合以黄治黄的治河方针,同时减少了挖毁农田,有显著的社会效益。

(3)用挖泥船等多种水利机械进行水力冲填施工,质量均匀可靠,接头少,施工易于管理;使用劳动力少,减轻了人们的劳动强度;单位土方的能耗低、造价相对便宜。

(4)淤背固堤完成后,由于宽度相对较大,有利于进行工程的综合开发利用,实现较好的综合效益。

2. 挖河固堤工程实践

鉴于放淤固堤的巨大效益,为进一步提升在黄河中、下游主河槽挖河疏浚的实践经验,加强相关科学技术研究,黄委于 1997 年 11 月 23 日在黄河下游山东窄河段开展了挖河固堤启动工程,对挖河减淤效果、固堤作用及其有关技术问题开展研究。

山东黄河挖河固堤启动工程位于东营市河口段朱家屋子至清 2 断面,全长 24.4km,其中朱家屋子至 6 断面长 11km 为挖河段,6 断面至清 2 断面长 13.4km 为疏通段。挖河段开挖底宽 200m,平均挖深 2.5m;疏通段开挖底宽 20m;边坡均为 1:3。挖河固堤土方 548 万 m^3,加固大堤长度 10km,加固宽度 100m。

挖河固堤启动工程分两个阶段实施,第一阶段工程开挖 1.4km,土方 92.5 万 m^3,采用旱挖施工,由黄河口管理局组织实施,1997 年 11 月 23 日开工,1998 年 3 月 20 日完成。第二阶段工程开挖河长 9.6km,土方 455.9 万 m^3,其中胜利石油管理局承担挖河长 3.5km,土方 154.9 万 m^3,采用旱挖施工;其余由山东黄河河务局承担,采用组合泥浆泵开挖。第二阶段工程 1998 年 4 月 10 日开工, 1998 年 6 月 2 日完成,比计划工期提前 28 天。水挖施工淤筑黄河堤背,其中北岸淤区长 0.75km,对应大堤桩号 10+000～10+750;南岸淤区长 6.0km,对应大堤桩号 246+996～253+000。

挖河工程实施后,取得效果如下:

（1）挖河固堤对于子堤的加固有明显的作用,河口地区挖河对利津至清 6 河段,在一段时间内有一定的减淤作用。综合分析各方面的资料,在朱家屋子至 6 断面和 6 断面至清 2 两个河段共挖沙 548 万 m^3, 1998 年 6～10 月的水沙条件下可以使研究河段（利津至清 6 河段）减淤 700 万～800 万 m^3,挖沙减淤比为 0.78～0.69,即每减 1m^3 淤沙需要挖沙 0.70～0.69m^3。1998 年 6 月 6 日至 10 月 9 日,利津站的来水量 93.2 亿 m^3,来沙量为 3.719 亿 t（合 2.861 亿 m^3,是挖沙量的 50 余倍）,挖河段的上下河段都发生了不同程度的溯源冲刷和沿程冲刷;挖河段逐渐回淤,但并没有淤平。非汛期 1998 年 10 月至 1999 年 5 月,利津站来水量 22.2 亿 m^3,来沙量 0.057 亿 t,研究河段淤积 376 万 m^3,与 20 世纪 90 年代以来平均情况相比,来水来沙偏枯,淤积量也小。与水沙量基本相同的 1995 年非汛期相比,研究河段的淤积量也相差不大,说明此时段内挖河减淤的效果已不明显。

（2）通过挖河汛期同流量水位明显下降。研究河段 1998 年汛后与 1996 年汛后相比,3000m^3/s 水位除丁字路口外,其余各断面的水位下降 0.3～0.5m;与 1998 年汛前相比,挖河段和丁字路口断面水位有所上升,其余河段的水位均有下降趋势,说明挖河对降低水位有一定的作用。1999 年 5 月与 1998 年 10 月 100m^3/s 水位相比,利津以下各站下降 0.1～0.3m。

（3）挖河后,其断面形态 B/H 经过汛期几场洪水的调整,较挖河前变得相对窄深,除个别断面外,同流量下宽深比减小。挖河段的宽深比随着回淤的发展,断面宽深比不断增大,但汛后的宽深比仍比挖河前的小。

（4）挖河以后,汛期河道水面比降调整明显,挖河段过流初期水面比降较非挖河段平缓,随着挖河段的回淤,比降逐渐变陡,上、下两河段比降则由陡调缓,最终使整个研究河段的比降趋于平顺。

挖河固堤试验工程进一步推动了机械放淤固堤实践。截至 2000 年年底,黄河下游已完成机械淤背固堤土方约 6 亿 m^3,通过填平背河低洼坑塘,加大堤防宽度,对 807km 的堤防进行了不同程度的加固,有效地提高了堤防防御洪水的能力。实践证明,凡是进行淤背固堤且达到加固标准的堤段,发生大洪水时在背河都没有险情发生,取得了巨大的防洪效益。

3. 标准化堤防建设

2000 年以后,为确保黄河下游防洪安全,黄委开始组织实施标准化堤防建设,主要是通过放淤固堤和堤防帮宽,并配套堤顶道路、防浪林建设等,实现集防洪保障线、抢险交通线和生态景观线功能于一体的河道堤防。在黄河下游标准化堤防建设过程中,主要利用黄河泥沙作为淤临、淤背和堤顶加高的主要材料,即按防洪设计标准建设堤顶宽度 10～12m,堤顶高程为设计洪水位加超高,临背河坡度均为 1∶3 的标准断面堤防,30～50m 宽的防浪林和 100m 宽的防渗加固淤背体。截至 2012 年,黄河下游已完成标准化堤防建设 714km。2012 年，国家又批准了《黄河下游近期防洪工程建设初步设计》，启动了新一轮黄河防洪工程建设，至 2015 年，完成标准化堤防 209km，目前后续的黄河下游标准化堤防建设正在进行中。

在总结实践经验的基础上，逐渐研究提出了放淤固堤的标准，并随着实践经验的积累，进一步完善提高。黄委在 20 世纪 90 年代编报的《黄河下游防洪工程建设可行性研究报告》中规定：平工堤段的淤背宽度为 30～50m，险工堤段为 50～100m，老口门段为 100m。目前已接近完工的标准化堤防建设，将标准进一步提高，淤背宽度平工段为 50～100m，险工及老口门段为 100～200m，淤背高度为堤防浸润线出逸点以上 0.5～1.0m，淤区边坡为 1∶3。

3.2.2 挖沙机械的选择

在黄河下游淤背固堤工程中经常使用的机械有简易冲吸式挖泥船、绞吸式挖泥船、组合冲挖机组、DBP 清淤设备及挖掘机自卸汽车；这些机械设备都具有各自的特点和适应情况（表 3-2）。在机淤形成相对窄深河槽的施工中，要想取得最大的效益，需要根据工程的具体情况择优选择。

表 3-2　不同设备在黄河淤背固堤工程中的适用情况

机械设备	适应土质	工作条件	适用情况
简易冲吸式挖泥船	沙性土	水下开挖	河槽内有水，在河槽内或靠近水流的边滩施工，主要是挖沙淤滩。排距较近者优先采用，排距较大时可以考虑进行接力输送
绞吸式挖泥船	各种土质	水下开挖	在河槽内或靠近水流的边滩施工，适应于排距较近，且因土质原因简易船不易施工的河段；可挖取含黏量较高的土质用于淤区的盖顶
组合冲挖机组	沙性土壤土	水上开挖	有施工水源，大河断流时可开挖河槽，水小时可开挖边滩、嫩滩。沙性土可用做淤滩，有黏性土可用做包边盖顶
DBP 清淤设备	沙性土壤土	水下开挖	挖取水下泥沙，主要适应于静水区，也可在靠近水流、流速较小的边滩处施工，主要用于挖沙淤滩。在距离网电较近时可优先采用网电，排距较远时也可考虑接力输送

1. 选择原则

1）目的明确

黄河放淤固堤工程建设的主要目的是处理主河槽泥沙，形成相对窄深主河槽，对土质的要求并不十分严格。应该说，在河道中能取到的所有土质基本都能满足工程建设的需要。由于在开挖河槽方面水下作业是主要形式，应根据河底土质和河道形态决定使用的机械设备。但是，在淤填完成以后，要对淤筑体进行盖顶，对盖顶土质的要求相对严格，需要具有一定的黏粒含量，在这方面，冲吸式挖泥船仅适应于沙性土，若选择用其放淤盖顶，就很难达到工程建设的目的。

2）技术可行

不同的机械在作业条件、技术性能、适应范围等方面都会有所差别，在选择时必须予以考虑。对于一定的工程条件和施工环境，必须首先考虑施工机械可行与否。机淤形成相对窄深河槽的第一项作业是挖取河道中水下泥沙。因此，考虑施工机械技术上可行，主要是看其技术性能是否适合挖河这一客观的工作条件和作业范围。据此，选择不同的船型和泵型，采取不同的开挖方式。

3）经济合理

在技术可行的前提下，用尽量少的工程投入能够达到同样的工程建设目的，是选择施工机械应遵循的最基本原则。在同样可行的施工机械中，选择工程投入最少的那种装备，往往具有十分现实的意义，也是人们普遍追求的目标。特别是对于施工企业，用较少的资金投入完成工程建设，可以降低工程成本，增加企业的直接效益。

2. 选择方法

选择施工机械应遵循的技术路线是：从技术可行方面着手，在造价合理方面做经济比较，在社会和环境影响方面进行评价，综合考虑，选择最优方案。技术可行是前提，失去了技术上的可行性，就失去了选择的基础。如果通过分析，只有一种机械可行，此时的选择就变得十分简单。但在实际生产中，有时往往是几种机械在技术上都是可行的，而且，就其中某一种机械而言，也有若干种具体的施工方案。这是因为在实际中存在着较多的影响因素，尤其是对工程造价的影响因素较多。例如，不同的机械，具有不同的作业效率和运转费用；不同的取沙地点会带来不同的排距（输沙距离），而排距的远近也直接影响设备的效率和运转费用；取沙地点的不同，对应的土质会有所不同，同样会影响生产效率；不同的方案也会带来其他费用的变化，如附属设施、场地占用和施工赔偿，等等。

对于工程量较大的项目，由于受地理、环境、设备、挖河地点的土容量和其他客观情况等因素影响，有时采用单一的施工机械计算出的最低工程造价并不一定是最优方案，也可能存在使用两种或两种以上的机械进行组合方为最优。因此，对于工程量较大的工程，其具体的实施方案，往往还需要在工程造价分析的基础上，根据运行情况进行必要的组合方案分析，从中选取最优方案。这时，利用统筹学原理在可行的若干方案中进行优选应是比较明智的。

3.2.3　挖沙技术

挖沙技术随着挖沙地点、时间和挖沙条件的不同，又分为水下挖沙、半水半陆挖沙和陆地挖沙三种方式。

1. 水下挖沙技术

水下挖沙技术主要用于从黄河河道、灌区内排水沟河和沉沙池中取沙。挖沙工具主要是冲吸式挖泥船和绞吸式挖泥船两种。冲吸式挖泥船适宜在黄河河道内挖沙，在下游大堤淤临淤背中广泛使用，效果较好。主要设施为一艘载重机船，配以 10EPN-30、YZNB250M 等型号的泥泵和相应的电机或柴油发电机，以及冲吸和输泥管道等。这类泵型的设计泥浆浓度为 10%，每小时的产量为 $80\sim150m^3$，设计排距为 $1000\sim2500m$。随着淤临淤背由险工段向平工段发展，泥浆输送距离增加，挖土范围扩大，在开挖滩区的黏性淤土用于盖淤封顶时，又建造了不同型号的绞吸式挖泥船；这种挖泥船适宜挖取河道、沉沙池和滩区的黏质性淤积物或中轻两合土淤积物，主要机型有 260 型、JYP250

型和开封、郑州等地自来水厂挖沉沙池淤泥的较大型挖泥船。这些绞吸式挖泥船的设计泥浆浓度一般为 10%，产量为 80m³/h、120m³/h、250m³/h，输距为 500～2000m。

2. 半水半陆挖沙技术

半水半陆挖沙技术是一种半机械半人力性质的施工，只要有一定的水源供应，就可在陆地和半水半陆条件下展开机械施工。它可以挖滩、挖沉沙池中的泥沙和输沙渠、排水沟河等陆地机械难以进入场地的淤沙（均在停水期）。在目前机械化程度尚不十分普及和劳力资源比较丰富的情况下，这种半机械半人力施工工具在挖滩、清淤、挖塘中具有广泛的用途。20 世纪 80 年代初开始采用的是 4PNL-250 型，近期已发展到 6PNL-265 型。它具有产量高、排沙距离适中，造价低，施工容易，维修简单，易搬迁移动，活动范围广泛等优点。机组由动力供应、抽水、水力冲泥造浆和管道输送泥浆等部分组成。即在网电或柴油机发电供应动力条件下，先由高压清水泵抽水冲淤造浆，再由泥浆泵将泥浆通过管道或明渠送到堆沙淤筑区。该机组扬程在 10m 以下，输距 200m 内，单位小时的产量 20～30m³。为能充分利用该机组施工的灵活性，还可组织群众大规模挖滩清淤。同时，亦可由大小泵组成的群泵施工，即组合泵施工。其组成形式为：小型泥泵清淤造泥，把泥浆先送至集浆池，然后由大型泥浆泵把集浆池的泥浆抽送到较远的淤筑区，这样不仅能充分发挥大小泵各自的特长与作用，同时对提高施工效率，加快施工进度也有很好的效果。目前，此种施工技术已在黄河下游沿黄两岸平原的沟河、坑塘、滩区、海口挖淤中广泛推广使用，并成了除机船水下挖淤外的重要清淤手段。

3. 陆地挖沙

随着清淤和各类淤筑工程的增多和国家机械化水平的逐步提高，陆地挖淤输沙的机械化程度也在不断提高。下游沿黄地区，河道堤防修筑、灌区清淤及其他水利和交通道路等的施工，均大量使用挖掘、推土、铲运等机械进行土源开挖、泥沙输运，在平整土地和淤区围堤修筑中发挥着重要作用。同时，一些地区广泛利用挖掘机配以拖拉机、载重汽车等运送土料和小型翻斗车短距离挖土、运土代替了大量人力。一些灌区还采用中小型移动式抓斗机械清淤的方式。总体看来，在各种吹填、清淤工程中，利用和配以适当的陆地施工机械不仅必要，而且可以促进淤筑工程施工机械化的全面发展，其施工效率也可大大提高。

3.2.4 输沙技术

在下游淤筑工程中，泥沙或泥浆的运输一般通过管道或陆地输送。由于挖淤性质不同，输送泥沙的方式各异。

1. 管道输沙

管道输沙方式主要适用于在河道、沉沙池和排水沟渠的机船水下挖淤中，半水半陆挖淤中也大都采用此方式输送泥浆。

黄河堤防是经历代民埝的基础上加固而成，同时又坐落在黄河的泥沙淤积层上，堤身、堤基隐患多。为建立完整的堤防防洪体系，不仅对堤防险工段需要放淤进行加固，同时对平工段的堤防也必须进行放淤固堤。1980 年以前，放淤固堤主要淤筑险工及其附近的平工段，输送泥沙距离在 300～400m。20 世纪 80 年代开始向离险工较远的平工段发展，1982 年山东黄河河务局进行了两泵接力输送，1988 年输送距离已达 1700m，20世纪 90 年代船泵接力最远达到 5000 余 m。这一时期河南河务局同时进行了小型泥浆泵串连输送 800m 生产试验，以及船泵接力和泵与泵组合输送达到 3000～5000m。

1）单泵输送距离与含沙量关系

管道输送的泥浆浓度一般是在 200kg/m^3 以上的高浓度泥浆，其输送距离除与机泵性能有关外，泥浆浓度、泥沙颗粒粗细和管道本身的规格、管材质地等也密切有关。一般情况下，泥浆颗粒细，泥浆浓度低、管道光滑、阻力小时，输送的距离远。目前所采用的管材主要是钢管，80m^3/h 挖泥船输沙管道规格以直径 300mm 为主，胶管只在接头或局部弯头上使用，若不经常拆卸搬运，采用水泥管道输送泥浆的效果也较好，因其阻力系数小，寿命也长。根据山东黄河河务局的观测试验表明：山东河道陶城铺以上，河道河床质泥沙的中数粒径为 0.1mm；陶城铺—孙口河段河床质中数粒径为 0.09mm；泺口以下河段河床质中数粒径为 0.08mm，用 80m^3/h 挖泥船配 300mm 管道的最大输距分别为 2000m、2200m 和 2500m。实测的不同泵型、泥浆浓度与最大输距之间的关系见表 3-3。

表 3-3　山东河段实测泥浆浓度与输距关系

泥浆浓度 / (kg/m^3)	衬胶泵输距/m			泥浆泵输距/m		
	d_{50}=0.08	d_{50}=0.09	d_{50}=0.10	d_{50}=0.08	d_{50}=0.09	d_{50}=0.10
200	2900	2600	2480	2940	2700	2520
300	2700	2300	2120	2740	2480	2300
400	2480	2100	1900	2520	2280	2120
500	2320	1980	1780	2320	2120	1960
600	2200	1880	1690			
700	2100	1800	1620			

注：均为最大输距，粒径 d_{50} 单位为 mm。

2）远距离输送方式

现阶段黄河下游远程管道输送泥沙技术主要有以下两种方式。

（1）泵与泵串连方式接力输送。合理的输沙距离与机泵设备能力、泥沙粒径、泥浆浓度、管道特性等因素以及淤区位置状况有关。黄河下游常采用的挖泥船与泥浆泵、泥浆泵与泥浆泵串连接力方式，使用相同的泵型和等径排泥管，泵型选择扬程高的泥浆泵，如 8PSJ 型衬胶泵和 10PNK-20 型泥浆泵。动力采用柴油机驱动，接力泵在管道中至主泵的距离控制在总输距的 30%～40%。输送距离可达 3000～5000m。

（2）组合型方式远程输送。鉴于黄河下游在放淤固堤、挖河清淤固堤、放淤改土中机泵型号多，规格大小不等的状况，在实践中又采用了组合型方式输送泥沙，以解决远程输送问题。

组合型方式是采用多台小型泥浆泵挖泥通过集浆池由大泵接力输送泥沙。小型泥浆泵多采用 4PL-230 型、4PL-250 型以及 4PNL-250 型和 6PNL-265 型，大泵接力常采用250ND-22 型和 10EPN-31 型泥浆泵，输送含沙量达 400～500kg/m^3。输送距离也在 3000～

5000m，如果 3 级接力输送可达 7000m。组合型方式灵活机动，易操作管理，便于拆迁和运输，适宜于挖取黄河滩地，但用工多，耗水量大，要有一定的水源，动力能耗也较大。

3）相关研究进展

对浑水管道泥沙水流特性以及黄河泥沙管道水力输送涉及的关键技术，不同学者进行了大量的研究，使泥沙资源利用人工管道输沙技术逐步走向成熟。目前管道输沙的动力由以前的以柴油机为主发展为以高压动力电为主，由单级输沙发展到多级接力配合输沙，输沙距离由最初的1000m左右发展到12000m以上，单船日输沙能力最大达到5000m³以上。该技术在黄河下游标准化堤防建设中得到广泛利用。

在单泵输送方面，2000 年山东黄河河务局李长海等开展了吸泥船单泵远距离输沙试验，通过调整输沙管径和水平输送水头，输沙距离从原来的 3000m 提高到 4300m。

在多泵组合远距离输送方面，山东黄河河务局 1990～1992 年进行了两级加力长管道远距离输沙技术的试验研究，实际输沙距离达到了 5000m，使长管道远距离输沙成为可能。在随后的淤背固堤实践中，又对简易吸泥船的进水龙头进行了改进，使之由河底集中单向进水，提高进水水流含沙量 32%；对泥浆泵进行了综合抗磨蚀防护试验研究，加强了对泥浆泵叶轮、泵壳和护板的抗磨防护，使泥浆泵过流部件寿命延长 1.07～2.84 倍，使简易吸泥船长管道远距离输沙技术进一步完善，并广泛应用于黄河大堤的淤背固堤工作中。2000 年郑万勇等又开展了多级调压远距离输沙技术研究，通过水泵的串联、并联多级调压装置、溢流装置及新型泥浆泵等设施，人为控制管道内部的输沙压力，降低了设备造价和生产成本，提高了生产效率，解决了黄河机淤固堤远距离输沙的技术难题。2015 年河南黄河河务局端木礼明等又开展了高含沙水流远距离管道输送技术试验研究，提出了最佳输送参数，认为流速 1.50～2.08m/s、含沙量 950kg/m³（C_V 为 35.85%）、中值粒径 0.0409～0.0612mm 时，管道排沙效果最佳，同时验证了高含沙水流远距离管道输送在试验设备和操作技术上是可行的。

人工管道输沙技术是泥沙资源利用的关键技术之一，在放淤固堤、挖河固堤、放淤改土、二级悬河治理、修复采煤沉陷区、建筑与工业材料等利用方面发挥着重要的作用，是泥沙资源利用基础。

2. 陆地运输

在未开展机械化施工以前，下游平原筑堤和灌区清淤的土料输送均以人力肩挑和手推的独轮车、架子车等作为主要的运土工具。部分大型复堤和清淤场地，亦有采用辘护绞车和兽力车代替人力搬运。随着机械化施工的发展，筑堤、清淤的土料搬运便有了较大进步。一般在近距离施工，则以铲运机、推土机把土料直接铲推至用土点；远距离挖淤施工则以挖掘机配以载重汽车或拖拉机搬运至用土点；中近距离的小规模挖淤和运输，一般以人力挖土配以翻斗车运土。总之视运距和施工条件采用不同的运具。

3.2.5 淤筑技术

机械淤筑包括吹填和包边盖顶两部分。

1. 淤筑吹填

淤筑吹填包括淤区分块、淤区围埝、淤区排水及质量控制等。

1）淤区分块

为使淤筑质量均匀和淤面平整，淤区分块不宜过大过长，以便不同浓度和颗粒粗细的泥浆水流能均匀在淤区落淤。根据船淤经验，一般淤块的长度为150～200m，宽度则以淤区大小而定。同时，淤区分块还应考虑到淤的方式，即串淤和轮淤。串淤效率较高，但要通过上下淤块，距离过长时，水流泥沙分选，落淤不很均匀；轮淤效率较低，但能补充串淤之不足，故淤筑时宜根据实际情况灵活采用淤灌方式。

2）淤区围埝

一般分基础和后续两种围埝。对于基础围埝，要求用壤土或黏土修筑，分层夯实，高约2.5m，顶宽2.0m，临水坡1∶2，背水坡1∶3，超高0.5m。后续围埝是在基础围埝所控制的淤区淤满后，逐次向上加高的围埝。一般利用推土机推淤土堆筑，每次围筑的高度为0.5～1.0m。当淤区接近计划淤筑高程时，即需修筑封顶围埝，此围埝一般高1.0～1.5m，内外边坡均为1∶2，顶宽1.0m，并用好土修筑，以防围埝工程因风雨侵蚀坍塌而造成淤区水土的流失。

3）淤区排水

为保证淤区进水、排水、渗水的平衡，不影响周边地区的径流排泄而产生内涝积水和次生盐碱等情况的发生，吹填以后的清水要有计划地退排到排水河（或用于灌溉）。为此，在淤筑区的外侧20～30m处修建截渗沟一道，使之与地区排水沟道连通，以利余水的顺利排泄。

4）质量控制

质量控制主要是指合理控制一次淤筑的最大土层厚度和间隔的淤筑时间，这是保证淤筑体长期稳定的重要环节。因为淤筑体的沉降、固结要经过含水量的消失、密度增大、孔隙水压力消散和强度增强等过程。时间短了土体难以沉降固结，淤筑体不稳定，在此基础上连续向上淤筑即易造成滑塌等安全问题。在下游挖河、挖滩淤筑中，对于黏粒含量低于15%的沙性淤土，一次可淤厚3.0m左右，经过5个月时间即基本固结。因此，在黄河下游堤防淤筑中，多按此标准控制堤防淤筑层次和淤筑的间隔时间。若淤筑土料黏粒含量大于15%时，沉降固结的时间还应适当延长。最后，应在表层淤上0.5m以上一层好土，以利耕作和固沙。

2. 包边盖顶

包边盖顶是淤筑工程的最后一道工序，目的是为了防止淤区土壤沙化并能使新淤出的土地更好地为农业生产服务。所以，对淤区的包边盖顶的土料选择和淤筑技术应十分重视。根据长期淤临、淤背和沉沙筑高区土地还耕的经验，封顶土料以两合土或高于两合土的较黏土为好。抽洪水盖淤需掌握黄河洪水水沙特性和选择好船泵的设置位置，以能抽到适合盖顶的土料和提高抽洪盖淤效率。盖淤前应事前平整淤区，划分淤块，修筑淤区围埝和格田，采用轮换放淤方式淤平淤匀。挖土包边盖顶，宜分层填筑。同时，要注意做好淤区的排水、水土保持和土地的整体利用规划，以便适时恢复淤区土地的利用。从土地利用角度看，盖土比盖淤更有利，但要视土源条件，才能取得投资少，见效快的目的。

3.3 河床物质取样技术与设备

3.3.1 黄河传统取样技术与设备

黄河上传统的泥沙取样工作，主要是对河床表层约 5cm 左右的沙洋进行采集和处理，以获取泥沙颗粒级配组成情况。采样器多采用锚式采样器（图 3-7）和丁字形采样器，个别情况也有直接采用横式采样器在河床挖取试样。

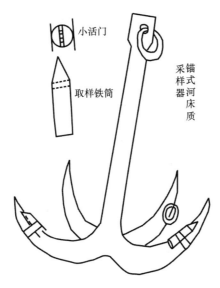

图 3-7　锚式采样器

黄委三门峡库区水文总站的科研人员，在进行水库泥沙取样时，根据多年实践经验，于 1982 年研制了蚌式（Ⅳ）型及钳式两种采样器，取得了较好的实施效果。

蚌式（Ⅳ）型采样器的构造如图 3-8 所示。它由三部分组成：挖沙部分（挖沙器、提杆）、压重部分（铅鱼）、悬吊及悬吊转换部分（吊钩、挂钩、夹板、悬索、绞车）。当采样器用绞车下放时，悬索经挂钩挂住铅鱼，安装在铅鱼体内的挖沙器不受力，器口张开。待铅鱼到达河底，挂钩被拉力弹簧拉转位置，与铅鱼脱开，使悬索通过夹板直接吊挂连接挖沙器的提杆，此时用绞车将采样器徐徐提升，由于挖沙器受铅鱼的重压被迫作合拢动作，从而挖掘河床泥沙，继续将采样器提出水面，用安装在绞车上的吊钩钩住铅鱼，便可取出挖沙器内的沙样。

钳式采样器的构造如图 3-9 所示。其构造原理与蚌式（Ⅳ）型采样器相似，仅将挖沙器改为钳式结构，通过提拉连杆使挖沙器合拢而挖掘床沙。挖沙器闭合后可进入铅鱼体内，受水流的冲击较少。

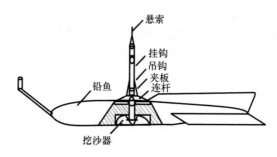

图 3-8　蚌式（Ⅳ）型采样器结构图

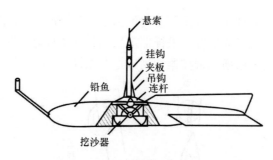

图 3-9　钳式采样器结构图

铅鱼的重量视流速和河床的坚实程度而定，一般与测速所需铅鱼重量相当，但对三门峡库区的沙质硬底河床，似不宜少于 75kg。铅鱼体型按照测速要求制作，头部安有铁杆，可安装流速仪，因此采样器可兼作流速仪测速铅鱼之用，测完流速后将铅鱼沉至河底即可采得床沙。

这些采样器的主要问题，一是采样器为开放式的，采样过程对土体扰动大，采样后仪器在提出水面前受水流冲刷，一部分沙样被冲掉。采样结果不是完整的原状沙样；二是采样深度浅，采样仅限于表层淤积泥沙，由于泥沙淤积的复杂性，采样样品的代表性差。

3.3.2　其他水下取样技术与设备

目前，用于获取水下河床淤积物的取样设备主要有抓斗式、厢式、重力式和振动式取样器等。

1. 抓斗式取样器

抓斗式取样器（图 3-10）主要用于较硬质底层沉积物取样，一般在码头或小船上使用。该取样器具有双向机械装置，能够防止取样器下降时意外关闭，取样器冲击地面时可触发负载弹簧释放机制，达到取样的目的。该取样器不适用于较软淤积泥沙的提取，主要是由于在水中提升过程中泄漏严重。

2. 电视抓斗取样器

电视抓斗取样器（图 3-11）主要是通过铠装电缆把抓斗下放至海底，在甲板上可视

图 3-10 抓斗式取样器

图 3-11 电视抓斗深海取样器

的条件下,通过指令控制抓斗的开合。它是集多种技术与一体的深海底泥取样设备,主要由抓斗、铠装电缆和船上操控系统组成。抓斗上装有海底电视摄像头、光源及电源装置,通过铠装电缆将抓斗与船上操控板及显示器连接,工作时,用绞车将抓斗下放到离海底 5～10m 的高度上,以慢速航行并通过船上的显示器寻找取样目标,一旦找到目标立即下放抓斗,并通过操控板关闭抓斗,完成一次取样。电视抓斗取样器在进行淤积泥沙取样时对样品扰动较大,且取样成功率较低。

3. 厢式取样器

厢式取样器(图 3-12)以其取样箱为四方体而得名,一般由底座、取样箱、铲刀、中心体、释放系统及罗盘六部分组成。其主要依靠重力使取样箱贯入海底淤积泥沙中，然后借助绞车提升使铲刀臂转动 90°，扣住取样箱的底部，采上底质样品。厢式取样器在进行淤积泥沙取样时同样存在样品扰动较大和取样成功率低的不足。

图 3-12　厢式取样器现场效果图

4. 重力式取样器

重力式取样器的基本原理是靠取样器自身的重力作用贯入水底淤泥中，得到近似贯入深度的水底泥沙淤积样品。贯入深度取决于河床质的硬度和取样器的结构形状与配重。根据取样管中是否有活塞，又可分为普通重力式取样器和重力式活塞取样器两种。相对而言，重力式取样器是获取深水条件下淤积泥沙的一种比较常用的方法，目前在海洋淤积泥沙取样方面已有运用。

国外早在 20 世纪 50 年代到 60 年代，就开始了重力活塞式取样器的理论研究和科学实验，如法国调查船上使用的 Kullenberg 取样器，该取样器的最大取样长度达 60m，适合深水取芯，但是该取样器的重量达到 12t，不适合在普通的小船上作业，极大地限制了其使用范围。浙江大学"十五"期间在"863"计划的支持下开发了深海淤积泥沙重力式保真取样器，但该设备没有很好地解决样品扰动的问题。此外，这些针对海洋淤积泥沙的取样设备由于外形大、重量大、价格昂贵等因素，无法满足内陆河流河道及水库水下淤积泥沙样品采集的要求。

5. 振动式取样器

振动式取样器的特点是当取样管作纵向振动时，会使淤积泥沙对取样管的沉入阻力大大降低，而且振动频率越高，阻力降低越明显。使用机械振动式取样器时不需解决电机的密封和激振频率的确定问题。常用的振动式取样器有刚性支架式振动取样器和浮球柔性支架式振动取样器两种。

刚性支架式振动取样器靠振动器来实现取样管的贯入，用引绳将取样管内的活塞固定在导向管上，通过活塞可以有效地保护样品。俄罗斯的 ВПГТ-56 型振动式取样器在水深 500m 的条件下，可贯入砂性淤积物 6m。

浮球柔性支架式振动取样器的浮球组是由轻质高强度材料做成的空心球体。底盘的重量较大，浮球组与底盘间通过两根导向钢绳连成一体。取样器下入海水后，钢绳在底盘重力和浮球组浮力的相互作用下，在垂直方向始终处于绷紧状态，给振动器起导向作用。取芯管的上部与振动器连接，下部穿过底盘中心。由于浮球组、底盘及导向钢丝绳对振动器和取芯管的扶正作用，从而能不受海底地形的影响，保证较好地获取垂直方向的芯样。该种取样器的特殊结构使其具有拆装方便、占用空间小、携带性好等特点。加拿大 P-6 型浮球柔性支架式海底取样器在海水深度为 500m 时，采用直径 102mm 和 141mm 的取样管，可分别采取 10m 和 6m 的砂质芯样。

综上所述，现有的取样器都有其适宜的使用条件和应用范围，且存在一定的不足，主要表现在以下几个方面。

（1）取样深度浅。现有的许多取样设备（如锚式采样器、丁字形采样器、抓斗式取样器、厢式取样器等），所采集的样品主要是淤积物表面，深度一般在 1m 以内，对深层的泥沙样品无法取得。

（2）样品扰动大。仪器设备（如抓斗式取样器、厢式取样器、振动式取样器等），在采样、提升和分离过程中，对样品的扰动较大，使水下淤积物改变了原有的物理特性，特别是密度、含水率、孔隙率等参数。

（3）自重大。有些仪器设备自重非常大，需要配套的大船和大型起重设备，不适合小船作业。

（4）取样成功率低。有些仪器设备还处于研发和改进阶段，在复杂的工作条件下，取样的成功率不高。

3.4 黄河泥沙转型利用技术

3.4.1 黄河泥沙制砖技术

1. 黏土砖

黏土砖也称为烧结砖，是建筑用的人造小型块材，黏土砖以黏土（包括页岩、煤矸石等粉料）为主要原料，经泥料处理、成型、干燥和焙烧而成，有实心和空心的分别。黄河泥沙是非常优良的制作黏土砖材料。

黏土砖就地取材，价格便宜，经久耐用，还有防火、隔热、隔声、吸潮等优点，在土木建筑工程中使用广泛。在我国，墙体材料约占整个房屋建筑材料的 70%，其中黏土砖在墙材中仍居主导地位，生产实心黏土砖所需的黏土资源属可耕地中较优质的黏土，因此其对土地资源的破坏较大，据统计，我国因城乡建房烧制黏土砖，一年竟要损毁良田 70 万亩（1 亩 ≈ 666.67m²）。

为转变这一严重浪费土地资源的传统烧制方式，国家在 2005 年正式推行禁止使用实心黏土砖的政策，以开发推广新型墙体材料为手段（国办发 [2005] 33 号，国务院办公厅《关于进一步推进墙体材料革新和推广节能建筑的通知》），推进实现建筑节能的目标。通知要求截至 2010 年年底，所有城市城区禁止使用实心黏土砖。国家发展和改革委员会、国土资源部、建设部和农业部联合发布《关于印发进一步做好禁止使用实心黏土砖工作的意见的通知》（2012）。2012年9月26日，国家发展和改革委员会宣布，我国将在"十二五"期间在上海等数百个城市和相关县城逐步限制使用黏土制品或禁用实心黏土砖，国家发展和改革委员会办公厅发布了《关于开展"十二五"城市城区限制使用黏土制品、县城禁止使用实心黏土砖工作的通知》（发改办环资〔2012〕2313号）。

2. 多孔砖技术

利用黄河淤泥沙生产烧结多孔砖具有原料来源广、易开采、产品质量好、不损耕地、降低河床、疏通河道，减少水灾等一举多得的优越性。在全国范围内"限黏禁实"的情况下，利用黄河淤泥沙生产烧结多孔砖，发展前景非常广阔。

2004年11月，山东惠民县的滨州市新型建材有限公司，成功研制开发了黄河淤沙加气砼砌块项目，并投入批量生产。经过有关检测数据表明，该产品具有轻质、保温、隔音、抗压等特性，符合新型建材的标准要求，填补了国内空白，2005年，黄河沙制多孔砖项目被山东省建设厅认定为国家级星火计划项目，标志着黄河沙作为新材料的应用已经进入新的阶段。

与此同时，山东淄博市部分科技人员结合该市煤矸石制砖的生产工艺和高青县粉煤灰利用的现状，利用煤矸石粉和粉煤灰作为燃料，掺加80%黄河淤沙，试制成功了"烧结黄河淤沙多孔砖"。多次实验表明，这种砖具有强度高、空心率大、导热系数低等特性，是代替实心黏土砖的理想产品之一。淄博市首创的河沙煤矸石烧制节能砖新技术已在高青县全面推广，其烧制的"烧结黄河淤沙多孔砖"从2005年起全面应用于居住工程。采用这项新技术后，按高青县年建设用砖5000万块标砖计算，每年可节省172.8万 m^3 黏土，至少可节省耕地600亩。

3. 免烧免蒸养黄河生态砖技术

生态砖是最新研制成功的新一代绿色环保建材产品，其花色纹理完全可以媲美天然石材，并克服了天然石材在防污、色差、纹理、放射性等方面存在的缺陷，为建筑装饰提供了一种理想的装饰材料。

生态砖可以用于河道治理，生态砖上有许多生态孔，提供给水生植物、动物很好的生栖环境，可提高水体生物的成活率，调整生态循环系统，重新建立河道、河堤的生态系统。河底铺上生态砖，还便于河道清淤、通航。

免烧免蒸养砖是以粉煤灰、石灰和水泥为主要原料，添加混合外加剂，不需要蒸养和蒸压。利用黄河泥沙生产免烧免蒸养黄河生态砖，技术仍不成熟，许多关键技术问题仍处于研究阶段。黄科院2007年通过农业科技成果转化资金项目"黄河下游滩区新农村建设生态建筑材料技术推广"，对免烧免蒸养黄河生态砖技术进行了研究，并与"郑州太隆建筑材料有限公司"合作建设了黄河泥沙生态砖生产示范基地，编制了《非烧结普通黄河泥沙砖》（Q/HNHK-001-2008）企业技术标准。

此外，黄科院还发明了利用黄河泥沙制作拓扑互锁结构砖技术，并获外观发明专利。拓扑互锁结构砖采用拓扑互锁的原理设计，设计了新型的衬砌砖，其具有整体稳定性好、施工工艺简单、效率高的特点，主要用于渠道及过水建筑的衬砌中。

3.4.2　水泥基蒸压加气混凝土砌块

蒸压加气混凝土砌块是以粉煤灰、石灰、水泥、石膏和矿渣等为主要原料，加入适量发气剂、调节剂和气泡稳定剂，经配料搅拌、浇注、静停、切割和高压蒸养等工艺过程而制成的一种多孔混凝土制品。蒸压加气混凝土砌块产品具有优越的特性，其单位体积重量是黏土砖的 1/3，保温性能是黏土砖的 1/4～1/3，隔声量是黏土砖的 2 倍，渗透系数是黏土砖的 1/2，耐火性是钢筋混凝土的 6～8 倍，砌块的砌体强度约为砌块自身强度的 80%（红砖为 30%），具有广泛的市场需求。

经过技术革新，黄科院于 2009 年发明了一种利用黄河泥沙制备蒸压加气混凝土砌块的方法，并在郑州太隆实业有限公司进行了小规模生产应用。利用该种方法制备的蒸压加气混凝土砌块，其质量百分比为：黄河沙 60%～70%，生石灰 16%～23%，熟石灰 2.0%～3.0%，脱硫石膏 1.0%～1.5%，铝粉膏 0.08%～0.12%，稳泡剂 0.02%～0.03%，余量为水泥。将原料配成料浆后，经浇注、静停养护、脱模、切割、预养和蒸养制得砌块。该砌块以黄河沙为原料，促进了泥沙资源利用，成本较低且性能好，生产工艺简单。

3.4.3　人工防汛石材

黄河流域每年汛期前需要储备几十万方的防汛石料，由于石料开采逐渐受到限制，且运输费用显著提高，在实践中人们提出了利用黄河泥沙制作人造防汛石材的设想。

利用黄河泥沙制作人工防汛石材是以黄河泥沙为主要原料，经一定工艺过程，生产出供黄河堤防抛根和护坡用的人工石材，以代替天然石材。这一方面可降低防汛抢险成本，另一方面可以保护山体，限制滥采山石，保护自然环境和生态环境。

山东黄河河务局李希宁等在分析黄河泥沙性能的基础上，以黄河泥沙为主要原料，采用压力成型、高温烧结等方法，制备出了综合性能优于天然青石料的人工防汛石材，研究提出了利用黄河淤泥沙制造人工防汛石材的工艺过程。试验研究表明，用黄河泥沙生产人工防汛石材是完全可行的，不仅有利于黄河泥沙资源利用，而且具有较大的环境效益、经济效益和社会效益。

黄科院于 2006 年完成了"利用黄河泥沙制作防汛石料关键技术研究"项目，研究出了以天然黄河泥沙和工业废料为主要原材料的防汛石材材料水泥基配方，并应用碾压混凝土的成型工艺，于 2008 年 5 月在河南原阳黄河河务局武庄控导工程完成人造大块石 600m³ 的生产推广工作，进行了部分大块石的抛投。经过近 10 年的检验，抛投后的大块石强度完全满足防洪需求，可代替天然石材。

针对水泥基胶凝材料制作成本高、黄河泥沙利用率低的问题，最近黄科院科研人员又研制出了使用非水泥基胶凝材料的防汛石材制作技术，使黄河泥沙的使用比例达到70%～85%，大大提高了黄河泥沙的使用量。同时，又根据防汛石材制作工艺，研制出了配套的机械化生产设备，大大提高了制作效率。详见本书第 6 和第 7 章。

用黄河泥沙制作防汛石材，具有可观的经济效益、资源效益、环境效益、生态效益和社会效益，尤其是其产品附加值较高，市场竞争力较强，可以调动人们自愿有序用沙、治沙的积极性，将黄河泥沙综合利用工作逐渐纳入市场经济轨道，变被动治沙为主动治沙，从而更有效地治理黄河。

3.5 其他研究与实践

3.5.1 采淘铁砂

经检测，黄河泥沙中 Fe_2O_3 的含量为 2.5%～4.5%，是重要的铁矿石资源。从黄河泥沙中提取 Fe_2O_3，弥补地方上钢铁生产原材料不足，是泥沙资源利用的重要方向之一。

1. 黄河采淘铁砂的发展情况

黄河下游河道内采淘铁砂活动最早出现在支流伊洛河。最初当地村民在外地人的指导下发现伊洛河的河道中能吸出铁砂，而铁砂能够带来较大利益，由此河道采铁砂业逐步发展起来。随着小浪底水库运用，河道持续的清水冲刷使河床逐渐粗化，黄河下游河道又成为采淘铁砂的主要场所。这一时期钢铁资源紧张，一些小钢厂对铁砂的需求量与日俱增；从黄河里淘出的铁砂被卖到了郑州附近的荥阳、洛阳、安阳等地的一些小钢厂。采铁砂船只多达 1500 余艘，基本覆盖了整个河南黄河段，就连山东与河南交界处的菏泽、东明河段也发现有 100 余艘采铁砂船出没。

采铁砂船多为个体经营，为了经济利益不顾河道管理要求，大规模的黄河河道采淘铁砂活动给河道管理、河势稳定、防洪安全带来了较大影响，为黄河河道行洪畅通和防洪安全埋下严重隐患，严重危及防洪安全。为确保河道行洪和采淘铁砂人员的生命财产安全，2008 年，黄委颁布了《关于全面禁止在河道内采淘铁砂的紧急通知》，紧急叫停了河道采淘铁砂活动。

2. 铁砂用途及效益

经过试验，发现从黄河河道泥沙内筛选出的铁砂含铁量达 60%，潜在经济效益相当可观。但是，黄河铁砂矿物成分复杂，目前尚无法直接进行冶炼，采淘出来的铁砂一般都卖到一些小型冶炼厂掺兑。

黄河采淘铁砂具有很好的经济效益，按照 1 条小型船只 [长 12m，宽 3.6m，价位 8万元] 进行计算，每条采铁砂船需 2 人操作，日采铁量达 2t 以上，按 700 元/t，扣除人工费 400 元、燃油费 240 元，日利润 760 元以上，每月利润即超过 2.2 万元，4 个月基本可以收回成本。

3.5.2 利用黄河泥沙修复采煤沉陷区及充填开采技术

利用丰富的黄河泥沙资源进行采煤沉陷地的充填复垦是泥沙资源利用的主要方向之一，近年来，一直进行利用黄河泥沙恢复煤矿沉陷区的试验。同时，为了主动防范煤矿采空区的土地沉陷问题，近期开展利用黄河泥沙进行充填的煤矿开采技术的探索性研究。

1. 利用黄河泥沙修复采煤沉陷区技术

王培俊等（胡振琪等，2015；王培俊，2016）对黄河泥沙作为采煤沉陷地充填复垦材料的可行性进行了分析，通过在济宁市开展的采样试验，测定了黄河泥沙的土壤质地、pH 值、电导率、有机质、营养物质、砷和 7 种重金属（Cd，Cr，Cu，Ni，Pb，Zn，Hg）

等理化指标,指出:①黄河泥沙质地类型属于砂土,保水保肥性能差。②黄河泥沙的pH值呈弱碱性,电导率值很小,能满足大多数作物的生长要求。③黄河泥沙的有机质、全氮、碱解氮、全钾、速效钾、全磷和有效磷含量处于中下、低或很低水平,用作充填复垦材料需要采取适当措施加以改良。④黄河泥沙中的8种重金属含量均未超过《土壤环境质量标准》(GB 15618—1995)二级和三级标准值,不会造成污染。黄河泥沙用作采煤沉陷地的充填复垦材料是可行的,但需改善其保水保肥性能和肥力水平。

为探寻适合中国东部高潜水位平原矿区的土地复垦新技术,中国矿业大学胡振琪教授选取济宁市北部试验场为研究对象,探寻引黄泥沙充填复垦采煤沉陷地的新技术,包括技术工艺流程、复垦后地貌景观、复垦土壤剖面状况、复垦土壤理化性状以及复垦农田生产力等。研究结果证明:①短距离引黄河泥沙充填复垦技术在济宁市北部试验场得到了成功应用,土地复垦率为100%,耕地面积恢复率达95%,证明了引黄河泥沙充填复垦技术的可行性;②黄河泥沙充填复垦土壤剖面的保水保肥性能存在一定的不足,复垦农田的表层(0~20cm)、中层(20~50cm)和底层(50~80cm)土壤的含水量、全氮、速效钾、有机质含量以及表层(0~20cm)土壤的有效磷含量均小于对照农田相应层的含量,且复垦农田土壤全氮和有机质较为缺乏,限制了农作物的生长;③实地测产发现充填复垦农田的产量只有对比农田产量的一半左右,说明需要对充填复垦工艺进行革新和复垦土壤进行改良。另外,在分析引黄充填技术可行性的基础上,提出了需要重点创新的4个方面:复垦土壤剖面的重构、水沙快速分离的充填排水工艺、动水条件下高效取沙设备优选及远距离管道输沙技术参数优选。

2. 利用黄河泥沙进行煤矿充填开采技术

采空区充填是控制采空区岩层破断移动和地表沉陷的最有效的方法,目前的充填开采主要有矸石直接充填技术、高水材料充填、膏体充填等。黄河泥沙充填开采适宜使用膏体充填开采技术。

把黄河泥沙、工业炉渣等固体废弃物在地面加工成不需要脱水的牙膏状浆体,然后用充填泵或自流通过管道输送到井下,在直接顶主体尚未垮落前及时充填回采工作面后方采空区,形成以膏体充填、窄煤柱和老顶关键层构成的必要的覆岩支撑体系,达到固体废弃物资源化利用、控制开采引起的覆岩和地表破坏与沉陷、保护地下水资源、提高矿产资源采出率、改善矿山安全生产条件的目的。

黄科院为了研究黄河泥沙作为煤矿充填材料的可行性,以焦作某煤矿目前使用的充填材料为基准,以黄河淤积泥沙为主料,通过掺入水泥、粉煤灰及适量的外加剂,开展了配合比试验(图 3-13),通过调整泥沙、水泥、粉煤灰、水和外加剂的种类和掺量,使试验充填材料性能逐渐接近煤矿充填要求。

表3-4为部分试验配合比及试验结果,可以看出:①未添加外加剂时,充填料浆的泌水情况比较严重,初凝时间均大于10h,初凝和终凝时间不符合充填设计要求;②充填料浆的坍落度随着水泥掺量增加而增大,随粉煤灰掺量增加而减小;③推荐试验组成的配合比,充填材料的泌水率、凝结时间及坍落度均能达到设计充填材料基本物理指标;经测试,充填体28d抗压强度达到10MPa,达到了填充材料力学指标。

图 3-13　充填材料配合比试验

表 3-4　试验配合比及试验结果

配比编号	配合比/（kg/m³）							泌水率/%	凝结时间/h		坍落度/mm
	C	F	S	W	X	Y	Z		初凝	终凝	
1	400	400	800	400	0	0	0	25	>10	—	247
2	400	400	800	400	2	127	8	0	1.3	7.0	260
3	400	400	800	400	4	127	8	0	1.3	7.0	260
4	400	400	800	400	6	127	8	0	1.5	9.0	270
5	400	400	800	400	8	127	8	0	1.7	8.5	260
6	400	400	800	400	2	85	8	0	2.5	10.0	260
7	400	400	800	400	2	106	8	0	1.7	7.0	253
8	400	400	800	400	2	106	4	0	2.5	9.0	260
9	400	400	800	400	2	106	6	0	2.0	7.5	262

注：C 表示水泥，F 表示粉煤灰，S 表示泥沙，W 表示水，X 表示减水剂，Y 表示促凝剂，Z 表示激发剂。

　　根据推荐配合比，开展了充填中试试验（图 3-14）。利用充填泵将搅拌均匀的充填材料输送入充填池中。试验监测结果表明，试验材料各项指标满足煤矿充填要求，利用黄河泥沙作为煤矿绿色开采的充填原材料是可行的。详见本书第 9 章介绍。

3.5.3　型砂加工技术

　　型砂是在铸造中用来造型的材料，一般由铸造用原砂、型砂黏结剂和辅加物等造型材料按一定的比例混合而成。型砂按所用黏结剂不同，可分为黏土砂、水玻璃砂、水泥砂、树脂砂等。以黏土砂、水玻璃砂及树脂砂用得最多。

　　型砂在铸造生产中的作用极为重要，因型砂的质量不好而造成的铸件废品约占铸件总废品的 30%～50%。通常对型砂的要求是：①具有较高的强度和热稳定性，以承受各种外力和高温的作用。②良好的流动性，即型砂在外力或本身重力作用下砂粒间相互移动的能力。③一定的可塑性，即型砂在外力作用下变形，当外力去除后能保持所给予的形状的能力。④较好的透气性，即型砂孔隙透过气体的能力。⑤较高的溃散性，又称出砂性，即在铸件凝固后型砂是否容易破坏，是否容易从铸件上清除的性能。

图 3-14　充填中试试验

利用黄河泥沙，经过水洗、擦洗、烘干、筛选、级配等加工，形成不同规格的型砂，是湿型、干型、树脂砂、覆膜砂、水玻璃砂、芯用砂的首选用砂，更适用于外墙保温用砂。型砂的主要产品有铸造用水洗砂、擦洗砂、烘干砂、外墙保温用砂、各种规格的石英砂等。型砂加工是黄河泥沙资源利用的重要方向之一，对黄河泥沙的需求量很大，据不完全统计，郑州中牟地区年消耗黄河泥沙约 100 万 t，十几年来黄泛区范围内的沙丘几乎全部被挖掉。型砂的加工技术已基本成熟，但目前型砂生产企业面临的一个大问题是原材料供应短缺，这为黄河泥沙资源的规模化利用提供了有利时机。

3.5.4　砂质中低产田土壤改良技术

根据国土资源部 2009 年的中国耕地质量等级调查与评定结果显示，在我国的耕地面积中，中低产田高达 60% 以上。中低产田是我国重要的耕地资源，具有很大的粮食增产潜力。沿黄河南、山东等地区是我国重要的农业生产基地和粮食核心产区，同时也是我国粮食增产潜能主要发掘区。砂质土壤是河南中低产田的一个典型种类，其有机质含量低，黏粒含量低，物理性状差，水、肥、气、热不协调，从而导致漏水漏肥，土壤质量差，严重制约当地农业发展。目前砂质土壤改良多采用施肥、耕作等措施，如增施有机肥、秸秆还田等，这种大量单纯依靠化肥提高土地肥力的耕作方式没有从根本上改善土壤质地，大量根底出现土地硬化、板结等现象，导致耕地质量下降，粮食减产。

2014 年开始，黄科院开展了利用黄河泥沙改良砂质中低产田的试验研究。研究采用物理性黏粒含量 43.3% 对原物理性黏粒 9.8%、物理性砂粒 90.2% 的试验田进行改良试验（图 3-15），结果表明：①黏粒含量高的黄河泥沙掺入使原土壤的质地发生了改变，改善了土地的质地结构，改良后土地产量均有所提高；②分别将试验田的物理性黏粒提高至 13.54% 和 16.94%，试验田小麦亩产从原来的 153kg 分别提高至 276kg 和 385kg，提高了 1.8 倍和 2.5 倍。

2015 年 10 月至 2016 年 6 月期间，采用不同的处理方式对中牟县雁鸣湖镇黄河滩区某农田进行改良试验，结果表明：黄河泥沙与鸡粪或者保水剂的组合使用，比单独使用黄河泥沙增产效果更加显著，其中掺入 20% 黄河泥沙亩产最高，"掺入 20% 黄河泥沙+鸡粪+保水剂"的改良试验方案可以实现小麦产量增加 20% 以上。具体内容详见本书第 8 章。

旋耕机混掺土壤

均匀掺入黄河泥沙

田间土壤取样

小麦测产

图 3-15　砂质中低产田改良试验

第4章　黄河中下游泥沙资源分布与系列化利用架构

本章主要基于黄河中下游泥沙物化特性的调查、分析，对黄河泥沙的利用途径和方式进行研究，明晰黄河泥沙的可利用方向和重点利用方向，编制黄河中下游泥沙资源分布图，提出黄河泥沙资源利用架构，指导规范黄河泥沙资源利用，实现黄河泥沙资源的有序利用和规模化、标准化、系列化利用。

4.1　黄河中下游河段河道泥沙淤积基本概况

黄河全长约 5464km，流域面积约 75.2 万 km²。其中，河源—内蒙古托克托县的河口镇为上游，河道长 3471.6km，流域面积 42.8 万 km²，占全河流域面积的 53.8%；自河口镇—河南郑州市的桃花峪为中游，河段长 1206.4km，流域面积 34.4 万 km²，占全流域面积的 43.3%，落差 890m，平均比降 7.4‰；桃花峪—入海口为下游，河道长 785.6km，流域面积 2.3 万 km²，落差 94m，比降上陡下缓，平均 1.11‰（胡一三，1996）。

总体上，黄河河口镇—禹门口河段为泥沙的主要来源区，禹门口以下是泥沙的主要聚集区。根据其河道特性，分为五个河段，即小北干流（禹门口—潼关）、三门峡库区（潼关—三门峡枢纽）、小浪底库区（三门峡枢纽—小浪底枢纽）、西霞院库区（小浪底枢纽—西霞院枢纽）和下游河道（西霞院枢纽—河口）。

4.1.1　小北干流河段

黄河禹门口—潼关河段又称小北干流，河道长度约 132.5km，平均宽度约 8.5km，河道面积 1107km²，其中滩区面积 657km²。该段河道总落差 52m，纵比降上陡下缓，变化幅度为 6‰～3‰，河相系数为 40～52，其主要特征统计见表 4-1。黄河在禹门口由不足百米的峡谷水流骤然扩宽为数千米，呈南偏西 20° 方向流向潼关。河段地处汾渭地堑，北为吕梁北斜，西为鄂尔多斯中坳陷，南为秦岭地轴，东南部为中条山隆起（焦恩泽等，2011）。两岸台塬高出河床 50～200m，为切入黄土台塬阶地的谷内式河流；流至潼关河宽又收缩为 850m，使小北干流河段成为天然滞洪沉沙场所。

表 4-1　黄河小北干流河道特征统计表

河段	河道长度/km	河道宽度/km			平均比降/‰	平均水深/m	床沙中径 D_{50}/mm	河相系数
		最宽	最窄	平均				
禹门口—庙前	42.5	13.0	3.5	9.8	5.7	2.24	0.20～0.30	44.22
庙前—夹马口	30.0	6.6	3.5	4.7	4.1	1.31	0.11～0.14	52.4
夹马口—潼关	60.0	18.8	2.4	11.6	2.8	2.64	0.10～0.15	40.8
禹门口—潼关	132.5	18.8	2.4	8.5	3.6	2.11	0.10～0.30	43.79

根据河道特性，小北干流河段又可划分为三段，上段为禹门口—庙前（黄淤 61 断面）段，河长 42.5km，河道宽 4～8km，最大河道宽可达 13km，河道纵比降 5.7‰，床沙中值粒径为 0.20～0.30mm；中段庙前—夹马口（黄淤 54 断面）段，河长 30km，河宽 3～4km，河道纵比降 4.1‰，两岸基岩为古近纪和新近纪红土层，抗冲能力强，河宽较窄，有一定控制作用；下段夹马口—潼关段，河长 60km，河宽一般为 6～10km，最宽达 19km（黄淤 48 断面），河道纵比降 2.8‰，床沙中值粒径一般为 0.10～0.15mm，该河段沙洲林立、汊流众多，流路散乱，主河槽摆动频繁，素有"三十年河东、三十年河西"之说，是典型的游荡性河道。自然条件下，在一个水文年度内，黄河小北干流河道汛期多发生淤积，非汛期多发生冲刷。三门峡水库建成以后，非汛期水库蓄水回水超过潼关时，则小北干流下段会由于水库壅水而发生淤积。

中国科学院地理研究所渭河研究组根据黄河小北干流河津连伯滩、安昌和潼关—朝邑三个地质剖面图，采用地质沉积结构原理，对 220～1960 年黄河小北干流的分段淤积厚度进行了估算，结果表明，禹门口—北赵河段河床淤积厚度为 31.9m，年平均淤积厚度为 0.018m；北赵—夹马口河段河床淤积厚度为 30.7m，年平均淤积厚度为 0.017m；夹马口—潼关河段河床淤积厚度为 37.6m，年平均淤积厚度为 0.021m。整个小北干流河段河床平均淤积厚度 33.4m，年平均淤积厚度 0.019m。

根据对该河段连续 55 年（1960～2015 年）河道断面测量资料计算分析（表 4-2）可以看出：1960 年 5 月至 2015 年 10 月，黄淤 41～68 断面，近 130km 河道共淤积 21.71 亿 m³。其中，黄淤 41～50 断面，河段长占全河段的 27%，淤积量达 10.98 亿 m³，占全河段总淤积量的 50.6%；而黄淤 50～68 断面，河段长占全河段 73%，淤积量仅占全河段总淤积量的 49.4%。按每公里淤积量看，黄淤 45～50 断面，每公里淤积量最大为 0.33 亿 m³；黄淤 41～45 断面，每公里淤积量次之为 0.30 亿 m³；黄淤 50～59 断面，每公里淤积量最小仅 0.11 亿 m³；黄淤 59～68 断面，每公里淤积量 0.12 亿 m³。近 55 年各河段的淤积速率基本符合中国科学院地理所研究的成果。

表 4-2 黄河龙门—潼关河段断面法冲淤量计算

时段 （年-月）	分段冲淤量/亿 m³				
	黄淤 41～45	黄淤 45～50	黄淤 50～59	黄淤 59～68	合计
1960-5～1962-5	2.20	0.76	0.08	0.23	3.27
1962-5～1964-10	0.89	1.47	0.36	0.53	3.25
1964-10～1968-5	0.75	3.69	1.43	1.58	7.45
1968-5～1973-10	0.03	0.81	1.89	1.84	4.57
1973-10～1978-10	0.54	−0.11	0.12	−1.00	−0.45
1978-10～1986-10	−0.49	−0.51	0.31	1.31	0.62
1986-10～1990-10	0.23	0.50	0.65	0.92	2.30
1990-10～1995-10	0.26	0.45	0.55	1.57	2.83
1995-10～2000-10	0.03	0.06	0.06	−0.02	0.13
2000-10～2005-10	−0.05	−0.06	−0.08	0.18	−0.01
2005-10～2010-10	−0.06	−0.14	−0.29	−0.68	−1.17
2010-10～2015-10	−0.09	−0.18	−0.26	−0.55	−1.08
合计	4.24	6.74	4.82	5.91	21.71
间距/km	14.30	20.30	43.00	50.00	127.60
单位距离淤积量/（亿 m³/km）	0.30	0.33	0.11	0.12	0.17

按照时间顺序看淤积发展，从 1960 年 5 月至 2015 年 10 月时段内，1973 年 10 月以前河道的淤积量较大，共淤积了 18.54 亿 m³，占统计时段淤积总量的 85.40%；1973 年以后，由于三门峡水库改变运用方式，以及 1977 年汛期的两次高含沙洪水发生了剧烈的"揭河底"冲刷，改善了小北干流河段河道断面形态，使这一时期河道淤积量较少，尤其是在龙门河段附近，"揭河底"洪水对河道造成了明显的冲刷，延缓了河道淤积发展的速度；1986 年以后上游龙羊峡水库投入运用，减少了汛期水量，增大了非汛期水量，对小北干流河段减淤不利，导致河道淤积增加；2000 年以来，由于汛期水沙调控及来沙量严重偏少，河道呈现微冲状态。若未来遭遇丰沙年份或高含沙过程，小北干流河段仍会处于淤积态势，为泥沙寻找出路仍是工作之重点。

综合以上分析，到 2015 年禹门口至—北赵河道淤积厚度达 32.89m，北赵—夹马口河道淤积厚度达 32.57m，夹马口—潼关河道淤积厚度达 38.76m；禹门—潼关河段平均淤积厚度达 34.44m，淤积的泥沙量约 818.5 亿 m³，从禹门口—潼关河段河床泥沙粒径从 0.3mm 变化至 0.1mm，水深平均约为 2.11m，两岸居住的群众相对较少，并且随着小北干流沿黄公路的修通，为泥沙资源利用提供了一个广阔的空间，为减少粗泥沙进入三门峡和小浪底水库及下游河道起到了至关重要的作用。

4.1.2 潼关—三门峡大坝河段

黄河在潼关折转 90°向东，潼关河谷宽度收缩至 850m，形成天然卡口。潼关以下三门峡库区，黄河穿行在秦岭和中条山的阶地之间，属山区峡谷型河道，潼关—三门峡大坝长 113.5km，河谷宽为 1~6km，河槽宽度 500m 左右，平均比降约为 3.5‰，其中潼关—灵宝（黄淤 26 断面）附近河床比降为 3.0‰，河宽 2~4km，灵宝—三门峡大坝河宽 1km 左右，比降约 3.8‰。河道两岸为黄土台塬，其高程多为 380~420m，岸顶高出河床 20~60m，河道上宽下窄，滩高槽深，主流被缩束于狭窄的河槽内，蜿蜒曲折，三门峡坝址处的河槽宽度约为 300m（胡一三，2009）。

三门峡水利枢纽于 1960 年 9 月投入运用以来，经历了不同的运用方式，在不同时期水库库区具有不同的冲淤特点，其冲淤变化如表 4-3 所示。

1960 年 9 月至 1962 年 3 月为蓄水拦沙运用，除几次异重流排出少量泥沙外，绝大部分泥沙淤在库内；1962 年 3 月至 1964 年 10 月为畅泄运用，但由于泄流能力不足，库区淤积仍然十分严重，至 1964 年 10 月潼关以下库区淤积 36.52 亿 m³。

1964 年 11 月至 1973 年 10 月为滞洪排沙运用，水库经历两次改建，增加了泄流能力，潼关以下库区发生冲刷，共冲刷 9.05 亿 m³。

1973 年 11 月至 1986 年 10 月水库改为蓄清排浑运用，非汛期为了防凌、春灌、发电，水库蓄水，坝前最高蓄水位控制在 326m 以下，汛期降低水位泄洪排沙，把非汛期淤积在库内的泥沙调节到洪水期排出库外，基本保持了潼关以下库区的冲淤平衡，这一时期库区微淤 0.088 亿 m³。

1986 年 10 月以后水库仍为蓄清排浑运用，但受自然因素和工程因素影响，汛期来水量持续减少，进口含沙量增大，潼关以下库区出现累积性淤积，至 1995 年 10 月，潼关以下库区共淤积 1.448 亿 m³，最危险的潼关河段（黄淤 36~41 断面）淤积了 0.349 亿 m³。

表 4-3　黄河潼关—三门峡大坝河段断面法冲淤量

时段 （年-月）	分段冲淤量/亿 m³						
	大坝至黄淤 12	黄淤 12~22	黄淤 22~31	黄淤 31~36	黄淤 36~41	合计	累计
1960-5~1962-5	1.338	3.042	4.582	4.138	1.976	15.08	15.08
1962-5~1964-10	2.182	5.867	9.020	3.807	0.572	21.44	36.52
1964-10~1968-5	−0.216	−1.284	−1.370	−1.038	0.054	−3.85	32.67
1968-05~1973-10	−0.939	−1.399	−1.655	−0.754	−0.454	−5.201	27.469
1973-10~1978-10	0.542	0.749	0.100	−0.018	−0.062	1.311	28.78
1978-10~1986-10	−0.341	−0.201	−0.170	−0.175	−0.336	−1.223	27.557
1986-10~1990-10	0.151	−0.050	0.100	0.558	0.223	0.982	28.539
1990-10~1995-10	0.211	0.227	0.106	−0.204	0.126	0.466	29.005
1995-10~2002-10	0.043	0.181	0.425	0.215	0.119	0.983	29.988
2002-10~2010-10	−0.379	−0.284	−0.309	−0.313	−0.216	−1.500	28.488
2010-10~2015-10	−0.055	−0.066	0.093	0.027	0.005	0.005	28.493
合计	2.537	6.782	10.922	6.243	2.007	28.493	
间距/km	15.06	27.22	30.04	21.67	19.21	113.21	
单位距离淤积量 /（亿 m³/km）	0.168	0.249	0.364	0.288	0.104	0.252	

1995 年 11 月至 2002 年 10 月为潼关清淤期。鉴于 1995 年汛后潼关高程上升到 328.28m，黄河水利委员会决定于 1996 年汛前开始采用射流技术在潼关河段（黄淤 36~41 断面）进行清淤试验；1996~2002 年是枯水枯沙系列年，水沙条件极为不利，7 年中汛期各月只有一个月的水沙搭配参数在 0.015kg·s/m⁶ 以下，此期间潼关以下库区共淤积 0.983 亿 m³。

自 2002 年 11 月起，遵照水利部、黄河防总指示，水库运用方案进行了很大调整，非汛期坝前水位控制在 318m 高程以下，至今仍按上述指示运用。该时段处于枯水枯沙系列，由于入库沙量减少较多，因此潼关以下库区总体处于冲刷状态，2002 年 10 月至 2015 年 10 月，库区净冲刷 1.495 亿 m³。

4.1.3　小浪底水库库区河段

三门峡—小浪底河段是黄河干流最后一个峡谷段，两岸支沟众多，源短坡陡，是三花间洪峰的主要来源区之一。小浪底坝址位于该峡谷的下口，从三门峡至小浪底，南岸是秦岭山系邙山，北岸是中条山、王屋山，河谷宽 500~1000m，洪水水面宽 200~300m。

小浪底大坝上距三门峡大坝 130km，下距郑州铁路桥 115km。水库坝顶高程 281m，设计最大坝高 154m，最高运用水位 275m，总库容 126.5 亿 m³，淤沙库容 75.5 亿 m³，长期有效库容 51 亿 m³，防洪库容 40.5 亿 m³，调水调沙库容 10.5 亿 m³。

三门峡至小浪底区间流域面积 5730km²，占三门峡至花园口区间面积的 14%；该区域内为土石山区，植被条件较好。干流河道上窄下宽，上段约 1/2 的河道，河谷底宽仅 200~400m，下段 1/2 的河道的底宽一般为 500~800m，坝址以上 30km 的八里胡同峡谷，长 4km，河谷最窄处 200~300m，原河底比降约 1‰，原河床为沙卵石覆盖。

库区的支流大小共 18 条。其中比较大的支流有大峪河、畛水、石井河、东阳河、西阳河、沇西河、亳清河、板涧河共 8 条（图 4-1），这些支流多分布于近坝段，且支流比降较陡，一般在 10‰左右。

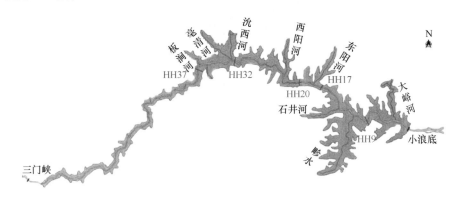

图 4-1　小浪底水库库区平面图

小浪底水库从 1999 年 9 月开始蓄水运用，截至 2014 年 4 月，全库区断面法淤积量为 30.144 亿 m³，泥沙淤积主要集中在干流，干、支流淤积量分别为 24.310 亿 m³、5.834 亿 m³，分别占库区淤积量的 80.6%、19.4%[①]。

根据输沙率法计算，1999 年 10 月至 2014 年 6 月，小浪底水库入库沙量 46.366 亿 t，出库沙量 10.112 亿 t，库区淤积 36.254 亿 t（表 4-4），其中细颗粒泥沙（$d \leqslant 0.025$mm）、中颗粒泥沙（0.025mm$< d \leqslant 0.05$mm）、粗颗粒泥沙（$d > 0.05$mm）淤积量分别为 14.146 亿 t、10.649 亿 t、11.459 亿 t，分别占总淤积量的 39.0%、29.4%、31.6%（申冠卿等，2009）。这说明水库在拦截大部分中粗沙的同时，也拦截了部分对下游不会造成大量淤积的细沙颗粒，在一定程度上加速了库容淤损。

表 4-4　1999 年 10 月至 2014 年 6 月小浪底水库库区淤积物及排沙组成

泥沙类型	入库沙量/亿 t		出库沙量/亿 t		淤积量/亿 t		全年入库泥沙组成/%	全年出库泥沙组成/%	全年淤积物组成/%	全年排沙比/%
	汛期	全年	汛期	全年	汛期	全年				
细沙	20.856	22.194	7.616	8.049	13.240	14.146	47.9	79.6	39.0	36.3
中沙	10.818	11.885	1.187	1.236	9.631	10.649	25.6	12.2	29.4	10.4
粗沙	11.191	12.286	0.801	0.827	10.390	11.459	26.5	8.2	31.6	6.7
全沙	42.865	46.366	9.604	10.112	33.261	36.254	100.0	100.0	100.0	21.8

图 4-2 为 1999 年 10 月至 2014 年 4 月小浪底库区干流纵剖面淤积形态，可以看出，1999 年 10 月下闸蓄水时，库底纵剖面淤积形态仍为锥体淤积；至 2000 年 10 月，泥沙淤积在干流形成明显的三角洲洲面段、前坡段与坝前淤积段，干流纵剖面淤积形态已经转为三角洲淤积。水库运用以来，随着库区泥沙淤积，三角洲顶点不断向坝前推进，至 2014 年 4 月，三角洲顶点由运用初期的距坝 60km 以上，下移至距坝 11.42km 的 HH9 断面。

---

① 江恩惠，李远发，杨勇，等.2010. 小浪底库区泥沙起动输移方案比较研究. 黄科院报告.

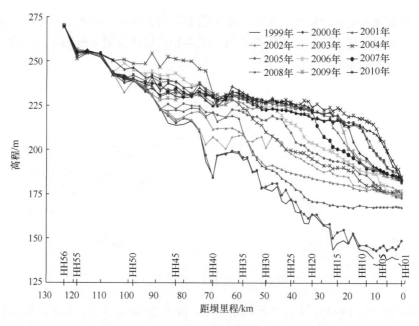

图 4-2　小浪底水库历年汛前干流纵剖面套绘（深泓点）

根据小浪底水库淤积形态设计成果，水库初期运用拦沙完成后，进入后期正常运用期，达到悬移质输沙平衡，砂卵石推移质部分将分别淤积在库区干支流尾部段。

4.1.4　西霞院库区河段

西霞院反调节水库（简称西霞院工程）是黄河小浪底水利枢纽的配套工程，水库的开发目标是以反调节为主，结合发电，兼顾灌溉、供水等综合利用。工程位于小浪底坝址下游 16km 处的黄河干流上，上距小浪底工程 16km，距洛阳 33km，下距郑州市 116km。坝址左、右岸分别为洛阳市的吉利区和孟津县。

小浪底至西霞院区间流域面积 400km²，无大支流汇入，河长大于 5km 的支流共有 7 条，其中砚瓦河为西霞院库区最长的支流，河长 30.9km，流域面积为 87.5km²。

西霞院库区自然河道表现为沿程上窄下宽。西霞院坝址上游约 8km 的焦枝铁路老桥以上，河道较窄，河道宽度小于 1000m；以下逐渐展宽到 3000～4000m，水流分散，属于峡谷出口的分汊型河道。洪水自上游峡谷河段带来的大量砂卵石推移质，在焦枝铁路老桥以下河道展宽河段形成众多的砂卵石河心滩，自上而下，有连地滩、留庄滩、柿林滩、杏园滩、西滩、王庄滩、坡头滩和堡子滩等。

库区河床均为砂卵石组成，河心滩及两岸滩地表层分布有细沙、砂壤土、粉土等覆盖层，下部为砂卵石层，有较强的抗冲性，河床及滩岸流动性较小。库区河道平均比降为 8.6‰。库区峡谷型河段比较平稳，河床比降约为 2.3‰；库区分汊型河段平均比降较大，约为 11.7‰。

西霞院水库建库以来，截至 2015 年 10 月，水库累计共淤积 0.23 亿 m³。2011 年后，库区由于来沙条件的变化，年排沙次数有增加趋势。

4.1.5　黄河下游河段

黄河自河南郑州桃花峪至山东垦利县入海口称为下游，长 786km。另外，黄河中游的尾端自河南孟津白鹤镇出峡谷以后,河道展宽,比降变缓,流速降低,泥沙大量落淤,成为堆积性河道,河性与桃花峪以下的河道相近;在中华人民共和国成立后,国家直接负责治理的范围包括白鹤镇至桃花峪间长92km的河段,因此,习惯上所说的黄河下游泛指孟津白鹤镇至入海口,长878km。

黄河下游河道上宽下窄,河道比降上陡下缓,排洪能力上大下小。由于黄河水少沙多、水沙关系不协调,进入下游的泥沙大量淤积,20世纪河床每年平均抬高0.05~0.1m,现状下游河床已高出两岸地面4~6m,最大10m以上,形成举世闻名的"地上悬河"。目前下游河道除右岸邙山及东平湖至济南区间为低山丘陵外,其余全靠堤防约束洪水。

黄河下游按其特性可分为四个河段(图4-3):白鹤镇至高村河段为游荡性河段,高村至陶城铺河段属于由游荡向弯曲转化的过渡性河段,陶城铺至垦利宁海河段为弯曲性河段,宁海以下为河口段。各河段的基本情况见表4-5。

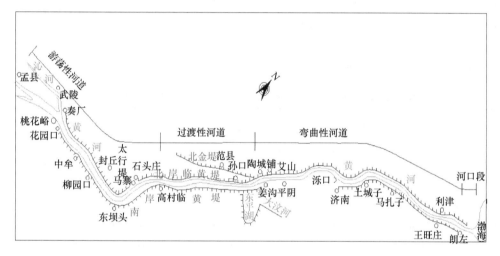

图4-3 黄河下游河道概况

表4-5 黄河下游各河段河道基本情况

河段	河型	长度/km	宽度/km			河道面积/km²			平均比降/‰
			堤距	河槽	滩地	全河道	河槽	滩地	
白鹤镇—铁桥	游荡型	98	4.1~10.0	3.1~9.5	0.5~5.7	697.7	131.2	566.5	2.56
铁桥—东坝头		131	5.5~12.7	1.5~7.2	0.3~7.1	1142.4	169.0	973.4	2.03
东坝头—高村		70	4.7~20.0	2.2~6.5	0.4~8.7	673.5	83.2	590.3	1.72
高村—陶城铺	过渡型	165	1.4~8.5	0.7~3.7	0.5~7.5	746.4	106.6	639.8	1.48
陶城铺—宁海	弯曲型	322	0.5~5.0	0.3~1.5	0.4~3.7				1.01
宁海—西河口	弯曲型	39	1.6~5.5	0.4~0.5	0.7~3.0	979.7	222.7	757.0	1.01
西河口以下		53	6.5~15.0						1.19
全下游		878							

黄河下游各个时期的河道冲淤与三门峡水库、龙羊峡水库、小浪底水库的运用及来水来沙密切相关。综合考虑黄河干流水沙条件变化和干流控制性工程运用情况,黄河下游河道冲淤变化的统计分析按时段分为:1950~1959年(主要反映天然情况)、1960~

1964 年（主要反映三门峡水库蓄水拦沙运用影响）、1965～1973 年（主要反映三门峡水库滞洪排沙运用影响）、1974～1985 年（主要反映三门峡水库蓄清排浑运用影响）、1986～1999 年（主要反映龙羊峡水库影响）和 2000～2015 年（主要反映小浪底水库影响）六个时段。

各时期冲淤统计见表 4-6。可以看出：由于干流水沙条件变化和干流控制性工程的影响，各时期呈现的冲淤情况差别很大。从年均冲淤量上看，1950～2015 年下游河道年平均冲淤量约为 1.18 亿 t，其中，主河槽年平均冲淤量约为 0.29 亿 t，滩地年平均淤积量约为 0.89 亿 t。冲淤量在河段分配上，小浪底—花园口河段主河槽冲刷量为 0.006 亿 t，滩地淤积量为 0.090 亿 t；花园口—高村河段主河槽淤积量为 0.152 亿 t，滩地淤积量为 0.389 亿 t；高村—艾山河段主河槽冲刷量为 0.046 亿 t，滩地淤积量为 0.295 亿 t；艾山—利津河段主河槽冲刷量为 0.101 亿 t，滩地淤积量为 0.114 亿 t。从总冲淤量上看，1950～2015 年黄河下游共淤积 78.22 亿 t，其中主河槽淤积 19.12 亿 t，滩地淤积 58.64 亿 t，花园口—高村河段主河槽淤积量为 10.015 亿 t，滩地淤积量为 25.649 亿 t；高村—艾山河段主河槽淤积量为 3.040 亿 t，滩地淤积量为 19.498 亿 t；艾山—利津河段主河槽淤积量为 6.658 亿 t，滩地淤积量为 7.541 亿 t。

表 4-6　1950～2015 年不同时期黄河下游各河段河道年均冲淤情况　（单位：亿 t）

时期	年均水量 /亿 m³	年均沙量 /亿 t	总冲淤量		小浪底—花园口		花园口—高村		高村—艾山		艾山—利津	
			主槽	滩地	主槽	滩地	主槽	滩地	主槽	滩地	主槽	滩地
1950～1959 年	484.75	18.05	0.81	2.77	0.318	0.298	0.298	1.062	0.189	0.973	0.010	0.437
1960～1964 年	557.54	7.58	-2.98	-1.35	-0.757	-0.728	-1.237	-0.558	-0.801	-0.059	-0.186	
1965～1973 年	410.84	15.16	2.88	1.43	0.461	0.471	1.226	0.755	0.569	0.157	0.628	0.039
1974～1985 年	432.64	10.88	-0.20	1.23	-0.169	-0.002	-0.103	0.453	0.073	0.560	0.000	0.222
1986～1999 年	271.99	7.37	1.68	0.65	0.282	0.157	0.857	0.366	0.261	0.115	0.282	0.010
2000～2015 年	258.81	0.66	-1.32	0.06	-0.367	0.011	-0.536	0.029	-0.281	0.020	-0.132	0.001
1950～2015 年	370.81	9.08	0.29	0.89	-0.006	0.090	0.152	0.389	0.046	0.295	0.101	0.114
总量	24473.26	599.14	19.12	58.64	-0.408	5.929	10.015	25.649	3.040	19.498	6.658	7.541

4.2　深层泥沙低扰动取样技术

泥沙问题是河流发展演变、规划治理及综合利用的一个重要问题，泥沙淤积资料的观测和收集是河道及水库研究的基础，对泥沙淤积资料进行深入分析，可以掌握水沙运动、水库淤积、河道演变等规律，进而能够更加有效的开展河道治理和水库运用方式研究。同时，河道及水库内泥沙资源的有序利用也亟需对深层淤积泥沙进行深入研究，因此如何获取水下河床深层低扰动淤积物，成为问题的关键。

鉴于现有水下河床淤积物取样设备均存在一定的不足，不适合黄河水库和河道中泥沙样品采集，为探求河道及水库深层泥沙的物理化学特性，借鉴深海沉积物保真取样原理，黄科院科研人员吸取各种取样设备的机械原理和设计理念，通过研发和改造，集成了一套适合黄河水库和河道的泥沙取样设备（杨勇等，2015），解决了其他设备取样深度浅、样品扰动大等关键问题，提高了水下深层泥沙保真取样技术，可用于探求河床以下深层泥沙的物化特性，为泥沙资源利用奠定基础。

4.2.1 取样刀头改进

1. 初步设计取样刀头

　　初步设计取样器的切割器、爪簧基座、爪簧和外管固连在一起，如图 4-4 所示。取样管底部增加爪簧起到支撑淤积泥沙的作用，如果泥质太软，爪簧无法保证处于张开状态，会对样品造成较大扰动。另外，提升过程中软质泥沙相对容易从间隙中泄露。因此，必须对取样刀头进行改进，设计机械传动环节，控制爪簧取样时处于开启状态，提升时处于闭合状态。

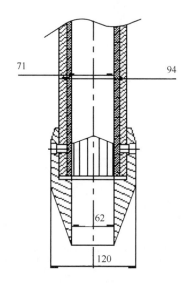

图 4-4　初步设计取样刀头

2. 取样刀头结构改进

　　针对含水率较高的软质底泥，提升过程中会出现样品从下端泄漏的情况，对此，新改造的取样器如图 4-5 所示。其中刀头的结构与以前做的刀头基本相同，只是尺寸有所不同，包括直径和长度都有所增加；同时为了减少再次加工的工作量，取样管和 PC 管结构与以前的结构尺寸完全相同。为了解决旧的取样管和新刀头连接问题，增加一个转接管，转接管上端与取样管连接，下端与刀头连接，这样保证连接的可靠。

　　该取样刀头设计的重点是密封装置，这次设计的密封装置借鉴相机快门的工作原理，采用横向运动完成闭合。该密封装置由底座、滑动盘和偏转片三部分组成，具体结构如下：

　　（1）底座安装在下方，与刀头用胶黏接在一起，闭合时固定不动。结构如图 4-6 所示，在底座上圆周方向开有 12 个直径 5mm 的通孔。

　　（2）偏转片结构如图 4-7、图 4-8 所示，偏转片是一片很薄的弹簧钢板，做成一个圆环形，圆环的内径与底座内孔的孔径相同，外径与底座直径相同。钢板上下侧面的对应位置焊接两个直径 5mm 的销钉。

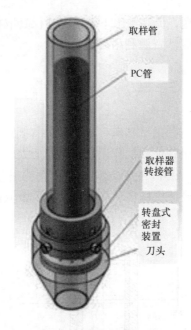

取样管

PC管

取样器
转接管

转盘式
密封
装置
刀头

图 4-5　改造后取样刀头

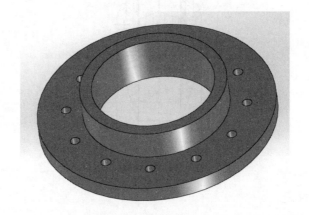

图 4-6　底座结构图

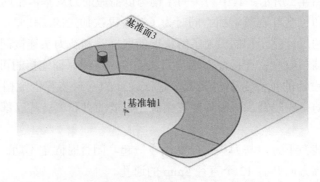

基准面3

基准轴1

图 4-7　偏转片结构 1

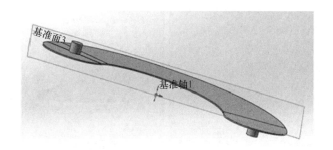

图 4-8　偏转片结构 2

（3）滑动板结构如图 4-9 所示，其中滑动板内孔直径与底座孔径相同，外孔直径与底座外径相同，滑动板上开有 12 个通槽。

密封装置装配完成如图 4-10 所示，其中 6 个偏转片上下表面的销钉，分别贯入滑动板的槽和底座对应的孔中。当固定底座，而用拉线拉动滑动板时，滑动板带动偏转片运动，完成密封。具体过程如图 4-11、图 4-12 所示。根据设计加工出的刀头如图 4-13 所示。

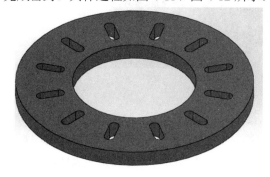

图 4-9　滑动板结构图

图 4-10　密封装置装配

图 4-11　密封过程（中间孔径逐渐减小）

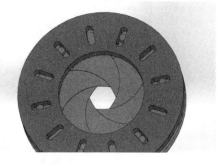

图 4-12　密封过程（中间孔径逐渐减小到基本消除）

4.2.2　取样密封件改进

初步设计取样器活塞长度较短，只能安装一层 O 型密封圈，由于取样环境复杂，密封圈容易磨损，影响密封效果。因此，在原设计的基础上，增加了活塞长度，如图 4-14 所示，O 型密封圈的厚度可根据管壁摩擦力的情况进行调整。

(a) 改进后取样刀头外观　　　　　　　(b) 改进后取样刀头内部构造

图 4-13　加工成型的取样刀头

图 4-14　活塞体长度增加

　　为了提高取样器防泄漏能力，在现有爪簧密封的基础上，选取橡胶、聚合物薄膜、毛毡等密封材料做成密封环，嵌套在爪簧外侧，当爪簧收紧时密封环阻塞住爪簧与衬筒的间隙，进一步提高防泄漏效果，减少提升过程中样品的泄漏。通过试验表明，采用聚合物薄膜可以有效起到密封作用，如图 4-15 所示。

(a) 聚合物密封环　　　　　　　　　　(b) 密封效果1

(c) 密封效果2　　　　　　　　　　　(d) 密封效果3

图 4-15　取样器密封装置

4.2.3 取样管改进

初步设计的取样管管长为 3m，对于较硬河床，由于刀头进入淤积泥沙较浅，容易发生倾倒；样品进入 PC 衬管较少，在提起时活塞运动行程过大，导致抽吸力过大，对样品造成较大扰动。

为了解决该问题，对取样管进行了分段分割，单段管长分别为 1m、1.5m、2.0m、2.5m、3m，管体连接采用套装方式。这样可以根据河床淤积泥沙特性，通过组合选择长度合适的取样管。另外，还对悬吊装置、钢丝绳、保险缆进行了改进，每个工作日取样次数可以达到 10 次以上，有效地提高了工作效率。

通过上述改进，完善了取样器的技术细节，不仅有效提高了取样器的取样成功率，而且减少了对泥沙样品的扰动。

4.2.4 取样设备集成

根据黄河禹门口以下河道和水库的实际情况，通过调研分析，针对原有重力式采样设备贯入力量不足、取样深度浅、扰动大、成功率低等问题，通过加装振动器加以解决。改造后的设备型号为 DDC-Z-3 型振动活塞取样器，结构如图 4-16 所示，主要技术指标为：外形尺寸　总长 4.5m，底座最大直径 2.8m；振动器　7.5kW，380V/AC，50～60Hz；适用水深 0～200m；样品长度 0～4m；样品直径 $\Phi70mm$；适用范围　江、河、湖、水库、海洋中纯砂、硬黏土等硬底质的沉积物柱状取样。

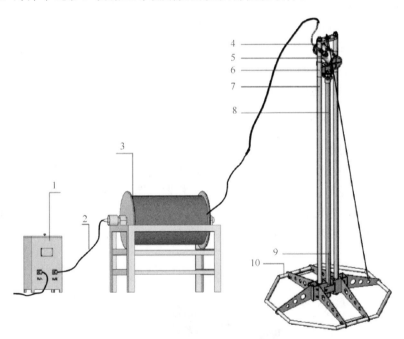

图 4-16　泥沙水下采样设备结构图

1. 调压器；2. 连接电缆；3. 电缆绞车；4. 导管连接器；5. 振动器；6. 导向连接器；7. 导管；8. 取样管；9. 刀口；10. 底盘

振动式柱状取样设备总重约 1.5t，采样过程需要 50t 级以上船舶和 5t 以上起重设备配合（图 4-17）。

图 4-17　振动式柱状取样设备取样现场

4.3　泥沙资源分布探测方案设计与实施

　　根据黄河中下游河段泥沙资源可利用范围和不同河段的具体情况，利用深层泥沙低扰动取样设备，分别对禹门口—潼关河段、潼关—三门峡大坝河段、三门峡大坝—小浪底大坝河段、小浪底大坝—西霞院大坝河段和西霞院大坝—河口河段开展深层泥沙样品采集工作。

　　参照收集到的泥沙钻探、级配、工程等资料成果，以及已经界定的泥沙资源分布范围，依据覆盖全面、代表性良好的原则，布设了各河段的采样断面和采样点。

　　自 2015 年 7 月至 2016 年 9 月，陆续开展了黄河小北干流、三门峡水库、小浪底水库、黄河下游高村以上河段、西霞院水库和黄河下游高村以下河段的泥沙采样工作。共采集柱状泥沙样品 147 根，其中小北干流河段 25 根，样品长度 1.5m；三门峡水库 24 根，样品长度 2～3.5m；小浪底水库 39 根，样品长度 2～3.5m；西霞院水库 9 根，样品长度 1～3m；西霞院至高村河段 24 根，样品长度 2～3.5m；高村至河口河段 27 根，样品长度 1.0m。

　　各河段采样情况详述如下。

4.3.1　禹门口—潼关河段

　　根据小北干流河段的河道特性，由于没有可租用的大型船只、可承载振动式采样设备的浮桥也较少，因此振动式采样设备在此河段不适用。本河段采样主要采用旱地作业，采样设备选用比较轻巧、携带方便的手动式采样器（图 4-18）。在采样点设计中充分考虑淤积年份、淤积层厚度、道路、安全等诸多因素，共设计采样点 25 个，其取样断面、位置如表 4-7、图 4-19 和图 4-20 所示，图中黄色标记为采样点位置。

图 4-18　小北干流河段手动式采样

表 4-7　小北干流河段取样位置坐标

取样断面	纬度（北纬）	经度（东经）	取样断面	纬度（北纬）	经度（东经）
HY68L	35°39′16.98″	110°36′29.13″	HY68R	35°39′23.67″	110°35′53.98″
HY66L	35°33′33.31″	110°35′50.41″	HY66R	35°33′04.98″	110°32′24.97″
HY65L	35°30′20.96″	110°33′43.38″	HY65R	35°31′58.55″	110°31′00.24″
HY61L	35°20′44.98″	110°28′30.03″	HY61R	35°21′44.11″	110°25′04.55″
HY58L	35°13′03.75″	110°22′57.93″	HY60R	35°17′25.43″	110°22′58.56″
HY55L	35°04′18.77″	110°21′12.75″	HY56R	35°08′08.78″	110°22′07.42″
HY53L	35°00′07.37″	110°19′13.65″	HY53R	34°59′20.55″	110°16′39.58″
HY51L	34°56′21.85″	110°15′34.35″	HY50R	34°53′36.97″	110°12′49.73″
HY49L	34°50′38.32″	110°15′18.69″	HY49R	34°50′01.81″	110°13′13.56″
HY47L	34°46′24.35″	110°15′20.43″	HY46R	34°41′39.59″	110°13′18.62″
HY43L	34°39′19.20″	110°15′13.06″	HY42R	34°36′35.03″	110°16′34.69″
HY42L	34°38′41.79″	110°15′29.95″	HY39R	34°36′17.64″	110°20′22.52″
HY41L	34°41′38.44″	110°15′15.23″			

图 4-19　黄河小北干流河段上段泥沙采样点布置图

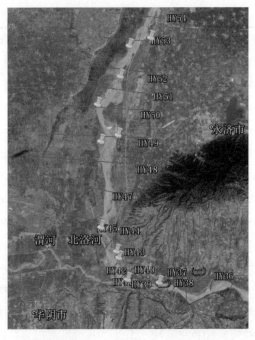

图 4-20 黄河小北干流河段下段泥沙采样点布置图

4.3.2 潼关—三门峡大坝河段

根据库区河道冲淤情况，同时考虑到水库中行船安全，设计在 HY2、HY4、HY8、HY11、HY15、HY18、HY20 和 HY22 共 8 个断面开展泥沙深水取样（图 4-21），设计取样深度为 3.0m，每个断面采样三个点，即河道中心和两岸一定距离内分别布设采样点，但由于采样现场的复杂性和水下地质原因部分采样点没有得到具有代表性的样品，样品列表及采样点坐标见表 4-8，表中 HY 表示黄淤断面，后面的数字表示断面编号和取样编号。

图 4-21 潼关—三门峡大坝河段泥沙资源采样点布置图

表 4-8 潼关—三门峡大坝河段取样位置坐标

取样编号	纬度（北纬）	经度（东经）	取样编号	纬度（北纬）	经度（东经）
HY22-1	34°42′35.70″	110°58′20.32″	HY11-2	34°47′29.22″	111°13′19.96″
HY22-2	34°42′30.01″	110°58′25.57″	HY11-3	34°47′24.60″	111°13′22.43″
HY22-3	34°42′25.46″	110°58′29.62″	HY8-1	34°49′24.89″	111°14′57.49″
HY20-1	34°45′4.43″	111°02′58.78″	HY8-2	34°49′14.38″	111°14′59.99″
HY20-2	34°44′58.40″	111°03′0.76″	HT8-3	34°49′4.54″	111°15′3.74″
HY20-3	34°44′51.09″	111°03′3.27″	HY4-1	34°48′45.52″	111°16′58.96″
HY18-2	34°46′13.43″	111°07′8.25″	HY4-2	34°48′37.49″	111°16′59.01″
HY18-3	34°46′4.33″	111°07′20.60″	HY4-3	34°48′27.20″	111°16′59.17″
HY15-2	34°48′48.39″	111°08′29.00″	HY2-1	34°49′38.61″	111°19′25.86″
HY11-1	34°47′35.21″	111°13′17.60″	HY2-2	34°49′33.03″	111°19′30.08″

4.3.3 小浪底库区河段

根据小浪底水库的淤积情况及水库的水深变化，同时考虑到水库中行船安全，分别在 HH2、HH6、HH12、HH16、HH20、HH24、HH28、HH32、HH36、HH38、HH40、HH42 和 HH44 共 13 个断面开展泥沙深水取样（图 4-22），设计取样深度为 3.0m，每个断面采样三个点，但限于原型条件极为复杂，也有采集两点或多点的，样品采集位置见表 4-9，表中 HH 表示黄河断面，后面的数字分别表示断面编号和取样编号。

图 4-22 小浪底水库库区泥沙资源采样断面布置图

4.3.4 西霞院库区河段

西霞院水库底部河床质以卵石为主，上部新淤积的泥沙多为小浪底水库以异重流排沙的方式排出的泥沙，粒径较细。根据西霞院水库的淤积情况及水位情况，同时考虑到水库中行船条件，在西霞院共设计 3 个断面开展泥沙深水取样（图 4-23，表 4-10），每个断面在左右岸各采一个点，即 XXY01-L、XXY01-R、XXY03-L、XXY03-R、XXY05-L、XXY05-R；设计取样深度 3.0m。

表 4-9　小浪底水库库区河段取样位置坐标

取样断面	纬度（北纬）	经度（东经）	取样断面	纬度（北纬）	经度（东经）
HH2-1	34°56′9.018″	112°20′46.868″	HH32-2	35°4′33.363″	111°53′51.277″
HH2-2	34°56′12.253″	112°20′49.497″	HH32-3	35°4′33.655″	111°53′51.655″
HH6-1	34°56′56.802″	112°17′18.036″	HH32-4	35°4′33.899″	111°53′52.150″
HH6-2	34°56′59.510″	112°17′22.079″	HH32-5	35°4′29.218″	111°53′55.838″
HH12-1	34°57′53.697″	112°12′14.631″	HH36-1	35°4′19.415″	111°49′28.527″
HH12-2	34°58′3.093″	112°12′27.224″	HH36-2	35°4′17.935″	111°49′34.910″
HH12-3	34°58′4.762″	112°12′26.191″	HH36-3	35°4′11.931″	111°49′31.341″
HH16-1	35°0′45.481″	112°8′52.542″	HH36-4	35°4′18.690″	111°49′18.983″
HH16-2	35°0′50.569″	112°8′54.604″	HH36-5	35°4′8.386″	111°49′23.106″
HH20-1	35°1′55.408″	112°4′31.822″	HH38-1	35°2′7.312″	111°47′59.076″
HH20-2	35°1′51.007″	112°4′33.386″	HH38-2	35°1′56.121″	111°48′4.279″
HH24-1	35°3′7.411″	112°1′42.051″	HH40-1	35°1′0.612″	111°45′35.394″
HH24-2	35°3′7.711″	112°1′50.318″	HH40-2	35°0′54.236″	111°45′32.695″
HH24-3	35°3′7.901″	112°1′45.777″	HH42-1	35°0′14.659″	111°43′24.247″
HH28-1	35°4′18.699″	111°57′59.236″	HH42-2	35°0′12.500″	111°43′22.325″
HH28-2	35°4′19.437″	111°58′4.077″	HH44-1	34°59′12.332″	111°39′37.635″
HH28-3	35°4′19.993″	111°58′10.689″	HH44-2	34°59′12.623″	111°39′34.306″
HH32-1	35°4′39.256″	111°53′56.799″	HH44-3	34°59′13.373″	111°39′33.365″

图 4-23　西霞院水库库区泥沙资源采样点平面图

表 4-10　西霞院水库库区河段取样位置坐标

取样断面	纬度（北纬）	经度（东经）	取样断面	纬度（北纬）	经度（东经）
XXY01-L	112°31′6.629″	34°54′10.563″	XXY01-R	112°30′38.741″	34°53′38.284″
XXY03-L	112°30′36.299″	34°54′49.412″	XXY03-R	112°30′0.730″	34°54′9.460″
XXY05-L	112°28′47.436″	34°54′52.077″	XXY05-R	112°28′34.260″	34°54′30.118″

西霞院水库面积相对较小，库区内无适合开展水下采样作业的船只，为此根据采样需要，同时与水库泥沙输送技术研究专题相结合，专门定制了一艘采样船（图 4-24），采样过程技术含量高，操作难度大，需要多人协作配合（图 4-25）。

图 4-24　西霞院水库采样船

图 4-25　西霞院水库现场采样

4.3.5　西霞院—河口河段

黄河下游河道水深较浅，大型船只无法通航，水下采样的难度较大，但下游浮桥较多，因此该河段的泥沙取样断面设计主要依托浮桥，利用浮桥的交通便利条件，采用起重机吊放采样设备（图 4-26）开展采样，设计采样断面 54 个，其中 16 个断面采样方式为振动式设备取样结合手动式取样，采样位置见表 4-11，其他断面参考不同时期的河道钻探资料。

图 4-26　黄河下游河道采样现场

表 4-11　西霞院—河口河段取样位置坐标

取样断面	纬度（北纬）	经度（东经）	取样断面	纬度（北纬）	经度（东经）
张菜园-1	113°33′27.124″	34°57′6.216″	辛店-2	114°52′54.916″	35°6′20.440″
张菜园-2	113°33′31.657″	34°57′13.649″	辛店-3	114°52′54.371″	35°6′20.230″
张菜园-3	113°33′34.024″	34°57′17.968″	马寨-1	114°50′23.724″	35°9′45.333″
赵兰庄-1	113°42′7.495″	34°54′33.132″	马寨-2	114°50′20.583″	35°9′46.437″
赵兰庄-2	113°42′7.241″	34°54′38.807″	马寨-3	114°50′17.544″	35°9′47.698″
赵兰庄-3	113°42′7.017″	34°54′42.915″	青庄-1	115°2′20.577″	35°22′44.843″
柳园口-1	114°22′31.049″	34°55′9.809″	青庄-2	115°2′21.619″	35°22′40.273″
柳园口-2	114°22′30.874″	34°55′14.464″	青庄-3	115°2′22.559″	35°22′34.391″
柳园口-3	114°22′30.391″	34°55′18.196″	营房	115°23′48.821″	35°33′57.327″
东坝头-1	114°46′17.719″	34°55′38.176″	史楼	115°33′36.399″	35°44′9.891″
东坝头-2	114°46′14.809″	34°55′36.692″	孙口	115°54′15.068″	35°56′5.474″
东坝头-3	114°46′12.290″	34°55′35.113″	前郭口	116°20′38.619″	36°17′58.602″
马厂-1	114°49′7.245″	35°3′28.817″	韩刘	116°36′9.084″	36°29′46.760″
马厂-2	114°49′3.397″	35°3′29.952″	泺口（三）	116°59′26.636″	36°43′34.791″
马厂-3	114°49′1.079″	35°3′30.409″	沟杨家	117°10′40.196″	36°54′16.508″
辛店-1	114°53′2.335″	35°6′21.540″	五甲杨	117°48′47.84″	36°16′28.03″

自 2015 年 7 月至 2016 年 9 月，陆续开展了黄河小北干流、三门峡水库、小浪底水库、黄河下游高村以上河段、西霞院水库和黄河下游高村以下河段的泥沙采样工作。共采集柱状泥沙样品 147 根，其中小北干流河段 25 根，样品长度 1.5m；三门峡水库 24 根，样品长度 2～3.5m；小浪底水库 39 根，样品长度 2～3.5m；西霞院水库 9 根，样品长度 1～3m；西霞院—高村河段 24 根，样品长度 2～3.5m；高村—河口河段 27 根，样品长度 1.0m。

4.4　黄河中下游河段泥沙资源空间分布及其物化特性

4.4.1　泥沙分类方法

1. 现行不同学科的泥沙分类标准

　　1）河流泥沙学科的分类标准

河流泥沙学科从不同的研究角度出发有不同的分类方法，如按泥沙在河流中不同的运动方式分类，按泥沙的矿物成分分类，按泥沙不同粒径进行分类等。目前采用较多的是按泥沙不同粒径进行分类的方式。

大量的研究表明，泥沙的粒径大小与泥沙的水力学特性和物理化学特性有着密切的关系，主要表现为不同粒径级的颗粒具有不同的力学性质。

河流泥沙粒径组成变化幅度很大，粗细之间相差可达千百万倍，不可能对所有的粒径进行考察。非均匀沙粒径可近似看作连续分布，一般将其分级进行研究。通常将泥沙颗粒按大小分类，粒径分类定名的原则，既要表示出不同的粒径级泥沙某些性质上的显著差异和性质变化规律，又能使各级分界粒径尺度成一定比例。在河流泥沙特别是黄河河道冲淤分析演变研究中（江恩慧等，2012；周文浩等，1994），一般将粒径大于 0.05mm 的泥沙作为粗沙，粒径为 0.025mm～0.05mm 的泥沙作为中沙，小于 0.025mm 的泥沙看作细沙，粗沙和中沙参与河道造床作用，称为床沙质，细沙一般不参与河道造床作用，称为冲泻质。

根据 2010 年 4 月 29 日实施的中华人民共和国水利行业标准 SL42—2010 河流泥沙颗粒分析规程，在河流泥沙分类中可用表 4-12 中的粒径范围描述自然沙样中黏粒、粉砂、砂粒、砾石、卵石、漂石等各占的质量（或体积）比例。据此，河流泥沙又可分为泥、沙、石三大类，其中黏粒、粉砂属泥类；砂粒属沙类；砾石、卵石、漂石属石类。

表 4-12 河流泥沙分类

类别	漂石	卵石	砾石	砂粒	粉砂	黏粒
粒径范围/mm	>250.0	16.0～250.0	2.0～16.0	0.062～2.0	0.004～0.062	<0.004

2）建筑工程学科的分类标准

根据 2008 年发布实施的中华人民共和国国家标准——土的工程分类标准中的规定，土的分类一般根据以下三个指标确定：①土颗粒组成及其特征；②土的塑性指标，液限 ω_L、塑限 ω_p 和塑性指数 I_P；③土中的有机质含量。

土的粒组应根据表 4-13 规定的土颗粒粒径范围划分。从表中可以看出，土的粒组共分为三大类：巨粒、粗粒和细粒。其中，巨粒又分为漂石（块石）和卵石（碎石）；粗粒分为砾粒和砂粒，它们又分为粗、中、细三类；细粒分为粉粒和黏粒。

表 4-13 土的粒组划分

粒组	颗粒名称		粒径 d 的范围/mm
巨粒组	漂石（块石）		$d>200$
	卵石（碎石）		$60<d\leqslant200$
粗粒组	砾粒	粗砾	$20<d\leqslant60$
		中砾	$5<d\leqslant20$
		细砾	$2<d\leqslant5$
	砂粒	粗砂	$0.5<d\leqslant2$
		中砂	$0.25<d\leqslant0.5$
		细砂	$0.075<d\leqslant0.25$
细粒组	粉粒		$0.005<d\leqslant0.075$
	黏粒		$d\leqslant0.005$

国家标准《GB/T 14684—2011 建设用砂》将建设用砂按技术要求也分为三类。Ⅰ类，宜用于强度等级大于 C60 的混凝土；Ⅱ类，宜用于强度等级 C30～C60 及抗冻抗渗或其他要求的混凝土；Ⅲ类，宜用于强度等级小于 C30 的混凝土和建筑砂浆。三类建设用砂的颗粒级配要求见表 4-14。国家标准《GB/T 14684—2011 建设用砂》规定，三类建设用砂的含泥量（天然砂中值粒径小于 75μm 的颗粒含量）应分别小于 1%、3%、5%的分界线。

表 4-14　建设用砂的颗粒级配标准表

方筛孔 /mm	累计筛余/%		
	Ⅰ类级配区	Ⅱ类级配区	Ⅲ类级配区
9.50	0	0	0
4.75	10～0	10～0	10～0
2.36	35～5	25～0	15～0
1.18	65～35	50～10	25～0
0.60	85～71	70～41	40～16
0.30	95～80	92～70	85～55
0.15	100～90	100～90	100～90

注：砂的实际颗粒级配与表中所列数字相比，除 4.75mm 和 0.60mm 筛档外，可以允许略有超出。

建设用砂按细度模数分为 4 级。粗砂：细度模数为 3.1～3.7，平均粒径为 0.5mm 以上；中砂：细度模数为 2.3～3.0，平均粒径为 0.35～0.5mm；细砂：细度模数为 1.6～2.2，平均粒径为 0.25～0.35mm；特细砂：细度模数为 0.7～1.5，平均粒径为 0.25mm 以下。

细度模数越大，表示砂越粗。普通混凝土用砂的细度模数范围在 1.6～3.7，以中砂为宜，或者用粗砂加少量的细砂，其比例为 4：1。细度模数不是细集料的级配参数。细度模数的计算公式如下：

$$Mx = \left[(A0.15 + A0.3 + A0.6 + A1.18 + A2.36) - 5A4.75 \right]/(100 - A4.75) \qquad (4-1)$$

式中，Mx 为细度模数，A0.15、A0.3、A0.6、A1.18、A2.36、A4.75 分别为 0.15mm、0.3mm、0.6mm、1.18mm、2.36mm、4.75mm 筛的累计筛余百分率。

另外，在建设用砂方面，关于有害物含量、有机物含量、石粉含量、云母含量、轻物质含量、坚固性等，也有相关规定。

3）岩土工程学科的分类标准

在我国《公路土工试验规程》（JTG E40—2007）中，土的颗粒分类按表 4-15 划分。从表中可以看出，同建筑学科土的分类基本一致，只有粉粒和黏粒的分界粒径有所变化。

表 4-15　土颗粒分级标准

粒组	颗粒名称		粒径 d 的范围/mm
巨粒组	漂石（块石）		$d>200$
	卵石（碎石）		$60<d\leqslant200$
粗粒组	砾粒	粗砾	$20<d\leqslant60$
		中砾	$5<d\leqslant20$
		细砾	$2<d\leqslant5$
	砂粒	粗砂	$0.5<d\leqslant2$
		中砂	$0.25<d\leqslant0.5$
		细砂	$0.075<d\leqslant0.25$
细粒组	粉粒		$0.002<d\leqslant0.075$
	黏粒		$d\leqslant0.002$

4）其他分类情况

在我国水文工程界，将泥沙分为六类（表4-16），分别为漂石、卵石、砾石、沙粒、粉沙、黏粒；粒径界限值分别为200.0mm、20.0mm、2.0mm、0.05mm和0.005mm。1947年美国地球物理学会制定了泥沙分类标准，将泥沙分为8个等级：①漂石（boulders）≥256mm；②卵石（cobbles）64～256mm；③砾石（gravel）2～64mm；④粗沙（coarse sand）0.5～2.0mm；⑤中沙（medium sand）0.25～0.5mm；⑥细沙（fine sand）0.062～0.25mm；⑦粉沙（silt）0.004～0.062mm；⑧黏土（clay）≤0.004mm。

表4-16 水文工程界泥沙分类方法

类别	漂石	卵石	砾石	沙粒	粉沙	黏粒
粒径范围/mm	≥200.0	20.0～200.0	2.0～20.0	0.05～2.0	0.005～0.05	<0.005

2. 基于黄河泥沙资源利用的泥沙分类方法

由前一小节分析可以看出，不同行业对泥沙研究的侧重点不同，形成了不同的泥沙分类标准。对比各学科分类方法，发现粒径2mm是比较一致的界限，2mm以上为石类，2mm以下为沙类，对于黏粒或黏土的界限有细微差别。根据黄河泥沙的基本特性，禹门口至河口河段泥沙粒径大部分在2mm以下（部分河段有卵石区），特别是黄河下游河段，泥沙粒径绝大部分在0.5mm以下。根据以上各学科分类情况，对于2mm以下的泥沙，按照水利行业标准，分为三类，黏粒、粉砂、砂粒；按照工程界标准，也分为三类，黏粒、粉沙、沙粒；按照美国地球物理学会标准，可分为五类，黏土、粉沙、细沙、中沙、粗沙。建设用砂对泥沙级配的要求主要表现在含泥量方面。

根据已有研究成果分析，参照各个学科或行业的分类标准，结合黄河泥沙分类习惯，从泥沙资源利用的角度出发，本书将黄河泥沙分为三类（表4-17）。分别为：粗沙，粒径大于0.050mm；中沙，粒径0.025～0.050mm；细沙，粒径小于0.025mm。黄河泥沙中的粗沙部分主要用于工程建筑，根据建设用砂标准，粗沙部分粒径大于0.075mm的泥沙可直接用于工程建筑，粒径小于0.075mm的泥沙不能直接用于建筑工程，但在0.005～0.075mm范围内的泥沙，可用于煤矿充填、淤填堤河、二级悬河治理、泥沙免烧蒸养砖、砼砌块、烧制陶粒、陶瓷酒瓶等。对于粒径小于0.005mm的泥沙，具有较好的保水保肥性能，主要用于土壤改良或盐碱地压碱等。

表4-17 基于资源利用的泥沙分类

类别	粗沙	中沙		细沙
用途	建筑用沙	煤矿充填、淤填堤河、制砖、制陶等		土壤改良
粒径范围/mm	≥0.075	0.075～0.05	0.05～0.025	0.025～0.005	<0.005

4.4.2 泥沙资源可利用范围界定

1. 泥沙资源可利用范围的界定原则

界定原则的确定，主要是以科学发展观为指导，根据2013年3月国务院批复的《黄河流域综合规划（2012—2030年）》中的相关要求，积极践行可持续发展的治水思路，正确处理泥沙资源保护与利用的关系，综合协调上下游、左右岸之间的关系，遵循河道演变及河势发展的自然规律，在保障防洪安全、河势稳定、供水安全、航运安全和满足生态环境保护要求的前提下，实现黄河泥沙资源的科学保护和可持续利用，促进经济社会的平稳发展。因此，泥沙资源可利用范围的界定原则重点考虑以下几个方面。

1）有利于维持河势稳定

泥沙资源利用应维持河道内的河势稳定，充分考虑规划流路，对于不利于河势稳定的部位划为非泥沙资源利用范围。例如，畸形河湾位置的河道内、河道整治规划治导线以外部分等。

2）有利于河流基本功能充分发挥

泥沙资源利用范围界定要充分考虑防洪安全、通航安全以及沿河涉水工程和设施正常运用的要求，要与流域或区域综合规划以及防洪、岸线管理、航道整治等专业规划相协调，注重生态环境保护。

3）有利于河道治理目标实现

泥沙资源利用范围界定要考虑黄河河道的特殊性，与河道治理紧密结合。黄河是多泥沙河流，在有利于河道治理的前提下，尽量多地利用河道淤积的泥沙，以减少河道淤积，保障河道行洪安全。特别是对于河势不稳定，畸形河湾复杂的河段，通过泥沙资源利用改善河道流路，稳定中水河槽。

4）有利于河道依法行政管理

泥沙资源利用范围界定要充分考虑河道管理方面的因素，泥沙资源利用范围的划定要有利于河道管理，泥沙资源利用过程中要符合河道管理方面的要求。

5）有利于泥沙资源利用事业可持续发展

黄河泥沙资源是一种可持续资源，利用范围的界定要充分考虑泥沙资源利用的可持续发展，全河段统筹考虑，详细规划泥沙资源的利用量和利用方向，建立泥沙资源良性运行机制，发挥长远效应。

2. 泥沙资源可利用范围的确定

根据前述划分的五个河段（小北干流、三门峡水库、小浪底水库、西霞院水库、西霞院坝址—河口河段）和泥沙资源可利用范围的界定原则，结合各个河段的具体情况，泥沙资源可利用范围确定如下。

1）小北干流河段

小北干流河段具有明显的游荡型河道特性，河出禹门口后突然展开，水势平缓，是泥沙淤积的重要场所。经过多年来的河道整治，该河段河势基本控制在河道整治工程范围内，河道整治工程以外的大量滩地逐步成为良田，是国家重要的土地资源。因此，将小北干流河段河道整治工程控制范围内的河槽界定为泥沙资源可利用范围，同时为了保护河道整治工程和保障河道内河势稳定，泥沙资源可利用界限在河道整治工程临河侧50m位置，即河道整治工程前50m范围内不作为泥沙资源可利用范围。

在泥沙可利用资源的垂向范围界定时，考虑到河道整治工程安全、跨河桥梁安全、沿岸取水安全等因素，暂以三门峡水库建库前（1960年汛前）河道地形为初始边界，以2015年汛后的河道地形为最终边界，计算泥沙可利用资源量。

2）三门峡水库

狭义的三门峡水库库区为潼关—三门峡坝址河段，该河段HY30断面以上具有明显的河道特性，三门峡水库控制水位318m，因此综合考虑河道整治工程安全、取水安全、湿地保护、大坝安全等因素，划定三门峡水库库区318m高程以下水面为泥沙资源可利用范围。在垂向范围方面仍以三门峡水库建库前（1960年汛前）地形为初始边界，以最新的地形为最终边界，同时考虑两岸安全，计算泥沙可利用资源量。

3）小浪底水库

小浪底水库范围是指三门峡大坝—小浪底大坝，库区河道范围内无河道整治工程，所以小浪底水库的泥沙资源可利用范围以1997年小浪底大坝截流为初始边界，淤积在小浪底水库库区内的泥沙均可作为可利用泥沙。

4）西霞院水库

西霞院水库是黄河小浪底水利枢纽的配套工程，位于小浪底坝址下游16km处的黄河干流上。水库的任务是以反调节为主，结合发电，兼顾灌溉、供水等综合利用。水库运行年限较短，库区的泥沙资源可利用量为水库运行以来的泥沙淤积量。

5）西霞院坝址—河口河段

下游河道以有利于黄河下游防洪安全为基础，同时考虑河道整治工程安全、河势稳定、沿岸供水安全、土地安全、生态安全等因素，来划定黄河下游泥沙可利用资源。

下游河道滩区居住有190余万居民，滩区土地是居民耕作、生活的场所，从保护耕地、滩区生态保护、二级悬河治理等方面考虑，滩区泥沙不作为可利用资源，河道内泥沙可利用资源范围控制在河道整治工程控制范围内。同时，黄河下游大量的引黄灌区设置有沉沙池，淤积在这些沉沙池内的泥沙，也是可利用泥沙资源。

小浪底水库运用后，下游河道持续冲刷下切，同1999年小浪底水库运用前相比主河槽平均下切1~2m，河道下切使下游河道的平滩流量变大，主槽过洪能力增大，同流量水位降低，有利于河道防洪，但同时也造成下游诸多引黄工程引水困难，对黄河两岸的工农业用水产生较大不利影响。因此，为避免泥沙资源利用加剧这种不利状况，在两岸河道整治工程控制范围内，选择规划治导线范围内除去现行主河槽的部分，作为划定的可利用范围。这些部位一般位于畸形河湾、现行流路同规划治导线不一致的河段、工程靠河不到位河段等。高村以下近年来河势相对比较稳定，河道冲刷下切比较严重，暂不考虑可利用泥沙资源量。

在垂向范围方面，以归顺河势为目的，同时考虑引水安全、工程安全、生态安全等因素的影响，按划定范围内的主河槽河底平均高程以上部分计算。将来小浪底水库进入相机排沙期后，下游河道会产生回淤，根据河道的冲淤情况，河槽内的泥沙可作为可利用泥沙资源相机利用。

4.4.3 泥沙资源可利用量及空间分布

根据泥沙资源可利用范围，利用断面法和图示法分别对 5 个河段的泥沙资源量进行了计算，计算结果如下。

1. 小北干流河段

利用 1960 年和 2015 年小北干流河段黄河实测大断面资料（HY41～68），按照所划定的泥沙资源可利用范围，计算得出了小北干流河段的可利用泥沙资源量及其分布情况（表 4-18）。从表中可以看出，小北干流河段可利用泥沙资源总量为 10.292 亿 m^3，其中泥沙粒径大于 0.050mm 的粗沙为 8.508 亿 m^3，泥沙粒径介于 0.025～0.050mm 的中沙为 1.085 亿 m^3，泥沙粒径小于 0.025mm 的细沙为 0.699 亿 m^3。从泥沙的组成上看，小北干流河段的可利用泥沙资源绝大部分为大于 0.050mm 的粗沙，占该河段总量的 82.67%，而小于 0.025mm 的细沙非常少，仅占 6.79%。

表 4-18 黄河小北干流河段可利用泥沙资源空间分布　　　　　　（单位：亿 m^3）

河段	HY68～60	HY60～53	HY53～47	HY47～41	合计
粗沙	1.874	1.775	2.353	2.506	8.508
中沙	0.298	0.349	0.256	0.182	1.085
细沙	0.202	0.168	0.156	0.173	0.699
总量	2.374	2.293	2.764	2.861	10.292

2. 三门峡水库库区

利用 1960 年和 2015 年三门峡库区河段黄河实测大断面资料（HY11～HY41），按照所划定的泥沙资源可利用范围，计算得出了潼关—三门峡大坝河段的可利用泥沙资源量及其分布情况。表 4-19 为黄河三门峡水库库区（潼关—大坝）可利用泥沙资源空间分布情况。从表中可以看出，自三门峡水库建成运用以来，在划定的可利用泥沙资源范围内共有泥沙 14.802 亿 m^3，其中泥沙粒径大于 0.050mm 的粗沙为 8.565 亿 m^3，约占 57.86%；泥沙粒径为 0.025～0.050mm 的中沙为 2.535 亿 m^3，约占 17.12%；泥沙粒径小于 0.025mm 的细泥沙为 3.702 亿 m^3，约占 25.01%。

表 4-19 三门峡水库库区可利用泥沙资源空间分布　　　　　（单位：亿 m^3）

河段	HY1～12	HY12～22	HY22～30	HY30～36	HY36～41	合计
粗沙	0.709	2.420	3.052	1.505	0.878	8.565
中沙	0.578	1.085	0.511	0.234	0.127	2.535
细沙	1.153	1.591	0.692	0.209	0.058	3.702
总量	2.440	5.096	4.255	1.948	1.063	14.802

3. 小浪底水库库区

自 1997 年 10 月大坝截流至 2015 年 4 月，根据黄河实测大断面资料，计算得出小浪底水库干流泥沙资源分布情况。表 4-20 为黄河小浪底水库库区可利用泥沙资源空间分布情况。从表中可以看出，自小浪底水库运用以来，在划定的可利用泥沙资源范围内共有泥沙资源 24.66 亿 m^3，其中泥沙粒径大于 0.050mm 的粗沙为 9.07 亿 m^3，约占 36.77%；泥沙粒径为 0.025~0.050mm 的中沙为 7.80 亿 m^3，约占 31.64%；泥沙粒径小于 0.025mm 的细沙为 7.79 亿 m^3，约占 31.36%。从沿程分布上看，泥沙资源主要集中在水库 HH44 断面至大坝之间。

表 4-20　小浪底水库库区可利用泥沙资源分布　（单位：亿 m^3）

河段	HH0~12	HH12~24	HH24~32	HH32~44	HH44~56	合计
粗沙	4.18	1.77	1.49	1.44	0.19	9.07
中沙	3.77	2.31	1.03	0.65	0.04	7.80
细沙	2.17	2.83	1.37	1.35	0.07	7.79
总量	10.12	6.91	3.89	3.44	0.29	24.66

4. 西霞院水库库区

截至 2015 年 10 月，西霞院库区内淤积的泥沙 2347 万 m^3，该部分泥沙全部作为西霞院库区可利用泥沙量，淤积主要集中在坝前区域。

表 4-21 为西霞院水库库区可利用泥沙资源空间分布情况。从表中可以看出，泥沙粒径大于 0.050mm 的粗沙为 1003.6 万 m^3，约占 42.8%；泥沙粒径为 0.025~0.050mm 的中沙为 383.4 万 m^3，约占 16.3%；泥沙粒径小于 0.025mm 的细沙为 960.1 万 m^3，约占 40.9%。

表 4-21　西霞院水库库区可利用泥沙资源分布　（单位：万 m^3）

河段	XXY0~2	XXY2~4	XXY4~6	XXY6~11	合计
粗沙	131.6	206.0	374.8	291.1	1003.6
中沙	120.4	152.7	78.3	31.9	383.4
细沙	387.0	365.3	175.9	32.0	960.1
总量	639	724	629	355	2347

5. 黄河下游河段

黄河下游河段可利用泥沙资源主要分为两部分：河道内和引黄灌区沉沙池。在黄河下游河道内，根据可利用泥沙资源界定范围，结合黄河下游河道整治规划治导线和整治工程布局情况，高村以上经初步计算河道内可利用泥沙资源量为 3.03 亿 m^3，见表 4-22。鉴于小浪底水库运用后连续多年的调水调沙冲刷，河道下切比较严重，河道内可利用泥沙资源量主要计算规划治导线范围内与规划流路差别较大的河段，主要包括河心滩、畸形河湾、主河槽较窄需要扩宽的河段等。因此，根据黄河下游河道具体情况，可开挖河道宽度从 350m 到 800m 不等，泥沙资源可利用深度按 2.0m 计算。

表 4-22 黄河下游河段可利用泥沙资源量计算表

河段	河段长度/km	治导线宽度/m	计算宽度/m	资源量/亿 m³
白鹤镇—花园镇	23.91	1000	800	0.38
花园镇—伊洛河口 1	30.35	1000	750	0.46
伊洛河口 1—桃花峪	43.90	1000	600	0.53
桃花峪—花园口 1	14.60	1000	600	0.18
花园口 1—赵口	29.69	1000	400	0.24
赵口—黑岗口	31.41	1000	650	0.41
黑岗口—曹岗	26.50	1000	400	0.21
曹岗—东坝头 1	19.85	1000	400	0.16
东坝头 1—谢寨闸	38.35	1000	350	0.27
谢寨闸—高村	27.70	1000	350	0.19
合计	286.26			3.03

引黄灌区渠系沉积的泥沙主要分布在沉沙池内。据调查统计，河南引黄灌区沉沙池大约淤积 4.26 亿 m³，山东沉沙池大约淤积 4.42 亿 m³，黄河下游引黄灌区沉沙池的可利用泥沙资源量为 8.68 亿 m³。

4.4.4 泥沙的物理化学特性

通过收集已有研究成果，结合本次现场取样成果，对研究河段内的泥沙物理化学特性及其分布特征开展了研究。

1. 泥沙颗粒级配变化

利用马尔文粒度仪 MS2000，对本次研究采集到的泥沙样品进行了颗粒级配分析，同时收集重要水文站的泥沙级配资料，分析研究禹门口以下河段泥沙颗粒级配的变化规律。

1）小北干流河段

图 4-27 为禹门口—潼关河段不同深度的泥沙中值粒径分布情况。从图中可以看出，该河段的泥沙粒径分布范围比较广泛，根据泥沙分级标准，中值粒径在 0～0.500mm 之间，整体来看该河段的粗颗粒泥沙相对较多，小于 0.025mm 粒径的泥沙很少，小部分在 0.025～0.050mm 范围，绝大部分泥沙粒径大于 0.050mm。

从每个取样点的垂向变化来看，可以分为四种分布情况，第一种泥沙中值粒径随深度的增加逐渐变大。它是四种类型中分布最多的一种，在 25 个样点中，有 12 个属于此类型（图 4-28）。第二种随深度增加泥沙粒径逐渐变细，25 个样点中仅有四个属于此类（图 4-29）。第三种泥沙粒径随深度增加变化不大，分布比较均匀（图 4-30）。第四种泥沙粒径随深度变化呈现分层特点（图 4-31），粗细交替变化。

在泥沙粒径的沿程分布方面，图 4-32 为禹门口—潼关河道表层（深度小于 20cm）泥沙的沿程变化情况。从总体上看，自上而下由粗变细，符合河流泥沙沉积的一般规律；从左、右岸来看，有明显的左、右岸粗细交替变化的现象，这正与游荡性河道河势在左、右岸摆动过程中河湾凹凸岸交替发育的自然规律保持一致。

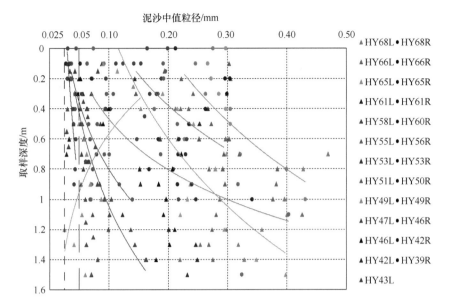

图 4-27　禹门口—潼关河段泥沙中值粒径垂向变化情况

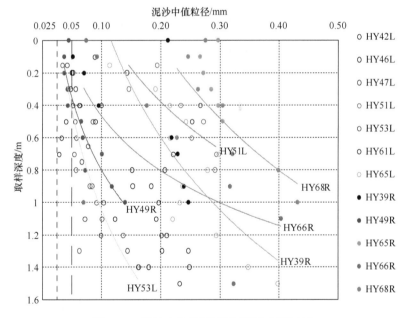

图 4-28　泥沙中值粒径随深度增加逐渐变大

根据资料收集、现场调研、所采集样品的物理化学特性、可利用泥沙资源范围和泥沙资源量等，利用 ArcGIS 技术，绘制了小北干流河段资源分布图，编制了泥沙资源架构图册。由于小北干流河段较长，可利用泥沙资源的界定宽度较窄，分布图呈现细条状，为了更清晰的显示泥沙资源的分布情况，将该河段分布图进行了分段绘制。泥沙资源分布图上显示：河段地理位置、河道断面、河道工程、泥沙资源边界、泥沙资源厚度、泥沙资源量等信息，从图上可以很便捷的查找不同位置的泥沙资源情况，包括泥沙资源厚度、河段泥沙资源量、泥沙的组成等。

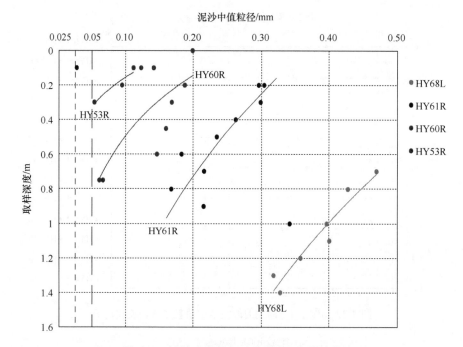

图 4-29　泥沙中值粒径随深度增加逐渐变小

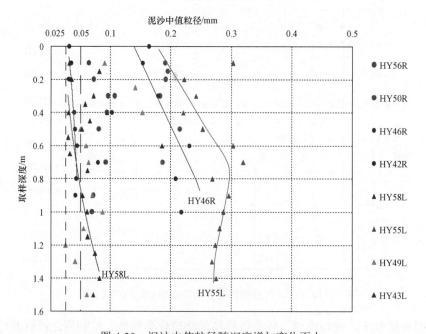

图 4-30　泥沙中值粒径随深度增加变化不大

2）三门峡库区河段

本次研究利用改造后的振动式柱状取样设备，对三门峡水库 HY2～22 河段的 8 个段断面进行了取样。取样采取三点法，参照断面套汇成果显示的断面淤积情况，分别在断面的左、中、右三个位置进行采样，以代表该断面的泥沙资源情况。由于水深的限制，HY22～41 河段无法行船，数据采用黄委水文局所采集床沙资料。

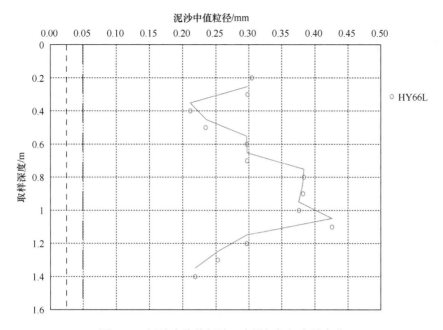

图 4-31　泥沙中值粒径随深度增加粗细交替变化

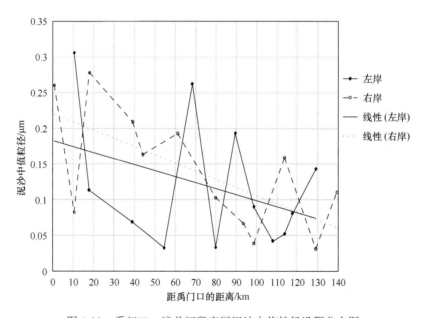

图 4-32　禹门口—潼关河段表层泥沙中值粒径沿程分布图

　　图 4-33 为三门峡水库泥沙中值粒径各个采样位置垂向变化情况。从图中可以看出，三门峡水库的泥沙中值粒径较小，除少数取样位置的泥沙中值粒径稍大外，大部分泥沙的中值粒径集中在 0.05mm 以内。从垂向变化来看，部分断面位置的泥沙呈现随深度增加粒径变粗的现象，如 HY02、HY15、HY20 等，有些断面位置泥沙比较均匀，粒径随深度变化不大。

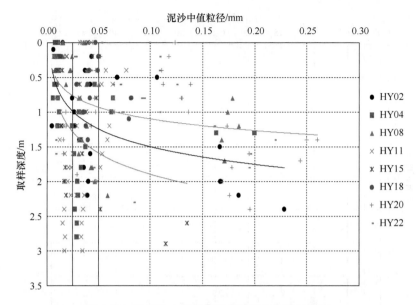

图 4-33　三门峡水库泥沙中值粒径垂向变化情况

根据该河段采样数据和收集的其他资料,利用 ArcGIS 技术,绘制了三门峡库区河段不同粒径泥沙的资源分布图,详见泥沙资源架构图册。同样,为了更清晰的显示泥沙资源的分布情况,将该河段分为三部分,分别绘制了可利用泥沙资源分布图。

3)小浪底库区

同样利用改造后的振动式柱状取样设备,对小浪底水库 HH2~44 河段的 13 个段断面进行了取样。参照断面套汇成果显示的断面淤积情况,分别在断面的左、中、右三个位置进行采样,以代表该断面的泥沙资源情况。由于 HH44 断面以上淤积的泥沙较少,且水深较浅,无法行船,没有进行泥沙采样。

图 4-34 为小浪底水库泥沙中值粒径垂向变化情况。从图中可以看出,小浪底水库的泥沙整体粒径较小,泥沙中值粒径范围均在 0.25mm 以内,且绝大部分泥沙的中值粒

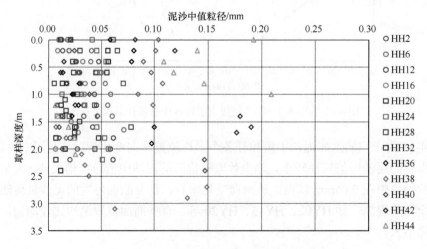

图 4-34　小浪底库区泥沙中值粒径分布图

径集中在 0.05mm 范围内。从垂向变化来看，规律不甚明显，有的断面随深度增加逐渐变细，如 HH38；有的断面随深度增加逐渐变粗，如 HH32；还有一些沿程变化不大，如 HH28 和 HH40。

从沿程分布来看，水库上游断面 HH44、HH42、HH40、HH38 等断面位置的泥沙中值粒径明显偏粗，HH32 断面以下库区范围内泥沙的中值粒径较小，特别是从 HH20～HH6 断面，泥沙粒径逐渐变细，多集中在 0.05mm 以下（图 4-35）。

根据该河段采样数据和收集的其他资料等，利用 ArcGIS 技术，绘制了小浪底库区河段不同粒径泥沙的资源分布图，详见泥沙资源架构图册。同样，为了更清晰的显示泥沙资源的分布情况，将该河段分为五部分，分别绘制了可利用泥沙资源分布图。

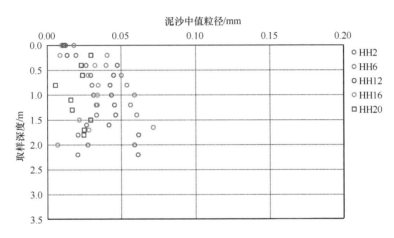

图 4-35 小浪底库区泥沙中值粒径沿程分布图（HH2～HH20）

4）黄河下游河道

根据黄河下游花园口、夹河滩、高村、孙口、艾山、泺口和利津水文站 2013 年的实测床沙质颗粒级配成果资料，目前各站床沙中值粒径分别为 0.25mm、0.15mm、0.12mm、0.11mm、0.08mm、0.08mm、0.08mm 左右。

利用改造后的振动式柱状取样设备结合手动取样器，对黄河下游西霞院大坝—河口河段的 17 个断面进行了取样。图 4-36 为取样断面泥沙中值粒径变化情况。从图中可以看出，取样断面泥沙的中值粒径变化范围相对较大，基本在 0.05～0.30mm，分布最多的在 0.100～0.200mm 范围内。从沿程变化来看，整体上沿程逐渐变细，在张菜园和东坝头断面之间，泥沙中值粒径均匀分布于 0.150～0.300mm 范围内，在营房断面以下，泥沙中值粒径分布于 0.050～0.100mm 范围内。

2．泥沙物理特性

根据《土工试验规程》（SL237—1999）中的环刀法、烘干法等方法，对三门峡水库、小浪底水库、西霞院水库和西霞院—高村河段取得的深层低扰动泥沙样本开展了湿密度、干密度、含水率等试验。

图 4-37 为三门峡水库库区泥沙密度、含水率变化情况。从图上可以看出，泥沙湿

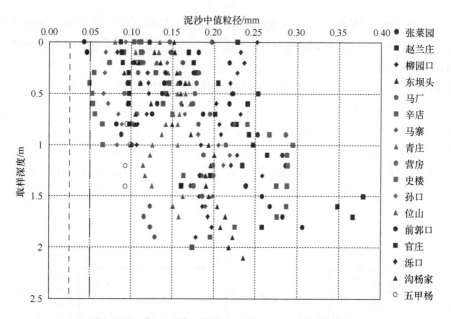

图 4-36　黄河下游河道泥沙中值粒径垂向变化情况

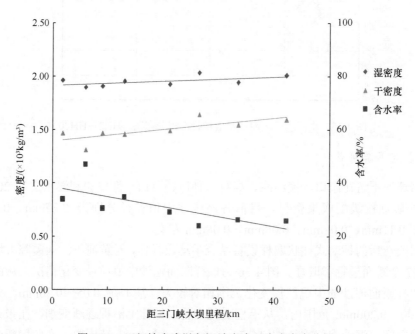

图 4-37　三门峡水库淤积泥沙密度及含水率变化图

密度的变化范围不大，平均为 1.95g/cm³，干密度的变化呈现出随着远离大坝的方向增大的趋势，而含水率的变化趋势相反，随着远离大坝的方向有减小的趋势。

图 4-38 为小浪底水库库区泥沙密度、含水率变化情况。从图上可以看出，泥沙的湿密度、干密度和含水率的变化很小，湿密度平均 1.95g/cm³，干密度平均 1.48g/cm³，含水率平均含量 32.39%。

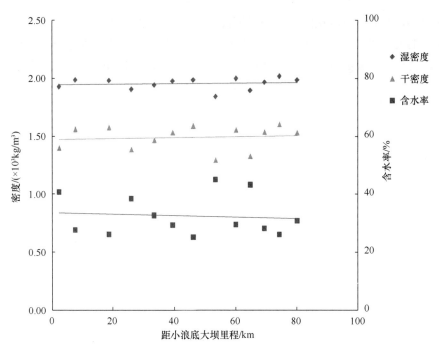

图4-38 小浪底水库淤积泥沙密度及含水率变化图

图 4-39 为西霞院水库库区泥沙密度、含水率变化情况。从图上可以看出，泥沙的湿密度、干密度和含水率的变化很小，湿密度平均 1.92g/cm³，干密度平均 1.48g/cm³，含水率平均含量 31.71%。

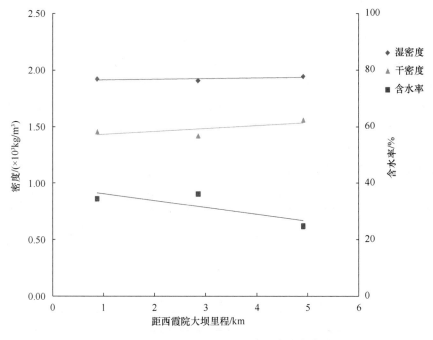

图4-39 西霞院水库淤积泥沙密度及含水率变化图

图 4-40 为黄河下游花园口—高村河段泥沙密度、含水率变化情况。从图上可以看出，泥沙的湿密度、干密度和含水率的变化不大，湿密度平均 1.86g/cm³，较两水库为小，干密度平均 1.60g/cm³，含水率相对较小，平均含量为 16.49%，有逐渐增大的趋势。

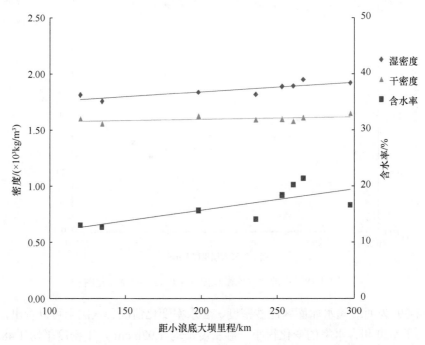

图 4-40　花园口—高村河段河床淤积泥沙的密度及含水率变化图

3. 泥沙化学特性

为了分析研究河段黄河泥沙的化学特性，在小北干流、三门峡、小浪底和黄河下游所采集的样品中选取了 47 个代表性断面的泥沙样本，对泥沙中的 SiO_2、Al_2O_3、Fe_2O_3、TiO_2、K_2O、Na_2O、CaO、MgO 等化合物含量和 pH 值进行了测定。

表 4-23 为禹门口—河口不同河段泥沙化学成分平均值统计情况。从表中可以看出，泥沙中 SiO_2 含量最高，平均为 66.40%，Al_2O_3 含量次之，平均为 11.01%，CaO 含量平均为 5.38%，其他的 Fe_2O_3、K_2O、Na_2O、MgO 和 TiO_2 的含量相对较低，分别为 3.42%、2.45%、1.99%、1.70% 和 0.55%，泥沙样品呈弱碱性，pH 值平均为 8.88。

表 4-23　禹门口—河口不同河段泥沙化学成分平均值及 pH 值统计表　　（单位：%）

河段	检测结果								
	SiO_2	Al_2O_3	Fe_2O_3	TiO_2	K_2O	Na_2O	CaO	MgO	pH
小北干流	72.78	10.50	2.93	0.53	2.56	2.15	3.78	1.07	9.17
三门峡	59.49	11.67	4.32	0.59	2.47	1.71	6.85	2.32	8.65
小浪底	61.59	11.88	3.97	0.62	2.36	1.98	6.67	2.24	8.63
下游河道	71.73	9.97	2.48	0.46	2.43	2.13	4.20	1.15	9.05
平均	66.40	11.01	3.42	0.55	2.45	1.99	5.38	1.70	8.88

为了直观认识黄河河道沿程淤积泥沙中化学成分的变化情况，绘制了不同化学成分及 pH 值的沿程变化图。

从图 4-41 可以看出，淤积泥沙中 SiO_2 含量在小北干流河段沿程逐渐减小，在渭河入汇口附近变化幅度较大，平均值也较大，为 72.78%；在三门峡和小浪底库区内，SiO_2 含量相对较小，平均约 60%，但有沿程增大趋势；在下游河道，SiO_2 含量沿程逐渐减小，平均含量为 71.73%。从整个研究河段来看，SiO_2 含量呈现沿程减小的趋势，但减小的幅度不大，从小北干流 HY65 断面的 78.02% 减小至下游五甲杨断面的 68.16%；另外，三门峡水库和小浪底水库库区内 SiO_2 含量都相对较小，但小浪底水库因受库区两岸山区支流入汇影响，SiO_2 含量明显有所增加。

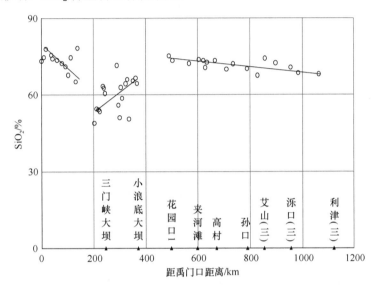

图 4-41　禹门口—河口整个河段淤积泥沙 SiO_2 含量沿程变化

图 4-42 为 Al_2O_3 含量沿程变化情况。由图可知，从禹门口—小浪底大坝，Al_2O_3 含量沿程逐渐增大，且在库区内变化幅度较大，数据点比较分散；在下游河道，Al_2O_3 含量沿程变化不大，基本稳定在 10% 附近。

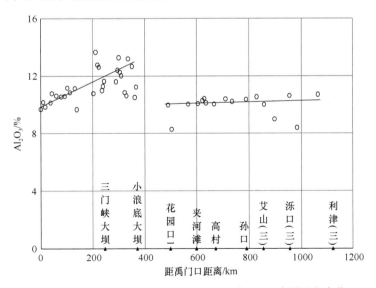

图 4-42　禹门口—河口整个河段淤积泥沙 Al_2O_3 含量沿程变化

图 4-43 为 CaO 含量的沿程变化情况。从图上可以看出，从禹门口—小浪底大坝，CaO 含量沿程逐渐增大，在库区内变化幅度较大，变化范围在 4%～10%；在下游河道，CaO 含量沿程逐渐增大，平均含量为 4.20%。

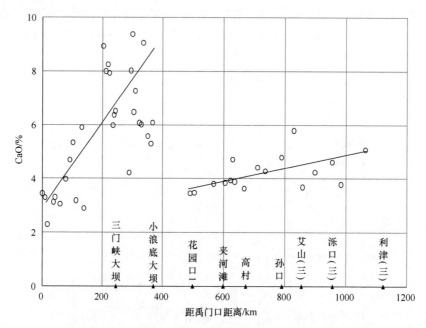

图 4-43　禹门口—河口整个河段淤积泥沙 CaO 含量沿程变化

图 4-44 为 Fe_2O_3 含量的沿程变化情况。从图上可以看出，从禹门口—小浪底大坝，Fe_2O_3 含量沿程逐渐增大，在库区内变化幅度较大，数据点比较分散；在下游河道，Fe_2O_3 含量沿程逐渐增大，平均含量为 2.48%。

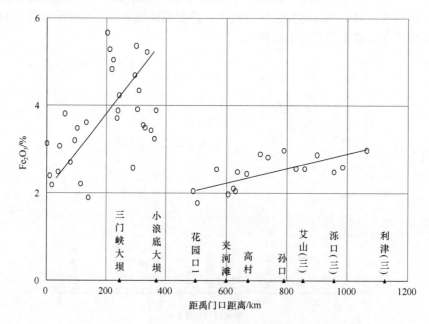

图 4-44　禹门口—河口整个河段淤积泥沙 Fe_2O_3 含量沿程变化

图 4-45 为 K_2O 含量沿程变化情况。从图上可以看出，K_2O 含量有沿程逐渐减小的趋势，但减小的幅度不大，K_2O 含量稳定在 2%～3%。

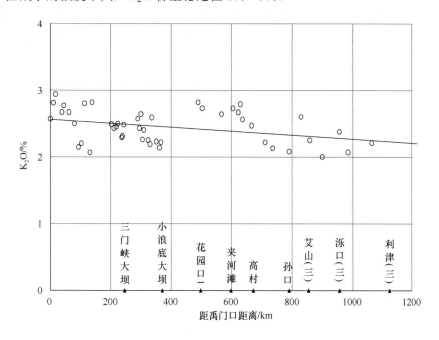

图 4-45　禹门口—河口整个河段淤积泥沙 K_2O 含量沿程变化

图 4-46 为 Na_2O 含量沿程变化情况。从图上看，Na_2O 含量也有沿程减小的趋势，三门峡和小浪底库区含量相对较小，但总体上基本稳定在 2%附近。

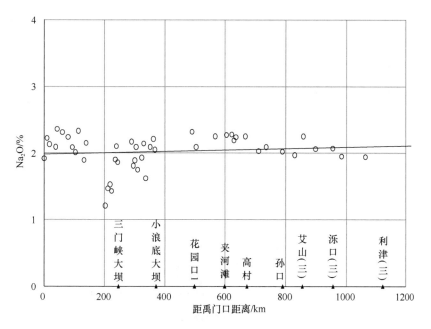

图 4-46　禹门口—河口整个河段淤积泥沙 Na_2O 含量沿程变化

MgO 含量（图 4-47）在小北干流河段相对较小，沿程增大；在三门峡和小浪底库区相对较大，在 1.5%～3.0%，沿程减小；在黄河下游含量相对较小，在 1.5% 以下，沿程逐渐增大；TiO_2 的含量较小（图 4-48），均在 0.8% 以下，图中大部分数据点位于 0.4%～0.6%，在禹门口—小浪底大坝和花园口—利津河段均有沿程增大的趋势。

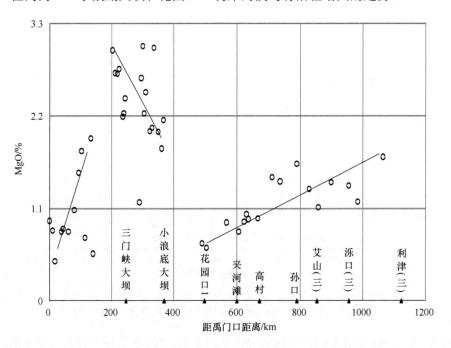

图 4-47　禹门口—河口整个河段淤积泥沙 MgO 含量沿程变化

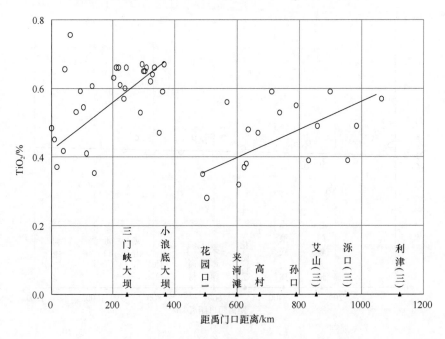

图 4-48　禹门口—河口整个河段淤积泥沙 TiO_2 含量沿程变化

图 4-49 为泥沙样品 pH 值的沿程变化情况。从图上可以看出，三门峡和小浪底水库内淤积泥沙的 pH 值相对较小，在 8.5 左右，小北干流和黄河下游河段淤积泥沙的 pH 值相对较大，一般略大于 9.0，沿程变化不大。

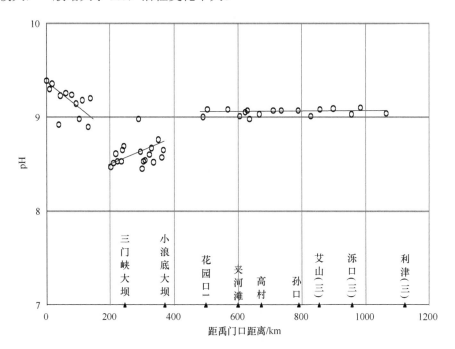

图 4-49　禹门口—河口整个河段淤积泥沙 pH 值沿程变化

4. 泥沙矿物组成

从沿程所取泥沙样本中选取了 35 个具有代表性的泥沙样本，采用 X 射线检测方法，对泥沙的矿物组成进行了鉴定，发现黄河泥沙中主要矿物为石英（SiO_2）、斜长石（$Na[AlSi_3O_8]$-$Ca[Al_2Si_2O_8]$）、钾长石（$K_2O \cdot Al_2O_3 \cdot 6SiO_2$）、伊利石（$K_{<1}$（Al，$R^{2+}$）2[（Si，Al）$Si_3O_{10}$][OH]$_2 \cdot nH_2O$，$R^{2+}$ 代表二价金属阳离子）、方解石（$CaCO_3$）、绿泥石（$Y_3[Z_4O_{10}](OH)_2 \cdot Y_3(OH)_6$，Y 主要代表 Mg^{2+}、Fe^{2+}、Al^{3+} 和 Fe^{3+}，Z 主要是 Si 和 Al），其他还有蒙脱石（（Na，Ca）$0.33(Al，Mg)_2[Si_4O_{10}](OH)_2 \cdot nH_2O$）、角闪石、白云石 [$CaMg(CO_3)_2$] 等。各矿物成分的沿程变化情况简述如下：

石英是一种物理性质和化学性质均十分稳定的矿产资源，由二氧化硅组成，是主要造岩矿物之一，无色透明，常含有少量杂质成分，而变为半透明或不透明的晶体，质地坚硬，硬度 7，比重 2.65。由图 4-50 上可以看出，黄河泥沙中石英的含量最高，平均含量约 38.91%，变化范围较大，在 20%~60% 之间，在三门峡和小浪底库区内石英含量相对较低，总体上呈现沿程增大趋势。

斜长石是长石的一种，是一种在地球上很常见且很重要的硅酸盐矿物。斜长石并没有特定的化学成分，而是由钠长石和钙长石按不同比例形成的固溶体系列，大多数品种会在表面产生细而且平行的条纹，有的还会有蓝色或绿色的晕彩发生，这是由于它们的

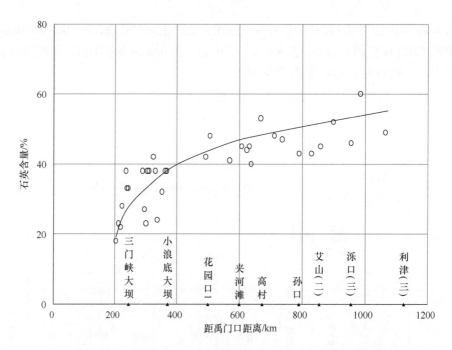

图 4-50　三门峡—河口整个河段淤积泥沙中石英含量沿程变化

双晶结构引起。斜长石可用来制造玻璃和陶瓷，硬度为 6～6.52；相对密度 2.61～2.76。由图 4-51 可以看出，斜长石的含量也较高，平均含量约 22.54%，仅次于石英，变化范围在 15%～35% 之间，在三门峡和小浪底水库库区内含量相对较低，在黄河下游河道内呈现沿程减小趋势。

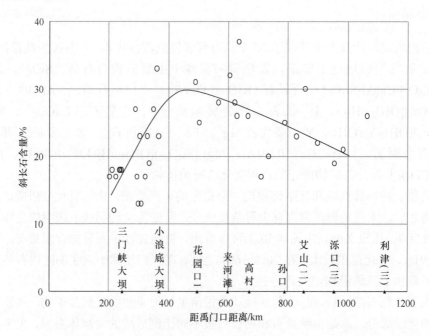

图 4-51　三门峡—河口整个河段淤积泥沙中斜长石含量沿程变化

钾长石属单斜晶系，通常呈肉红色、黄色、白色等，相对密度2.54～2.57，硬度6，其理论成分：SiO_2 为64.7%，Al_2O_3 为18.4%，K_2O 为16.9%。它具有熔点低（1150±20℃），熔融间隔时间长，熔融黏度高等特点，广泛应用于陶瓷坯料、陶瓷釉料、玻璃、电瓷、研磨材料等工业部门及制钾肥。由图 4-52 可以看出，钾长石的含量在5%～20%，平均含量约11.57%，含量排名第三位，同斜长石的沿程变化特点基本一致，表现为在三门峡和小浪底水库库区内含量相对较低，在黄河下游河道内呈现沿程减小趋势的特点。

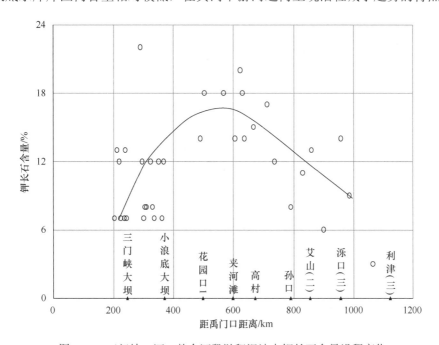

图 4-52　三门峡—河口整个河段淤积泥沙中钾长石含量沿程变化

伊利石是我国用途很广的矿种，是常见的一种黏土矿物，常由白云母、钾长石风化而成，并产于泥质岩中，或由其他矿物蚀变形成，它常是形成其他黏土矿物的中间过渡性矿物。纯的伊利石黏土呈白色，但常因杂质而染成黄色、绿色、褐色等。摩斯硬度 1～2，比重 2.6～2.9，伊利石具有富钾、高铝、低铁及光滑、明亮、细腻、耐热等优越的化学、物理性能，伊利石可自由释放负离子和远红外线。由图 4-53 可以看出，伊利石的含量范围在3%～20%，平均含量约 10.80%，三门峡和小浪底库区的含量明显比下游河道高，在下游河道内高村以下范围含量较高村以上高，出现这种情况主要是由于水库内细颗粒淤积较多，而下游河道持续冲刷造成的。

方解石是一种碳酸钙矿物，天然碳酸钙中最为常见，其化学组成：CaO 占 56.03%，CO_2 占 43.97%，常含 Mn 和 Fe，有时含 Sr，色彩因其中含有的杂质不同而变化，如含铁锰时为浅黄色、浅红色、褐黑色等。方解石的晶体形状多种多样，它们的集合体可以是一簇簇的晶体，也可以是粒状、块状、纤维状、钟乳状、土状等。方解石是石灰岩和大理岩的主要矿物，在生产生活中有很多用途。由图 4-54 可以看出，方解石的含量范围在3%～13%，平均含量约 6.40%，在三门峡和小浪底水库库区内含量相对较高，下游河道含量相对较低。

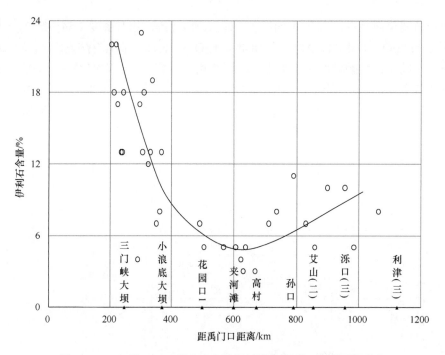

图 4-53　三门峡—河口整个河段淤积泥沙中伊利石含量沿程变化

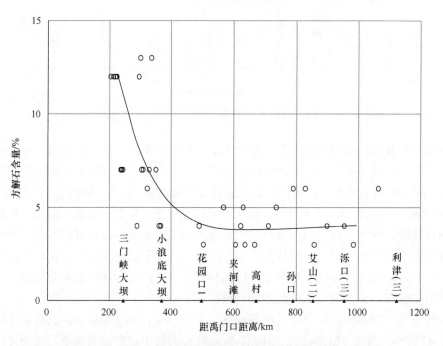

图 4-54　三门峡—河口整个河段淤积泥沙中方解石含量沿程变化

　　绿泥石是层状结构硅酸盐矿物，通常指主要含有 Mg 和 Fe 的矿物种，即斜绿泥石、鲕绿泥石等。它是一些变质岩的造岩矿物，火成岩中的镁铁矿物如黑云母、角闪石、辉石等在低温热水作用下易形成绿泥石，其颜色随含铁量的多少呈深浅不同的绿色，硬度约为 2～3，比重 2.6～3.3。图 4-55 为黄河泥沙中绿泥石含量沿程变化情况。从图上可以看出，三门峡和小浪底水库库区内绿泥石的含量相对较高，在 5%~20%；黄河下游河道内含量较低，在 5%左右，沿程有逐渐增大的趋势。

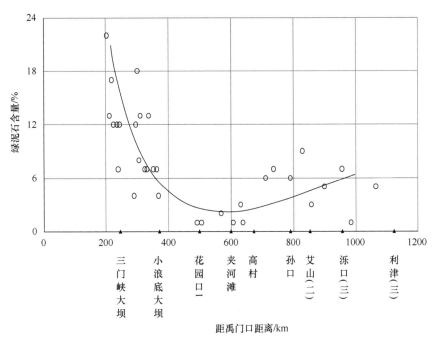

图 4-55　三门峡—河口整个河段淤积泥沙中绿泥石含量沿程变化

白云石、角闪石、蒙脱石等含量相对较低（图 4-56~图 4-58），均在 5%以下；另外还有约 1%含量的其他矿物未检出。

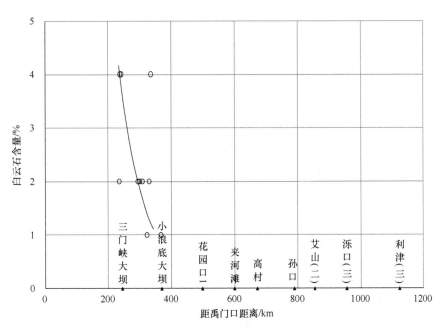

图 4-56　三门峡—河口整个河段淤积泥沙中白云石含量沿程变化

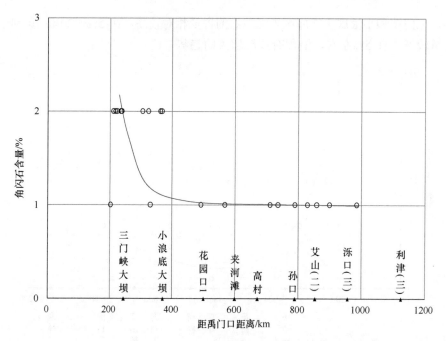

图 4-57　三门峡—河口整个河段淤积泥沙中角闪石含量沿程变化

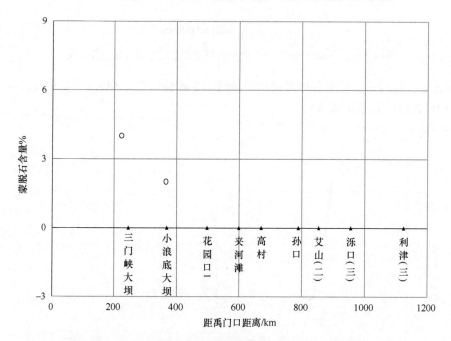

图 4-58　三门峡—河口整个河段淤积泥沙中蒙脱石含量沿程变化

　　综上，从矿物含量上看，从高到低的顺序为：石英>斜长石>钾长石>伊利石>方解石>绿泥石>白云石>角闪石>蒙脱石>其余矿物，不同的矿物在沿程变化上呈现出不同特点，特别是三门峡和小浪底水库库区同河道内矿物的组成上存在较大差别，主要是由于库区冲淤特性同河道差别较大，造成淤积物的组成不同。

　　此外，为了给利用黄河泥沙制作人工防汛石材固结胶凝技术研究与材料研发提供基础支撑，又专门对河南焦作市孟州禄村工程、郑州市花园口的河道泥沙进行了矿物组成 X 射线衍射（XRD）图谱分析。

黄河焦作孟州段泥沙的 XRD 图谱如图 4-59 所示，黄河郑州花园口段泥沙的 XRD 图谱如图 4-60 所示。分析得到，黄河焦作孟州段黄河泥沙的主要矿物成分是石英、钠长石、碳酸钙、微斜长石、硼酸钾、氯化钙铁、斜硼钙石和钠水锰矿；郑州花园口处黄河泥沙的主要矿物成分是石英、钠长石、钙长石和微斜长石。

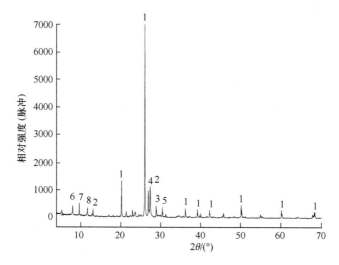

图 4-59 黄河焦作孟州河段淤积泥沙 XRD 图谱

1. 石英；2. 钠长石；3. 碳酸钙；4. 微斜长石；5. 硼酸钾；6. 氯化钙铁；7. 斜硼钙石；8. 钠水锰矿

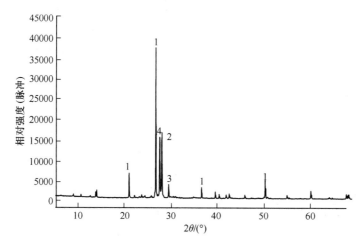

图 4-60 黄河郑州花园口河段淤积泥沙 XRD 图谱

1. 石英；2. 钠长石；3. 钙长石；4. 微斜长石

5. 泥沙中有机质及重金属含量

为了分析黄河禹门口—河口河段泥沙中有机质含量的沿程变化及重金属污染情况，根据国家、农业部、环境保护部的 GB/T1741—1997、NY/T1121.6—2006、GB/T22105.2—2008、HJ491—2009 等标准，通过容量法、原子吸收光谱法和原子荧光光谱法方法，选择具有代表性的 15 个断面的黄河泥沙样本，对其中的有机质含量和铅（Pb）、铜（Cu）、镉（Cd）、汞（Hg）、锌（Zn）、镍（Ni）、铬（Cr）、砷（As）等重金属含量进行了测定。

1）泥沙中的有机质

黄河泥沙淤积形成了沿黄两岸广阔的土地，泥沙中有机质含量分析暂无相关标准，因此采用土壤有机质分析方法对黄河泥沙中的有机质进行测定与分析。

土壤有机质是指存在于土壤中的所含碳的有机物质，包括各种动植物的残体、微生物体及其会分解和合成的各种有机质。土壤有机质是土壤固相部分的重要组成成分，尽管土壤有机质的含量只占土壤总量的很小一部分，但它对土壤形成、土壤肥力、环境保护及农林业可持续发展等都有着极其重要的意义。

土壤有机质的组成取决于进入土壤中有机物质的组成。进入土壤中有机物质的组成相当复杂，各种动、植物残体的化学成分和含量因动、植物种类、器官、年龄等不同而有很大的差异。一般情况下，动植物残体主要的有机化合物有碳水化合物、木素、蛋白质、树脂、蜡质等。土壤有机质的主要化学元素组成是 C、O、H、N，分别占 52%~58%、34%~9%、3.3%~4.8%、3.7%~4.1%，其次是 P 和 S。C/N 比在 10 左右。

通常在其他条件相同或相近的情况下，在一定含量范围内，有机质的含量与土壤肥力水平呈正相关。土壤有机质含量在不同土壤中差异很大，含量高的可达 20%或 30%以上（如泥炭土，某些肥沃的森林土壤等），含量低的不足 1%甚至 0.5%（如荒漠土和风沙土等）。在土壤学中，一般把耕作层中含有机质 20%以上的土壤称为有机质土壤，含有机质在 20%以下的土壤称为矿质土壤。耕作层土壤有机质含量通常在 5%以上。

根据第二次全国土壤普查推荐的土壤肥力分级标准（表 4-24），对黄河中下游河道泥沙中有机质含量进行了分析。图 4-61 为禹门口—河口河段有机质含量沿程变化情况。由图可见，总体上有机质含量沿程有逐渐减小的趋势，基本均在 6 级土壤标准线以下，仅三门峡水库 HY22 断面位置的样品测定值超过标准线，含量为 0.66%。整个研究河段的有机质较低平均含量为 0.19%，土壤比较贫瘠。

2）泥沙中的重金属

对于土壤中重金属污染的评价方法很多，其中比较适合黄河泥沙和大范围区域的评价方法有直接对比法、单因子质量指数法、内梅罗综合污染指数法和地累积指数法（Igoe），下面利用这四种方法分别对禹门口以下河道的重金属污染情况进行评价。其中，利用单因子质量指数法、内梅罗综合污染指数法和地累积指数法对黄河中下游河道的重金属污染情况进行分析评价时，还参照了土壤环境质量一级标准值、全国土壤元素背景值、河南省土壤元素背景值、黄河下游潮土元素背景值和山东黄河故道元素背景值等基础数据。

（1）直接对比法。根据《土壤环境质量标准》GB 15618—1995 中的有关分类和分级标准，黄河河道属于 I 类区域和一级标准，即为保护区域自然生态，维持自然背景的土壤环境质量的限制值。一级标准规定的标准值见表 4-25，根据土壤环境质量一级标准值，利用直接对比的方法进行了分析，7 种典型重金属和 1 种类金属的污染情况分析如下。

表 4-24　土壤养分分级标准

级别	1	2	3	4	5	6
有机质/%	>4	3~4	2~3	1~2	0.6~1	<0.6

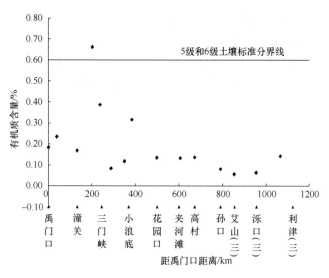

图 4-61 黄河禹门口—河口有机质含量沿程变化

表 4-25 土壤环境质量一级标准值 （单位：mg/kg）

项目	镉≤	汞≤	砷≤	铜≤	铅≤	铬≤	锌≤	镍≤
标准值	0.20	0.15	15	35	35	90	100	40

图 4-62 为禹门口以下河段金属镉沿程变化情况。由图可见，金属镉的含量沿程逐渐减小，平均镉含量为 0.09mg/kg，参照土壤环境质量标准值范围，镉含量小于等于 0.20mg/kg 为自然背景条件下的一级土壤，仅三门峡坝前 HY4 断面位置镉含量稍微超过标准值，说明禹门口以下河段基本没有受到金属镉的污染。

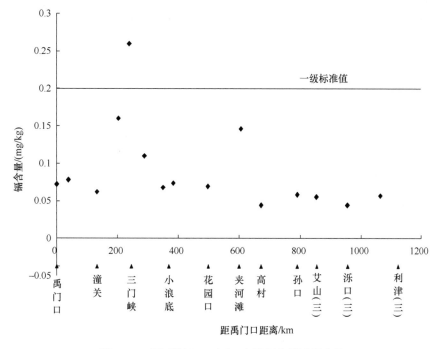

图 4-62 黄河禹门口—河口金属镉含量沿程变化

图 4-63 为禹门口以下河段汞含量变化情况。由图可见，在 HY22 和花园口附近汞的含量较高，最高为 0.44mg/kg，整个河段的平均汞含量为 0.06mg/kg，参照土壤环境质量标准值范围，自然背景条件下的一级土壤汞含量应小于等于 0.15mg/kg，说明在 HY22 和花园口附近存在轻度的汞污染，其他河段汞的含量不超标。

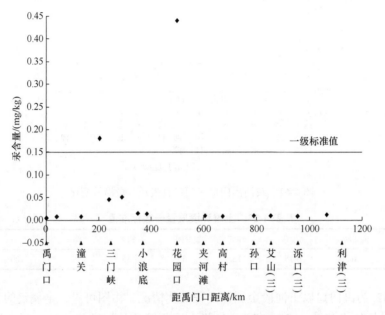

图 4-63　黄河禹门口—河口汞含量沿程变化

图 4-64 为禹门口以下河段砷含量变化情况。由图可见，沿程砷的含量变化不大，在三门峡和小浪底库区含量稍高，但均不超过土壤一级标准值 15mg/kg，平均为 7.82mg/kg，检测结果表明在禹门口以下河道泥沙没有受到砷的污染。

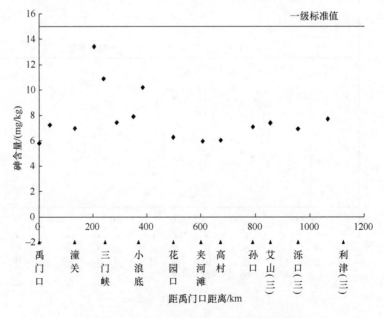

图 4-64　黄河禹门口—河口砷含量沿程变化

图 4-65 为禹门口以下河段铜含量变化情况。由图可见，沿程铜的含量呈逐渐减小的趋势，最大值在 HY68 断面，为 35.6mg/kg，平均为 14.49mg/kg，参照土壤环境质量标准值范围，自然背景条件下的一级土壤的铜含量应小于等于 35mg/kg，说明在禹门口以下河道泥沙基本没有受到金属铜的污染。

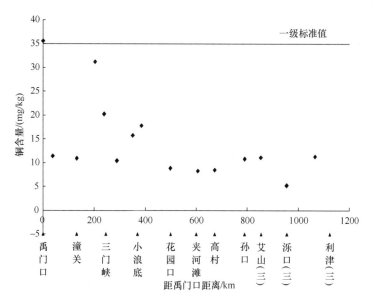

图 4-65　黄河禹门口—河口铜含量沿程变化

图 4-66 为禹门口以下河段铅含量变化情况。由图可见，沿程铅的含量沿程变化不大，最大值在 HY22 断面，为 41.3mg/kg，平均为 23.11mg/kg，参照土壤环境质量标准值范围，自然背景条件下的一级土壤的铅含量应小于等于 35mg/kg，说明在禹门口以下河段除 HY22 断面附近外，河道泥沙基本没有受到金属铅的污染。

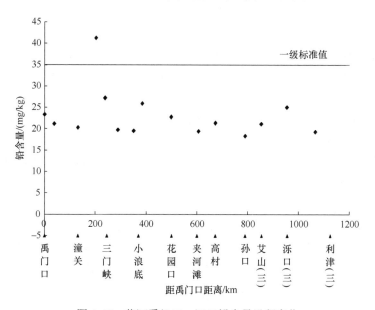

图 4-66　黄河禹门口—河口铅含量沿程变化

图 4-67 为禹门口以下河段铬的含量变化情况。由图可见，HY68 断面位置铬的含量很高，为 520.00mg/kg，其他河段的铬含量均在 90mg/kg 以下，参照土壤环境质量标准值范围，自然背景条件下的一级土壤的铬含量应小于等于 90mg/kg，说明在禹门口附近 HY68 断面黄河泥沙受到铬污染严重，HY61 以下河道泥沙基本没有受到金属铬的污染。经调查，山西河津市有大量的从事镀铬相关的企业，需要大量的铬矿砂，在生产、存放和管理过程中可能会对禹门口附近河道造成局部污染。

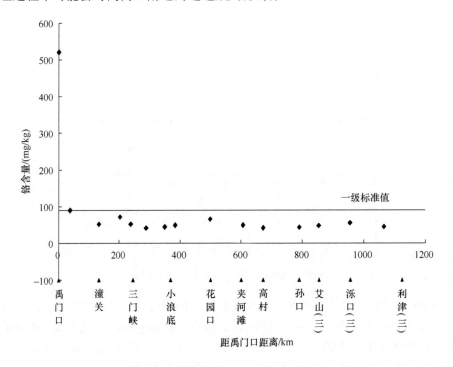

图 4-67　黄河禹门口—河口铬含量沿程变化

图 4-68 为禹门口以下河段锌的含量变化情况。由图可见，沿程锌的含量有逐渐减小的趋势，但变化不大，平均为 47.09mg/kg，参照土壤环境质量标准值范围，自然背景条件下的一级土壤的锌含量应小于等于 100mg/kg，说明在禹门口以下河道泥沙基本没有受到金属锌的污染。

图 4-69 为禹门口以下河段镍的含量变化情况。由图可见，HY68 断面位置镍的含量很高，为 204.00mg/kg，其他河段的镍含量均在 40mg/kg 以下，参照土壤环境质量标准值范围，自然背景条件下的一级土壤的镍含量应小于等于 40mg/kg，说明在禹门口附近 HY68 断面黄河泥沙受到镍污染严重，可能与河津市的从事镀镍企业有关，HY61 以下河道泥沙基本没有受到金属镍的污染。

（2）单因子质量指数法。单因子指数法是最基础的评价方法，是以土壤元素背景值为评价标准来评价重金属元素的累积污染程度，环境质量指数是污染物的实测值与土壤环境质量标准值（GB15618—1995 或评价区域土壤背景）的比值。公式如下：

$$P_i = \frac{C_i}{S_i} \tag{4-2}$$

式中，P_i 为土壤中污染物 i 的环境质量指数；C_i 为污染物 i 的实际测量浓度；S_i 为 i 种重金属的土壤环境标准中 i 的临界值，单位为 mg/kg。$P_i \leqslant 1$ 表示无污染，$1 < P_i \leqslant 2$ 表示轻微污染，$2 < P_i \leqslant 3$ 表示轻度污染，$3 < P_i \leqslant 5$ 表示中度污染，$P_i > 5$ 表示重度污染（浓度

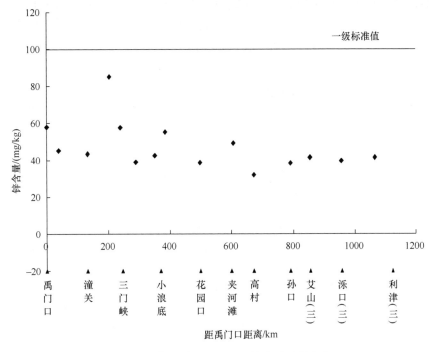

图 4-68　黄河禹门口—河口锌含量沿程变化

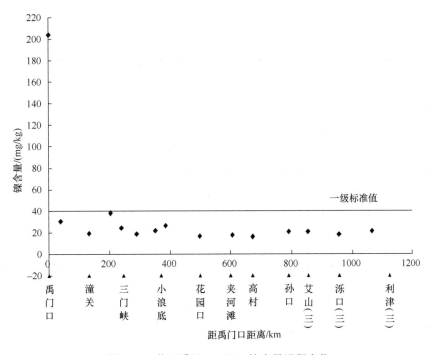

图 4-69　黄河禹门口—河口镍含量沿程变化

可能超过背景值百倍以上）。

单因子质量指数能很好地评价某种重金属的污染程度，但不能体现区域重金属污染整体情况。

表 4-26 为用单因子质量指数法的重金属污染评价结果。从表中可以看出，在 HY68 断面位置 $1<P_{铜}\leq2$ 表示轻微污染，$P_{铬}>5$ 表示重度污染，$P_{镍}>5$ 表示重度污染；在 HY22 位置 $1<P_{汞、铅}\leq2$，存在轻微污染；在花园口断面位置 $2<P_{汞}\leq3$ 表示轻度污染，其他位置指数均小于 1，属于无污染区域。

表 4-26　禹门口以下河段重金属污染评价结果（单因子质量指数法）

样品编号	距禹门口距离/km	单因子质量指数							
		镉	汞	砷	铜	铅	铬	锌	镍
HY68	0.6	0.36	0.03	0.39	1.02	0.67	5.78	0.58	5.10
HY61	39.0	0.39	0.05	0.48	0.33	0.61	1.00	0.45	0.76
HY41	132.3	0.31	0.05	0.47	0.31	0.58	0.59	0.43	0.48
HY22	203.2	0.80	1.20	0.89	0.89	1.18	0.81	0.85	0.95
HY4	239.5	1.30	0.31	0.73	0.58	0.78	0.59	0.58	0.61
HH44	289.8	0.55	0.34	0.50	0.30	0.57	0.46	0.39	0.47
HH12	351.3	0.34	0.10	0.53	0.45	0.56	0.49	0.43	0.54
西霞院 01	384.7	0.37	0.09	0.68	0.51	0.74	0.54	0.55	0.66
花园口	498.4	0.35	2.93	0.42	0.25	0.65	0.74	0.39	0.42
东坝头	605.8	0.73	0.07	0.40	0.24	0.56	0.55	0.49	0.44
高村	671.9	0.22	0.06	0.40	0.24	0.61	0.46	0.32	0.40
孙口	790.1	0.29	0.07	0.47	0.31	0.53	0.49	0.38	0.52
艾山	853.9	0.28	0.07	0.49	0.32	0.61	0.53	0.41	0.52
泺口	955.8	0.22	0.06	0.46	0.15	0.72	0.62	0.40	0.46
五甲杨	1065.0	0.29	0.08	0.51	0.32	0.55	0.50	0.41	0.53

（3）内梅罗综合污染指数法。单因子指数法在区域方面存在不足，而实际污染区域的情况又十分复杂，且不同地区之间可能差别很大，内梅罗综合污染指数法可以更加客观地评价区域重金属污染状况，可以突出风险高重金属的影响作用（表 4-27）。

表 4-27　内梅罗综合污染指数等级

土壤综合污染指数	污染等级
$P_{综合}\leq1$	非污染
$1<P_{综合}\leq2$	轻度污染
$2<P_{综合}\leq3$	中度污染
$P_{综合}>3$	重度污染

公式如下：

$$P_{综合} = \sqrt{\frac{\left(\overline{P_i}\right)^2 + \left[\max\left(P_i\right)\right]^2}{2}} \tag{4-3}$$

式中，$P_{综合}$ 为土壤综合污染指数；$\overline{P_i}$ 为土壤中各污染物的指数平均值；$\max(P_i)$ 为土壤中单项污染物指数最大值。

内梅罗指数法是重金属污染评价最常用的方法,该方法能够反映出地区重金属对土壤的污染影响,但难于反映出重金属污染的质变特征。表 4-28 为内梅罗综合指数法评价结果。从表中可以看出整个区域汞的综合指数为 2.09,污染等级为中度污染,铬的综合指数为 4.14,污染等级为重度污染,镍的综合指数为 3.66,污染等级为重度污染。

表 4-28　禹门口以下河段重金属污染评价结果(内梅罗综合指数法)

重金属类别	$P_{综合}$	污染等级
镉	0.97	非污染
汞	2.09	中度污染
砷	0.73	非污染
铜	0.78	非污染
铅	0.96	非污染
铬	4.14	重度污染
锌	0.69	非污染
镍	3.66	重度污染

(4)地累积指数法(I_{geo})。地累积指数法(index of geoaccumulation)是德国海德堡大学沉积物研究所的科学家 Muller 于 1979 年提出的,在欧洲被广泛采用,在我国曾被部分学者采用过。此方法能反映重金属分布的自然变化特征,还可判别人为活动对环境的影响,是区分人为活动影响的重要参数,其计算式为

$$I_{geo} = \log_2 \left[C_n / (kB_n) \right] \tag{4-4}$$

式中,C_n 是元素 n 在沉积物中的含量;B_n 是沉积物中该元素的地球化学背景值;k 为考虑各地岩石差异可能会引起背景值的变动而取的系数(一般取值为 1.5),用来表征沉积特征、岩石地质及其他影响。沉积物重金属地累积指数分级与污染程度之间相互关系为:$I_{geo} \geqslant 5$,为 6 级,极重污染;$4 \leqslant I_{geo} < 5$,为 5 级,介于重污染与极重污染之间;$3 \leqslant I_{geo} < 4$,为 4 级,重污染;$2 \leqslant I_{geo} < 3$,为 3 级,介于中污染与重污染之间;$1 \leqslant I_{geo} < 2$,为 2 级,中污染;$0 \leqslant I_{geo} < 1$,为 1 级,介于无污染与中污染之间;$I_{geo} < 0$,为 0 级,无污染。

重金属污染评价结果(表 4-29)如下:HY68 位置铜的地累积指数为 1 级,介于无污染与中污染之间,铬和镍的地累积指数为 3 级,介于中污染与重污染之间;HY22 位置汞的地累积指数为 2 级,中污染;HY4 位置镉的地累积指数为 2 级,中污染;花园口位置的汞的地累积指数为 4 级,重污染;其他位置的地累积指数均小于 0,属于无污染区域。

从四种方法的评价结果来看,得出的结论基本一致,在禹门口附近的 HY68 断面出现了铬污染和镍污染,在花园口断面附近出现了汞污染,说明对黄河禹门口以下河道进行的重金属污染评价是科学合理的,在泥沙资源利用中要充分考虑重金属污染的情况,为将来河道内的泥沙资源利用提供了参考。

表 4-29　禹门口以下河段重金属污染评价结果（地累积指数法）

样品编号	距禹门口距离/km	地累积指数							
		镉	汞	砷	铜	铅	铬	锌	镍
HY68	0.6	−0.7	−3.8	−1.3	0.2	−0.6	2.6	−0.8	2.4
HY61	39.0	−0.6	−2.8	−1.0	−1.4	−0.7	0.1	−1.2	−0.3
HY41	132.3	−0.9	−2.8	−1.0	−1.5	−0.8	−0.7	−1.2	−1.0
HY22	203.2	0.4	1.7	−0.1	0.0	0.2	−0.2	−0.3	0.0
HY4	239.5	1.1	−0.3	−0.4	−0.6	−0.4	−0.7	−0.8	−0.6
HH44	289.8	0.2	0.4	−1.0	−1.5	−0.7	−1.2	−1.3	−1.1
HH12	351.3	−0.5	−1.4	−0.9	−0.9	−0.7	−1.1	−1.1	−0.9
西霞院 01	384.7	−0.4	−1.5	−0.5	−0.8	−0.3	−1.0	−0.8	−0.6
花园口	498.4	−1.0	3.7	−1.6	−1.9	0.1	−0.3	−1.3	−1.2
东坝头	605.8	0.1	−1.7	−1.7	−2.0	−0.1	−0.7	−1.0	−1.1
高村	671.9	−1.6	−1.9	−1.7	−1.9	0.0	−1.0	−1.6	−1.2
孙口	790.1	−1.2	−1.7	−1.5	−1.6	−0.2	−0.9	−1.4	−0.9
艾山	853.9	−1.3	−1.7	−1.4	−1.5	0.0	−0.7	−1.2	−0.8
泺口	955.8	−1.6	−1.9	−1.5	−2.6	0.2	−0.5	−1.3	−1.0
五甲杨	1065.0	−1.3	−1.5	−1.3	−1.5	−0.2	−0.8	−1.2	−0.8

4.5　黄河泥沙资源利用方向及需求预测

4.5.1　黄河泥沙资源利用方向

黄河中下游目前现有的泥沙资源利用方向按作用可分为黄河防洪、放淤改土与生态重建、河口造陆及湿地水生态维持、建筑与工业材料四个方面（表 4-30），按利用方式可分为直接利用和转型利用两个方面。

表 4-30　泥沙资源利用方向分类表

利用分类	具体利用方向	泥沙利用性质
黄河防洪利用	放淤固堤	直接利用
	淤填堤河	
	二级悬河治理	
	人工防汛石材	转型利用
放淤改土与生态重建	土地改良	直接利用
	煤矿等沉陷区国土修复	
	治理水体污染	
河口造陆及湿地水生态维持	填海造陆	直接利用
	盐碱地改良	
	湿地及河口水生态维持	
建筑与工业材料	建筑用沙，干混砂浆	直接利用
	泥沙免烧蒸养砖、砼砌块	转型利用
	烧制陶粒、陶瓷酒瓶	
	新型工业原材料、型砂	
	陶冶金属、制备微晶玻璃	

1. 黄河防洪利用

在黄河防洪利用方面，对黄河泥沙特性的要求不高，主要作为土方利用，泥沙资源利用量大，是目前泥沙资源利用的主要方向，也是重点利用方向。

黄河防洪方面的泥沙利用包括放淤固堤、淤填堤河、二级悬河治理、人工防汛石材制备等，除人工防汛石材制备属转型利用外，其他均是直接利用。

经过70余年坚持不懈的努力，通过放淤固堤对黄河下游两岸1371.2km的临黄大堤先后4次加高培厚；通过开展标准化堤防工程建设，仅1999~2005年，黄河下游放淤固堤就利用泥沙0.67亿t；20世纪90年代在河南和山东开展的挖河固堤试验，也利用泥沙1439万t。在人工防汛石材新技术应用方面，黄科院在中央水利建设基金和水利部科技成果重点推广项目资金支持下，研制出黄河抢险用大块石，利用黄河泥沙制作防汛石材，节省大量天然石料；此外，黄委组织开展的大土工包机械化抢险技术、利用泥沙充填长管袋沉排坝防汛抢险技术等，都是黄河泥沙在防汛抢险方面的应用。这些技术是"以河治河"理念的体现，既满足了防汛需要，又因地制宜地就近利用黄河泥沙，为解决黄河泥沙问题提供了新的途径。

2. 放淤改土与生态重建

放淤改土与生态重建，包括放淤改土、利用黄河泥沙生态修复煤矿等沉陷区、利用黄河泥沙治理水体污染等，均为直接利用。

黄委在20世纪50年代中期就在黄河三角洲进行了放淤改土试验研究，到1990年年底共计淤改土地超过20万hm^2，近年来黄委又先后进行了温孟滩淤滩改土、小北干流放淤试验、黄河下游滩区放淤、内蒙古河段十大孔兑放淤及大堤背河低洼盐碱地放淤改土等实践。在利用黄河泥沙生态重建方面，近年来山东济宁市相关单位开展了利用黄河泥沙对采煤塌陷地进行充填复垦试验；菏泽黄河河务局也联合有关单位，计划利用黄河泥沙回填巨野煤田沉陷区；河海大学利用黄河花园口泥沙，开展了利用泥沙治理水体污染的初步研究，取得了一些初步成果，但与生产需求仍有不小距离，还需进一步研究。

3. 河口造陆及湿地水生态维持

河口造陆及湿地水生态维持方面的利用包括填海造陆、盐碱地改良、湿地水生态维持等，均为直接利用。

在河口造陆方面，从1855~1954年间，黄河现有流路实际行河64年，河口累计来沙930多亿t，年均来沙14.58亿t，共造陆1510km^2，年均造陆23km^2；1954~2001年，黄河三角洲新生陆地面积达990km^2，从而使得黄河河口地区成为我国东部沿海土地后备资源最多、开发潜力最大的地区之一。

在盐碱地改良方面，根据"黄河三角洲高效生态经济区发展规划"，目前黄河三角洲未利用土地约53万hm^2，其中盐碱地18万hm^2，荒草地10万hm^2。以盐碱荒地为主的未利用地集中分布于渤海湾沿岸，地势平坦，地面高程低，受到盐水的侵袭，盐渍化严重。发展规划中提出，支持黄河三角洲荒碱地治理，有计划地对荒碱地进行开发治理和改造中低产田，具体目标是2015年治理荒碱地7万hm^2，改造中低产田20万hm^2。

在湿地水生态维持方面，泥沙淤积造陆对湿地的形成发挥了重要的作用，使河口三角洲丰富多样化的生物、植物资源和水生态维系机制得以形成，目前黄河三角洲自然保护区内有各种野生动植物 1921 种，其中水生动物 641 种、鸟类 269 种、植物 393 种；在植物类型中，属国家二类重点保护植物的野大豆在该区内广泛分布，面积达 0.8 万 hm²。此外，5.1 万 hm² 的天然草场、0.07 万 hm² 的天然实生柳林和 0.81 万 hm² 的天然柽柳灌木林也在保护区分布，还有华北平原面积最大的人工刺槐林，面积达 1.2 万 hm²。

4. 建筑与工业材料

建筑与工业材料方面的利用包括建筑用沙、干混砂浆、泥沙免烧蒸养砖、砼砌块、烧制陶粒、陶瓷酒瓶、新型工业原材料、型砂、陶冶金属、制备微晶玻璃等。除建筑用沙、干混砂浆为直接利用外，其他均为转型利用。

近 20 年来，经过深入研究，人们对黄河泥沙的特性有了更加深刻和全面的认识，取得了丰富的综合利用黄河泥沙的经验，研制出了一系列由黄河泥沙制成的装饰和建材产品，主要有烧结内燃砖、灰砂实心砖、烧结空心砖、烧结多孔砖（承重空心砖）、建筑瓦和琉璃瓦、墙地砖、拓扑互锁结构砖以及干混砂浆等，并在利用黄河泥沙制作免蒸加气混凝土砌块、烧制陶粒、微晶玻璃以及新型工业原材料研制等方面进行了探索，取得了良好的效果。但上述研究开发出的黄河泥沙资源利用产品，大多处于试验研究或中试阶段，由于缺乏泥沙资源利用的成套设备，产品生产规模较小，无法大规模生产而造成成本偏高，因此对社会投资的吸引力较小，这从一定程度上制约了黄河泥沙资源利用的大规模开展。

4.5.2 泥沙资源利用需求分析

通过资料收集、现场查勘等方式，对禹门口以下河段辐射范围内采煤沉陷区、滩区放淤区、引黄供水沉沙区、挖河固堤区、低洼地改造区和工程材料市场等沿河区域的泥沙资源利用现状开展了广泛调研，分析了各个区域泥沙资源利用的潜力、需求，以及未来泥沙资源利用的前景。

1. 煤矿地下采空区与地表沉陷区及其他矿业坑塘充填

黄河流域矿产资源丰富，其中煤炭储量约占全国总量的 67%，我国确定的十三个大型煤炭基地，其中就有六个集中在此区域。

黄河禹门口以下河段辐射范围主要包括山西、陕西、河南和山东四省，沿岸煤矿分布广泛，充填开采空间总量巨大。其中山西沿黄太原、晋中、临汾、运城等地煤矿年开采量达 1.51 亿 t/年，每年开采空间约 1.08 亿 m³。陕西沿黄铜川、渭南、咸阳等地煤矿年开采量达 7020 万 t/年，每年开采空间约 5015 万 m³/年。河南沿黄 50km 范围内的煤矿，主要分布在义马矿区、荥巩矿区、郑州矿区、济源矿区等 4 个矿区 31 座煤矿，合计总产量 4205 万 t/年（表 4-31），每年采出空间约为 3000 万 m³。山东沿黄流域内分布着兖州、济宁、新汶、淄博、肥城、巨野、黄河北等 7 大矿区，这些矿区探明煤炭储量为 160 多亿 t，年开采量达 8500 万 t/年，每年采出空间约 6050 万 m³。总体上，黄河禹门口以下沿黄附近煤矿，每年煤炭开采量约 3.5 亿 t/年，开采空间约 2.5 亿 m³/年。也就是说，如果采用黄河泥沙进行充填开采，按充填开采时黄河泥沙利用量80%考虑，每年可消耗2亿 m³ 黄河泥沙。

表 4-31　河南沿黄 50km 范围内的煤矿统计表

序号	煤矿名称	建矿年份	年产量/（Mt/a）	距黄河距离/km
1	石壕煤矿	1985	0.6	15
2	耿村煤矿	1975	3.0	23
3	千秋矿	1956	1.0	30
4	跃进煤矿		1.8	27
5	观音堂煤矿		0.3	18
6	杨村煤矿		1.2	24
7	龙王庄煤矿	2004	0.45	14
8	新安煤矿	1988（投产）	1.2	23
9	宜洛煤矿	2005（重组）	0.9	17
10	龙门煤矿	2004（重组）	0.5	34
11	焦村煤矿	2005（重组）	0.9	26
12	孟津煤矿	2004（重组）	1.2	9
13	义安煤矿	2009（投产）	0.9	14
14	新义煤矿	2011（投产）	1.2	14
15	常村煤矿	2005	0.45	27
16	嵩山煤矿	2006	0.6	31
17	大峪沟集团	1958	2.0	7
18	演马庄矿	1958	1.2	31
19	冯营矿		0.45	31
20	九里山矿	1970	1.0	36
21	古汉山矿	1991	1.2	45
22	韩王矿	2002	0.3	19
23	赵固一矿	2005	6.0	40
24	赵固二矿	2007	1.8	40
25	济源煤业公司	2002（重组）	2.0	31
26	超化煤矿	1993	2.3	49
27	裴沟煤矿	1960	2.0	40
28	王庄煤矿	1960	1.2	34
29	米村煤矿	1966	2.0	34
30	告成矿	1992	1.2	48
31	芦沟煤矿	1966	1.2	42

同时，在沿黄煤矿已开采区域，存在大量采煤沉陷区或其他矿业开发遗留的坑塘，需要大量泥沙进行充填。以山东菏泽市《采煤塌陷地治理规划》为例，计划对位于汶上、梁山、嘉祥、任城境内的塌陷区进行充填治理，涉及矿井 13 对、矿区面积 730km²。规划区域内西北部为引黄充填治理区域，拟采取抽取黄河泥沙实施充填的方法，以恢复耕地为主，着力打造农业生态园区。按引黄充填治理区域 200km²、平均淤填 0.5m 估算，仅菏泽一地，塌陷区治理就需黄河泥沙 1 亿 m³。在具体实践上，近年来山东济宁市相

关单位正在开展利用黄河泥沙对采煤塌陷地进行充填复垦试验,共利用黄河泥沙 168 万 t,治理塌陷地 46.7hm²;菏泽黄河河务局也联合有关单位,计划利用黄河泥沙回填巨野煤田沉陷区。

2. 滩区放淤改土

近年来黄委先后进行了温孟滩淤滩改土、小北干流放淤试验、黄河下游滩区放淤等实践,规划放淤区总面积为 108.9km²,可放淤量约为 21.21 亿 t。其中小北干流放淤设计淤积泥沙 1953 万 t,淤区面积 5.5km²。

3. 放淤固堤

黄委近期一直在持续开展黄河下游标准化堤防建设,2012 年时已完成标准化堤防建设 714km,至 2015 年又完成标准化堤防 209km,目前大部分的黄河下游标准化堤防建设已经完成,今后一定时期内黄河下游不再开展放淤固堤,这方面的泥沙利用量很少。

4. 引黄灌区浑水灌溉与土地改良

将引黄泥沙直接输入田间的浑水灌溉方法,既可以改良土地,又可以缓解引黄灌区泥沙淤积问题,是引黄灌区泥沙资源利用的主要途径之一。黄河汛期洪水所挟带的泥沙具有相当数量的农作物生长养分(表 4-32),对农作物生长十分有利。浑水灌溉集改碱、平整土地、改良土壤结构、增加土壤肥力等多种功能于一身,能起到一举多得的治理效果。表 4-33 为浑水灌溉前后土地养分对比,可以看出:浑水灌溉后的肥效显著提高,有机质含量和全氮分别比淤前高 0.3%和 0.03%,速效磷、钾比黄淮海平原区分别高 4~7 倍和 1.4~1.6 倍;盐分减少,重盐碱沉沙淤改后全剖面脱盐率达 50%~80%以上,对农作物生长十分有利。

表 4-32 洪水泥沙所含养分

平均粒径/mm	有机质/%	含氮/%	碱解氮/ppm	速效磷/ppm	速效钾/ppm
0.0184	1.07	0.013	20	20	360

注:1 ppm=10^{-6}

表 4-33 放淤前后土壤养分

灌区	时期	有机质/%	全氮/%	速效氮/ppm	速效磷/ppm	速效钾/ppm	全盐/%	脱盐率/%
胡楼	前			36.32	1.03(0.5~3.0)	156(136~170)	0.12~0.96	
	后			64.4(31.9~163.8)	9.7(0.7~28)	190.8(155~260)		
刘庄	前	0.23~0.58	0.03~0.044		21.1~91.9	210~410	0.15~0.225	
	后	0.53~0.88	0.06~0.074	39.4~61.3	5.3~13.13	150~256	0.015~0.025	50~80
人民胜利渠	前						0.37~1.32	
	后	0.5~1.07	0.013~0.34	20	20	360	0.16~0.53	26~73

注:1 ppm=10^{-6}

河南人民胜利渠和山东菏泽、德州和滨州等地区的引黄灌区先后进行了放淤和种稻改土工作。自从 1952 年 4 月人民胜利渠运用以来,在长期实践中,人们认识到了黄河泥沙的二重性,根据黄河水冬春沙多泥少、汛期泥多沙少的特点,采取小型条池沉沙,汛后换池还耕,让条池底部沉沙,表层淤盖。在灌区上游的背河洼地,采取沉沙改土的办法改造沙荒盐碱地,收到了良好效果。经过30余年的运用,人民胜利渠淤改土地5.5万亩,经过淤改的土地,培植果园11处,年产水果400余万斤,粮食亩产由原来的百斤左右,提高到近千斤,使人民胜利渠灌区变成了粮丰林茂的新农村。2014年初,山东省高青县对地处沿黄的刘春村的120亩盐碱地进行了淤改试验,随后利用扬水站,抽取黄河泥沙400万m³,对堤外的20000亩盐碱涝洼地进行了表层0.30m的淤填覆盖,使盐碱涝洼地变成了良田。

据统计,到20世纪90年代初期,黄河下游地区放淤改良土地348万亩,发展水稻改地180余万亩(其中河南约130万亩,山东约50万亩)。在改变低产盐碱荒地面貌成为粮棉生产基地的同时,还大大改善了灌区的土壤环境、生活环境和社会环境,取得了巨大的经济效益和显著的社会效益。

浑水灌溉要求渠道应具备一定输沙能力、比降大于1/5000、优佳的渠道断面形式和渠道衬砌等,并使输沙渠道在设计条件下良性运行。在引黄灌区长距离输沙利用方面,黄河下游滨州市小开河灌区是首个按泥沙长距离输送设计建设的引黄灌溉区,通过近十几年的运行证明,远距离输沙取得了成功,开创了引黄灌区远距离输沙的先例。小开河灌区平面布置如图4-70所示。根据设计,引黄水流进入小开河灌区后,在上游输沙渠段原水灌溉,泥沙入田,分散处理;中游在沉沙池集中沉沙,综合利用;下游清水灌溉。沉沙池位于沾化、无棣的交界处,这里地势低洼,无雨时无水,有雨时则涝,都是杂草丛生无人问津的荒地,周围十几公里没有村庄,生态环境较为恶劣。灌区通水后,每年的清淤泥沙,用来淤改土地,已累计改造土地1500余亩,原来的荒地,在2010年就成了良田。

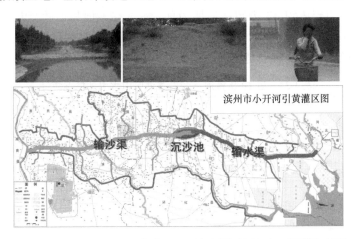

图4-70 滨州市小开河引黄灌区平面布置图及近几年干渠淤积情况

需要指出的是,以现有的经济、技术和自然环境条件,输沙渠道不可能将全部泥沙输入田间,从而导致部分泥沙集中淤积在输沙渠和骨干渠道上,不仅需要清淤,而且入田泥沙控制不好时,还会在一定程度上改变了土壤性状,并对灌区土壤和生态环境质量产生一定影响。据统计,1958~1990年,黄河下游引黄灌区总引沙量38.65亿t,其中沉沙池、引黄渠系、田间和排水系统各占约1/3。上文提到的小开河灌区,近几年随着黄河下游河床下切,河床泥沙粗化,入渠泥沙明显变粗,干渠也出现了严重的泥沙淤积问题，输沙渠清淤出来的沙土堆放在干渠两侧，占压农田和林地，若遇大风，漫天黄沙，严重污染环境。这种现象，在河南河段的引黄灌区都曾经出现过。

因此，处理好引黄渠系内淤积的泥沙，是保证引黄灌区正常运行的重要前提。表 4-34 为近 10 年黄河下游引黄灌区引水引沙情况统计，在黄河泥沙大幅减少的背景下，进入灌区的年均泥沙里仍达 0.2 亿 t。基于泥沙资源利用的理念，黄科院江恩慧、黄永涛等提出了基于防洪安全、粮食安全、生态安全"三位一体"的引黄灌区可持续发展模式，具体为：黄河下游引黄灌区内的泥沙主要去向有三个，分别为沉沙池沉沙、渠系淤积和浑水灌溉入田。对于淤积在沉沙池和渠系内的泥沙，可在沉沙池附近建立泥沙资源综合利用基地，将沉沙池和渠系内泥沙通过输沙管道输送至基地，进行水力分选后，根据泥沙粒径和需求进行资源利用，既可用作生态改良，改善沉沙池湿地的生态环境，也可开展转型利用，用于建材加工和防汛石材生产，同时还可以作为放淤固堤、建筑用沙等，有利于生态安全和防洪安全。在解决好沉沙池、渠系内的泥沙淤积后，可以根据引黄渠系设计，控制进入农田的泥沙粒径，使较细泥沙进入农田，用于土地改良，特别是盐碱地改良、中低产田改良和低洼地改良，保障粮食安全。通过泥沙资源利用，可以实现防洪安全、粮食安全、生态安全"三位一体"的引黄灌区可持续发展。

总体上，浑水灌溉是盐碱地改良的重要措施之一，并在实践中取得了良好的效果。2013 年，中科院联合科技部在山东推行"渤海粮仓"科技示范工程，由山东省科技厅制定总体规划和要求，推进治理盐碱地和改造中低产田。该工程计划对环渤海地区 4000 余万亩中低产田和 1000 余万亩盐碱荒地进行改造，其中包括沿黄地区的东营、德州、滨州三个城市。至 2016 年年底，东营市渤海粮仓科技示范工程示范区面积达到 42.4 万亩，滨州示范区面积达到 33 万亩，后期仍有大量的盐碱地和中低产田需要改造。按表层 0.30m 淤填覆盖，改造 1000 万亩计算，共需黄河泥沙约 28 亿 t，这是黄河泥沙资源利用的重要途径之一，同时也是实现"渤海粮仓"计划的重要措施之一。

表 4-34 近 10 年黄河下游引黄灌区引水引沙情况统计

项目	2007 年	2008 年	2009 年	2010 年	2011 年	2012 年	2013 年	2014 年	2015 年	2016 年	合计	年均
水量/亿 m³	72.1	71.1	92.5	97.2	103.9	116.7	107.8	116.6	116.0	109.4	1003.1	100.3
沙量/亿 t	0.21	0.19	0.21	0.26	0.23	0.24	0.20	0.18	0.19	0.10	2.02	0.20

5. 工程材料市场

泥沙资源利用在工程材料市场主要分为直接利用和间接利用。

直接利用主要是从河道内获取的可以直接作为建筑材料利用的泥沙。该部分泥沙粒径较粗，主要表现形式为粗砂或卵石，是非常好的建筑材料，主要集中在禹门口附近、小浪底库尾和西霞坝坝下至赵沟工程河段。近几十年来，随着我国建筑和基础设施建设规模的不断增大，砂石骨料的用量保持高速增长，2013 年全国砂石料产量达到 120 亿 t，产值超过 3000 亿元。根据国务院发布的《国家新型城镇化规划（2014—2020 年）》以及公路、高速铁路网建设规划，今后砂石骨料的用量仍会继续增长。

在间接利用方面，近 20 年来，经过深入研究，人们对黄河泥沙的特性有了更加深刻和全面的认识，取得了丰富的综合利用黄河泥沙的经验，研制出了一系列由黄河泥沙制成的装饰和建材产品，主要有烧结内燃砖、灰砂实心砖、烧结空心砖、烧结多孔砖（承重空心砖)、建筑瓦和琉璃瓦、墙地砖、拓扑互锁结构砖以及干混砂浆等,并在利用黄河泥沙制作免蒸加气混凝土砌块、烧制陶粒、微晶玻璃以及新型工业原材料研制等方面进行了探索,取得了良好的效果。

据不完全统计,截至 2010 年,全国生产墙体材料的企业约有 10 万家,其中砖瓦生产企业在 9 万家以上,墙体材料的年总产量折合为普通砖约为 8500 亿块,其中实心黏土砖为 5000 亿块;据中国建陶协会预测,未来到 2020 年国内市场建筑陶瓷砖需求量约90 亿 m²;国际市场出口需求约 10 亿 m²;"十三五"期间全国建筑陶瓷砖产量保持在 100亿 m² 左右。另据统计,2000~2005 年,黄河下游根石加固和抢险用石共计 290 万 m³,平均每年抛石 48 万 m³,可以预见,在开山采石越来越少的情况下,天然石材成本将越来越高,用黄河泥沙制作的人工备防石替代天然石材将是必然趋势。

此外,根据 2017 年"山东省黄河滩区居民迁建规划",到 2020 年迁建工程总投资 260.06亿元,通过外迁安置、就地就近筑村台、筑堤保护、旧村台改造提升、临时撤离道路改造提升等五种方式,实施黄河滩区居民迁建工程,全面解决 60.62 万滩区居民的防洪安全和安居乐业问题。据了解,在滩区居民安置过程中,亟需解决的问题是房屋建筑材料紧缺,特别是"禁实限黏"政策下,砖的需求量很大。据统计,仅东明县就地就近安置新筑村台24 个,安置居民 16.68 万人,建房需砖 60 亿块,淤筑村台总面积 1070.9 万 m²,新淤筑村台高度一般在 3~5m,按平均 4m 计算,直接利用黄河泥沙 4283.6 万 m³。根据东明县居民安置需求推算,山东 60.62 万滩区居民的安置仅砖就需要 218 亿块。因此,利用黄河泥沙规模化生产免烧蒸养砖,降低成本,是泥沙资源利用的重要方向之一,利国利民。

总之,随着利用黄河泥沙制备装饰和建材产品的技术不断提高,在工程材料市场方面对黄河泥沙资源的需求量将不断增加,未来可以完全代替黏土,节约土地,促进粮食生产,也可以替代石材,实现封山育林,改善环境。黄河泥沙资源作为建筑工程材料市场前景非常好,年利用量较大。

4.6 黄河中下游河段泥沙资源利用架构及模式

4.6.1 黄河泥沙资源利用整体架构

强化系统治理的科学性,在已有黄河泥沙综合治理战略"拦、排、调、放、挖"的基础上,从泥沙资源利用的角度,建立黄河流域泥沙资源利用整体架构(图 4-71),在不同河段实行不同的泥沙资源利用方式,进一步完善了泥沙综合治理战略,变被动处理为主动利用,变粗放式淤改为精细化利用,实现防汛石材从天然石材开采到人工防汛石材全面推广利用的跨越,强化"以河治河"新理念,为水生态安全战略实施作出应有贡献。具体设想为:

在中游黄土高原地区继续采取林草、淤地坝、梯田等水利水保措施,减少地表土壤侵蚀,保持土体稳定,拦截暴雨洪水期产生的泥沙,以达到减少入黄泥沙的目的。同时,从泥沙资源利用角度看,上述水利水保措施也可以促进中游地区的固沙保肥,提高耕地质量;拦截在沟壑内的泥沙又可以通过合理规划,改造成工农业用地,或通过管道输送至附近其他无工程拦截泥沙的沟壑,增加耕地或工业、城镇建设用地数量。

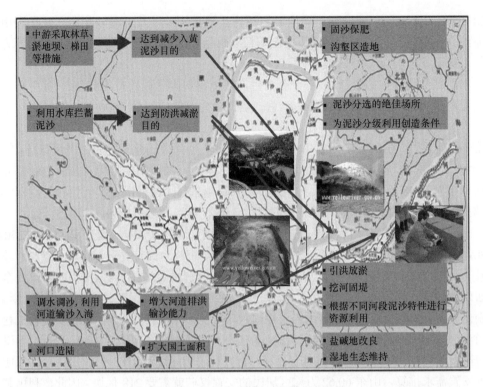

図 4-71 黄河泥沙资源利用整体架构图

在中游水库库区范围内,继续利用水库的拦沙库容拦截泥沙,减少进入黄河下游的泥沙数量,以达到防洪减淤的目的。从泥沙资源利用的角度,水库将大量泥沙集中在一个相对较小的范围内,为泥沙的集中利用创造了条件;另外,水库为泥沙分选提供了绝佳场所,为泥沙的分级利用创造了条件。换种思路看待水库泥沙淤积,从悲观消极到柳暗花明,利用这些有利条件,在水库库区大力开展泥沙资源利用,建立可长久运行的水库泥沙资源利用模式,让淤废水库重新焕发活力,让新建水库长期保持水库的拦沙库容,充分发挥水库的防洪、减淤、发电等综合效益。

同时,利用中游水库群,适时开展调水调沙,增大下游河道的排洪输沙能力;通过人工塑造异重流,将一部分细泥沙排入下游河道,再输送至河口地区,一方面进行河口造陆,增加国土面积;另一方面也可以对河口地区的盐碱地进行改良,维持河口湿地、近海区域生态环境。

在小北干流河段和下游河道,在继续开展引洪放淤、挖河固堤等传统泥沙资源利用的同时,根据不同河段泥沙特性、河段附近经济社会发展需求,拓展不同途径的泥沙资源利用,如制作人工备防石、进行沉陷区土地修复或煤矿充填开采、改良土壤等。同时,根据不同河段引黄灌区泥沙淤积情况,开展引黄灌区泥沙资源利用。

4.6.2 水库泥沙处理与资源利用模式

水库是泥沙的天然水力分选场所,对水库淤积泥沙的资源利用,可以根据淤积部位、泥沙粒径的不同分别利用(图 4-72)。

(1)对淤积在水库库尾的粗泥沙,在严格管理和科学规划的前提下,由于水深较浅,

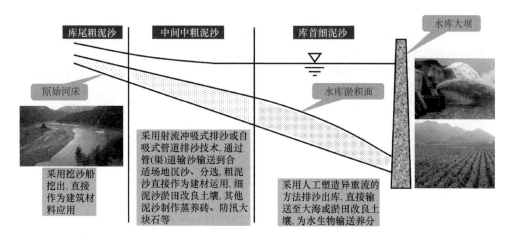

图 4-72　黄河水库泥沙处理与资源利用模式

可以直接采用挖沙船挖出，作为建筑材料应用。该种措施不需国家投资，仅靠建筑市场需求即可吸引大量资金，还可为水库其他部位泥沙处理提供一定的资金补助。

（2）对库区中间部位的中粗泥沙，可根据两岸地形及市场需求状况，采用射流冲吸式排沙或自吸式管道排沙技术，将泥沙输送至合适场地沉沙、分选，粗泥沙直接作为建材运用，细泥沙淤田改良土壤、淤填水库两岸的沟壑造地等，剩余泥沙制作防汛大块石、生态砖或修复采煤沉陷区、充填开采煤矿等。

（3）对于淤积在坝前的细泥沙，可以采用人工塑造异重流的方法排沙出库，直接输送至大海或淤田改良土壤。

4.6.3　河道泥沙处理与资源利用模式

1. 小北干流河段河道泥沙资源利用架构

根据小北干流河段河道泥沙特性和沿岸经济社会发展需求，该河段泥沙资源利用的架构（图 4-73）如下所示。

（1）继续利用连伯滩放淤闸，在水沙条件合适时进行放淤生产实践，淤粗排细。对淤积在放淤区的粗泥沙，可提供建筑用沙、人工制作备防石等资源利用。

（2）在两岸河道整治工程间划定的可利用泥沙范围内，在不影响河势稳定和工程安全的前提下，合理规划设置河道采砂区域；同时在河道两岸滩地合适位置设置泥沙资源综合利用基地。河道内的泥沙通过采沙船和输沙管道输送至基地，泥沙在基地进行水力分选后，根据泥沙粒径和需求进行资源利用，粗沙直接作为建筑用沙，中粗泥沙用于制作人工备防石、煤矿充填开采等，细泥沙用于改良土壤、修复煤矿沉陷区等。

2. 下游河道泥沙资源利用架构

对下游河道泥沙的处理，除传统的淤背固堤、淤填堤河等防洪应用外，根据沿黄经济社会发展需求和泥沙资源利用技术、管道输沙技术发展情况，可以采取以下途径：

在两岸河道整治工程间划定的可利用泥沙范围内，在不影响河势稳定和工程安全的前提下，合理规划设置河道采沙区域；同时在河道两岸滩地合适位置设置泥沙资源综合

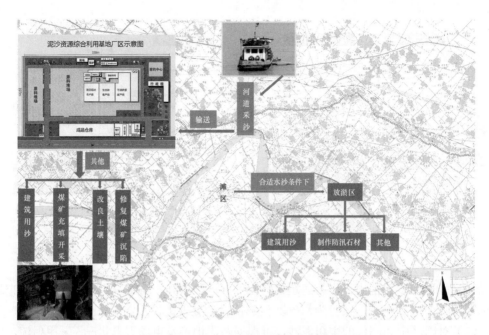

图 4-73　黄河小北干流河段河道泥沙资源利用架构

利用基地。河道内的泥沙通过采沙船和输沙管道输送至基地，泥沙在基地进行水力分选后，根据泥沙粒径和需求进行资源利用，粗沙直接作为建筑用沙，中粗泥沙用于制作人工防汛石材、生态砖、煤矿充填开采等，细泥沙用于低洼地回填、改良土壤、修复煤矿沉陷区等（图 4-74）。原则上泥沙资源综合利用基地在沿黄两岸每个地市设置一个，临黄岸线长度较长的新乡、濮阳两市，可根据管道输沙距离，分别设置两个综合利用基地。

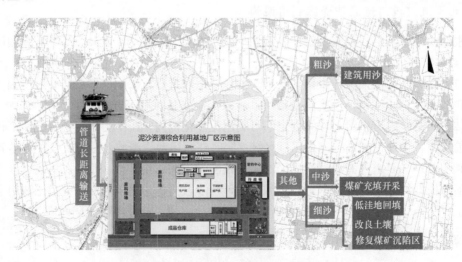

图 4-74　黄河下游河道泥沙资源利用架构

3. 引黄灌区泥沙资源利用架构

对两岸引黄渠系内淤积的泥沙，根据不同河段和泥沙特性进行资源利用（图 4-75）。黄河下游引黄灌区内的泥沙主要去向有三个，分别为沉沙池沉沙、渠系淤积和浑水灌溉入田。对于淤积在沉沙池和渠系内的泥沙，可在沉沙池附近建立泥沙资源综合利用基地，将沉沙池和渠系内泥沙通过输沙管道输送至基地，进行水力分选后，根据泥沙粒径和需求进行资源利用，既可用作生态改良，改善沉沙池湿地的生态环境，也可开展转型利用，用于建材加工和防汛石材生产，同时还可以作为放淤固堤、建筑用沙等，有利于生态安全和防洪安全。在解决好沉沙池、渠系内的泥沙淤积后，可以根据引黄渠系设计，控制进入农田的泥沙粒径，使较细泥沙进入农田，用于土地改良，特别是盐碱地改良、中低产田改良和低洼地改良，保障粮食安全。通过泥沙资源利用，实现防洪安全、粮食安全、生态安全"三位一体"的引黄灌区可持续发展。

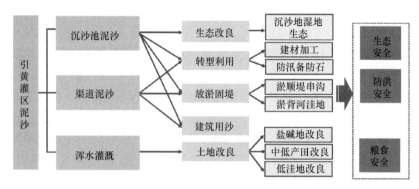

图 4-75　引黄灌区泥沙资源利用模式示意图

4.6.4　泥沙资源利用潜力及效应

1. 泥沙资源利用潜力

黄河下游所处的中原经济区、山东半岛蓝色海洋经济区和黄河三角洲高效生态经济区是国家经济发展战略的重要区域，正处于高速发展阶段，各种基础性建设和产业发展迅速，对建筑材料及其他工程材料的需求日益增多，亟需大量泥沙类原材料；同时，随着国家生态建设的开展，禁用烧结黏土砖和禁止开山采石，以及各类原材料的紧缺，使社会各方面对黄河泥沙转化为可利用资源的需求逐年增大。

根据前文对黄河泥沙资源主要利用方向需求的分析，对未来 50 年黄河泥沙利用的潜力进行初步估算。

（1）人工防汛石材。目前黄河下游防洪年均抛石 48 万 m^3，按未来 50 年用人工防汛石材替代天然石材 50%、每方人工防汛石材用黄河泥沙 80%考虑，需利用黄河泥沙 960 万 m^3，约 1340 万 t。

（2）煤矿地下采空区与地表沉陷区及其他矿业坑塘充填。黄河禹门口以下沿黄附近煤矿，每年煤炭开采量约 3.5 亿 t/年，开采空间约 2.5 亿 m^3/年。按30%采用黄河泥沙进行充填开采考虑，充填开采时黄河泥沙利用量 80%，每年可消耗 0.6 亿 m^3 黄河泥沙，50 年可累计处理 42 亿 t 黄河泥沙。在地表沉陷区治理方面，根据规划，仅菏泽一地，地表沉陷区治理就需黄河泥沙 1 亿 m^3；考虑沿黄其他地区未来需求，地表沉陷区治理需黄河泥沙 10 亿 m^3，约 14 亿 t。两类治理总计需黄河泥沙 56 亿 t。

（3）引黄浑水灌溉。近 10 年（2007~2016 年）黄河下游年均引沙 0.20 亿 t。随着小浪底水库进入拦沙后期运用，下泄沙量将逐年增多，下游引黄灌区的年均引沙量也将随之增加。未来 50 年，黄河下游引黄灌区引沙量按 10 亿 t 考虑。另外，"渤海粮仓"盐碱地和中低产田改良用沙约 28 亿 t。

（4）放淤改土。规划放淤区总面积为 108.9km^2，可放淤量约为 21.21 亿 t。

（5）建筑沙料。目前黄河下游已全面禁止河道采砂，但市场需求巨大。未来在合理规划、有序管理情况下，将黄河泥沙进行分选，一部分作为建筑用沙还是可行的。参考黄河下游禁采前统计数据，年均采沙量约 1 亿 t；未来 50 年按 40 年可采沙考虑，河道采沙可处理黄河泥沙 40 亿 t。另外，利用黄河泥沙还可以制作建筑用砌体材料，市场巨大，保守估计，可消耗泥沙 4.20 亿 t。

（6）河口造陆。每年通过调水调沙输送到河口地区的泥沙约 1.68 亿 t，未来 50 年可输送泥沙 84.00 亿 t。

综上，未来 50 年，在黄河防洪安全利用方面，可利用泥沙 11.61 亿 t，其中放淤加固大堤不考虑泥沙用量，淤筑村台 4.48 亿 t，"二级悬河"治理（淤填堤河、淤堵串沟）需淤筑土方 7.00 亿 t，制备防汛备防石等防汛抢险材料约 0.13 亿 t。在放淤改土与生态重建方面，可利用泥沙 115.21 亿 t，其中放淤改土需土方 21.21 亿 t、引黄引沙量为 10.0 亿 t 左右、盐碱地和中低产田改良约 28 亿 t、利用黄河泥沙对煤矿进行充填开采和修复采煤沉陷区等生态重建可处理泥沙 56 亿 t。在河口造陆方面，未来 50 年可输送泥沙 84.00 亿 t。在建筑材料利用方面，可利用泥沙 44.20 亿 t，其中制作砌体材料可利用黄河泥沙约 4.20 亿 t，可直接应用的建筑沙料 40 亿 t。

总之，未来 50 年，黄河泥沙的利用潜力可达 255.0 亿 t，年均处理泥沙约 5.1 亿 t，这一数值已远远大于近几年的来沙量，与目前预测的未来黄河年均沙量 7 亿～8 亿 t 相比，泥沙资源利用也可以处理 50% 以上的来沙量。因此，一方面，社会经济发展及生态保护对黄河泥沙资源的需求量相对较大，黄河泥沙开发利用的前景十分广阔；另一方面，大力推动黄河泥沙资源利用工作，可以处理大部分每年黄河的来沙量，有效解决黄河持续淤积、中水河槽维持问题，对黄河治理开发意义重大。

2. 泥沙资源利用效应

黄河水资源的严重匮乏使得泥沙问题更加突出，同时严重的泥沙问题使得黄河的水资源显得更加宝贵。"水少、沙多、水沙关系不协调"一直是黄河难治的根源。随着气候变化和人类活动对下垫面的影响，以及工农业生产和城乡生活对黄河水资源的需求大幅度增加，未来即使实行最严格水资源管理制度，经济社会用水仍呈持续增长的趋势，"水少、沙多"的矛盾更加突出。单纯依靠调水调沙，无法从根本上解决黄河下游巨量泥沙的输移以及由此带来的河床抬高、防洪形势日趋严重的问题。作为黄河泥沙处理的新方向，泥沙资源利用无论量级多大，它是唯一实现泥沙进入黄河后，有效减沙的技术途径，其巨大的效应不仅体现在黄河健康生命的维持及长治久安愿景的实现，同时也符合国家的产业政策，具有重大的社会经济、环境生态及民生意义。为此，我们以小浪底水库为例，通过改变现行对高含沙洪水的调度方式，在洪水期多拦沙于库内，可有效减轻下游河道淤积，同时将多淤积的泥沙通过泥沙资源利用应用到地方建设的多个方面，社会、经济、生态效益巨大。

1）小浪底水库拦蓄高含沙洪水开展泥沙资源利用直接效益

小浪底水库现行对高含沙洪水的调度模式，主要是基于防洪安全考虑，按出入库平衡或敞泄模式调度，这种调度模式一方面容易造成下游河道的大量淤积；另一方面洪水漫滩，对滩区造成较大的淹没损失。如果从泥沙资源利用的角度出发，优化现有水库对高含沙洪水的调度模式，在保证水库和下游河道防洪安全的前提下，将部分高含沙洪水拦蓄在水库内，控制下泄流量不漫滩，有可能创造较大的减淤效应及经济效益。

表 4-35 为通过数学模型计算的"1977·8"洪水两种调度模式水库拦沙、排沙情况；表 4-36 为两种运用模式下下游河道的冲淤变化情况；表 4-37 为两种运用模式下下游滩区淹没情况。可以看出，泥沙资源利用调度模式下，水库多拦蓄泥沙 2.34 亿 t，下游河道可多减淤 1.33 亿 t，同时滩区淹没损失减少 8.90 亿元。对水库多拦蓄的 2.34 亿 t 泥沙，在现有水库泥沙处理技术水平下，需花费 4.68 亿元排出库区至合适地点，远小于减少的滩区淹没损失，这还未考虑下游河道减淤 1.33 亿 t 及库区处理的泥沙资源利用的直接效益，以及避免滩区居民被淹带来的巨大社会效益。因此，从泥沙资源利用角度，利用水库拦蓄高含沙洪水，具有巨大的社会效益、防洪减淤效益和经济效益。

表 4-35　"1977·8"洪水两种运用模式下水库拦沙、排沙统计

运用方式	总来沙量/亿 t	排沙量/亿 t	库区淤积量/亿 t	水库排沙比
现行调度模式	10.476	5.187	5.289	0.473
泥沙资源利用模式	10.476	2.848	7.628	0.259

表 4-36　"1977·8"洪水两种运用模式下游河道冲淤情况　（单位：亿 t）

河段 运用方式	小浪底— 利津	小浪底— 花园口	花园口— 夹河滩	夹河滩— 高村	高村— 孙口	孙口— 艾山	艾山— 泺口	泺口— 利津
现行调度模式	2.706	1.690	0.323	0.158	0.204	0.078	0.071	0.181
泥沙资源利用模式	1.379	0.998	0.127	0.056	0.068	0.030	0.021	0.078

表 4-37　"1977·8"洪水两种运用模式下滩区淹没损失估算

模式	花园口洪峰流量 /（m³/s）	淹没滩区面积 /km²	淹没滩区耕地面积 /万 hm²	受灾人口 /万人	淹没损失 /亿元
现行调度模式	7519	1079.57	6.95	31.32	9.99
泥沙资源利用模式	4485	115.49	0.76	0	1.09

2）水库泥沙资源集中利用长远效应

根据上述分析，黄河中下游沿黄地区泥沙资源利用潜力年均可达 5.1 亿 t，如果考虑未来黄土高原地区的水利水保措施减沙效应和黄河水沙调控体系的联合调控效应，水库泥沙资源利用的长远效应一定能为黄河"河床不抬高"美好愿景的实现作出更大贡献。

为了对水库泥沙资源利用的长远效应有一个清晰的概念，基于"黄河下游河道改造与滩区治理研究"项目近期给出的 50a 系列水沙过程"8 亿 t"方案，保持水量不变，同比减少沙量给出了"6 亿 t""3 亿 t""2 亿 t"方案。其中"6 亿 t"方案可以看作在下游年均来沙 7.7 亿 t 情况下，水库通过泥沙资源利用，每年多拦蓄 1.7 亿 t 泥沙；"3 亿 t""2 亿 t"方案可以分别看作在下游年均来沙 7.7 亿 t 或 6.0 亿 t 情况下，水库通过泥沙资

源利用，每年多拦蓄 4.7 亿、5.7 亿 t 或 3.0 亿、4.0 亿 t 泥沙。

表 4-38 列出了 4 个方案下游各河段年均冲淤量对比情况，可以看出，从泥沙资源利用的长远效应看，在进入下游沙量年均 7.7 亿 t 情况下，如果通过水库泥沙资源利用，水库每年多拦蓄 1.7 亿、4.7 亿、5.7 亿 t 泥沙，则下游河道可减淤 0.929 亿、2.483 亿、2.979 亿 t。在进入下游沙量年均 6.0 亿 t 情况下，如果通过水库泥沙资源利用，水库每年多拦蓄 3.0 亿、4.0 亿 t 泥沙，则下游河道可减淤 1.554 亿、2.050 亿 t。

表 4-38　各方案下游各河段年均冲淤量　　　　　　　　（单位：亿 t）

方案	小浪底—花园口	花园口—夹河滩	夹河滩—高村	高村—孙口	孙口—艾山	艾山—泺口	泺口—利津	小浪底—利津
8 亿 t	0.277	0.743	0.364	0.291	0.179	0.153	0.223	2.227
6 亿 t	0.063	0.377	0.302	0.146	0.144	0.105	0.161	1.298
3 亿 t	−0.090	−0.140	−0.071	−0.032	0.015	0.024	0.036	−0.256
2 亿 t	−0.123	−0.203	−0.140	−0.143	−0.049	−0.052	−0.042	−0.752

目前黄委正联合有关科研单位研究未来黄河水沙变化情况，无论结果如何，这里旨在给出通过泥沙资源利用实施有效减少进入河道泥沙后，黄河下游冲淤的基本概况，即在治黄多措并举条件下，树立"换个角度看待水库的泥沙淤积，充分发挥水库的拦沙减淤作用，建立水库泥沙处理与利用的良性运行机制"的新理念，集中、分级利用黄河泥沙，不仅能有效节省工程投资，而且能更加彰显泥沙资源利用的长远效应。

第5章 水库泥沙处理与资源利用有机结合应用技术及示范

由于水流的分选作用，水库成为泥沙自动分选的最佳场所，为泥沙资源的分类开发利用提供了有利条件；泥沙资源利用技术的发展与经济社会对泥沙资源需求的增强，为水库泥沙资源的大规模利用提供可能。水库淤积泥沙如果能得到合理地利用，将在一定程度上遏制水库淤积的趋势，改善泥沙淤积部位，既是解决水库泥沙淤积问题最直接有效的途径，也是充分发挥水库功能、维持河流健康的重大需求。

本章在系统梳理水库泥沙处理与资源利用技术基础上，选取黄河中下游河段最后一个水库——西霞院水库作为示范水库，研究提出了西霞院水库泥沙处理与资源利用有机结合的技术方案及设备选型；通过现场试验示范，检验泥沙抽取技术、输送技术与资源利用技术等各环节衔接的流畅性，为水库泥沙处理与资源利用有机结合良性运行机制的建立与实施奠定基础。

5.1 水库泥沙处理技术

目前，水库淤积泥沙的处理技术主要包括水力排沙技术、机械清淤技术，以及机械与水力结合的其他清淤技术，概述如下。

5.1.1 水库水力排沙技术

水库水力排沙的方式有：滞洪（泄洪）排沙、异重流排沙、水库泄空排沙等，目前已在多沙河流水库中得到常态化应用，但受水资源利用条件制约，不同水库的具体排沙方式需因地制宜、因时制宜加以选择。

1. 滞洪（泄洪）排沙

滞洪（泄洪）排沙是水库蓄清排浑运用的一种排沙方式。实施蓄清排浑运用的水库，在洪水到来时，必须空库迎洪，或者降低水位运用。有时为了减轻水库下游的洪水压力，也要求滞留一部分洪水。当入库洪水流量大于泄洪出库流量时，便会产生滞洪壅水。滞洪期内，整个库区保持一定的行近流速，粗颗粒泥沙淤积在库中，细颗粒泥沙可被水流带至坝前排出库外，避免蓄水运用可能产生的严重淤积，这就是滞洪排沙。滞洪过程中，洪峰沙峰的改变程度及库区淤积和排沙情况，不同水库不同滞洪排沙过程可能差别很大，但总的说来，相对蓄水水库而言，排沙效果是显著的。例如，黑松林水库采用滞洪排沙措施，据 1963～1978 年的 19 次滞洪排沙实测资料统计，平均排沙效率为 70.3%，最高达 258.5%（1977 年 8 月 24 日）。

滞洪排沙的效率受排沙时机、滞洪历时长短、开闸时间，泄量大小以及洪水漫滩等因素的影响。要兼顾滞洪和提高排沙效率，应对库水位加以控制，尽量使下游洪水不漫滩或少漫滩。滞洪排沙弃水量大，为了充分利用水资源，必须很好地同灌溉用水紧密结合，积极开展引洪淤灌，将排泄的洪水充分地加以利用。

2. 异重流排沙

一旦高含沙水流具备产生异重流的条件，洪水入库后将以异重流形式潜入库底向坝前运动。这时，若及时打开排沙洞等相应闸门，使异重流及时出库，便可将这部分泥沙排走，从而减少水库淤积。

异重流排沙效果与洪水来流量、来沙量、来沙级配、下泄流量、开闸时间、库区地形和底孔高程等因素有关。洪水流量大、含沙量高、来沙细且历时长，则有足够的能量支撑异重流持续运动到达坝前，排沙效果自然就好。经一定时间洪峰降落后，含沙量逐渐降低，排沙效率也随之下降。因此，为提高异重流排沙效率，当异重流到达坝前时，应及时开闸并加大泄量，洪峰降落后则应逐渐减小泄量。

异重流排沙的优点是弃水量小，不影响水库蓄水，缺点是浑水潜入清水后将有部分浑水向清水中扩散，尤其是潜入点附近的泥沙在主槽两侧滩地上大量淤积，排沙效果较降水冲刷为低。所以，异重流排沙方式适用于来沙量大、来水量小或受其他条件限制不能泄空排沙的水库。

异重流排沙是我国多沙河流水库，特别是汛期不能泄空的水库行之有效地排沙方式。小浪底水库运用以来，主要利用水库天然洪水异重流和人工塑造异重流方式排沙，实现水库减淤，排沙比一般在 4.4%～164.8%。三门峡水库 1960～1964 年开展的异重流排沙比达 25.7%～35%。1962～1972 年黑松林水库异重流排沙比达 61.2%～91%。

3. 水库泄空排沙

将水库放空，在泄空过程中回水末端将逐渐向坝前移动，因而原来淤积的泥沙也将因回水的下移而发生冲刷，特别是在水库泄空的最后阶段突然加大泄量，冲刷效果将更加显著，这种排沙方式称为泄空排沙。

水库泄空排沙有沿程冲刷和溯源冲刷两种表现形式，水库泄空过程中，回水末端上游产生沿程冲刷；当水库水位下降到低于三角洲顶坡时产生溯源冲刷。沿程冲刷时间长，冲刷强度弱，主要发生在回水末端附近，对于清除水库尾部的淤积有比较显著的作用。溯源冲刷的冲刷过程发展快，强度大，当水库淤积形态为锥体淤积时，则冲刷首先发生在坝前；若系三角洲淤积，则冲刷首先发生在三角洲顶点附近，然后向上游发展。沿程冲刷和溯源冲刷是互相影响、联合作用的。通过沿程冲刷将回水末端淤积的泥沙带到三角洲下面淤积下来，溯源冲刷则将沿程冲刷带下来的泥沙冲走，由下往上不断发展，为沿程冲刷的继续发展创造条件。

泄空排沙的缺点，一是需要大量的水，开始泄空时出库含沙量较低，随着冲刷的发展出库含沙量逐渐增大，适用于水资源丰沛地区或非骨干型水库的泥沙处理；二是排沙效果与淤积泥沙的特性有关，淤积泥沙的黏性小，或在泥沙尚未充分浓缩固结时及时泄空冲刷，排沙效率较高。例如，山西恒山水库在 1974～1979 年采用"常年蓄洪运用，集中空库冲淤"的运用方式，其中 1974 年 7 月 28 日至 9 月 18 日空库运行期间，共排沙 91.3 万 m^3，库区冲出一条主槽，全年恢复库容 71.6 万 m^3，泄空排沙运用取得突出效果。

5.1.2 水库机械清淤技术

水库泥沙机械清淤技术，主要是指采用挖泥船、吸泥泵等机械，对水库淤积的泥沙进行清除。按照工作原理一般分为吸扬式、泥斗式、冲吸式、耙吸式。机械清淤技术具有设备成熟、清淤效率高等优势，受水库地形、库形条件、清淤成本等限制，目前主要应用于大型水库的局部清淤和经济发达地区的中小型水库清淤中。

1. 吸扬式清淤

吸扬式清淤包括绞吸式清淤和气力泵式清淤两种。清淤原理主要是靠挖泥船上的机械力破土，利用泥浆泵进行泥沙的输移、排沙。

绞吸式清淤技术利用吸水管前端围绕吸水管装设的旋转绞刀装置，将河底（库底）泥沙进行切割和搅动，再经吸泥管将绞起的泥沙物料，借助强大的泵力，输送到泥沙物料堆积场。绞吸式挖泥船是一种产量大、效率高、成本较低的水下挖掘机械。具有操作简单，易于控制、适用范围广等特点，不仅适合短排距（一般 1.5km 以内）泥浆输送，对于超过额定排距的疏浚工程，还可加设接力泵站，依靠强大动力把泥沙或碎岩物料通过泥泵和排泥管线进行长距离泥浆输送至数公里甚至数百公里之外。大型绞吸式挖泥船每小时产量可达几千方，而且能够将挖掘、输送、排出和处理泥浆等疏浚工序一次性完成。

气力泵式挖泥船利用刮铲松动水下泥沙，以压缩空气为动力驱动活塞缸，抽吸水下泥浆，经过输泥管将泥浆输送至预定地点，特点是输泥浓度较高，输送距离长，工作效率高，水下扰动较小。但是，这种大型绞吸式挖泥船耗能大，空压机长期运行维护管理复杂。

丹江口水库是一座大型蓄水型水库，绝大部分来沙被拦蓄在库内，大量的淤积泥沙对水库的正常运行构成了潜在的威胁，消除这种潜在威胁的主要方法是排沙清淤。丹江口水库曾成功利用绞吸式和深水吸扬式挖泥船探索排沙清淤的方法，在水库变动回水区进行循环往复地机械挖沙清淤，防止泥沙向深水区扩散，以较小的成本集中治理水库泥沙淤积和"翘尾巴"问题。

湖南韶关水库为解决闸门开启问题，利用 SQ100-22 型 18.5kW 排沙潜水泵，将泵吊挂悬起，选择闸门附近的空隙，把泵放入水中，排水抽沙，使棘手的闸门前泥沙淤积问题得以解决（图 5-1）。

2. 泥斗式清淤

泥斗式挖泥船是依靠挖泥船上的机械力破土清淤，这一类挖泥船只能把泥土卸入挖泥船的泥舱或附近的泥驳，不能远距离输移泥土，效率较低。抓斗式挖泥船是利用旋转式挖泥机的吊杆及钢索来悬挂泥斗，在抓斗本身重量的作用下，放入河底抓取泥土；然后开动斗索绞车，吊斗索即通过吊杆顶端的滑轮，将抓斗关闭、升起，再转动挖泥机到预定点（或泥驳）将泥卸掉，挖泥机又转回挖掘地点，进行挖泥，如此循环作业。靠收缩锚缆使船前移挖泥，一般为非自航式，亦有自航式的，可自控自卸，宜于抓取黏土、淤泥、卵石等，在有障碍物、垃圾的地方最为有效，不适宜在坚硬的泥土生产。因其能

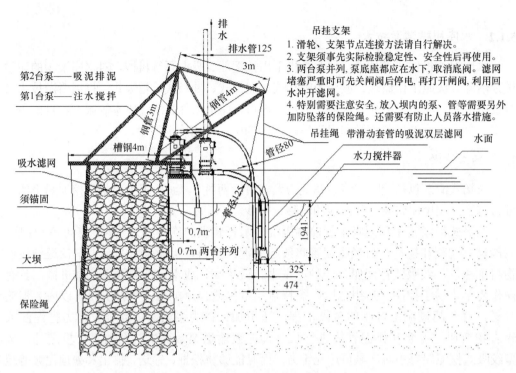

图 5-1 湖南韶关水库泄水闸门前泥沙清除作业图（单位：mm）

在不损害建筑物结构的情况下靠近水域边缘挖泥，因此广泛应用于船坞、码头前沿以及水下基础工程的开挖、回填等土方量不大的施工作业。

红星水库位于陕西富平县境内石川河支流赵氏河下游，是一座以灌溉为主，兼有防洪、养殖等综合效益的小（1）型水库。水库总库容 799 万 m^3，至 2010 年有效库容 695 万 m^3，兴利库容 370 万 m^3。库区淤积相对严重，采取常年挖沙的办法控制坝前淤积。每年选在冬灌、春灌、夏灌后期及枯水期的低水位时对淤泥实施清除。考虑到水库挖深及泥沙颗粒含有大量杂质等特点，采用 4m^3 抓斗式挖泥船清淤，使用干式输送泥沙到库岸附近沟岔，淤地造田。

3. 冲吸式清淤

冲吸式清淤主要是采用冲吸式挖泥船以高压水射流进行破土，利用离心式水泵将船外清水吸入，加压后沿工作水管输送到水下喷头及射流式泥浆泵，前者将泥沙冲起，在射流泵吸入口附近形成高浓度泥浆，利用射流泵、潜水泵、气举装置将其吸入，并通过排泥管将它压送到船上的离心式泥浆泵，泥浆经过增压后，沿输泥浮管压送到排泥地点，疏浚深度较大，生产效率高，适用于较为松散的土层。

1985 年山东省水利厅责成德州地区水利局将冲吸式挖泥船在潘庄引黄灌区沉沙池清淤中应用，从 1985~1992 年年底，德州地区组织了 6 条挖泥船在潘庄引黄灌区一级沉沙池进行清淤施工，共清淤土方 399 万 m^3，占总清淤量的 38.7%。实践证明，使用冲吸式挖泥船清淤具有如下优点：①施工简单，运用灵活，运行成本低，而且受环境影响小，挖排能一气呵成；②可以实现远距离输沙，1992 年前运用的第 5 条沉沙池距已报废的第一条沉沙池 1000m 左右，最远达 1400m，排高 2.5~3m，而且沿线有 5 座砖窑（厂）

等障碍物，用人工回填是相当困难的，用挖泥船清淤回填，排泥管可以绕过障碍物，将泥沙远距离输运到指定位置，每条管线仅占地 0.47ha 左右，与人工清淤相比，减少了大面积土地迁占工作的难度和占地压青赔偿，从而降低了工程费用；③大大减少了人工清淤量，提高了生产效率，减轻了农民的负担，经济效益和社会效益都十分显著；④在沉沙池的还耕工程中，使用机械化清淤回填，回填土方表面平整，回填密实。

4. 耙吸式清淤

耙吸式挖泥船是一种边走边挖，且挖泥、装泥和卸泥等全部工作都由自身来完成的挖泥船。挖泥时，耙吸式挖泥船把耙放置在要疏浚的港池、航道上，耙上装有吸管，船上强有力的吸泥泵把耙起的泥连同水一起吸入它的泥舱中。在泥舱中，泥往下沉淀，水溢出泥舱，这样连续不断的耙吸，直到泥舱中装满泥，然后开到卸泥区卸泥。耙吸式挖泥船单船作业、机动灵活，对周围航行的船舶影响小，效率高，抗风浪能力强，可以在水下挖硬土和软土，非常适合在沿海港口、航道、宽阔的江面和船舶锚地作业，其在作业深度及性能方面也优于绞吸式挖泥船，目前国内作业深度最深在 50m 左右，但是价格昂贵。以 3000m³ 耙吸式挖泥船为例，在 25m 深航道中每天可以装卸 7 次淤泥（卸泥区约 12 海里），作业性能优异。2007 年 10 月由中交上航局投资建造的国内最大的大型自航耙吸式挖泥船"新海凤"正式开工。"新海凤"总投资 6.5 亿元，舱容 16888m³，为双耙、双桨、双机复合驱动、带球鼻首的自航耙吸式挖泥船。船体总长 160.9m，型宽 27m，型深 11.8m，在吃水 10m 情况下，总载重量约 2.5 万 t，可挖淤泥、黏土、细粉砂、中细砂、粗砂、碎石和卵石，最大挖深可达 45m，主要用于沿海疏浚和吹填作业，可任由各航区调遣，沿海航行施工。

5.1.3 其他清淤技术

其他清淤技术指考虑水库功能特点、地理特性以及所在区域社会经济形势，综合运用水力、机械、工程措施等多种方式处理水库淤积泥沙的技术。例如，射流清淤、自吸式管道排沙、自排沙廊道、虹吸式清淤、绕库排沙、漏斗排沙等，目前多作为水力排沙的配套延伸技术应用于中小型水库清淤。

1. 射流清淤

射流清淤主要包括射流冲吸式清淤和射流驱赶式清淤两种。射流冲吸式清淤技术，是利用射流的冲刷能力冲击河床，制造高含沙浑水，然后由水泵抽吸、输送，排往他处。武汉大学陆宏圻教授于 20 世纪 70 年代初与生产单位协作，主持设计研制的 JET 型系列射流冲吸式挖泥船具有结构简单、操作方便等优点。

射流驱赶式清淤是在清淤船上配置一系列可以灵活升降、接近河床、与床面保持合理夹角的射流喷嘴，由水泵抽吸河水并通过输水管路系统均匀分配到各个射流管嘴形成高速水流，将河底泥沙冲起，然后由河道水流将冲起的泥沙送往下游。

台湾省石门水库位于桃园县大汉溪上，距台北市 52km。大坝为土石坝，坝高 133m，蓄水面积 8.15km²，总库容 309 亿 m³，流域面积 764.3km²。工程于 1964 年 6 月竣工。原设计年平均淤积量为 80 万 m³/a，但自 1946～1972 年 12 月已淤积 3860 万 m³，实际年平均淤积量达 483 万 m³/a。1972 年后在上游义兴、巴陵、荣华等县修建了防沙设施，粗颗粒泥沙淤在上游，但仍有大量细颗粒泥沙进入水库。1985 年后，在电站进水口处采用日本生产的 Amaluza-1 型射流冲吸式挖泥船清淤，该船挖深为 6～77m，年清淤量达 55 万 m³/a。水库通过库区机械清淤等措施，使水库年淤积量达到设计水平。

射流驱赶清淤技术，是利用射流冲击、驱赶泥沙，该清淤方式要求河道水流具备足够流速和挟沙能力，1996～2002 年三门峡水库潼关河段清淤即是采用该种形式的射流清淤船。1996 年开始清淤试验时，主要清淤设备只有 2 条自制的简易射流船，到 1999 年共设计制造了 4 条不同型号的专业射流船，2002 年以后达到 9 条专业射流船。1996～1999 年，每年只在汛期清淤，从 2000 年开始，增加桃汛清淤，适宜清淤作业的大河水沙条件为流量 250～3500m³/s，含沙量小于 150kg/m³。清淤河段基本选在主要影响潼关高程升降的潼关至古夺 21km 河段内，实际操作过程中，根据河势变化随时调整重点作业河段。清淤船操作指标：喷嘴提升高度（即离河床高度）为 0.3～0.7m，喷嘴与床面夹角为 60°～90°，作业航速：0#船为 0.2～1.5km/h，其余的 8 条船为 0.5～3.0km/h；清淤作业以逆流顺冲和顺流顺冲为主，前后船距一般保持 200～300m。

2010 年，黄科院江恩慧等[1]与陆宏圻教授合作，在系统分析小浪底水库沿程淤积形态以及库底泥沙固结特性基础上，提出了库区作业部位、堆沙位置，针对射流冲吸式水下驱赶清淤输沙技术，通过理论分析与水槽试验等，研究了射流破土能力、起动泥沙在水下输移距离以及在输移过程中含沙量的沿程衰减情况等，为小浪底水库汛前调水调沙出库水流加沙方案的研究奠定了基础。

2. 自吸式管道排沙

自吸式管道排沙系统的原理是，利用水库自然水头，在库区设置一种带吸泥头的水下管道排沙系统，将库区淤积泥沙排出库外。管道排沙系统参见图 5-2，主要包括吸泥头、水面控制船、排沙管道、过坝隧洞、出口闸门等。

根据自吸式管道排沙系统工作原理，其工作要点：一是选用合理的吸泥头型式；二是管道设计合理。库底淤积的泥沙在吸泥头吸力作用下，随水流进入管道，为提高泥沙起动并随水流进入管道的效果，需要根据水库淤积物情况采用型式合理的吸泥头，以辅助吸泥。管路系统输移泥沙的能力（泥浆浓度、流速、距离等）受到管道进出口压力差、管径、管道阻力损失等因素制约，必须进行科学的管路系统设计。

小华山水库在 1981～1986 年间进行水力吸泥清淤试验，吸泥装置大致分四部分，吸头、输泥管道、操作船和附属部分，见图 5-3[2]。水力吸泥清出库外的泥沙 47.83 万 t，占出库总沙量的 77.1%，清淤效果显著。

自吸式管道排沙不需专门的动力设施、管道排沙系统结构简单，不影响水库调度，水资源利用效率高，成本较低，但对现有水库施工改造和排沙管道维护检修的工程难度较大，多需水下作业。

2007～2009 年黄科院江恩慧等[3]在水利部公益性行业专项项目"小浪底库区泥沙启动、输移方案比较研究"资助下，针对小浪底水库泥沙淤积特点及需大规模集中处理泥

① 江恩慧, 任松长, 杨勇, 等, 2010. 小浪底水库汛前调水调沙出库水流加沙方案初步研究, 黄河水利科学研究院.
② 陕西省水利科学研究所. 1987. 小华山水库水力吸泥清淤实验总结（技术报告）.
③ 江恩慧, 高航, 李远发等. 2009. 小浪底库区泥沙启动、输移方案比较研究. 黄河水利科学研究院.

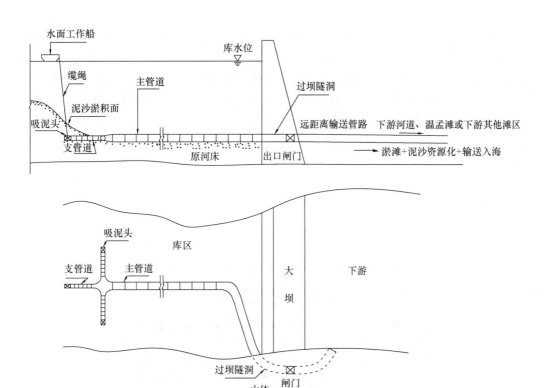

图 5-2　库区自吸式管道排沙系统示意图

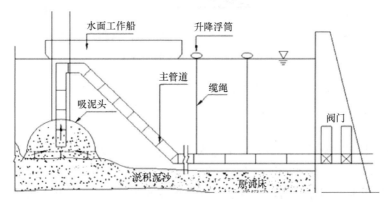

图 5-3　小华山水库水力吸泥装置布置图

沙的实际需求，首次系统研究并设计了自吸式管道排沙方案，确定了管道流型流态、泥沙输移浓度等水力泥沙参数及管道连接和铺设拆卸工艺；提出了管道过坝方案及隧洞与管道连接施工技术等，通过系列水力学实验，设计并优化了适宜的自吸式吸泥头。该技术方案近期又在水利部推广项目和国家重点研发计划项目资助下，赵连军、武彩萍等对其开展了进一步深化研究，并在新疆哈密地区巴里坤县的小柳沟水库进行了现场示范应用，效果显著。

3. 自排沙廊道

自排沙廊道包括数条设在水流底部，且通往建筑物外的廊道、控制闸门、增旋排沙孔、自排沙机构、增沙帽等。经系统优化达到"大流量连续处理高含沙水流、三维双螺旋流间歇排沙"的功能。其工作过程为：渠（河）道、沉沙池或水库内悬浮的泥沙下沉至廊道上部，在各个排沙帽之间自然形成的倒锥形集沙漏斗内集聚成小型浑水水库，需要排沙时，开启廊道控制闸门，廊道中的水流开始流动，在导流板作用下，水流下部的高含沙浑水挟带倒锥形集沙漏斗中的淤积泥沙（或称流泥），呈螺旋状由增旋排沙孔进入廊道后，由廊道排沙口排出建筑物外。根据水量和沉积泥沙情况，全部或部分开启各廊道的控制闸门进行"间歇"排沙。

自排沙廊道一般设置于渠（河）道、沉沙池、水库等的底部，如图 5-4 所示（谭培根，2006）。

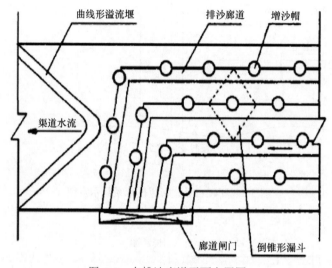

图 5-4 自排沙廊道平面布置图

自排沙廊道清淤具有满足小落差排沙、排沙效率高、适应流量与含沙量变化范围大的间歇排沙和连续供水等特点，同自吸式管道排沙技术一样，对排沙管道维护检修的工程难度较大。

湖南资水干流中游筱溪水电站采用深水区潜孔局部拉沙排沙廊道（杨志明，2010），设计 3m 高拦沙坎（与排沙廊道结合），坎顶高程 176.0m（发电最大流速 0.35m/s），当排沙系统每年汛期开闸排沙时，只要排沙廊道和各排沙口具有可靠的起动和挟动淤沙的能力，各排沙口周边势必形成 12°休止角的锥形漏斗，在 176m 高程的漏斗半径为 15.6m。筱溪排沙口间距为 27m（图 5-5），拦沙坎前缘残留淤沙最高点高程为 175.55m，淤沙始终不会越过拦沙坎而进入电站流道。该排沙廊道投资小，效果显著，达到了防止电站长久运行淤沙跃过拦沙坎而进入机组流道的目的。

4. 虹吸式清淤

水力虹吸清淤，是利用水库上下游水位差的虹吸作用，吸送水库淤积泥沙至坝下游。水力吸送装置，由吸送管路（包括吸沙头及管路）、操作船（包括移位系统装置等）、机械或水力松土造浆装置、排砂建筑物（包括与管路连接装置）等组成。整个装置组成与机械清淤设备相似，最大区别是动力装置简单，吸送管常悬浮在水中。

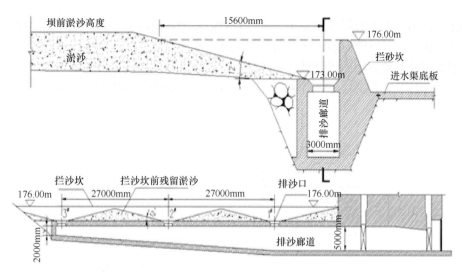

图 5-5　筱溪水电站潜孔局部拉沙排沙廊道排沙原理示意图

虹吸式清淤一般设计成放水涵管的形式。虹吸式清淤具有：耗水量少，不必泄空水库或过多降低水库水位，不受季节限制可常年排沙等优点，但对上下游水位差的依赖程度大，更适用于水头落差大的山区水库或其他高坝大库。

另外，虹吸清淤受最大允许虹吸高度的限制，吸管最高点距库水面不能超过 10m，这是对虹吸排沙实际施行的一大障碍。

早在 100 多年前，亚丁（M. Jarim）提出水库虹吸清淤的设想，但由于种种原因，未能实现。直到 1970 年，阿尔及利亚在色纳河上的旁杰伏尔水库首先进行了虹吸清淤试验，即利用水库上下游水位落差为动力，通过由操作船、吸头、管道、连接建筑物组成的虹吸清淤装置进行清淤。试验排出浑水含沙量一般达 $100\sim150$kg/m^3，最大可达 700kg/m^3 以上。通过试验验证了该项技术的可行性，且不必专为清淤消耗水量，可以结合各季灌溉常年清淤排沙；缺点是清淤范围局限在坝前一定范围。1975 年，山西省水利科学研究所在榆次市田家湾水库进行了试验，随后又分别在山西、陕西、甘肃、青海的红旗水库、游河水库、浠河水库、小华山水库、北岔集水库、新添水库与河群水库进行了试验研究工作，都取得了较好的清淤效果[①]。罗马尼亚也曾用不需外加动力，利用虹吸原理清除坝前淤积的装置。法国也曾用虹吸排沙，虹吸管径 $400\sim500$mm，流量为 1m^3/s，水头 20m，可以将 15kg 重的石块吸出。

5. 绕库排沙

绕库排沙平面概化布置图参见图 5-6（庄佳，2007）。汛期上游来沙到达库尾的拦沙闸后不再进入库区，而是通过排沙闸门进入排沙渠，再通过排沙渠排到水库下游河道。排沙渠出口闸门调节出口水位，遇大水大沙时可适当降低排沙渠出口水位，提高排沙效率，降低上游河道及排沙渠内淤积。若排沙渠出现严重淤积，可适当配合机械清淤方法清除淤沙。

绕库排沙方法主要适用于以防洪与蓄水灌溉为主的中小型水库，且库周围有比较合

---

① 田家湾水库水力吸泥装置试验组. 1976. 水力吸泥装置初步试验研究. 太原: 山西省水利科学研究所.

适的施工地形，水库有足够水量用于弃水排沙。另外，排沙渠进口的选址很重要，进水口位置不能太高，以防泥沙无法进入渠道。绕库排沙方法是减少水库泥沙淤积的一种方式，但对水库其他方面的经济效益考虑较少，当水库以发电为主时，因为绕库排沙不仅减少了入库沙量，也减少了入库水量，对水库供水和发电效益有较大影响。

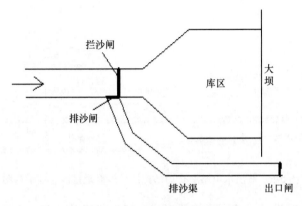

图 5-6　绕库排沙原理图

6. 漏斗排沙

根据泥沙的自然特性，在库尾的天然河道中设计成坡角 $\alpha=\theta$（休止角）的漏斗，那么，推移过来的泥沙将沉入漏斗，且都处于 $\alpha \geqslant \theta$ 的滑动区内，一旦开启漏斗下端的排沙闸，这些泥沙将迅速自然地排除库外。漏斗排沙技术主要用于中小型水库库尾的截排沙及引水防沙工程（图 5-7 和图 5-8）。将沉沙池底部设计成漏斗式，漏斗式沉沙池相对于平底沉沙池，排沙快速，效果显著，一次排放量大，当排沙闸与漏斗尺寸的比例恰当时，排沙的耗水量非常小，对电站的正常运行没有干扰。漏斗的大小由深度和顶面尺寸决定。漏斗的开挖深度对前池的施工条件影响较大，若深度大，工程量和施工困难程度亦随之增大，因而必须加于控制。

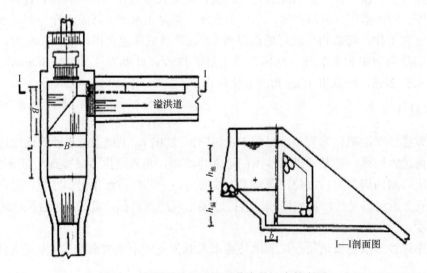

图 5-7　小型漏斗沉沙池及其在前池中的布置

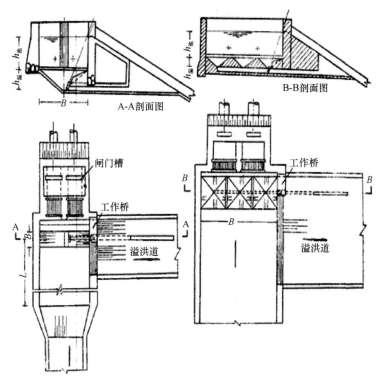

图 5-8 漏斗沉沙池及多漏斗式沉沙池

5.2 泥沙取输系统关键技术研究

5.2.1 管道输送技术研究

泥沙取输系统的关键有，一是把淤积在水库或河道内的泥沙取出来，制成具有一定流动性的泥浆；二是根据输移距离，规划输送量，可以每天输送多少吨计，优化管道输送浓度、选定管道输送流速、计算管道阻力损失，以便选定管道输送主要设备（泵、管道等）的型号及技术参数。

1. 增加泥沙颗粒在管道中的运动及固液两相流特性

管道中泥沙运动的基本形式如图 5-9。对于二相流而言，组成固相的颗粒将和明渠水流中的泥沙一样，以滚动跳跃、悬浮和层移的形式运动。当含沙量很高，特别是含有一定数量的小于 0.01mm 的细颗粒时，即使在静止的条件下，固、液相也不会发生分选，这时水流实质上属于类一相的均质浆液。这种均质浆液有可能是牛顿体，但更多的则属于非牛顿体，一般常作为宾汉体或伪塑性体来处理。

从高速管道水流开始，随着流速的减小，管道中的泥沙运动将经过一系列的变化：

（1）均匀悬浮。在流速很大时，强烈的紊动使泥沙在断面上的分布比较均匀，故称为均匀悬浮区，或似均匀悬浮区。

（2）不均匀悬浮。随着流速的降低和紊动的减弱，泥沙在断面上的分布已不复均匀，而是愈近底部含沙浓度愈大。

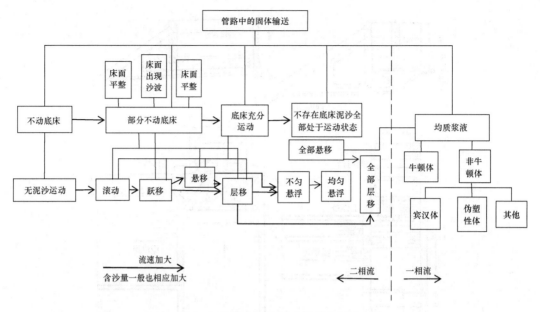

图 5-9　管道中泥沙运动的基本形式

（3）管底床面存在明显的推移运动。流速再次降低以后，近底的泥沙以滑动、滚动或跳跃的方式运动，属于推移质的范畴。在一定的水流及泥沙条件下，也有可能出现层移运动。

（4）开始出现泥沙的沉淀和不动的底床。流速降低到一定程度以后，一部分泥沙开始在管底沉积，形成不动的底床。在开始出现沉积时往往是很不稳定的，泥沙一会儿在管底形成一系列沙纹，一会儿又被水流冲走。但在流速进一步降低以后，这种管底的沉积物就积聚成为一种稳定的形态，水流从定床水流转变为动床水流"。在动床面上可以出现沙波，也可以是平整的。

（5）泥沙堵塞管路。流速过分降低以后，沉积在管底的泥沙愈来愈多，终将把断面全部堵塞，流动现象终止。

在含沙量特别高并缺乏细颗粒时，正常的水流紊动已因固体颗粒的大量存在而受到遏制，泥沙的重量是由颗粒剪切运动中所产生的离散力支持的。这时泥沙在管道中的分布也十分均匀，属于层移运动。

固液混合浆液在管道中的流动，在许多方面不同于均质液体的流动。对于液体，流速可能达到全部流区，流动性质（即层流、过渡区或紊流）能可以流体的物理模式来表征。

均质浆液是固体颗粒均匀地分布在整个液体介质之中。均质流或者非常近似的均质流，可在固体含量高和粒径细的浆体中遇到。

非均质浆液固体颗粒不是均匀分布的，在水平流动时，沿管道的垂向轴线甚至在高流速时也有明显的浓度梯度。颗粒惯性的影响是显著的，即流体和固体相在很大程度上保持它们各自的个性，而且系统黏度超过运载流体黏度的数量通常是很小的。非均质浆液与均质浆液对比，一般固体颗粒的含量较低而粒径较大。

2. 管道输沙的几个关键技术问题

1）阻力系数

管流的阻力损失除用压力梯度和边壁切应力表示外，还可以用无量纲的阻力系数表达。最常用的阻力系数通称范宁（Fan-ning）阻力系数，其定义如下：

$$f = \frac{\tau_w}{\frac{\rho U^2}{2}} \tag{5-1}$$

式中，τ_w 为管道边壁剪切应力；U 为管内浆体平均流速；ρ 为流体密度。式（5-1）的分子部分表示阻力损失，分母部分表示惯性力。f 值取决于流动状态，即取决于雷诺数（Re）。图 5-10 是 $\log f$ 与 $\log Re$ 的关系图。

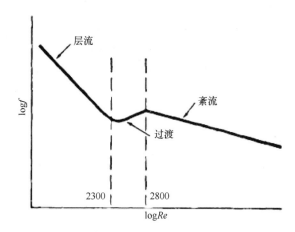

图 5-10　光滑管道阻力系数与雷诺数的关系

低雷诺数时，即在层流区，光滑管道阻力系数与雷诺数的关系线较陡。随着雷诺数的增大，进入过渡区。如果流速进一步增大，发生紊流，二者的关系如图 5-10 中所示呈平缓曲线。

管道层流的阻力系数与雷诺数的关系式为

$$f = \frac{16\mu}{DUR} = \frac{16}{Re} \tag{5-2}$$

紊流的阻力损失对于管道的粗糙程度是很敏感的，糙度的影响在均质浆体流动中和在运载流体中是相同的。管道紊流阻力系数与雷诺数的关系式为

$$f = 0.0008 + \frac{0.0553}{Re^{0.237}} \tag{5-3}$$

上述二式中，f、Re、U 同式（5-1）；D 为管道直径；R 为水力半径；μ 为黏滞系数。

2）临界不淤流速

管道输沙中混合浆液的淤积流速是最低的运行流速，在此流速下稳定流动状态仍然占优势。临界不淤流速的定义和鉴别众说不一。托马斯使用"最小输送流速"，指在管道底部出现不动的或滑动的颗粒时的流速。鸠兰特使用"极限淤积流速"，其直观鉴别

是管道中出现"淤积情况"。格拉夫等人采用"临界淤积流速"，定义为固体颗粒从悬浮状态沉淀下来并形成固定底床时的流速。

临界不淤流速没有绝对的定义，但可以定义特定情况的临界不淤流速，管道输沙就是一种特定情况。对于管道输沙来说，目的是以悬浮状态输送泥沙固体颗粒。当颗粒不再以悬浮状态输送，我们就认为此时的流速等于或低于临界不淤流速，而不管形成的底床是活动的或者是固定的。

3. 基于黄河泥沙特性的输送浓度优化

控制管道输送效率的关键就是输沙浓度优化、输沙流速的选择。输沙浓度太低，输送都是水，肯定不经济；输沙浓度太高，容易淤堵管道使管道不能正常运行。根据清华大学多年研究，输沙浓度优化取决于砂浆的特性，特别是流变特性与沉降特性。而影响砂浆特性的因素主要是砂浆中泥沙的级配组成，特别是黏性细颗粒含量。

管道输沙基础实验，选取下游河道滩地上较粗的粉细沙和西霞院水库的细沙，按不同比例配制了不同实验沙样，配制的实验沙样如图 5-11。西霞院水库泥沙相对密度约为 2.625，下游河道滩地泥沙相对密度稍大，约为 2.661，一般最大颗粒都在 0.25mm 以下。

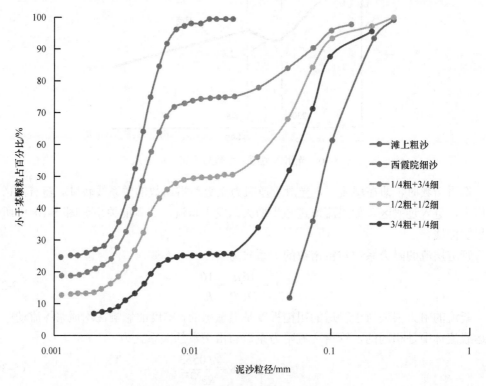

图 5-11　配制实验泥沙的级配组成

1）黄河泥沙管道输送的浓度表示及水的 pH 值

黄河泥沙浓度一般用每方（m^3）浑水中含泥沙量（kg）来表示，如常说的黄河泥沙含沙量 100kg/m^3、300kg/m^3、500kg/m^3、600kg/m^3，分别表示一方黄河水中含有黄河泥沙 100kg、300kg、500kg、600kg。但固、液两相流高浓度管道输送为了反映浓度对输送参数的影响，习惯采用质量百分浓度 C_w 或体积百分浓度 C_v 表示。所谓 C_w 即一方浑水中泥沙的质量与浑水质量比值；所谓 C_v 就是一方（m^3）浑水中泥沙所占体积与一方（m^3）浑水的比值。为了便于比较，计算了三种浓度当量值。例如，含沙量 500kg/m^3，相当于 C_w 为 38.1%，C_v 为 18.8%；含沙量 600kg/m^3，相当于 C_w 为 43.7%，C_v 为 22.6%；含沙量 700kg/m^3，相当于 C_w 为 48.7%，C_v 为 26.3%。与选矿厂尾矿砂管道输送浓度相近。

为了预估黄河泥沙浆体对管道腐蚀、结垢等影响，对黄河水中 pH 值进行了化验，其 pH 值为 7.3，基本为中性，管道腐蚀不成为主要问题，但由于颗粒粗、细波动大，输送流速大，磨蚀则是管道输送需考虑的主要问题。

2）黄河泥沙沉降特性

沉降实验主要是为了了解不同浓度泥浆的沉降特性及稳定性，以分析其沉降特性对管道输送、停泵再起动及管道出口条形沉沙池淤积形态的影响。沉降试验选配的泥浆浓度为 400kg/m^3、500kg/m^3、600kg/m^3、700kg/m^3。沉降在 1000ml 的量筒中进行，泥沙沉降试验通过加兑自来水配制。含细泥的黄河沙沉降为浑液面沉降，沉降曲线见图 5-12～图 5-15。不含细泥沙的黄河沙，即使达到 600kg/m^3 也是分选沉降。

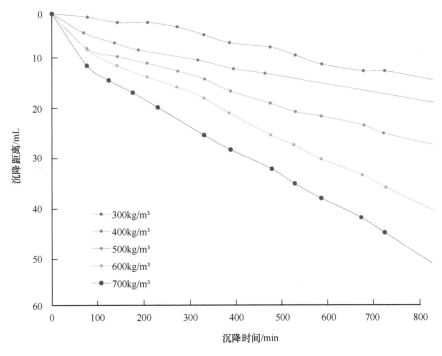

图 5-12　100%细沙沉降曲线

由于泥浆中不含黏性细颗粒，700kg/m^3 以下浓度的沉降为典型的分选沉降，在砂浆搅拌均匀后，上层混水慢慢澄清，下部出现清晰的粗颗粒沉积层。

从图 5-12～图 5-15 看出浓度越低沉降越快，同样含沙量粗颗粒含量越多沉降越快。

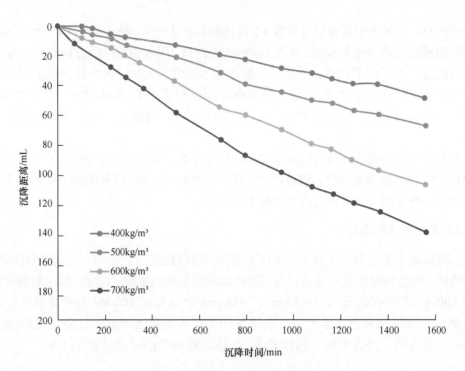

图 5-13 75%细沙+25%粗沙沉降曲线

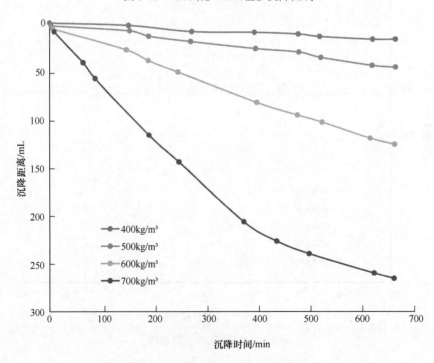

图 5-14 50%细沙+50%粗沙沉降曲线

3）黄河泥沙流变特性

固、液两相流的流变特性与管道输送有密切的关系，它是影响固、液两相流管道输送阻力的重要因素。因此，流变特性的测量便成为试验的重要部分。

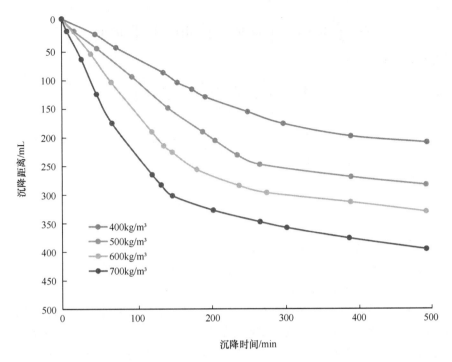

图 5-15　25%细沙+75%粗沙沉降曲线

　　流变特性测量目前有毛细管黏度计和旋转黏度计，黄河泥沙由于粗颗粒含量多，沉降比较快，旋转黏度计根本无法进行，本实验采用毛细管黏度计。

　　黄河泥沙不同级配不同浓度的砂浆，可以假定为宾汉体，其流变方程为

$$\tau = \tau_0 + \eta \frac{\mathrm{d}u}{\mathrm{d}y} \tag{5-4}$$

式中，τ_0 为屈服应力；η 为黏度系数；u 为毛细管内浆体的平均流速。其测量原理如下：

　　在压力作用下，泥浆通过毛细管流动（层流流动）时，在管壁上就产生一个边壁剪切应力 τ_w，在毛细管上取一段隔离体，如图 5-16 所示。

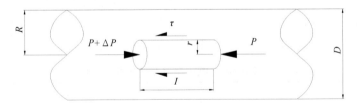

图 5-16　黄河泥沙流变特性分析

　　隔离体受力的平衡方程：

$$\tau_\mathrm{w} 2\pi RL = \pi R^2 \Delta P \tag{5-5}$$

式中，τ_w 为边壁剪切应力；ΔP 为压差；R 为毛细管半径。

$$\tau_\mathrm{w} = \frac{R\Delta P}{2L} \tag{5-6}$$

　　积分求毛细管流量 Q：

$$Q = \int_0^R 2\pi r u \mathrm{d}r = \int_0^R \pi u \mathrm{d}r^2 = \int_0^R \pi \mathrm{d}\left(ur^2\right) - \int_0^R \pi r^2 \mathrm{d}u \qquad (5\text{-}7)$$

则得布金海姆方程:

$$\frac{8u}{D} = \frac{\tau_w}{\eta}\left[1 - \frac{4}{3}\left(\frac{\tau_0}{\tau_w}\right) + \frac{1}{3}\left(\frac{\tau_0}{\tau_w}\right)^4\right] \qquad (5\text{-}8)$$

对于布金海姆方程, 如果屈服应力 τ_0, 相对于边壁剪切应力 τ_w 很小时 ($\tau_0/\tau_w<0.3$), 即高方次项 (τ_0/τ_w)^4 小于 0.01, 则布金海姆方程中高方次项 (τ_0/τ_w)^4 完全可以舍去, 布金海姆方程可简化为

$$\tau_w = \frac{4}{3}\tau_0 + \eta\left(\frac{8u}{D}\right) \qquad (5\text{-}9)$$

式中, u 为毛细管内浆体的平均流速, m/s; D 为毛细管的直径与半径, m; τ_w 为管道边壁上的剪切应力, Pa; τ_0 为泥浆的屈服剪切应力, Pa; η 为泥浆的刚度系数, 其量纲和黏度系数的量纲一致为 mPa·S; $8u/D$ 为虚切变速率, S^{-1}。

试验方法: 首先配制浓度 800kg/m^3 左右的泥浆, 浓度测量采用型号为 DSH-100-10 浓度测定仪, 时间测量采用精度为 0.01s 的跑表, 体积采用量筒, 毛细管内流速 u 根据体积与时间进行计算, 毛细管内压差采用 U 形水银比压计测量, 毛细管内边壁剪切应力 τ_w 采用公式 $\tau_w = \dfrac{\Delta p D}{4L}$ 进行计算, 这样根据所测的时间、体积, 就可以计算出 $8u/D$ 及对应毛细管内边壁剪切应力 τ_w; 把 $8u/D$ 作为横坐标, τ_w 作为纵坐标, 则可以绘出 $8u/D$ 与 τ_w 关系线, 根据 $8u/D$ 与 τ_w 关系线, 可以回归出泥浆的流变参数, 刚度系数 η 及屈服应力 τ_0。

从实测的黄河泥浆流变特性看出: 颗粒组成对流变特性影响是十分显著的, 含细颗粒的泥浆浓度高, 一般都为宾汉体, 如果不含细颗粒泥浆一般为牛顿体。粉细沙即使 800kg/m^3 含沙量也是牛顿体。通过 $8u/D$ 与 τ_w 关系线求出不同级配、不同含沙量 (浓度) 黄河泥浆的流变参数刚度 (黏度) 系数 η 及屈服应力 τ_0, 并把它列于表 5-1~表 5-5。根据表可以绘出黄河砂浆黏度系数随含沙量变化关系, 不同级配泥沙的流变参数随浓度变化见图 5-17 和图 5-18。从图中可以看出, 对于同样的浓度及温度, 黄河沙颗粒级配对泥浆流变特性影响是显著的, 特别是细颗粒含量影响更显著。

表 5-1 黄河 100%细泥浆流变参数表 (T=19℃)

浓度 / (kg/m^3)	C_w /%	刚度系数 η_M/(mPa·S)	屈服应力 τ_0/Pa	η_m/μ_0
0	0	1.0299	0	1
435.30	34.4	11.7	15	11.36
455.5	35.7	12.9	18.2	12.53
490	37.3	14.2	24	13.79
532	40.1	16.3	34	15.83
644	46.2	38	68	36.90

表 5-2   黄河 75%细沙 25%粗沙泥浆流变参数表（T=27℃）

浓度 / （kg/m³）	C_w /%	刚度系数 η_M/（mPa·S）	屈服应力 τ_0/Pa	η_m/μ_0
0	0	0.8545	0	1
422.5	33.5	10	3.6	11.83
478.4	36.9	11	6.74	13.01
590	43.2	12.5	22	14.79
675	47.6	23.1	54	27.32

表 5-3   黄河 50%细沙 50%粗沙泥浆流变参数表（T=26℃）

浓度 / （kg/m³）	C_w /%	刚度系数 η_M/（mPa·S）	屈服应力 τ_0/Pa	η_m/μ_0
0	0	0.8737	0	1
465	36.1	7.3	3.3	8.36
518.4	39.2	9	3.8	10.3
590.8	43.2	11	5.2	12.6
676.7	47.6	11.6	10.5	13.3
754.7	51.4	16	17.8	18.3

表 5-4   黄河 25%细沙 75%粗沙泥浆流变参数表（T=27.5℃）

浓度 / （kg/m³）	C_w /%	刚度系数 η_M/（mPa·S）	屈服应力 τ_0/Pa	η_m/μ_0
0	0	0.8453	0	1
378	30.6	6.6	0	7.8
506.7	38.5	8.3	0	9.8
576	42.4	9.3	0.32	11.0
716	49.5	12.4	0.83	14.7

表 5-5   黄河 100%粗砂浆流变参数表（T=18℃）

浓度 / （kg/m³）	C_w /%	刚度系数 η_M/（mPa·S）	屈服应力 τ_0/Pa	η_m/μ_0
0	0	1.0559	0	1
500	38.1	6.1	0	5.78
600	43.6	7.0	0	6.63
700	48.7	8.4	0	7.96
800	53.4	10.8	0	10.23

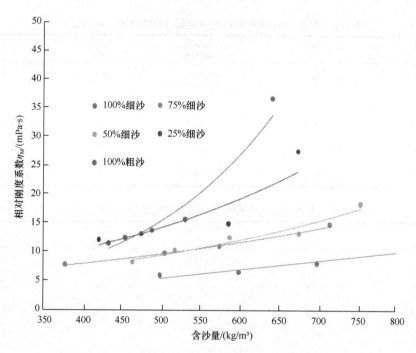

图 5-17 不同级配沙相对刚度系数 η 随含沙量变化曲线

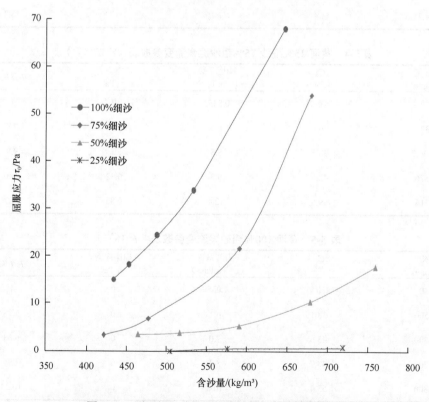

图 5-18 不同级配沙屈服应力 τ_0 随含沙量变化曲线

从以上试验可以得到如下认识：

（1）黄河泥沙，颗粒组成变化很大，采用管道输沙必须考虑泥沙级配的变化对输送参数的影响。

（2）泥沙中含有的细颗粒越多，沉降越慢，泥浆越稳定；如仅含粗颗粒的粉细沙泥浆，则呈典型的粗、细颗粒分选沉降，沉降后形成硬底。

（3）黄河高浓度泥浆流变特性受级配及浓度影响呈宾汉体或牛顿体，可以采用宾汉体、牛顿体模型描述，流变参数随浓度增加而增加。

（4）如果长距离（10km 以上）输送黄河泥沙，必须加调节池，以调节泥浆浓度及颗粒级配变化，优化管道输送参数。

（5）根据西霞院库区泥沙流变特性，借鉴多年研究及长距离管道输送工程经验，砂浆屈服应力 τ_0 为 4.0～6.0Pa 时砂浆比较稳定，输送阻力较小。因此，针对西霞院水库泥沙，输送浓度以 400～600kg/m³ 为最好。

4. 黄河泥沙管道输送参数数学计算模型

1）管道输送阻力的数学计算模型

根据多年研究，在固、液两相流管道输送中，管道输送黄河砂浆按颗粒悬浮状况可划分为均质流、伪均质流、非均质流；按水流的流态划分为层流区、紊流光滑区、过渡区、充分粗糙区。在水平管线，对于沉降性固、液两相流，为了克服泥沙颗粒自重，都必须在紊流状态输送。因此，本节不考虑层流状态。根据固、液两相流前期研究成果，对于固、液两相流管道输送水力坡降（即阻力损失）有以下计算公式：

$$i_{\mathrm{m}} = \frac{f_{\mathrm{m}} u^2}{2gD}\left(\frac{\gamma_{\mathrm{m}}}{\gamma}\right) \tag{5-10}$$

$$\frac{i_{\mathrm{m}} - i}{i C_{\mathrm{V}}} = 180\left(\frac{u^2}{gD}\sqrt{C_{\mathrm{D}}}\right)^{-\frac{3}{2}} \tag{5-11}$$

清华大学费祥俊等（1998）开发的数学模型，充分考虑固体颗粒悬浮，但在管道断面上具有一定浓度分布情况下，管道输送黄河泥沙流速不能太小，颗粒可以悬浮，但又达不到完全均匀悬浮，又称为伪均质流。伪均质流固、液两相流的水力坡降可以分成两部分，一部分为均质固液两相流的水力坡度，此部分主要考虑输送中紊动能耗及颗粒悬浮而做的功造成的水头损失，因此水力坡降与雷诺数（Re_{m}）、弗汝德数 $\left(\dfrac{u^2}{gD}\right)$、固液两相流比重（$\gamma_{\mathrm{m}}$）、管道的相对糙率（$\Delta/D$）等有关。另一部分是颗粒在管道中非均匀分布形成的附加阻力，即颗粒非均匀悬浮或推移增加的水头损失。因此，附加阻力与颗粒的沉速、浓度、悬浮状况、颗粒浮重等有关。

目前的研究成果，对于既含大量粗颗粒，又含有一定量细（黏性）颗粒砂浆，有两种计算公式，其一是 Durand 公式，其二是国内开发的伪均质流计算模型。

本次研究借鉴大量尾矿工程资料，提出了管道输送黄河泥沙应采用式（5-10）预测计算不同管径不同流速下的水力坡降。

$$i_{\mathrm{m}} = \frac{\alpha f_{\mathrm{m}} u^2}{2gD}\left(\frac{\gamma_{\mathrm{m}}}{\gamma_0}\right) + k\mu C_{\mathrm{V}}\frac{\gamma_{\mathrm{s}} - \gamma_{\mathrm{m}}}{\gamma_{\mathrm{m}}}\left(\frac{\varpi}{u}\right) \tag{5-12}$$

上述三式中，i，i_m 为管道输送清水及含沙浑水水力坡降；u 为管道流速，m/s；D 为管道内直径，m；γ，γ_m，γ_s 分别为清水、浑水、泥沙比重；C_V 为沙的体积浓度；ϖ 为泥沙颗粒平均沉速，m/s；g 为重力加速度，m/s^2；α，f_m，k，μ 为系数。

2）黄河泥沙管道输送临界不淤流速的计算模型

固液两相流管道输送的另一个主要参数为管道的工作流速，它决定整个管道及动力系统的设计。而工作流速在固、液两相流管道中由于固体颗粒存在，主要由临界不淤流速决定，即工作流速必须大于临界不淤流速。

目前，固、液两相流管道的临界不淤流速计算公式很多，但都带有一定经验性。清华大学（费祥俊，1994）分析了固、液两相流输送机理，认为固、液两相流中固体颗粒特别是细颗粒对临界流速有两方面的影响，一方面固、液两相流浓度增加，颗粒的沉速下降而使得颗粒易于悬浮；另一方面浓度、黏度的增加又抑制了流体的紊动强度，减弱了颗粒悬浮过程中的支持力，而难以保持悬浮。因此，颗粒浓度的增加对临界流速的影响是矛盾的两个方面，两者互相消长，使固、液两相流的临界淤积流速十分复杂。根据以上机理及影响因素推导出临界不淤流速公式。

$$V_{cr} = K\left(gD\right)^{\frac{1}{2}}\left(\frac{\gamma_s - \gamma_0}{\gamma_0}\right)^{\frac{1}{2}} C_V{}^A \left(\frac{d_{90}}{D}\right)^B \tag{5-13}$$

式中，K 为修正系数，与颗粒物料种类及颗粒组成等因素有关，可根据实验数据修正；A、B 为指数；d_{90} 为固体颗粒 90% 都小于它的粒径，可由级配曲线查出，其他符号同前所述。

5. 黄河泥沙管道输送半工业实验

半工业管道实验是借鉴矿石选冶领域的叫法，即在专门实验室或实验工厂进行矿石选冶的工业模拟实验，采用生产型设备、按"生产操作状态"所做的实验。目的是验证实验室扩大连续实验结果。工业模拟相似度强，成果推广应用于生产实践时才更为可靠。半工业化实验一般作为工程建设前期准备而进行，实验结果可供矿山设计等实际工程参考使用。

1）半工业管道输送清水实验

本次实验在北京郊区建有半工业管道实验装置，共有两套实验系统，三条实验管道。第一套实验系统，管径为 106mm；第二套实验系统，管径为 151mm 和 200mm。第一套 106mm 实验管道，管道长 120m，泵前储浆罐 1.2m^3，管道由石家庄水泵厂生产的 6/4E-AH 沃曼泵供浆，泵流量 180m^3/h，扬程 46m，75kW 直流电机驱动，变频器无级变速。

对于清水试验成果，进行了流态、管道阻力系数，管道粗糙度的分析计算。可以看出，管道输送清水时，雷诺数为 $9\times10^4 \sim 4.5\times10^5$，处在紊流过渡区，对于紊流过渡区水力坡度的计算见式（5-14）。

$$i = \frac{\lambda u^2}{2gD} \tag{5-14}$$

式中，u 为流速，m/s；D 为管径，m；g 为重力加速度，m/s^2。公式中关键是达西阻力

系数 λ 的计算。另外还经常使用范宁阻力系数 f，达西阻力系数 λ 与范宁阻力系数 f 关系为：$\lambda = 4f$。目前两种阻力系数计算公式如下：

在流速较小时，管道形成边壁层流层，如果边壁层流层厚度 δ 大于管道绝对粗糙度 Δ，管道绝对粗糙度 Δ 对管道输送阻力不产生影响，阻力系数仅与雷诺数有关，则称为光滑管，这时范宁阻力系数 f 计算采用公式（5-3）。

管道边壁层流层厚度 δ 小于管道绝对粗糙度 Δ，雷诺数 Re 与管道绝对粗糙度 Δ 对管道阻力都有影响，则称为过渡区，范宁阻力系数 f 的计算公式如下：

$$f = 0.0275\left(\frac{68}{Re} + \frac{\Delta}{D}\right)^{0.25} \tag{5-15}$$

$$f = \frac{0.33125}{\left[\ln\left(\dfrac{\Delta}{3.7d} + \dfrac{5.74}{Re^{0.9}}\right)\right]^2} \tag{5-16}$$

$$\frac{1}{\sqrt{f}} = 4\log\frac{D}{2\Delta} + 3.48 - 4\log\left(1 + 9.35\frac{D}{2\Delta Re\sqrt{f}}\right) \tag{5-17}$$

式中，Δ 为管道绝对粗糙度；Re 为雷诺数；D 为管径；f 为范宁阻力系数。

式（5-15）是阿里特苏里（Альтшуль）公式，管道输送中经常使用；式（5-16）是南非 PCCE 公司经常使用的公式；式（5-17）是水力学教科书中的公式。由于式（5-17）等号左边与右边都具有范宁阻力系数 f，计算时必须试算，因此常常使用的公式是式（5-15）和式（5-16）。相同条件下，式（5-15）、式（5-16）通过对比计算误差最大不超过 3%。因此，本次实验采用式（5-15）计算管道粗糙度。计算的结果见表 5-6 和表 5-7。

表 5-6 151mm 管道水力粗糙度计算表

u/（m/s）	i	$4f$	Re	Δ/D	Δ/mm
1.2613	0.008	0.015473	198031	4.8131E-05	0.007557
1.4376	0.012	0.017867	225706.8	0.000394738	0.061974
1.6037	0.016	0.019142	251792.3	0.000646979	0.101576
1.8327	0.02	0.018323	287736	0.00053354	0.083766
2.0269	0.025	0.018725	318227.2	0.00062599	0.09828
2.1954	0.028	0.017877	344677.9	0.000500262	0.078541
2.4506	0.035	0.017933	384751.4	0.00052971	0.083164
2.7140	0.042	0.017546	426106.9	0.000487704	0.07657

表 5-7 200mm 管道水力粗糙度计算表

u/（m/s）	i	$4f$	Re	Δ/D	Δ/mm
1.189268	0.006	0.017378	248557	0.000349303	0.073004
1.364829	0.00756	0.016625	285249.3	0.000283406	0.059232
1.543307	0.01034	0.017784	322551.2	0.000472309	0.098713
1.696996	0.0119	0.016927	354672.2	0.000369037	0.077129
1.853602	0.0142	0.01693	387402.7	0.000385599	0.08059
2.083698	0.018	0.016983	435492.9	0.000411989	0.086106

表 5-6 和表 5-7 第一列第二列为试验采集的流速 u 及水力坡度 i 的结果；第三列为利用实测的水力坡度 i 及流速 u，采用公式反算的范宁阻力系数 f；第四列为雷诺数，其定义为：

$$Re = \frac{\rho u D}{\mu} \tag{5-18}$$

第五列相对粗糙度 $\frac{\Delta}{D}$ 及第六列为通过式（5-15）反算的水力粗糙度 Δ。

通过以上清水实验可以得到如下结论：①实验管道泵、阀及量测仪器正常可以开展管道输送实验；②通过管道的清水实验，可以得到管道水力粗糙度，151mm 管道的粗糙度为 0.074mm，200mm 管道的粗糙度为 0.079mm。

2）黄河泥沙管道输送半工业实验

针对黄河泥沙，进行了实验室半工业管道输送实验，目的是观测利用管道输黄河泥沙的两个重要参数，阻力损失（水力坡降）及临界不淤流速。通过实验分析研究管径、流速、含沙浓度及颗粒组成对两个输送参数的影响。

共进行了四个级配的黄河泥沙管道实验。第一个级配为全细沙，第二个级配为 75%细沙加 25%粗沙，第三个级配为 50%细沙加 50%粗沙，第四个级配为 25%细泥加 75%粗沙。

在实验管道系统上进行不同工况下阻力损失实验。实验中浓度测量采用烘干法及比重法互相校核，所谓比重法即测量一定体积下砂浆重量，计算出每方浑水中含沙量。管道中流速采用电磁流量计观测，时间体积法校核，每组实验大、中、小流速校核三个点。阻力损失为了提高精度采用三组相对密度为 2.89 的三溴甲烷比压计测量，取平均值；临界不淤流速采用目测。

（1）不同工况下管道水力坡降的实验成果。首先进行管径 100mm 管道实验，四个级配不同含沙量下阻力损失测量结果见图 5-19～图 5-22。

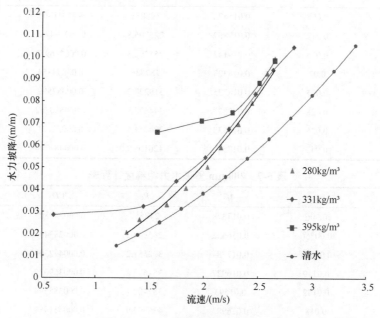

图 5-19 100mm 管道全细沙的 i-u 线

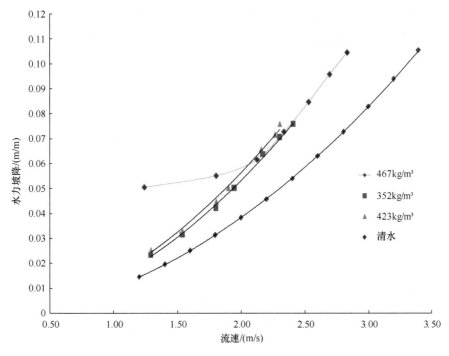

图 5-20　100mm 管道 75%细沙加 25%粗沙的 *i-u* 线

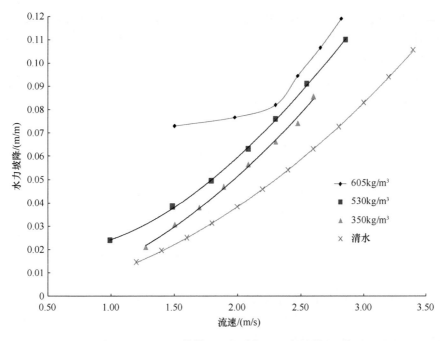

图 5-21　100mm 管道 50%细沙加 50%粗沙的 *i-u* 线

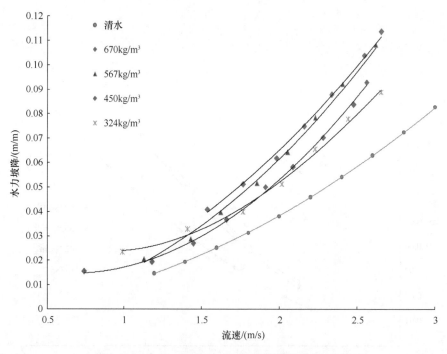

图 5-22　100mm 管道 25%细沙加 75%粗沙的 $i\text{-}u$ 线

从上述四个图中可以看出，浓度、流速对管道输送阻力影响比较大，水力坡降随流速增大而增大，同流速下随浓度增大而增大。同样级配对管道输送影响比较显著。如果输送全细沙则浓度比较低，400kg/m³ 含沙量，流速低于 2.3m/s 则管道为层流；如果输送细沙加 25%粗沙，则浓度比较低，450kg/m³ 含沙量，流速低于 2.2m/s 则管道为层流；如果输送细沙占 50%和粗沙占 50%的级配，浓度可以提高，但浓度超过 550kg/m³ 含沙量，流速低于 2.3m/s 则管道为层流。

根据以往研究，长距离输送的管线，为了防止泥沙沉积堵管，不能设计成层流流态。而管道中呈现层流或者紊流与泥浆流变特性（屈服应力 τ_0）有关，可以通过以下公式（也可通过雷诺数）近似计算：

$$U = k\sqrt{\dfrac{\tau_0}{\rho_\mathrm{m}}} \tag{5-19}$$

式中，k 为修正系数（一般取 19～22）；τ_0 为泥浆屈服应力，Pa；ρ_m 为泥浆容重，kg/m³。

利用前述 5.2.1 的 5 中对四种级配泥浆流变特性测试结果及式（5-19）进行了计算，计算结果见表 5-8。因此，从半工业实验结果看，实验结果和计算结果还是比较一致的。例如，对于粗沙含沙量为 75%的泥浆，由于屈服应力小，流变特性较好，一般不会呈现层流。

对直径 200mm 和 260mm 管路系统实验，同样也是颗粒组成细的，容易形成层流；阻力损失也随流速、浓度增大而增大，随管径增大而减少。同管径、同浓度、同流速下，颗粒组成对阻力损失影响不太显著。

（2）临界流速的实验成果。上述黄河泥沙环管实验，在进行阻力损失实验的同时也观测了临界不淤流速。当管道流速慢慢变小时，一部分粗颗粒泥沙先是在管道底部推移，

表 5-8 通过屈服应力 τ_0 计算的层流到紊流的过渡流速

泥浆含沙量/（kg/m³）		300	350	400	450	500	550	600
泥浆容重/（kg/m³）		1186.8	1217.9	1249.1	1280.2	1311.3	1342.5	1373.6
全细沙	屈服应力/Pa	5	7	12	16.5	26	38	52.5
	过渡流速/（m/s）	1.43	1.67	2.16	2.50	3.10	3.70	4.30
75%细沙	屈服应力/Pa	0	1.5	3	5	9	16	25
	过渡流速/（m/s）	0	0.77	1.08	1.37	1.82	2.40	2.97
50%细沙	屈服应力/Pa	0	0	0	2	3	5	7.5
	过渡流速/（m/s）	0	0	0	0.87	1.05	1.34	1.63

流速再继续变小，部分粗颗粒泥沙蠕动判断、停止，此时管道的流速称为管道不淤临界流速。

临界不淤流速测量采用目测，在循环管道上安装一段有机玻璃管道，在手电筒的光照下可以清晰地看到泥沙运动。在变频器上调小电机及泵的转速，管道流速逐渐变小，就会看到泥沙在管道底部推移、蠕动、淤积的过程。观察到泥沙在管道底部蠕动、淤积时相应的流速就是临界不淤流速。通过实验室实验实测的临界不淤流速都列于表 5-9。

表 5-9 黄河泥沙临界不淤流速实验结果

管径	级配	C_w/%	含沙量/（kg/m³）	临界不淤流速/（m/s）		比值
				实测	计算	
130mm	75%粗沙	47.7	675	0.95	1.1	0.86
		42.0	567	1.05	1.11	0.95
		35.1	450	1.15	1.1	1.06
		28.8	350	1.3	1.08	1.25
200mm	25%粗沙	33.5	423	1.2	1.21	1.07
		25.3	300	1.2	1.18	0.93
	50%粗沙	37.0	480	1.15	1.22	0.94
		30.7	380	1.2	1.21	0.99
	75%粗沙	44.2	610	1.2	1.22	0.95
		36.4	470	1.25	1.22	1.02
		30.7	380	1.3	1.21	1.06
260mm	25%粗沙	32.5	407	1.35	1.31	1.05
		28.3	344	1.4	1.29	1.12
	50%粗沙	40.4	540	1.4	1.32	1.10
		35.8	460	1.45	1.31	1.07
	75%粗沙	48.3	690	1.45	1.3	1.12
		41.3	556	1.5	1.32	1.10
		33.2	418	1.5	1.31	1.11

从表 5-9 看出，临界不淤流速随管径增大而增大，随浓度（含沙量）增大而变小；临界不淤流速也与颗粒组成有关，泥浆中含粗沙越多，临界不淤流速越大；同一级配泥浆，含沙量越高，临界不淤流速越小。

5.2.2 管道敷设技术与安全研究

黄河输沙管道虽然处于黄河下游地势平坦地区，但跨越河道、建筑物情况时有发生，怎么敷设黄河泥沙的输沙管线必须系统研究。管道也像公路、铁路一样，有敷设坡度的要求，输沙管道敷设坡度，主要取决于泥沙沉积层水下休止角，防止在停电、机械故障停止运行后，沉积的泥沙滑移，堵塞在 V 形管线最低处，再开泵运行时，堵塞管线。利用黄河泥沙进行了水下滑移试验，以确定输送管线敷设坡度。

1. 敷设坡度试验

砂浆的水下休止角及管道敷设坡度试验在 1m 短管中进行。首先在短管中灌满砂浆，把灌满砂浆的管道放在 6°、8°斜坡上沉降，发现砂浆会在沉降过程中滑移充满管道，试验过程参见图 5-23 与图 5-24 的照片。根据黄河西霞院水库砂浆沉降试验，由于砂浆颗粒细、黏度大，沉降过程分选不严重，这种沉降过程砂浆充满管道断面的堵塞称为软堵塞，不会造成停泵再起动。

图 5-23　西霞院砂浆 8°敷设滑移情况　　　　图 5-24　西霞院砂浆 6°敷设滑移情况

由于影响管道敷设坡度的因素复杂，如砂浆沉降特性、颗粒下休止角、斜坡长度等，对于黄河西霞院水库泥沙的砂浆应该主要参考工程经验设计，根据黄河西霞院水库泥沙砂浆特性管线敷设坡度应小于 8°，选 6°～8°比较适宜。

2. 管道连接受力计算

在管道输送过程中由于水力损失，需要根据水力损失及输送距离计算出泵所需扬程。例如，西霞院水库挖泥船泵的扬程为 40m 水头，两级泵串联，泵出口最大压头具有 80m 扬程。因此，管道受一个沿管线的拉力 F，拉力计算应是压力乘管道断面面积，

$$F = \gamma \left(H_0 - H \right) \pi \left(\frac{D}{2} \right)^2 = 0.1 \text{kg} / \text{cm}^3 \times (80 - 10.3) \text{m} \times 3.14 \times 10^2 \text{m}^2 = 2.178 \text{t} \quad (5\text{-}20)$$

即挖泥船泵出口，无论采用什么方式连接，需抗 2.178t 拉力。

管道材料很多，一般的有钢管、非金属橡胶管或塑料管两类。挖泥船部分管线敷设在水中，为了适用管线弯曲，可采用部分非金属管。因此，管道存在抗压强度问题。

在管道径向内压力 P 作用下，在管壁环向产生一个拉应力 σ_s，由于管道属于薄壳结构，管壁厚度相对于管径小得多，故可以认为管壁上环向应力分布，沿管壁厚度均匀

分布，计算断面压强为 $P = \gamma H_0$，H_0 为设计水头，即泵扬程；γ 为水容重；则管壁环向拉应力应按式（5-21）计算，此公式为管道特别是软管的选择提供了依据。

$$\sigma_s = \frac{pD}{2\delta} = \frac{\gamma H_0 D}{2\delta} \qquad (5\text{-}21)$$

5.2.3 黄河长距离输沙可行性研究

西霞院水库泥沙输送具备长距离管道输送的条件。水库泥沙最大粒径 0.25mm，中值粒径 d_{50} 小于 0.02mm，临界不淤流速较小；当含沙量达到一定高度后，砂浆分选沉降不明显，比较稳定；管道敷设沿途（路由）平坦，特别适宜管道敷设及施工；沿岸经济比较发达，许多地区的国土资源部门需要细颗粒的黄河泥沙淤填造地，也特别需要含细颗粒的黄河泥沙改良土壤。

根据多年观测，西霞院水库库区平均每年淤积 250 万 m^3 泥沙左右。设计最大清淤量为 500 万 m^3，如果按干容重 1.2t/m^3 计算，西霞院水库库区每年淤积泥沙 600 万 t。因此，针对西霞院水库全部采用挖泥船清淤，管道输送至 200km 外，进行了方案设计。

1. 长距离管道输送制浆系统

为了提高管道输送效率，必须采用高浓度含沙量输送，浓度越高输沙效率越高，越经济。而挖泥船挖沙，由于吸头及库区泥沙淤积分布原因，往往含沙量波动大，泥沙级配组成也有波动，对于长距离管道输沙最好波动小些。因此，要在主泵前安装一个浓缩池，调节主管道内输沙浓度、泥沙的级配组成。

常见的浓缩调节池示意图如图 5-25 和图 5-26 所示。根据高效浓缩经验数据：底流浓度 30%～65%、0.05～0.15t/m^2·d，按年处理泥沙 600 万 t，作业时间按 250 天计，日均处理能力以 2.4 万 t 计，浓缩调节池只需 30m 直径即可满足要求。

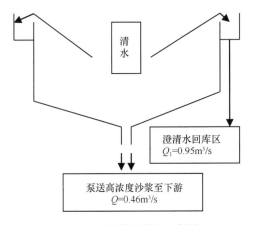

图 5-25　浓缩调节池示意图

图 5-26　浓缩调节池

2. 输送管道及动力设施选型

按日处理 2.4 万 t，在表 5-10 中计算了不同管径不同含沙量的输送流速；如果按年清淤量 500 万 m^3 计算，根据西霞院水库泥沙粒径，代入式（5-19）计算不淤流速约为

1.4m/s，而管径 600mm 输送流速为 1.51m/s，大于不淤流速，因此管道直径选 Φ600mm
比较适宜。

表 5-10   不同管径不同含沙量输送流速计算表（2.4 万 t/d 处理量）

含沙量 /（kg/m³）	C_w/%	砂浆容重 γ /（N/m³）	砂浆流量 /（m³/h）	不同管径输送流速/（m/s）		
				600mm	650mm	675mm
400	32	1.2488	2502.4	2.46	2.10	1.94
450	35.2	1.2807	2218.3	2.18	1.86	1.72
500	38.1	1.3110	2002.0	1.97	1.68	1.55
550	41	1.3428	1816.4	1.79	1.52	1.41
600	43.7	1.3738	1665.7	1.64	1.40	1.29
650	46.3	1.4051	1537.2	1.51	1.29	1.19

计算 Φ600mm 管道水力坡降（图 5-27），每千米水头损失最大 8m 左右。方案输送
距离按 200km，则总水头损失为 1600m，大约需要 16MPa 扬程的泵。设计采用流速
450m³/h，扬程 16MPa 隔膜泵 5 台（沈阳有色泵业）作为输送动力，四用一备运行，隔
膜泵如图 5-28 所示。管道给料系统如图 5-29 所示，采用耐磨 X65 钢管（图 5-29），使
用寿命可达 15～20 年。

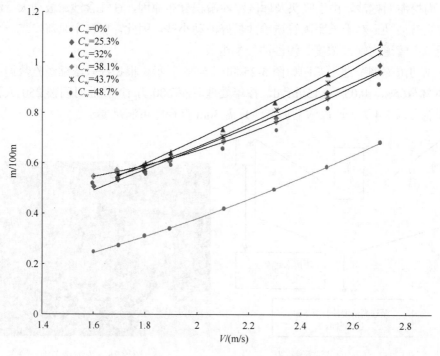

图 5-27   Φ600mm 黄河泥沙输送水力坡降计算

3. 经费测算

针对西霞院水库库区每年淤积泥沙 600 万 t，管道输送至 200km 外开封市的清淤输
送方案，不考虑社会征地赔偿，修建该输沙管线约需 3.0 亿元。其中敷设管线需钢材

30000t，约需 1 亿元；隔膜泵 5 台需 0.5 亿元；厂房喂料泵浓缩池等约需 0.2 亿元；管线焊接施工费需 0.8 亿元；双回路电路需 0.5 亿元。

图 5-28　隔膜泵安装效果

图 5-29　管道给料系统

5.3　西霞院水库泥沙处理与资源利用示范方案及布设

5.3.1　西霞院水库淤积分布

西霞院水库为黄河小浪底水利枢纽的配套工程，总库容 1.62 亿 m^3，淤积平衡后库容 0.452 亿 m^3，反调节库容 0.332 亿 m^3。截至 2016 年汛前西霞院水库累计淤积 0.2032 亿 m^3，主要集中在距坝 7580m（XXY07 断面前）范围内，年均淤积量约为 254 万 m^3，平均淤积厚度约为 4m（图 5-30）。其中，LD04～LD08（距坝 180m～430m）左岸淤积厚度在 6.5m～8m 范围内，右岸淤积厚度在 2m 左右，淤积量为 130 亿 m³；LD09～LD13（距坝 430m～920m）淤积厚度在 2m～4m 范围内，淤积量 143 亿 m³（图 5-31）。

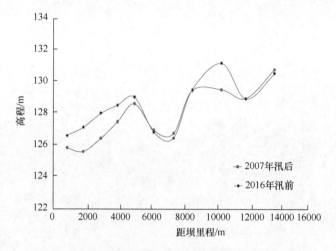

图 5-30 西霞院水库纵剖面图（平均河底高程）

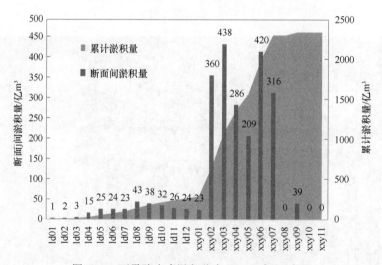

图 5-31 西霞院水库淤积分布（2015 年汛后）

5.3.2 西霞院水库泥沙处理及资源利用有机结合示范试验方案

根据西霞院水库淤积分布，确定以下两处清淤作业区。

（1）北岸清淤区：LD04～LD08 断面起点距 50～650m，淤积面高程约 128m，淤积厚度约 8m。综合考虑水库内河势及库区取沙路线与边界等因素，选取距离大坝 230m 附近的 LD05 断面，左岸起点距 200m 位置作为水库清淤作业区。

根据 2015 年西霞院水库运用水位及其淤积情况，汛期水位基本控制在 134m 左右，LD05 作业区原始河床高程约 120m，滩面高程约 128m，取沙水深约 6～14m。

（2）南岸清淤区：LD09～LD13 断面起点距 1700～2000m，淤积面高程约 128.5m，淤积厚度约 3～5m。初步选取距离大坝 530m 附近的 LD09 断面，左岸起点距约 1800m

位置为水库清淤作业区（图 5-29）。LD09 作业区原始河床高程约 123m，滩面高程约 127.3m，取沙水深约 7～11m，取沙厚度约 4m。

取沙时机，考虑水库运行和天气等因素，拟定 2016 年汛后开展西霞院水库泥沙处理与资源利用有机结合现场示范，受清淤时间及现场试验经费制约，示范清淤规模拟定为 2000m³。

根据已收集的水库淤积资料、水库运用情况，结合现场查勘及项目任务的要求，拟定北岸方案、南岸方案及南岸过坝方案共三个线路布设方案，如图 5-32 所示。

图 5-32　方案示意图

北岸方案，以北岸清淤区为起点，把清淤泥沙输送至西霞院水库坝下约 2km 的左岸砂场；在西霞院水库 LD9 断面左岸滩地布置沙浆调节池；水面管道输送距离 1.2km，陆地管道输送距离 2.25km（图 5-33）。

图 5-33　北岸方案取沙作业区现场图

南岸方案，以南岸清淤作业区为起点，终点为西霞院水库坝下约 2km 的右岸空地；在西霞院水库 LD7 断面右岸滩地布置调节池；水面管道输送距离约 0.7km，陆地管道输送距离 2.40km（图 5-34）。

图 5-34　南岸方案取沙作业区现场图

南岸过坝方案，管道输沙起点、终点与南岸方案一致；水面管道输送从南岸清淤作业区到右导墙南 20m 与大坝坝顶相交处，距离约为 1.0km；陆地管道输送沿右导墙与大坝坝顶相交处过坝，沿大坝坝后坡面、西霞院右岸景区道路、黄河南岸护堤铺设管道，陆地管道长度约 1.6km。

研究认为三种方案均具可行性，鉴于调节池修建占地维护等问题，综合考虑黄河水利水电开发总公司相关部门意见，确定南岸过坝方案为现场示范实施方案，陆上输沙管道线路纵剖面见图 5-35。

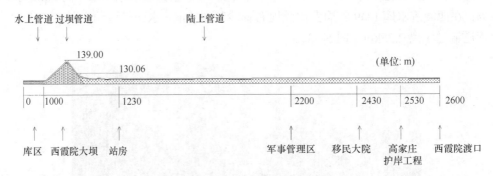

图 5-35　排沙管道线路纵剖面示意图

根据第四章 4.5 节和 4.6 节黄河泥沙资源利用方向与整体架构设置，结合西霞院水库泥沙清淤部位、清淤量、当地市场需求调研等综合分析，西霞院水库清淤泥沙主要利用方向为制作人工防汛备防石、生态砖、造地（低洼区）及建设用砂。本次试验抽取的 2000m³ 泥沙中的 1000m³ 用于制作人工防汛备防石，地点为其下游 35km 的"黄河泥沙处理与资源利用工程技术研究中心'泥沙资源利用成套技术示范基地'"（图 5-36）；剩余的 1000m³ 用于制作生态砖，地点为距沉沙区 20km 孟津县新型建材厂（图 5-37）。

清淤泥沙大多属于细沙范畴的淤泥。淤泥是黏土矿物等细小颗粒在重力及粒间静电力和分子引力的作用下，在静水或缓慢的流水环境中沉积，并经生物化学作用形成的蜂窝状结构，天然含水量高、孔隙比大；压缩性高、抗剪强度低、透水性差，具有触变性且处于流动状态，不能直接为工程所用，需要进行固化，使其成为可利用泥沙。目前常用的淤泥固化方法主要有物理脱水固结法、化学固化、高温烧结等，由于受场地和经费限制，现场示范的淤泥固化采用自然风干脱水方式用于生态砖制作用沙，采用机械脱水方式用于人工防汛备防石制作用沙。

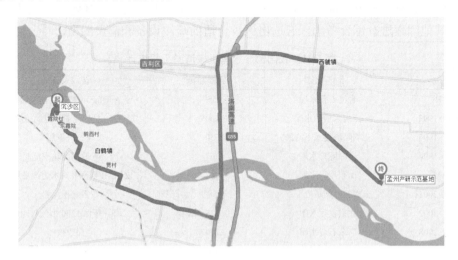

图 5-36　制作人工防汛备防石的泥沙利用路线图

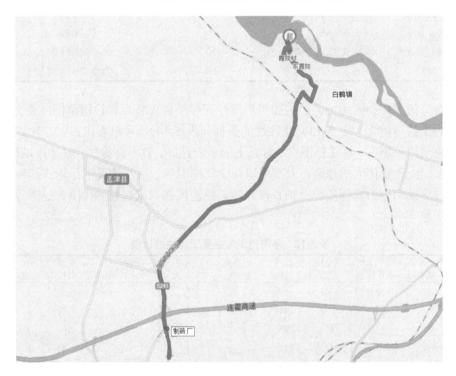

图 5-37　制作生态砖的泥沙利用路线图

5.3.3 西霞院水库泥沙清淤技术方案可行性研究

机械清淤是清除库区淤积泥沙的一种直接、高效的清淤方法,在国内外不少水库都有应用(表 5-11)。例如,云南以礼河水槽子电站采用 3 艘挖泥船联合作业,1987 年~1992 年挖泥 160 万 m^3,达到了清淤扩容的目的;北京官厅水库的清淤应急供水工程在妫水河口实施拦门沙清淤,清淤总量约 128 万 m^3;台湾石门水库先后采用深水挖泥船和射流冲吸式挖泥船,每年清淤 55 万 m^3。机械清淤设备因结构、原理不同,对各类清淤岩土以及各种工况的适应性存在较大的差异,应对土壤性质、运送距离、泥沙处理方法以及其他因素进行综合考虑,遴选出比较合适的疏浚设备和清淤船型。

表 5-11 我国部分水库机械清淤工程统计

年份	水库疏浚	工程量/万 m^3	疏浚设备
1976	台湾石门水库	55	Amaluza-I 型射流挖泥船
1987~1992	云南水槽子水库	160	TYP250 型挖泥船、电动挖泥船
1994~1995	三峡隔流堤水下清淤	630	空气吸泥船
1994~1996	上海陈行水库	267	海狸 650 型斗轮挖泥船
1995	山东岸堤水库	5	ZQL-II 型冲吸式水力清淤机
1996~2001	云南谷昌坝疏浚工程	58	绞吸式挖泥船
2001~2002	北京官厅水库	128	海狸环保 1200 型绞吸船
2006~2008	广东石岩水库	160	环保绞吸船
2006~2010	广东长江水库	500	吸泵式挖泥船
2007	三峡船闸引航道清淤	40	斗轮式、吸盘式挖泥船
2007~2008	福建湖边水库	137	挖掘机
2008	广东天堂山水库	3	抽沙船
2009	广东莲花山水库清淤	30	推土机
2009~2012	乌鲁木齐乌拉泊水库	461	海狸 1200 型挖泥船

综合分析国内外常用的几种主要类型的挖泥船的施工特点和适用范围(表 5-12)、对清淤岩土的可挖性(表 5-13)及各性能指标(表 5-14),可以看出:①斗轮式挖泥船由于具有适用范围广、挖深范围大、对黏土的适应性好、效率高等优点;②在地形复杂、砾石较多、土质变化大的地区,大都采用斗轮式挖泥船,通常情况下斗轮式和绞吸式挖泥船通过更换切割刀具而实现互换,但斗轮式挖泥船在切削性能、排距、挖深等方面较绞吸式优越一些。

表 5-12 不同挖泥船主要工作性能比较

类型	生产效率	适应土质的广泛性	经济性	挖深范围	远距离抛卸泥	挖泥平整度	工作时不影响水域通航	耐波动性	防止二次污染良好程度
绞吸	好	较好	好	一般	一般	好	差	一般	好
斗轮	好	好	好	较好	较好	好	差	一般	好
耙吸	好	一般	较好	好	好	差	好	好	差
链斗	差	一般	较差	较好	一般	好	一般	一般	差
抓斗	差	好	较差	较好	差	一般	一般	一般	一般
铲斗	差	一般	差	差	差	一般	一般	差	一般

表 5-13　主要类型挖泥船的施工特点和适用范围

类型	施工特点	适用范围	适用土质
耙吸式挖泥船	利用泥耙耙挖取水底土壤，通过泥泵将泥浆装进船舱内，至卸泥区卸泥或直接排出船外；单船作业，一般不需要固定的配套设备或附属船只	沿海港口航道及大江的入海口段，不适合浅水作业	适用于淤泥、松软黏土、沙壤土、沙土等
绞吸式挖泥船	利用绞刀旋转切割土壤，通过吸泥泵吸入排泥管，再通过泵输送到陆地排泥场，挖泥和卸泥由挖泥船自身完成	内河、湖泊航道的疏浚，水库、港口、码头的疏浚扩宽及吹填造地等	适用于松散砂、沙壤土、淤泥等松散软塑黏土；遇硬塑黏土时，易堵塞，工效降低
冲吸式挖泥船	以高压水射流进行破土，利用离心式泥浆泵沿输泥浮管压送到排泥地点	适用于水库清淤和砂土回填	适用于较为松散的淤泥、松软黏土，对固结的砂夹层效率较低
斗轮式挖泥船	在绞吸式挖泥船基础上对切割刀具进行改型而成，利用无底斗轮横轴转动将土壤切割；其他与绞吸式相同	基本与绞吸式挖泥船相同，同时适用于冲积矿床开采	适用于硬质高塑性黏土的开挖，流塑性淤泥、松散的细粉砂条件下，效率较低
链斗式挖泥船	利用链条排列的铲斗连续挖掘作业，将土壤通过卸泥槽送到辅助泥驳，再输送到指定地点	港口、码头泊位，航道滩地及水工建筑物基槽等规格要求较严的工程，最适合于采集水下天然砂石和矿物	适用于松散的沙壤土、沙质黏土、卵石夹砾和淤泥等；开挖稀泥和粉砂时，泥斗充泥不足；开挖黏性较大土壤时，泥斗倒泥困难，生产率降低
抓斗式挖泥船	利用吊在旋转式抓斗杆上的抓斗的下放、闭合，提升和张开来抓取和抛卸刨挖土壤	堤岸养护、河道清障及港口疏浚，深水作业	适用于各类土质，且能抓取尺寸较大的石块
铲斗式挖泥船	将反铲挖掘机安装在一个大浮箱上，用反铲直接挖掘土壤	作业半径有限，挖掘深度浅，主要在其他船型都很难胜任的场合使用	能有效挖掘各类硬土、砂石和树根

表5-14　主要类型挖泥船对疏浚岩土的可挖性

岩土类别	级别	状态	耙吸 大≥3000m³	耙吸 小<3000m³	绞吸(斗轮) 大≥2940kW	绞吸(斗轮) 小<2940kW	链斗 大≥500m³	链斗 小<500m³	抓斗 大≥4m³	抓斗 小<4m³	铲斗 大≥4m³	铲斗 小<4m³
有机质土及泥炭	0	极软	容易	容易	容易	容易	容易	容易	容易	容易	不适合	不适合
淤泥土类	1	流态	较易	较易	容易	较易	较易	不适合	不适合	不适合	不适合	不适合
	2	很软	容易	容易	容易	容易	容易	容易	容易	容易	较易	较易
黏性土类	3	软	较易	较易	较易	容易	较易	较易	较易	较易	容易	容易
	4	中等	困难	困难	较难	较难	较难	较难	较易	尚可	容易	容易
	5	硬	很难	很难	困难	困难	困难	困难	困难	很难	较难	尚可
	6	坚硬	很难	很难	困难	困难	困难	困难	困难	很难	较难	较难
砂土类	7	极松	容易	容易	容易	容易	容易	容易	容易	容易	容易	容易
	8	松散	容易~较易	较易	容易	容易	容易	容易	容易	容易	容易	容易
	9	中密	尚可~较难	较难	较难	较难	较易	尚可	较易	较难	较易	较难
	10	密实	较难~困难	困难	困难	困难	较难	困难	困难	很难	尚可	尚可
碎石土类	11	松散	困难	困难	很难	很难	较难	尚可	较易	尚可	容易	较易
	12	中密	很难	不适合	很难	不适合	困难	困难	尚可	困难	较易	尚可
	13	密实	不适合	不适合	不适合	不适合	很难	不适合	很难	不适合	较难	困难
岩石类	14	弱	不适合	不适合	尚可	不适合	困难~很难	很难	很难	不适合	尚可~困难	很难
	15	稍强	不适合	不适合	困难	困难	不适合	不适合	不适合	不适合	不适合	不适合

依据《疏浚岩土分类标准（JTJ/T320-96）》，由于疏浚岩土坚实程度不同，在清淤作业中采用破土的方式不同，对应挖泥机械也有所不同。例如，绞吸式挖泥船适宜挖掘疏浚 0 级别～4 级别和 7 级别～8 级别的土，如各类淤泥、松散沙土、松塑黏土等，因而适用于内河、湖泊航道疏浚，以及水库、港口、码头的疏浚扩宽及吹填造地等；冲吸式挖泥船适宜挖掘疏浚 0 级别～4 级别土，即较为松散的淤泥、松软粘土等，适用于水库清淤和低洼地、沉陷区沙土回填等。

西霞院水库的淤积泥沙具有固结强度低、淤积层薄、淤积面大、水头差小等特点，结合淤积物的组成分布，清淤设备经济性、生产效率及生态环境等多方面综合考虑，现场示范试验采用无需破土装置的射流冲吸式清淤技术。

5.3.4 现场示范设备选型

1. 泥沙取输系统平台设计

泥沙取输系统平台建设是整个工程中的重要组成部分，取沙、泵送、管道敷设、测试、电力供应等所有工作均以此平台为基础展开。因此，该平台必须满足设备布置与安装、人员操作、电力供应、管道连接、取沙区域内的自由移动等要求。

1）取沙平台

结合西霞院水库水深浅、清淤面大等特点，设计了三浮体对称式船舶做为抽沙、泵送平台。该平台总宽 7m，型深 1.2m，总长 16.5m，总面积约 110m^2，重约 30t。其中，主浮体 1 个，长 11m，型宽 3.5m，主要安装砂砾泵、高压水泵、发电机和操作控制系统；主浮体两侧对称安装了 2 个边浮体，主要用来增加平台的浮力和满足平台稳定性，提高抽沙安全性能，同时安装了平台推进设备和起吊设备。边浮体长 16.5m，型宽 1.75m，各浮体之间采用专用连接件在水上连接，平台布置参见图 5-38 和图 5-39。

抽沙平台的设计与建造参照船舶有关设计规范完成，从艏至艉分别布置抽沙吸水钢管、吊架及卷扬机、抽沙泵组、排沙管路、柴油发电机组、操作控制室、挂桨机等。

图 5-38　取沙平台

吸水钢管由吊架悬吊，通过卷扬机控制吸头入水深度，使吸水口始终贴近河床。为减轻起吊架受力，同时避免吸头淤积到淤泥中，造成水泵负荷过载，在吸头安装可调节高度的浮筒，利用冲沙水泵实现浮筒的充水和排水，通过调节浮筒中的水量，微调吸泥头的清淤高度（图 5-40）。设计吊架最大起吊高度 4.5m，满足悬吊抽沙吸水管和淤积物取样的需要。

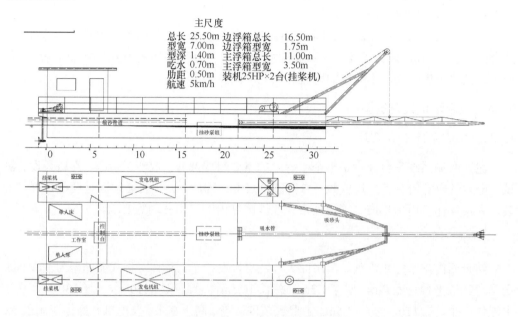

图 5-39　取沙平台设计图

图 5-40　吸水钢管及调节浮筒

2）动力系统

输沙系统的动力来自柴油发电机组，通过计算排沙能力和其他负载后，在平台上安装了两台功率为 2×150kw 的发电机组，通过集中控制柜分别驱动不同水泵。

3）操作与控制系统

操作控制室安装了发电机组控制柜、水泵控制柜、卷扬机控制柜，设置了设备配件区、工作人员生活休息区。

4）挂机推进装置

由于库区水体流速为 0，需要依靠推进装置缓慢移动平台，以便稳定持续抽沙。因此，在平台边浮体艉部安装 2 台挂机推进装置用于船舶移动。

2. 吸泥头设计

吸泥头设计主要思路是，实现有效控制管道进口与淤泥层之间的相对高度，既能起到有效扰沙效果，又能高效吸沙，满足管道输移含沙量的要求。

西霞院水库坝前淤积物干容重较大、颗粒极细，吸泥头设计考虑破碎固结泥块的破土铰刀，并布设控制闸阀，以应对突发性淤堵等安全事件。

参考已有工程实践经验及多种型式吸泥头设计运行效果，设计破土射流冲吸式吸泥头（图 5-41 和图 5-42），吸泥头壳体材料为 Q235B 钢板，厚度 4mm；钢板间采用水密焊接，破土铰刀采用铰接座板连接。

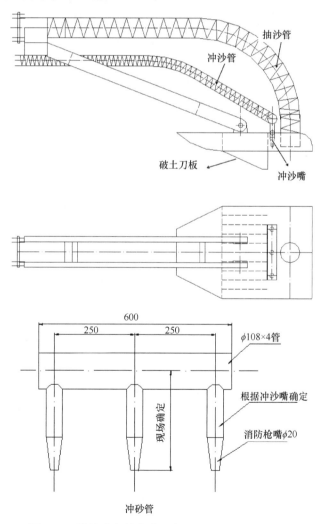

图 5-41　设计破土射流冲吸式吸泥头（单位：mm）

图 5-42 破土射流冲吸式吸泥头

整个抽沙装置采用自动升降仪控制管道进口高程，调节抽沙泵抽沙效率；通过连接冲沙管的三孔冲沙嘴冲击河床泥沙，破土刀板破碎固结胶泥块，扰动底床泥沙悬浮。

3. 取沙系统动力设备选型

取沙系统是整个水库泥沙处理的核心。抽沙泵组包括抽沙泵、高压射流冲沙泵、高压清水泵。水泵采用皮带传动，装有 3 种直径的皮带轮，通过改变水泵皮带轮直径，调整泵的转速，获得不同的输送速度，取得不同工况下的抽沙效果。

现场示范试验的输沙管道选用 Φ200mm 管径的钢管，采用前述计算式（5-13）计算不同含沙量条件下的临界不淤流速，见表 5-15。

表 5-15 Φ200mm 管径不同含沙量临界不淤流速

项目	组次 1	组次 2	组次 3	组次 4	组次 5
含沙量/（kg/m³）	300	400	500	600	700
临界不淤流速/（m/s）	0.96	1.0	1.1	1.15	1.1

示范试验泥沙的输送距离 2.6km，如果采用输送流速 2.0m/s，需要采用扬程（$H = iL_{坝前}\lambda + H_{坝\_水} + iL_{坝后}\lambda$）为 77.2m 水头的水泵。根据黄河泥沙特性计算的沿程阻力如图 5-43 所示。为此，初步拟定三种工况进行对比试验，即采用 200PN-35 型卧式砂浆泵配 90KW-4P 电机单泵试验、200ZE-45 型砂浆泵配 110KW-4P 电机单泵试验、两级泵（200PN-35 型卧式砂砾泵和 200ZE-45 型砂砾泵）串联试验。

两台串联泵的第一级卧式沙砾泵，额定流量 400m³/h，扬程 40m，转速 1480r/min，电机功率 90kW。第二级沙砾泵，额定流量 400m³/h，扬程 41m，转速 1160r/min，电机功率 110kW。

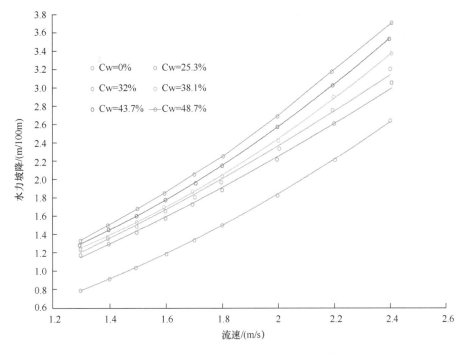

图 5-43 黄河泥沙输送的沿程阻力计算

为取得良好的抽沙效果，在吸泥平台上专门安装了一台高压水泵，利用高压水射流冲击库底淤积泥沙。高压清水泵型号为 65-200，功率为 30kW，流量为 100m³/h，扬程为 80m。

从示范效果看，高压射流可以有效地将淤积的泥沙冲刷搅拌并悬浮起来，对提高吸泥浓度和输沙效率作用非常明显。

4. 管道输送系统设计及安装

设计管道长度 2600m，其中水面铺设管道 1000m，翻越大坝后沿坝体和河岸铺设 1600m；管道直径 219mm，每节管道长 6m，水上每节管道之间用专用的 1.5m 长的橡胶软管连接。管道工程布置如图 5-44 所示。

图 5-44 排沙管道规划布置图

结合西霞院水库排沙管道材料及特定的组装方式，认为选用浮漂拖航铺管较为合适。

先在岸边把管子连接成一定长度的管段，管段两端堵板，将堵板一端放入水中，从进水孔开始注水，使之半悬浮于水面，另外一端可在船甲板上缠绕并连接接头，组装好全部管道以后，将管道两端都盖上堵板，在水面上由浮漂船拖航到预订位置，再由进水孔注水，使排沙管道沉入设计高度。

1）水面管道安装型式与连接方法

库区管道的安装型式与连接方法是难点。库区内管道的布置可分两种型式：一种是水下沿库底淤积泥沙面布置；另一种是水面布置。考虑到水下布置存在无法检查、隐患不易被发现，一旦出现事故不易处理等不利因素，决定采用水面布置型式。

通过计算浮筒的浮力、管道自重以及正常输送泥沙水体的重量，采用连接装置将每2个浮筒连接成一组。输沙管道采用螺旋缝焊接钢管，将管道与浮筒固定后，4个浮筒支撑一根钢管，钢管之间用橡胶软管采用紧固件固定连接，避免运行过程中脱开。橡胶软管的作用是保证吸泥船移动时管道能够随船一起摆动，以确保管道浮筒安全运行（图5-45）。

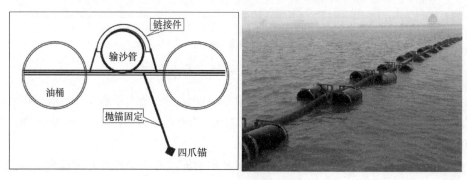

图5-45　水上浮体与管道连接形式

为减小风浪影响，要求浮筒露出水面的部分尽可能小，每4根钢管安装一只黄河上常用的高抓力四爪锚，左右交替布设，限制管路摆动幅度。近坝段采用重力锚固定，避免对坝体造成影响。

2）坝上管道敷设与连接

岸上管道起点位于大坝南引水口南侧约10m处，终点位于西霞院渡口右侧沉沙区，管道敷设如图5-46～图5-48所示，长度约1.6km，管径均为219mm，管道连接形式采

图5-46　管道翻越防浪墙

图5-47　管道翻越大坝及坝上路面管道

图 5-48　坝后管道铺设

用对口法兰连接。管道沿引水闸南电缆线过坝后,沿河右岸景区路沿、黄河南岸护堤铺设管道。在坝顶最高点、最低点、坝后管道每 200m 各安装一组压力阀和排水阀,以便观测管道压力变化和管道含沙量。坝前、坝后各安装事故阀,以免意外停泵时管道淤积堵死。

　　管道的末端建设沉沙区。利用西霞院渡口附近 110m×27m 的低洼地作为沉沙区,并在沉沙区尾部修建排水渠,将清水集中排回黄河河道。

5. 泥沙输移测控方案及设备布设

　　建立完善、科学的测试系统是整个试验的重点工作之一。泥沙输送系统测试技术主要包括管道输送压力与流量测试、浆体中的泥沙含量测试、电压、电流测试等;控制技术主要是控制管道输送流速。

　　测试的目的是为了系统研究不同流速下的管道输送阻力与对应的输送浓度之间的关系,研究输送系统实际消耗功率与输送效率,为进一步研究泥沙浆体的流变特性和输送特性奠定基础。

　　1)压力监测

　　压力测试采用两种方法,一是防护型压力变送器,型号为 JYB-KO-HAG 的普通型铸铝外壳,二线制 4～20mA 电流输出,测量的是表压,指针显示,M24×1.5 外螺纹安装,供电电源 DC24V,100KP、1.5MP 两个量程;二是压力表直读式。压力监测断面包括泵出口、陆上管道站房(距出口约 1370m)、军事管理区(距出口 500m)、出口(钢管尾部)各装一个压力表,压力表的表面与地面垂直。

　　2)流量测试系统

　　流量测试采用 E-mag E 型电磁流量计。输出方式为单向模拟 0～21mA 电流信号,材质为不锈钢，法兰连接，压力等级 4.0MPa，供电电源 220V，无显示电流输出型放大器，最高流速 15m/s（图 5-49）。

图 5-49　流量测试装置

3）电压和电流测试

电压和电流测试分别采用电压变送器和电流变送器。交流电压变送器采用型号为 WBV414AS4-400V/4-20mA-0.5，三线制 4～20mA 电流输出，量程 400V，辅助电源 DC24V。交流电流变送器型号为 WBI414AF4-50A（Φ9）/4-20mA-0.5，三线制 4～20mA 电流输出，穿心式孔径 Φ9，量程 50A，辅助电源 DC24V。测试的电压和电流可以通过信号线输入到计算机采集系统，便于计算输出功率和挖泥效率。

4）流量控制

通过变频技术控制沙砾泵电机转速控制输沙流量，在泵出口处布设电磁流量计监测输沙流量。

5）数据采集和处理系统

数据采集和处理系统主要包括采集系统的硬件设计与选型、软件设计两部分。

数据采集和处理系统的硬件和软件均选用北京昆仑海岸传感技术有限公司的产品，所有变送器均采用 24V 直流电源供电，4～20mA 电流输出，16 路信号采集模块；软件采用 MCGS 组态软件显示记录数据，数据采集与传输信号线选用 AVPV2×0.5mm^2 两芯或 AVPV3×0.5mm^2 三芯屏蔽电缆。数据采集与处理系统如图 5-50 所示。

图 5-50　数据采集与处理系统

6）含沙量测量

含沙量测量装置选取了两个测试点，分别安装在管道的入口和出口两个断面上。每个断面布设底部、中部、顶部三个取样点，三点含沙量平均后作为断面平均含沙量，如图 5-51 所示。

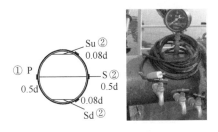

图 5-51　含沙量测量安装位置图

其他仪器及布设如图 5-52 所示。包括：坝顶安装排气阀，位于图中④位置；过坝后较低处安装事故阀，位于图中⑤位置；陆上管道（近钢管尾部）安装旋转调节阀，位于图中⑥位置，用来改变试验工况；陆上管道出口（钢管尾部）计量泵，位于图中⑦位置。

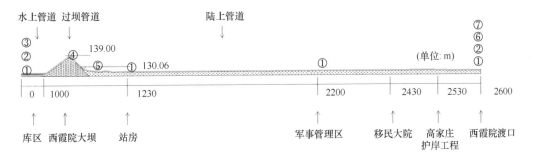

图 5-52　仪器设备布设图

5.4　西霞院水库泥沙处理与资源利用技术联合示范

5.4.1　示范工程实施与运行

根据西霞院水库的实际情况和示范工程技术要求，示范项目分为示范运行准备、运行前期施工、运行期施工以及运行后期施工四阶段（图 5-53）。

为确保现场示范试验有序完成，项目组成立了运行管理部门和专家顾问部门。其中运行管理部门由主持单位、施工单位和监管单位组成，负责现场示范的实施和管理；专家顾问部门为项目方案设计和现场示范提供技术监督。运行管理组织机构如图 5-54 所示。

（1）主持单位：黄河水利委员会黄河水利科学研究院，负责技术监督部，协调监督施工管理部和后勤安保部及现场施工运行的管理，保证示范项目安全完成。

（2）施工单位：三门峡江海工程技术开发有限公司，负责施工管理部和后勤安保部的运行管理，负责抽沙作业平台的修建、组装和调试、淤积物采样、管道安装及运行、抽沙作业、现场测量及运行后期现场恢复等工作。

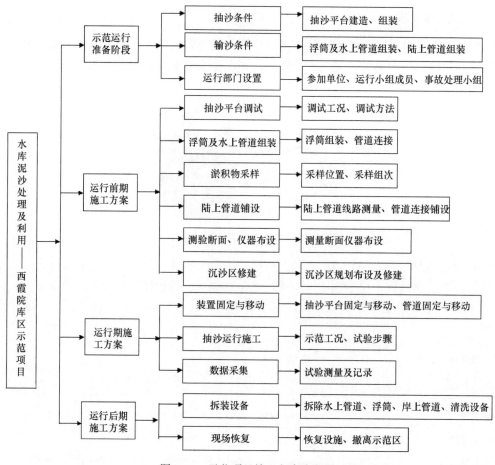

图 5-53　示范项目施工程序流程图

（3）监管单位：黄河水利水电开发总公司，负责现场安全及生态环境等的监督管理工作。

示范项目运行时间 2016 年 3 月 25 日到 11 月 30 日，其中施工准备期为 3 月 25 日到 8 月 25 日，历时 154 天；现场施工期为 8 月 26 日到 11 月 31 日，历时 97 天；沉沙区恢复期为 11 月 31 日到 12 月 30 日，历时 30 天。

5.4.2　现场示范各环节流畅性检验

1. 抽输泥浆含沙量及泥沙级配

由于泥浆泵从河底抽取的泥浆浓度随机性较强，测点的含沙量不稳定，所以将三个测点含沙量的均值作为该断面的平均含沙量，进出口含沙量的平均值作为每一组试验的实测含沙量。现场示范共进行了 200m³/h、220m³/h、230m³/h、240m³/h、250m³/h、300m³/h 和 330m³/h 七个流量级试验（表 5-16）。对每一工况实测含沙量进行分析，可以看出：随着流量的增大，平均含沙量呈现增大趋势，最大含沙量则呈现先增大后减小的趋势；平均含沙量 147kg/m³，最大含沙量 342.6kg/m³。各工况进出口的泥沙中值粒径波动不大，未发生细化现象，管道内未出现粗泥沙淤积（图 5-55）。

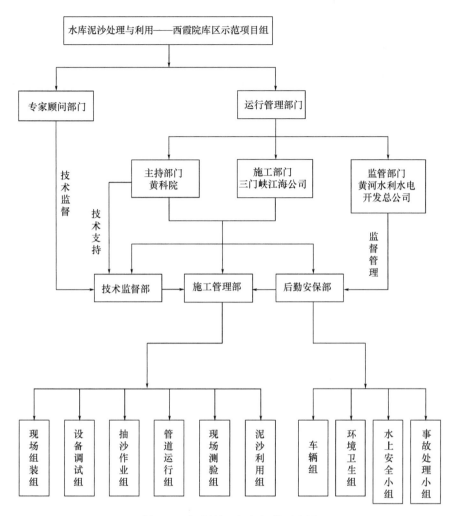

图 5-54　运行管理组织机构示意图

表 5-16　西霞院水库管道抽沙试验工况设计

抽沙方式	工况	转速/（r/min）	流量/（m³/h）
单泵 （200PN-35 型）	工况一	1480	250
	工况二	840	200
单泵 （200ZE-45 型）	工况三	993	240
	工况四	1160	220
双泵串联	工况五	1480/840	300
	工况六	1480/993	230
	工况七	1480/1160	330

2. 泥浆泥沙颗粒运动形式

（1）排沙比分析法。根据实测含沙量和流量资料，计算管道进口和出口相同时间段内的输沙量，以出口与进口单位时间的输沙量之比作为管道排沙比，整体上分析管道内是否出现淤积现象。以工况一和工况五为例，管道进口到出口距离 2400m，流量为 300m³/h 时，管道内流速为 1.80m/s，泥沙浆体从进口到出口运行时间为 23min，出口含

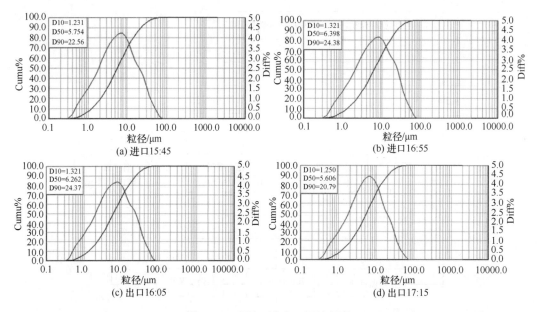

图 5-55 工况二进出口泥沙级配

沙量即采用延迟 23 min 时的含沙量；流量为 250m³/h 时，流速为 2.07m/s，泥沙浆体从进口到出口运行时间为 20 min。

（2）悬浮指数分析法。根据扩散理论，含沙量垂线分布规律，常用的悬浮指数来反映：

$$Z = \frac{\omega}{KU_*} \qquad (5-22)$$

式中，ω 为颗粒沉速，m/s；K 为卡门常数（取值 0.4）；U_* 为摩阻流速，m/s。依据推移质与悬移质临界判别值，即当 $Z>5$ 时，泥沙颗粒发生推移运动；当 $Z\leq5$ 时，泥沙颗粒发生悬移运动。

根据上述排沙比分析方法和悬浮指数分析方法，对现场示范试验观测数据进行分析计算，列入表 5-17。

表 5-17　管道冲淤分析计算

工况	位置	输沙量/（kg/min）	排沙比	最大含沙量/（kg/m³）	最大清淤率/（t/h）	悬浮指数 Z	运动形式
工况一	进口	191	0.9091	183	54.9	0.0511	悬移
	出口	171					
工况二	进口	133	0.8378	192	43.8	0.0560	悬移
	出口	103					
工况三	进口	436	0.9274	210	64	0.0692	悬移
	出口	404					
工况四	进口	420	0.9810	343	148	0.0576	悬移
	出口	412					
工况五	进口	495	0.8364	237	72.3	0.0468	悬移
	出口	315					
工况六	进口	387	0.7941	288	111.3	0.0433	悬移
	出口	230					
工况七	进口	996	0.7188	240	85.6	0.0433	悬移
	出口	616					

由表 5-17 可知，排沙比均接近 1，说明出口处的颗粒级配并没有发生明显的细化现象，认为进口和出口排沙平衡，没有发生管道淤积；从悬浮指数计算结果看，均小于 0.1，说明试验管道中的泥沙均为悬移运动。综上认为，现场示范试验中未发生管道泥沙淤积，管道输沙设计的动力系统、管道敷设及输沙流量合理。

3. 管道输送阻力

采集七种工况下 4 个压力观测断面数据，由不同断面实测压力值沿程变化（如图 5-56）可以看出，在不同流量下沿程压力均表现出减小趋势，其中坝后段因管线位置陡降而压力突然增大。由于管道输送出口断面趋于明流状态，出口断面的压力值相同。

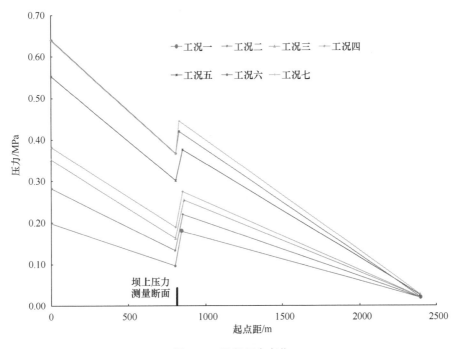

图 5-56　沿程压力变化

根据达西-韦斯巴赫公式计算沿程阻力系数 λ：

$$h_f = \lambda \frac{L}{d} \frac{v_2}{2g} \tag{5-23}$$

式中，v 为平均流速，m/s；d 为管道直径，m。通过式（5-23）计算管道水力坡降列入表 5-18。从表 5-18 可以看出，流量为 200～240m³/h 范围时，泥浆含沙量较低，阻力系数随含沙量的增大而减小；流量为 250～330m³/h 范围时，泥浆含沙量较高，阻力系数呈现先减小后增大的现象，说明存在一个临界值使阻力损失达到最小。当流量超过这一临界值时，随着含沙量的持续增大会加剧固体颗粒的相互碰撞，从而导致碰撞消耗的能量加大。

4. 管道输沙流速

临界不淤流速前人已经进行过大量的实验研究，界定了影响临界不淤流速的影响因

表 5-18　不同工况下的坡降及阻力系数

工况	流量/（m³/h）	含沙量/（kg/m³）	水力坡降/%	阻力系数/%
工况一	250	44	1.48	1.4
工况二	200	37	1.44	1.57
工况三	240	105	1.03	1.41
工况四	220	104	1.49	2.04
工况五	300	132	2.35	1.97
工况六	230	118	2.64	3.93
工况七	330	147	2.61	1.91

素，认为临界不淤流速与管径的 1/3～1/4 次方成正比，同时与固体颗粒容重、固体颗粒组成等有关，特别是与粗颗粒直径大小及粗颗粒含量的关系更大，另外还与泥浆浓度（即含沙量）等也有直接关系。采用清华大学费祥俊临界不淤流速公式（5-13）进行计算列于表 5-19。由表 5-19 可以看出，示范试验过程中实际输沙流速均大于临界不淤流速，说明未发生管道泥沙淤积。

表 5-19　不同工况下临界不淤流速和实际输沙流速计算

工况	含沙量/（kg/m³）	坡降/%	计算临界不淤流速/（m/s）	实际输沙流速/（m/s）
工况一	44	1.48	1.22	1.84
工况二	37	1.44	1.16	1.48
工况三	105	1.03	1.25	1.77
工况四	104	1.49	1.31	1.7
工况五	132	2.35	1.49	2.21
工况六	118	2.64	1.33	1.7
工况七	147	2.61	1.54	2.43

计算七种工况输沙量和含沙量，清淤效率最大达到 123m³/h，平均清淤效率约为 65m³/h，平均含沙量 147kg/m³，最大含沙量 342.6 kg/m³。示范试验选取的设备及技术集成，满足初设要求。

5.4.3　直接经济效益分析

根据西霞院水库淤沙的物化性态、技术手段（王萍等，2012）和当前的市场导向（姜秀芳和潘丽，2012），从水库中抽取的泥沙可直接出售，可直接用于建筑材料，也可间接利用制作人工防汛备防石等。

根据市场调研，现场示范试验抽出的 2000m³ 淤积泥沙均在 2016 年开展了泥沙资源利用，其中 1000m³ 用于制作人工防汛备防石，剩余 1000m³ 全部用于制作生态砖。

1. 生产成本

根据西霞院水库泥沙处理与资源利用现场示范生产成本统计，抽沙固定资产包括抽沙平台建造、抽沙管道及浮筒加工、抽沙平台现场组装、浮筒组装及水上管道布设、岸上管道布设、拆卸等。其中抽沙平台等建造费 42.7 万元，输沙管道等建造费 36.6 万元，管道调遣及组装等费用 16.3 万元，固定资产原值 C_0=95.6 万元。

除国务院财政、税务主管部门另有规定外，机器、机械和其他生产设备等固定资产计算折旧的最低年限为 10 年，试验设备使用年限 t 确定为 10 年。根据市场调研及预测，取设备残值 C_m 收入 25 万元，预计清理费用 5 万元。

则固定成本折旧额：$C_g = \dfrac{C_0 - (C_m - C_q)}{t} = \dfrac{95.6 - (25 - 5)}{10} = 7.56$（万元）

变动成本中抽沙运行费用包括生产占地费用、人工费用、水电费用及税费等，合计 15 元/m^3。

生产成本：$C = C_g T + C_b X = 75600 \times 1 + 15 \times 2000 = 105600$（元）

2. 二次利用直接效益

（1）通过市场调研，附近区域天然石材备防石单价 P=130 元/m^3，现场示范试验抽取的细沙用于制作人工防汛备防石的生产成本 103 元/m^3（因运距较远）。采用后续第 10 章提出的二次利用直接效益式（10-5）进行计算，用于制作人工防汛备防石的 1000m^3 泥沙产生的二次利用直接效益为：

$$Z_{\beta 1} = P_1 \beta_1 X - C_1 \beta_1 X = (130\text{-}103) \times 1000 = 27000\ \text{（元）}$$

（2）根据市场调研，当地烧结砖单价为 0.31 元/块，折合成单方砖单价为 158.72 元/m^3，生产成本 107.52 元/m^3，当地运沙单价为 0.80 元/（m$^3\cdot$km），运输距离约为 18.3km，合计生产运输成本单价为 122.16 元/m^3。采用本书第 10 章提出的二次利用直接效益式（10-5）进行计算，西霞院水库库区抽取的另外 1000m^3 泥沙用于制作生态砖产生的二次利用直接效益为：

$$Z_{\beta 2} = P_2 \beta_2 X - C_2 \beta_2 X = (158.72\text{-}122.16) \times 1000 = 36560\ \text{（元）}$$

综上所述，西霞院水库泥沙处理与资源利用的示范运用效果与设计方案基本一致，水库泥沙处理与资源利用的每个流程运行流畅，实现了水库泥沙处理与资源利用的有机结合。在此需要说明的有两点：一是本节开展的成本-效益分析仅限于本次试验，未考虑时间效应和其他社会经济效益，详细的综合效益计算参见第 10 章；二是随着国家生态战略的强力推进和采石、烧结砖的逐步禁止，泥沙资源利用的直接、间接效益将会显著增加。

5.5 本 章 小 结

（1）综合研究分析了水库清淤疏浚技术及适用范围，从西霞院水库淤积物的组成分布、适用范围、经济性、生产效率、环境要求以及调度等多方面权衡考虑，水库泥沙清淤示范试验采用射流冲吸式清淤技术。

（2）研究了西霞院水库泥沙输送技术，提出最优泥沙输送浓度为 400～600kg/m^3，确定了管线敷设坡度为 6°～8°时比较适宜。按照库区清淤泥沙能力每年 600 万 t、输送距离 200km，研究并论证了西霞院水库泥沙长距离输送方案及可行性。

（3）在西霞院水库来水来沙和库区淤积规律研究基础上，设计并论证了西霞院水库泥沙处理与输送的南岸过坝方案，确定了出库方式、实施区域、取沙时机、工程布置、作业路线、清淤规模等；研制了适用于西霞院水库水深浅、清淤面大等特性的三浮体对称式船舶平台及破土射流冲吸式吸泥头，对泥沙起悬、输送等配套设备选型进行了优化与集成；综合考虑不同库段边界条件、泥沙组成及清淤要求，现场示范试验运用了利用黄河泥沙制作人工防汛备防石、生态砖两种泥沙资源利用技术。

（4）西霞院水库泥沙处理与资源利用联合示范试验结果表明，选取的设备及技术集成满足初设要求，清淤效率最大达到 123m^3/h，平均清淤效率约为 65m^3/h，平均含沙量 147kg/m^3，最大含沙量 342.6 kg/m^3。示范运行结果与设计方案基本一致，水库泥沙处理与资源利用的联合实施运行流畅，实现了水库泥沙处理与利用有机结合。

第6章　非水泥基人工防汛石材固结胶凝技术

随着国家生态环境安全战略的新进展，石料场被陆续关闭，石料供求关系日趋紧张。在这个背景下，前期研究过程中黄科院提出了利用黄河泥沙制作人工防汛石材水泥基胶凝技术。水泥基胶凝技术早期强度上升较快，10年现场试验效果相当好。但近几年，由于原材料（水泥、粉煤灰等）价格的大幅度增长，导致水泥基人工防汛石材成本较高，加之生产技术工艺不成熟，推广应用受到较大阻碍。为此，参照水泥基胶凝技术人工防汛石材标准，以掺合料和激发材料多样化，尽可能地实现就地取材为原则，研发低成本人工防汛石材非水泥基胶凝技术，充分发挥黄河泥沙在资源上的优势，体现黄河泥沙资源利用的社会效益和经济效益，以便引导更广泛的社会力量参与到黄河泥沙的资源利用事业中来，有效地减轻黄河泥沙淤积问题，促进黄河长治久安和两岸经济社会可持续发展，显得十分必要。

6.1　主要原材料及实验测试方法

利用黄河泥沙制作非水泥基人工防汛石材的主要原材料包括：黄河泥沙、激发剂、掺合料。其中黄河泥沙的基本物理化学特性在前面已经详述，本章重点介绍黄河泥沙的火山灰活性和掺合料的物理化学特性等。

6.1.1　黄河泥沙的火山灰活性分析

火山灰活性是指物质具有的潜在水硬性，虽然它本身不具有水化作用，但在激发剂（如生石灰（CaO）、石膏等）作用下，可与水发生反应，生成具有水硬性胶凝能力的水化物。火山灰活性是决定利用黄河泥沙制作非水泥基人工防汛石材能否成功的关键。火山灰活性的表示方法采用火山灰质材料活性率（K_a）的概念，即在饱和石灰水中反应的 SiO_2 和 Al_2O_3 的总量占该材料全部的 SiO_2 和 Al_2O_3 总量的百分比。

作为比较，我们分别在焦作孟州、巩义神堤、郑州花园口选取了三种典型黄河泥沙，开展了火山灰活性测试。

测试方法：将黄河泥沙试样置于 110℃下恒温 1 小时后，称取 0.8g，将其放入插有回流冷凝管的 500mL 三口瓶中，之后注入 350mL 饱和石灰水溶液，以保证黄河泥沙中的活性成分完全反应。沸煮 2.5 小时后，加入 10mL 浓盐酸。用蒸馏水洗净回流冷凝管内壁，再继续沸煮 15 分种。将溶液冷却后，抽滤，再用蒸馏水定容到 500mL 容量瓶中。用 25mL 移液管一次性分取 25mL 溶液至 250mL 容量瓶中，再一次用蒸馏水定容，摇匀，得到待测液。采用 Optima2000DV 型等离子体原子发射光谱仪（ICP）对待测液中 Si 元素和 Al 元素含量进行分析，计算黄河泥沙的火山灰材料活性率 K_a，见表 6-1。

由表 6-1 可以看出，焦作孟州段黄河泥沙的火山灰活性要优于巩义神堤和郑州花园口段的黄河泥沙。

表 6-1 三种黄河泥沙的火山灰材料活性率

指标	焦作孟州	巩义神堤	郑州花园口
K_a/%	20.44	12.56	8.29

6.1.2 试验用掺合料的性能分析

试验选用四种掺合料，分别是粒化高炉矿渣粉（以下简称"矿粉"）、白色炉灰、黑色炉灰和粉煤灰。其中白色炉灰为充分燃烧后的炉灰，黑色炉灰是未得到充分燃烧的炉灰。

矿粉为 S95 级矿渣粉，比表面积为 4312cm²/g。白色炉灰与黑色炉灰均取自河南省焦作孟州酒精厂。前者比表面积为 1896cm²/g，呈颜色较浅的粉末状固体；后者因未充分燃烧，热值为 2000cal，比表面积为 3863cm²/g，呈黑色粉末状固体。图 6-1 为两种炉灰现场取样情况。

(a)白色炉灰　　　　　　(b)黑色炉灰

图 6-1 现场取样炉灰状况

1. 掺合料的物理特性

利用 GSL-101BI 型激光颗粒分布测量仪对矿粉、白色炉灰和黑色炉灰的粒度进行分析，结果见表 6-2。

由表 6-2 可以看出，四种掺合料的粒径均主要分布在 0.02mm 以下。

表 6-2 掺合料的颗粒级配统计表

种类	累计筛余/%						
	≤0.02	0.02	0.04	0.08	0.16	0.315	0.63
矿粉	100	42.8	15.32	1.46	0.08	0	0
粉煤灰	100	55.71	17.73	1.36	0.00	0	0
白色炉灰	100	57.19	20.59	1.97	0.00	0	0
黑色炉灰	100	40.57	16.82	2.95	0.10	0	0

2. 掺合料的化学成分

采用 XRF-1800 型 X 射线荧光光谱仪（日本岛津公司生产），对四种掺合料进行化学成分分析（XRF）结果见表 6-3。

表 6-3　掺合料的化学组成　　　　　　　　（单位：%）

掺合料	CaO	SiO₂	Al₂O₃	MgO	SO₃	TiO₂	MnO	BaO	Fe₂O₃	K₂O	Na₂O	SrO	LOI	Cl	ZrO₂	Rb₂O	P₂O₅
矿粉	39.98	29.76	14.12	9.5	2.01	1.01	0.97	0.73	0.63	0.58	0.33	0.26	0.09	0	0	0	0
粉煤灰	6.07	62.0	11.3	1.56	1.04	1.00	0	0	5.19	1.63	0.13	0	1.65	0	0	0	0
白色炉灰	7.61	43.33	27.76	3.19	8.21	1.74	0	0	5.86	1.21	0.46	0.08	0.24	0.18	0.13	0.01	0
黑色炉灰	5.04	42.8	32.34	1.35	3.63	2.05	0.11	0	7.66	2.5	1.15	0.24	0.14	0.23	0.15	0	0.61

由表 6-3 可以看出，矿粉和粉煤灰的主要成分均为 CaO、SiO₂、Al₂O₃ 和 MgO，四种氧化物含量约占 93%。白色炉灰的主要成分是 SiO₂、Al₂O₃、SO₃、CaO、Fe₂O₃、MgO 和 TiO₂，其中 SiO₂ 的含量最多，高达 43.33%。黑色炉灰中氧化物含量非常丰富，尤其是 SiO₂ 和 Al₂O₃，二者总量约占 75.14%。

3. 掺合料的 XRD 分析

通过 XRD 衍射仪对三种掺合料进行 XRD 测试，扫描范围 5°～80°（2θ），扫描速率为 2°/min，步长 0.02°。矿粉的 XRD 图谱如图 6-2 所示，白色炉灰的 XRD 图谱如图 6-3 所示，黑色炉灰的 XRD 图谱如图 6-4 所示。

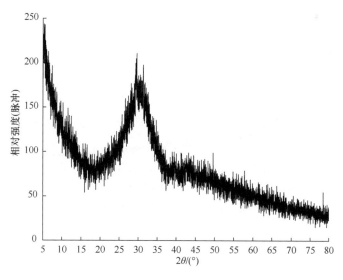

图 6-2　矿粉的 XRD 图谱

从图 6-2 可以看出，全谱只在 20°～40°之间存在一个很大的"馒头峰"，此外没有其他明显的结晶峰，因此可以认定矿粉中以玻璃体物质为主。由于矿粉是在高温熔融状态下通过水淬方式快速冷却形成的，因此其玻璃体含量一般较高。

由图 6-3 可以看出，白色炉灰内的物相成分与矿粉相比较为复杂，除了非晶态的玻璃体外，还有石英、氧化铅、碳硅钙石、水合硫酸钙这四种结晶相。由图 6-4 可以看出，黑色炉灰中除含有结晶态的石英和方解石外，其他均为非晶态的玻璃体。

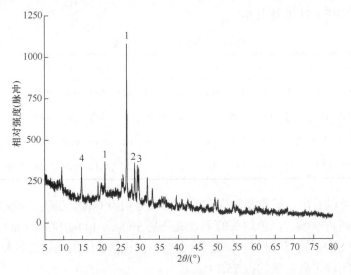

图 6-3　白色炉灰的 XRD 图谱

1=石英，2=氧化铅，3=碳硅钙石，4=水合硫酸钙

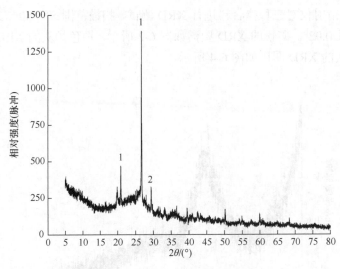

图 6-4　黑色炉灰的 XRD 图谱

1=石英，2=方解石

4. 掺合料的火山灰活性分析

　　四种掺合料的火山灰材料活性率 K_a 如表 6-4。由四种材料的火山灰材料活性率 K_a 的大小比较可知，矿粉的火山灰活性要优于粉煤灰和白色炉灰，黑色炉灰的火山灰活性最小。

表 6-4 四种掺合料的火山灰材料活性率

指标	矿粉	粉煤灰	白色炉灰	黑色炉灰
K_a/%	97.13	82.24	48.81	7.28

四种掺合料都有一定的火山灰活性，这是其能对黄河泥沙起到固结胶凝作用的主要原因。粉煤灰和矿渣是两种建筑材料中用量最大的矿物掺合料，价格低廉且相对易于取得。白色炉灰和黑色炉灰在焦作孟州的黄河泥沙资源利用示范基地附近的酒精厂取得，非常符合就地取材，废物利用的原则。

综上，选择的四种掺合料对降低成本、固废利用具有重要意义，而且还能有效提高人工防汛石材的强度。

6.1.3 激发剂及试验用水

根据黄河泥沙特性和掺合料性能分析结果，考虑到碱性化合物的碱性、价格、实际激发效果、实验操作难易程度等因素，选用 Ca(OH)$_2$、NaOH、二水石膏作为激发剂。激发剂主要是用来激发黄河泥沙和掺合料的活性，以达到使其反应形式凝胶体的目的。

（1）Ca(OH)$_2$：选用的 Ca(OH)$_2$ 为天津市大茂化学试剂厂生产的分析纯氢氧化钙。

（2）NaOH：选用的 NaOH 为天津市东丽区天大化学试剂厂生产的分析纯氢氧化钠（粒）。

（3）二水石膏：选用的二水石膏为天津市大茂化学试剂厂生产的分析纯硫酸钙。

试验用水为一般工业生活用自来水。

6.1.4 试验测试方法

试验测试仪器与方法如表 6-5 所示。利用 YE-2000 型微机控制电液伺服压力试验机进行试验试块成型，50kN 电子万能试验机测试成型试块抗压强度，布鲁克 AXS D8 Advance 达芬奇 X 射线衍射仪测试样品矿物组成，梅特勒-托利多 TGA/DSC 1 同步热分析仪分析材料组分及热稳定性，Micrimeritics' AutoPore IV 9500 Series 型高性能全自动压汞仪分析样品孔隙度，XRF-1800 型 X 射线荧光光谱仪测试原料化学成分，QUANTA 450 型钨灯丝扫描电镜进行样品微观形貌观察，GSL-101BI 型激光颗粒分布测量仪分析原料颗粒粒径分布，Optima2000DV 型等离子发射光谱仪（ICP）定量分析活性硅、铝离子的含量，EQUINOX55 型傅立叶红外光谱仪析官能团或化学键的特征频率等。

6.1.5 实验室成型方法

实验采用压力成型的方法，自制钢模具，如图 6-5 所示。模具尺寸如下：主体模具为内径 50mm，外径 70mm 的中空圆柱体；压杆为直径 49.9mm、高 210mm 的实心圆柱体；垫片为直径 49.9mm，高 15mm 的圆柱体；此外，还有两个高 50mm 的圆柱体用于脱模。压力成型后试块尺寸：Φ×h=50mm×50mm。

实验步骤：先将所用原材料用净浆搅拌机搅拌均匀；室内实验要求人工防汛石材的湿密度大于 2000kg/m^3，因此综合考虑经济性与可行性，试块密度均设定为 2100kg/m^3，根据试块尺寸，算得试块体积为 98.1cm^3，每个试块的质量为 206.1g，称取物料 206.1g，

表 6-5　试验测试方法

实验仪器	实验测试方法
YE-2000 型微机控制电液伺服压力试验机	试块压制成型
50kN 电子万能试验机	测试块抗压强度
布鲁克 AXS D8 Advance 达芬奇 X 射线衍射仪	扫描范围 5°～80°（2θ），扫描速率为 2°/min，步长 0.02°，对样品进行矿物成分分析
梅特勒-托利多 TGA/DSC 1 同步热分析仪	起始温度 0℃，结束温度 1000℃，升温速率为 10℃/min，主要分析材料组分及热稳定性/分解分析
Micrimeritics' AutoPore IV 9500 Series 型高性能全自动压汞仪	样品孔隙度分析
XRF-1800 型 X 射线荧光光谱仪	发射靶为 Cu Kα，对原料进行化学成分测试
QUANTA 450 型钨灯丝扫描电镜	样品微观形貌观察
GSL-101BI 型激光颗粒分布测量仪	原料颗粒粒径分布分析
Optima2000DV 型等离子发射光谱仪（ICP）	活性硅、铝离子定量分析
EQUINOX55 型傅立叶红外光谱仪	测试分辨率为 4cm^{-1}，扫描次数 64 次，测试范围 400～4000cm^{-1}，分析官能团或化学键的特征频率

(a)模具　　　　　　　　　(b)物料

图 6-5　压力成型模具及混合均匀的物料

然后将称好的物料［图 6-5（b）］放入底部垫好垫片的模具中，振捣密实。由于目标试块高 50mm，因此在实心圆柱体距底面 65mm 处画一条横线，如图 6-5（a）中 A 处。使用压力机对模具加压，如图 6-6（a）。待压到 A 位置停止加压，保持压力 5min 后脱模，脱模过程见图 6-6（b）。

(a)成型　　　　　　　　　(b)脱模

图 6-6　压力成型过程

脱模后，将试块进行编号，并放在空气中（室温 20±3℃，相对湿度 70±5%）养护，成型后试件如图 6-7（a），在空气中养护一段时间后的试件如图 6-7（b）。

(a)刚成型的试块　　　　　　　　　　(b)空气中养护一段时间后的试块

图 6-7　成型试块

6.2　非水泥基碱激发黄河泥沙固结胶凝机理

黄河泥沙固结的胶结材料主要是胶凝材料，即由黄河泥沙和火山灰、粉煤灰、矿粉、偏高岭土等掺合料中的硅铝质材料，与强碱性激发剂（通常为碱金属的氢氧化物）发生化学反应之后得到的一种类似于水泥的无机胶凝材料。

前述研究可知，黄河泥沙具有一定的火山灰活性，可提供硅铝质原料；针对黄河泥沙的特性，本节主要研究单一强碱激发剂直接激发黄河泥沙中活性硅铝质材料的直接激发方法和单一强碱激发剂激发黄河泥沙和掺合料中活性硅铝质材料的单项激发方法，以及两种或两种以上强碱激发剂激发黄河泥沙和掺合料中活性硅铝质材料的复合激发方法，揭示非水泥基碱激发黄河泥沙的固结胶凝机理。

6.2.1　直接激发黄河泥沙固结胶凝机理

前述研究发现了黄河泥沙具有可直接激发的火山灰活性，本节首先对直接激发河泥沙的固结胶凝机理进行了深入研究。

1. 胶凝产物分析

采用前述实验室成型、试验测试方法，对直接激发黄河泥沙胶凝产物进行 XRD 分析，以确定其矿物组成，结果如图 6-8 所示。由图可以看出，直接激发黄河泥沙的主要矿物是石英、钠长石、钙长石、微斜长石和碳酸钙，石英的最强峰出现在 26.6°（2θ）附近，长石的最强峰出现在 27.6°（2θ）附近，石英峰和长石峰的存在主要是由未反应的黄河泥沙引起的。黄河泥沙经过碱激发后，一部分非晶态物质转变为结晶态物质，结晶态物质在 29.5°（2θ）附近被检测出来，该物质为碳酸钙。其他反应产物的峰值并不明显，这是由于反应产物不能形成良好的结晶造成的。

2. 热重分析

对直接激发黄河泥沙 90 天龄期试件进行热重分析，试验结果如图 6-9 所示。

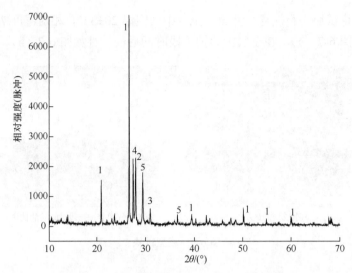

图 6-8   直接激发黄河泥沙胶凝物质 XRD 图

1=石英，2=钠长石，3=钙长石，4=微斜长石，5=碳酸钙

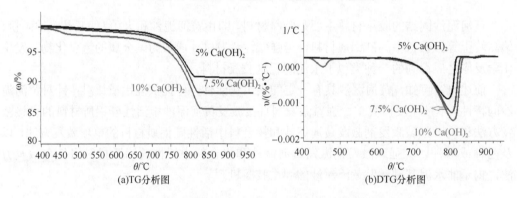

(a)TG分析图   (b)DTG分析图

图 6-9   直接激发黄河泥沙胶凝物质 TG-DTG 曲线

由图 6-9 可以看出，直接激发黄河泥沙在 800℃～810℃这个温度范围内出现比较明显的吸热峰，$Ca(OH)_2$ 掺量越高所对应的吸热峰越宽，失重率越大。其中，$Ca(OH)_2$ 掺量为 5%时，失重率为 8%；$Ca(OH)_2$ 掺量为 7.5%时，失重率为 12%；$Ca(OH)_2$ 掺量为 10%时，失重率为 14%，结合 XRD 分析，是由于胶凝过程中发生化学反应释放 CO_2 的结果。主要发生的化学反应是

$$CaCO_3 \longrightarrow CaO + CO_2 \uparrow \tag{6-1}$$

同时从图 6-9（b）还可以看出，当 $Ca(OH)_2$ 掺量为 10%时，在 450℃还出现一个小的吸热峰，结合 XRD 分析，是由于未反应的氢氧化钙发生分解，失水造成的。主要化学反应是

$$Ca(OH)_2 \longrightarrow CaO + H_2O \uparrow \tag{6-2}$$

3. 微观结构分析

采用扫描电镜对直接激发黄河泥沙 90 天龄期试件进行微观结构分析，试验结果如图 6-10 所示。

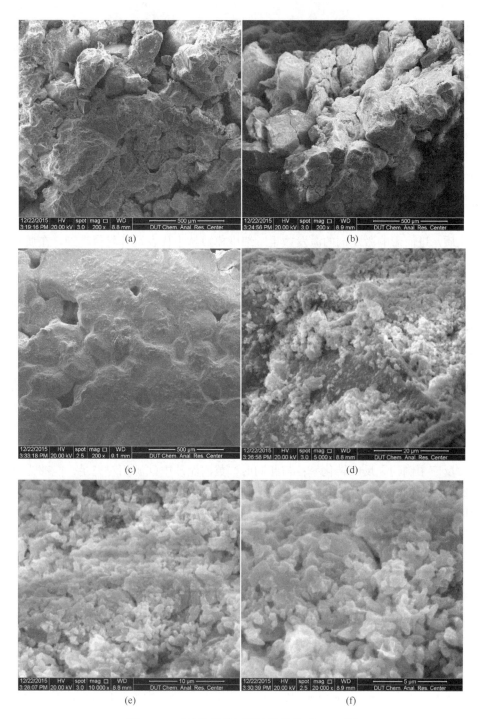

图 6-10　直接激发黄河泥沙胶凝物质 SEM 图

由图 6-10（a）、图 6-10（b）、图 6-10（c）可以看出，采用 $Ca(OH)_2$ 对黄河泥沙进行直接激发后，黄河泥沙结构相对致密均匀，微裂缝较小，孔隙减小，原本松散的黄河泥沙已经成为一个胶结整体。

由图 6-10（d），图 6-10（e），图 6-10（f）可以看出，直接激发黄河泥沙颗粒表面会出现一种凝胶类物质，它相对均匀地分布在黄河泥沙表面和泥沙颗粒之间。因此，采用 $Ca(OH)_2$ 直接激发黄河泥沙胶凝成石的主要原因，是由于颗粒间出现的凝胶类物质将各个泥沙颗粒紧紧地连接起来，从而使试块抗压强度增加。

综上所述，具有火山灰活性的黄河泥沙中 SiO_2、Al_2O_3 与激发剂掺和后，发生化学反应，生成凝胶物质，反应产物主要是无定型胶凝物质和碳酸钙，这些凝胶物质能将相对较粗大的泥沙颗粒胶结在一起，固结成块。

传统观点认为，黄河泥沙的利用受其粒径组成影响较大，具有一定的局限性。黄河泥沙的化学成分都比较相似，其主要成分均为 SiO_2、Al_2O_3、CaO 和 K_2O，这四种氧化物的含量约占 87%～90%。但是，不同河段黄河泥沙的细度模数、火山灰活性率却差异较大，而黄河泥沙的总比表面积和火山灰活性率直接影响胶凝过程中形成胶凝物质的数量和性质，进而影响激发剂的激发效果。细度模数越小代表这种材料越细，在质量相同时，材料的比表面积也越大，当与其他材料混合后，接触面积自然增加，一旦能与其他材料发生化学反应，其相应的反应速率会加快，反应程度也会提高。同样，在质量相同时，黄河泥沙的火山灰活性率越高，提供被激发的硅源和铝源越丰富，被激发的程度也越高，同样的激发条件下，生成凝胶物质也就越多，强度也会越高。

6.2.2　单项激发黄河泥沙+掺合料的固结胶凝机理

虽然黄河泥沙中有较高含量的 SiO_2、Al_2O_3，但是其火山灰材料活性率相对较低，本身不足以提供足够多的可被激发的硅源和铝源。矿粉、炉灰、粉煤灰等物料，在宏观结构上具有短程有序性，并且不具有长程有序性，处于能量介稳态，容易在外部能量激发下，生成有较高稳定性的物质。而且，这类物料中含有大量的铝源，但硅源不足，在碱激发反应中制约了反应转化率；与此同时，黄河泥沙中硅源相对充足，能够为碱激发反应提供足够的硅源。因此，我们可以把矿粉、炉灰、粉煤灰等这些物料，作为掺合料，在利用碱激发剂改性黄河泥沙时，适量添加。如此，黄河泥沙和掺合料能够为彼方提供碱激发聚合反应所需的硅源或铝源，进而提高碱激发反应率，生成有较高稳定性的物质，从而提高胶结块的强度。

在此，我们采用一种掺合料——矿粉，来研究黄河泥沙+掺合料、添加激发剂 $Ca(OH)_2$ 单项激发固结的胶凝过程及胶凝机理。同样采用前述实验室成型、试验测试方法，制作成型试验块体，开展激发胶凝过程的微观研究。

1. 胶凝产物分析

图 6-11 是 28 天龄期单项激发黄河泥沙+掺合料的胶凝体 XRD 衍射图谱。分析图 6-11 发现，龄期为 28 天时，黄河泥沙+掺合料胶凝体中（与纯黄河泥沙、$Ca(OH)_2$ 激发相比）部分衍射峰消失，随着激发剂掺量的不断增多，石英最明显特征峰的衍射强度（$2\theta=26.6°$）逐渐减弱，部分小峰消失，说明泥沙中的 SiO_2 具有潜在活性。同时，石英特征峰的减弱或消失也意味着石英中的部分活性 SiO_2 参与碱激发反应而被消耗。在 $2\theta=29.3°$ 处，检测到 $CaCO_3$ 的最明显特征峰，但由于泥沙原料中本身含有 $CaCO_3$，在此还不能确定其是否是由水化产物碳化而生成的。

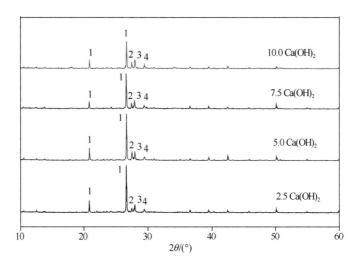

图 6-11　单项激发黄河泥沙+掺合料胶凝体 XRD 图谱

1=石英，2=微斜长石，3=钠长石，4=碳酸钙

2. 红外光谱分析

图 6-12 是激发剂掺量不同时，单项激发黄河泥沙和单项激发黄河泥沙+掺合料的胶凝材料红外光谱图对比。对于单项激发黄河泥沙材料，加入掺合料与未加掺合料的试验结果表明，吸收峰个数及出现位置并无明显差别。455cm^{-1}、510cm^{-1} 处是 Si-O 的弯曲振动，1040cm^{-1} 处是 Si-O 的不对称伸缩振动，1450cm^{-1}、875cm^{-1}、713cm^{-1} 处表示 C-O-C 的伸缩振动，说明激发材料中存在 CO_3^{2-}。根据 X 射线衍射仪（XRD）及能谱仪（EDS）分析可知，这些 CO_3^{2-} 属于碳酸钙中的碳酸根。

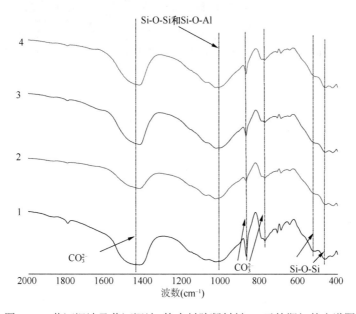

图 6-12　黄河泥沙及黄河泥沙+掺合料胶凝材料 90 天龄期红外光谱图

1=10%Ca(OH)$_2$+0%矿粉　　　2=12.5%Ca(OH)$_2$+0%矿粉

3=10%Ca(OH)$_2$+10%矿粉　　4=12.5% Ca(OH)$_2$+10%矿粉

分别比较曲线 1 和曲线 2、曲线 3 和曲线 4 可以看出，随着激发剂掺量的增多，C-O 伸缩振动峰峰强变弱且峰宽变窄，可能是反应后生成的 Si-Al 凝胶和 C-S-H 凝胶发生碳化，但激发剂可以抑制 C-S-H 的碳化。

分别比较曲线 1 和 3、曲线 2 和 4 可以看出，在激发剂掺量相同的情况下，加入掺合料后，Si-O（1040cm^{-1}）基团振动峰峰强变强，这是由于激发剂可以促进矿粉水化生成 C-S-H 凝胶，同时降低 C-S-H 的聚合度。

3. 微观结构分析

图 6-13 是 Ca(OH)$_2$ 掺量为 10%，掺合料掺量为 10%，密度为 2.1g/cm^3 的单项激发黄河泥沙+矿粉掺合料的胶凝体 SEM 形貌图。从图中可以看出，基体中的微裂纹减少，原因是掺合料火山灰活性指数较高，在发生碱激发反应过程中，黄河泥沙和掺合料能够为彼此提供碱激发聚合反应所需要的硅源和铝源，从而使碱激发反应率提高，生成的胶凝性质产物将松散的泥沙连接为一个整体，进而使微裂纹的数量大大减少，形成比较完整的基体，大大提高了胶凝试块的抗压强度。

在图 6-13 中的 1 位置处，取出一小部分样品，对其样品的基本元素进行测定，各元素的平均摩尔比值如表 6-6 所示，其中 O 元素占比最高，为 63.44%；其次是 C 元素，占比 23.76%；Ca 元素占比 7.47%；Si 元素占比 2.95%。

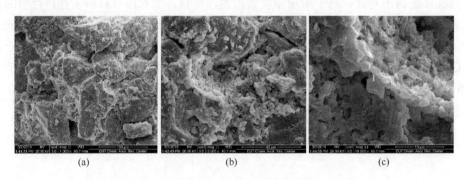

(a)　　　　　　　　(b)　　　　　　　　(c)

图 6-13　单项激发黄河泥沙+矿粉胶凝体 SEM 图

表 6-6　图 6-13 中 1 处样品的基本元素平均摩尔比值

元素	质量百分比	原子数百分比
C	16.33	23.76
O	58.07	63.44
Mg	1.16	0.84
Al	2.21	1.43
Si	4.74	2.95
Ca	17.13	7.47
Fe	0.36	0.11
Total	100	

由图 6-14 中的 EDS 图谱也可以看出，扫描区域的主要元素有碳、氧、镁、铝、硅、钙、铁。其中从表 6-6 可知，碳元素的质量百分比为 16.33%，原子数百分比为 23.76%。造成其含量较高的原因，主要是凝胶碳化过程中使碳酸钙含量增多，进而使碳元素重量百分比有所提高。

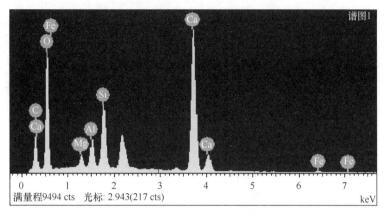

图 6-14   黄河泥沙+矿粉胶凝体 EDS 图谱

6.2.3   复合激发黄河泥沙+掺合料的固结胶凝机理

在对黄河泥沙+掺合料进行单项激发时，这些凝胶物质能将相对较粗大的泥沙颗粒胶结在一起，固结成块且具有一定强度，其抗压强度基本随着激发剂用量的增加而增加，但是强度还不能完全满足工程实践要求。因此，我们在上述研究基础上，对黄河泥沙+多种掺合料的复合激发胶凝过程及胶凝机理又进行了研究，掺合料包括炉灰和矿渣两种。试验方法及过程完全同前，在此不再赘述。

1. 胶凝产物分析

图 6-15 是黄河泥沙+掺合料复合激发胶凝块体在空气中常温养护 28 天后的 XRD 图谱。

由图中可以看出，六组黄河泥沙+炉灰+矿渣复合材料在养护 28 天后所含有的矿物成分与黄河泥沙存在的矿物成分大部分一致，这是由于黄河泥沙在复合材料的组成中所占比例最高，而且黄河泥沙内部的矿物成分相对稳定，结晶度较好。经过激发改性后，黄河泥沙+复合掺合料的基体主要由新生成的钙矾石和 C-S-H 凝胶。由于 C-S-H 凝胶是无定型的，结晶度较差，因此在 XRD 图谱中只能见到不太明显的一些弥散小峰。方解石峰的大小也不一致，说明在养护过程中有碳酸钙生成，而且生成量的多少也有所差异。

2. 红外光谱分析

图 6-16 是六组黄河泥沙+复合掺合料激发胶凝块体在养护 28 天后的红外图谱。由图可以明显看出，经过复合激发后，在 960cm^{-1} 处的[Si-O]伸缩振动峰消失，而在 1040cm^{-1} 处出现[Si-O]伸缩振动峰。这是由于在碱激发剂作用下 Si-O 键发生了变化，活性 SiO_2 在激发剂作用下发生了一系列化学反应后生成了 C-S-H 凝胶。同时，还可以看到在 1430cm^{-1}、880cm^{-1}、780cm^{-1} 和 700cm^{-1} 位置的[C-O]振动峰，但是在相同位置的不同配比情况下，峰强有一定的差异。这是由于后期生成碳酸钙的量有所不同而导致的。碳酸钙是 C-S-H 凝胶被空气中 CO_2 碳化产生的。

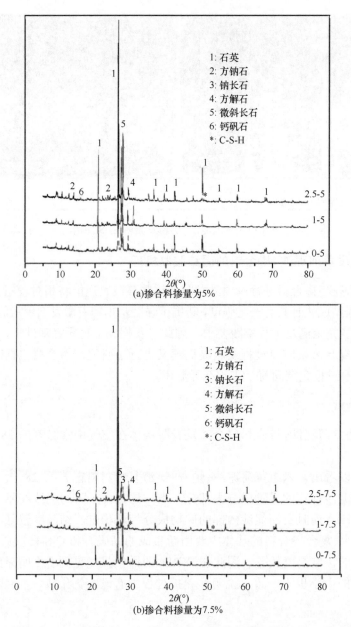

图 6-15　28 天的黄河泥沙+两种掺合料的复合胶凝块体 XRD 图谱

3. 微观结构分析

从图 6-17（a）可以看出，经过碱激发改性后生成了较多的凝胶状物质，试件的内部比较密实；由图 6-17（b）、（c）可以看出，反应过程中在生成 C-S-H 凝胶同时，伴随着有钙矾石晶体生成。这是由于黄河泥沙、掺合料中的活性 SiO_2，经过碱激发过程后生成了 C-S-H 凝胶；同时由于掺合料中存在一定量的含硫物质，而且还有一定量的活性 Al_2O_3，在碱性激发剂作用下生成了钙矾石（$3CaO \cdot Al_2O_3 \cdot 3CaSO_4 \cdot 32H_2O$），钙矾石与凝胶交织在一起，并且填充于孔隙中，使得试件相对更加密实，降低了试件的孔隙率，这对早期强度提高有很好的作用。但是由于钙矾石的生成消耗了内部大量水分，使得后期化学反应进展减缓，导致后期强度增长较慢。

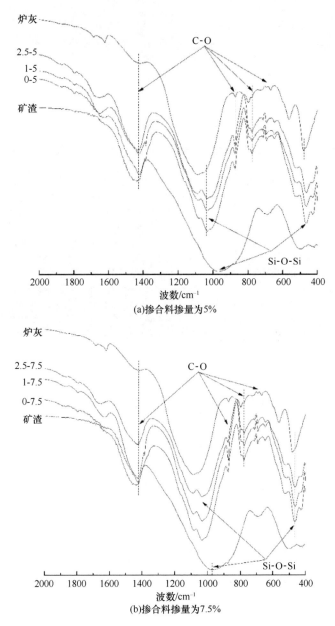

图 6-16　28 天的黄河泥沙+两种掺合料复合激发胶凝块体的红外光谱图

表 6-7 是黄河泥沙+两种掺合料复合激发胶凝块体的能谱分析结果。从分析结果可知，胶凝体主要含有 C、O、Al、Si、S 和 Ca 元素，与前面分析所得产物含有的元素一致，因此碱激发黄河泥沙+掺合料复合材料的主要产物是 C-S-H 凝胶、钙矾石和碳酸钙（C-S-H 是被空气中 CO_2 碳化生成的）。

6.2.4　激发黄河泥沙固结胶凝机理综述

上述研究结果表明，黄河泥沙本身含有一定量的活性 SiO_2 和 Al_2O_3，能与碱性激发

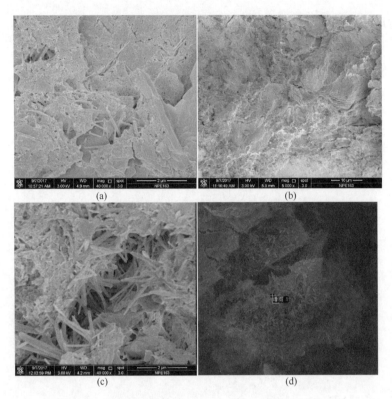

图 6-17　黄河泥沙+两种掺合料复合激发胶凝块体 SEM 图

表 6-7　黄河泥沙+两种掺合料复合激发胶凝块体的能谱分析

元素	质量百分比	原子百分比
CK	8.30	14.19
OK	44.34	56.95
AlK	7.16	5.45
SiK	10.91	7.98
SK	3.13	2.00
CaK	26.17	13.42
总量	100.00	

剂发生化学反应，生成凝胶体（C-S-H 凝胶），固结胶凝泥沙颗粒，使松散的泥沙颗粒凝结成有一定强度的块体。无论是直接激发黄河泥沙固结胶凝，还是添加不同掺合料激发改性黄河泥沙固结胶凝，其胶凝机理都是相同的，都是利用活性 SiO_2 和 Al_2O_3 与激发剂发生化学反应，生成不同形态的凝胶体，从而使泥沙颗粒胶结成具有一定强度的块体。其胶凝过程历经"解构-重构-凝聚-结晶"四个阶段（图 6-18）。分别对应"活性硅铝相的溶浸"，"低聚态凝胶的形成"，"三维网状结构的高聚态凝胶的形成"，以及"凝胶的硬化与成型"四个反应步骤。黄河泥沙和掺合料中具有火山灰活性的 SiO_2、Al_2O_3 与激发剂反应生成 C-S-H 凝胶体，对黄河泥沙与（复合）掺合料的激发胶凝块体的强度起决定性作用。黄河泥沙与掺合料的总比表面积和火山灰活性率对其胶凝产物影响较大。黄

河泥沙和掺合料的比表面积也越大，相应的反应速率会越快，反应程度也会越高。黄河泥沙和掺合料的火山灰活性率越高，提供被激发的硅源和铝源越丰富，被激发的程度也越高，同样的激发条件下，生成凝胶物质也就越多，强度则越高。不同的是，添加不同掺合料激发改性黄河泥沙固结胶凝时，黄河泥沙与掺合料能够为彼此提供碱激发聚合反应所需要的硅源和铝源的量不同，其碱激发反应的反应率也不相同，生成的高稳定性物质也不一样，从而试块的强度也不相同。复合激发水化反应程度较高，水化产物为网状结构，相对均匀分布在基体表面；早期强度增长较快，后期强度较稳定。

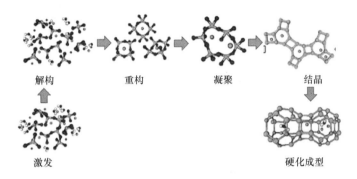

图 6-18 黄河泥沙固结胶凝机理图示

6.3 非水泥基人工防汛石材技术指标对比试验

为了给生产实践提供更为直接的技术支撑，系统开展了 Ca(OH)$_2$、NaOH 两种激发剂、不同掺合料的试验研究。包括：激发剂单项激发黄河泥沙、激发剂加一种掺合料的复合激发、两种激发剂混掺加一种掺合料的复合激发、激发剂加两种掺合料、多种激发剂多种掺合料复合激发黄河泥沙胶凝效果的系列对比试验，为黄河不同河段不同泥沙资源特性和不同掺合料料源条件下的系列配合比设计奠定基础。

6.3.1 利用 Ca(OH)$_2$ 直接激发黄河泥沙的对比试验

仍采用上述试验方法，测试利用 Ca(OH)$_2$ 对黄河泥沙进行单项激发条件下（不加掺合料），不同 Ca(OH)$_2$ 掺量的胶凝试块在 3 天，7 天，28 天的抗压强度。试验所采用各主要成分配合比和试验测试结果见表 6-8。

表 6-8 单项激发黄河泥沙配合比及试验结果

序号	用水量 /%	Ca(OH)$_2$ /%	黄河泥沙 /%	密度 /（g/cm³）	抗压强度/MPa		
					3 天	7 天	28 天
1	9.0	2.5	88.5	2.1	0.18	0.17	0.39
2	9.0	5.0	86.0	2.1	0.24	0.36	0.54
3	9.0	7.5	83.5	2.1	0.33	0.43	0.70
4	9.0	10.0	81.0	2.1	0.38	0.77	0.84
5	9.0	12.5	78.5	2.1	0.95	0.92	0.53

图 6-19 是空气中自然养护情况下胶凝试块抗压强度与龄期关系图。从图中可以看出加入碱激发剂可以明显提高黄河泥沙胶凝后的强度。当碱激发剂为 5%时，28 天强度与 3 天强度相比提高了 125%；当碱激发剂为 12.5%时，28 天强度与 3 天强度相比降低约 44%，说明随着碱激发反应的进行，黄河泥沙胶凝后的强度先增加后减小，胶凝黄河泥沙对碱激发剂有一个最优的需求量。当碱激发剂含量超过最优需求量时，随着龄期增长，黄河泥沙胶凝后的强度不再随之增长，反而呈现劣化趋势。

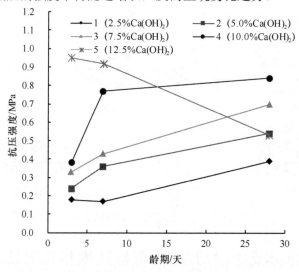

图 6-19　Ca(OH)$_2$ 含量对直接激发黄河泥沙胶凝强度的影响

当碱激发剂含量大于 10%时，黄河泥沙胶凝后的强度在 7 天以后呈现下降趋势；当碱激发剂含量为 7.5%时，黄河泥沙胶凝后强度与龄期呈正比例关系。在实际生产中，激发剂用量越大，成本越高，经济效益降低。因此，综合多方考虑，单项激发胶凝黄河泥沙的碱激发剂（Ca(OH)$_2$）最佳含量建议为 7.5%～10%。

此外，试验中还发现，当 Ca(OH)$_2$ 含量为 12.5%时，试块侧面会出现小的裂纹，这是由于 Ca(OH)$_2$ 过量导致试块表面 Ca(OH)$_2$ 吸收空气中 CO$_2$ 生成 CaCO$_3$，引起体积膨胀而产生的。因此，黄河泥沙胶凝过程中，碱激发剂含量不能太大，过量的碱激发剂将在一定程度上对黄河泥沙胶凝后的强度产生劣化影响。

6.3.2　利用 Ca(OH)$_2$ 单项激发黄河泥沙+单一掺合料的对比试验

正如前述，为弥补黄河泥沙中火山灰材料活性率相对较低、其活性物质 SiO$_2$ 和 Al$_2$O$_3$ 含量尚不足以生产出具有理想性能的黄河泥沙胶凝块体，同时充分发挥兼具绿色环保性和经济性的矿粉、粉煤灰、炉灰等掺合料中充足的 CaO 等活性物质效能，使黄河泥沙与矿粉、粉煤灰、炉灰等掺合料相互促进，提高反应转化率，生成更多的胶凝物质，进而提高胶凝后黄河泥的抗压强度。当然，不同掺合料所含的主要活性物质不同，如 SiO$_2$、Al$_2$O$_3$、MgO 等，此节重点介绍单一掺合料时各种物质配合比和试验测试结果（表 6-9）。

图 6-20 为 Ca(OH)$_2$ 掺量单项激发黄河泥沙+单一掺合料试块各个龄期抗压强度的影响情况。由图可以看出，加入掺合料后黄河泥沙胶凝试块的抗压强度大大提高，随着龄期的增长，Ca(OH)$_2$ 单项激发黄河泥沙+单一掺合料胶凝试块的抗压强度也在逐渐增长，

表 6-9   Ca(OH)$_2$ 单项激发黄河泥沙加单一掺合料配合比及试验结果

序号	黄河泥沙/%	掺合料/%	Ca(OH)$_2$/%	水/%	密度/(g/cm³)	抗压强度/MPa			
						3 天	7 天	28 天	90 天
1	77.5	10.0	2.5	10	2.1	1.65	2.76	5.86	8.78
2	75.0	10.0	5.0	10	2.1	2.46	5.56	9.84	13.3
3	72.5	10.0	7.5	10	2.1	3.44	4.99	11.3	13.1
4	70.0	10.0	10.0	10	2.1	3.52	5.93	12.2	13.9
5	67.5	10.0	12.5	10	2.1	5.39	7.75	9.40	19.4

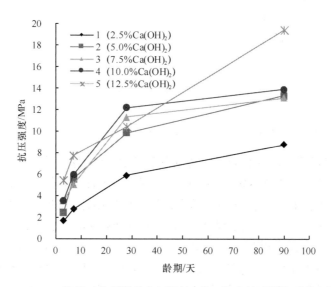

图 6-20   Ca(OH)$_2$ 掺量对单项激发黄河泥沙+单一掺合料试块抗压强度的影响

当 Ca(OH)$_2$ 掺量大于 5%时，试块 90 天抗压强度均大于 13MPa，符合防汛石材 90 天抗压强度大于 10MPa 的要求。

6.3.3   利用 NaOH 单项激发黄河泥沙+单一掺合料（矿粉）的对比试验

由于过量使用 NaOH 作为激发剂可能会导致严重的泛碱现象，泛碱可能会导致试块外表面起皮、脱落，影响试块的美观甚至是强度，因此，在设计配合比时，NaOH 的掺量要尽量小。

根据试验配合比，分别测试各配合比下所做试块 3 天、7 天、28 天、90 天的抗压强度，表 6-10 是本试验用配合比和试验结果，图 6-21 是各配比试块在不同龄期下的抗压强度变化情况。

表 6-10   NaOH 单项激发黄河泥沙+单一掺合料配合比及试验结果

序号	黄河泥沙/%	掺合料/%	NaOH/%	水/%	密度/(g/cm³)	抗压强度/MPa			
						3 天	7 天	28 天	90 天
1	79.0	10.0	1.0	10.0	2.1	4.73	6.01	8.90	10.2
2	78.0	10.0	2.0	10.0	2.1	2.52	5.07	10.5	15.4
3	77.0	10.0	3.0	10.0	2.1	4.04	4.68	7.62	17.8
4	76.0	10.0	4.0	10.0	2.1	3.61	4.54	6.83	12.2
5	75.0	10.0	5.0	10.0	2.1	3.29	4.43	6.24	11.8

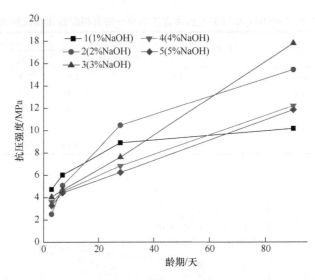

图 6-21　NaOH 掺量单项激发黄河泥沙+单一掺合料试块抗压强度的影响

由图 6-21 可以看出，将 NaOH 作为激发剂激发黄河泥沙+单一掺合料时，试块在早期就具有较高的强度，在 NaOH 掺量小于 3%时，黄河泥沙+单一掺合料胶凝试块的 90 天抗压强度随着 NaOH 掺量的增加呈递增趋势，但 7 天抗压强度并不呈现这种趋势，反而是 NaOH 掺量越低，早期抗压强度越高；当 NaOH 掺量大于 3%时，黄河泥沙+单一掺合料胶凝试块的抗压强度呈劣化趋势，说明黄河泥沙+单一掺合料胶凝时对碱激发剂的需求有一个最优的量值，超过这个最优量后，该试块的力学性能将逐渐处于劣化趋势。分析其原因是，当 NaOH 掺入量过多时，容易在水化初期生成大量的 C-S-H 凝胶，这些比较稳定的 C-S-H 凝胶附着在黄河泥沙和矿粉的表面，阻止了水化反应的进一步进行，进而使黄河泥沙+单一掺合料胶凝试块的最终抗压强度呈现劣化趋势。

图 6-22 是掺入 1%NaOH 和掺入 2%NaOH 时试块的泛碱情况，掺入 NaOH 后，在空气中常温养护一段时间会在试块表面出现白色晶体状物质，这种白色晶体的数量会随 NaOH 掺量的增多而呈逐渐增多的趋势，当 NaOH 掺量为 5%时，这种白色晶粒晶体将在 3 天后覆盖整个试块的表面。

图 6-22　掺入 NaOH 后试块表面泛碱现象

6.3.4 Ca(OH)₂ 和 NaOH 混掺复合激发黄河泥沙+掺合料的对比试验

前面介绍了分别使用 Ca(OH)₂ 和 NaOH 对黄河泥沙和掺合料进行单项激发试验结果。Ca(OH)₂ 的掺入，可以使黄河泥沙+掺合料胶凝试块的抗压强度在一定范围内稳定增长，而且试块表面不存在泛碱情况。NaOH 的加入可以使黄河泥沙+掺合料胶凝试块早期水化加快，早期抗压强度快速增长，但试块表面易泛碱，且 NaOH 掺量过高反而使抗压强度发生劣化。综合考虑 Ca(OH)₂ 和 NaOH 对黄河泥沙+掺合料碱激发情况的优势和不足，本节拟采用复掺 Ca(OH)₂ 和 NaOH 的方法，使黄河泥沙+掺合料胶凝试块在强度达到标准的同时，又有良好的经济性。

1. 复合激发时两种不同激发剂掺量对试块抗压强度的影响

由于掺入 NaOH 过量时，试块会发生泛碱现象，因此，在复合激发时，固定 NaOH 的掺量为 0.5%，通过改变 Ca(OH)₂ 的掺量，来确定满足抗压强度和经济性要求的复合激发混合料的配合比。表 6-11、表 6-12 是 Ca(OH)₂ 和 NaOH 混掺复合激发黄河泥沙加掺合料混合料的配合比和试验结果。

表 6-11 两种混掺复合激发黄河泥沙加矿粉混合料的配合比和试验结果

序号	黄河泥沙/%	矿粉/%	Ca(OH)₂/%	NaOH/%	水/%	密度/(g/cm³)	抗压强度/MPa			
							3 天	7 天	28 天	90 天
1	72.0	10.0	2.5	0.5	10.0	2.1	4.03	7.15	7.05	10.3
2	74.5	10.0	5.0	0.5	10.0	2.1	6.17	6.79	10.5	11.4
3	77.0	10.0	7.5	0.5	10.0	2.1	5.31	7.27	12.7	14.2

表 6-12 两种混掺复合激发黄河泥沙加粉煤灰混合料的配合比和试验结果

序号	黄河泥沙/%	粉煤灰/%	Ca(OH)₂/%	NaOH/%	水/%	密度/(g/cm³)	抗压强度/MPa			
							3 天	7 天	28 天	90 天
1	72.0	10.0	2.5	0.5	10.0	2.1	3.85	5.50	7.53	8.54
2	74.5	10.0	5.0	0.5	10.0	2.1	4.24	6.09	8.68	9.66
3	77.0	10.0	7.5	0.5	10.0	2.1	4.71	7.02	11.0	11.6

图 6-23 是 NaOH 与 Ca(OH)₂ 复掺时，碱激发剂掺量及龄期对黄河泥沙加矿粉胶凝试块抗压强度的影响。从图中可以看出 NaOH 与 Ca(OH)₂ 复掺后，黄河泥沙加矿粉胶凝试块的早期强度明显高于只掺加 Ca(OH)₂ 的黄河泥沙加矿粉胶凝试块的早期强度，分析其原因是少量 NaOH 的加入可以加快早期水化，当 NaOH 掺量为 0.5%，Ca(OH)₂ 掺量为 7.5% 时，试块抗压强度在 28 天就达到了 10MPa，并且在 28 天以后抗压强度稳定保持大于 10MPa 的水平，但 Ca(OH)₂ 掺量为 7.5% 的试块的抗压强度要明显高于 Ca(OH)₂ 掺量为 5% 的试块。基于经济角度考虑，Ca(OH)₂ 掺量为 5% 时，就已经能够满足工程上防汛石材的抗压强度要求。

从图 6-23（b）可以看出 NaOH 与 Ca(OH)₂ 复掺后，黄河泥沙加粉煤灰胶凝试块的早期强度与只掺加 Ca(OH)₂ 黄河泥沙加矿粉复合胶凝材料的早期强度相近。在激发过程中，NaOH 以分子扩散的形式进入活性硅质材料更深的地方，切断 Si-O 链，发生 $SiO_2 + 2OH^- = SiO_3^{2-} + H_2O$ 的反应，并且较强的碱性环境能提高硅凝胶的离子化程度。

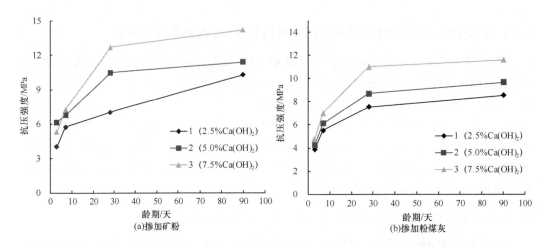

图 6-23　碱激发剂掺量对黄河泥沙+掺合料胶凝试块抗压强度的影响

粉煤灰中活性成分的绝大部分是活性二氧化硅和活性三氧化二铝。根据以往的研究成果，碱激发作用下粉煤灰中的活性组分与氢氧化钙反应，生成水化硅酸钙、水化铝酸钙等反应产物：

$$x\text{Ca(OH)}_2+\text{SiO}_2+m\text{H}_2\text{O}\rightarrow x\text{CaO}\cdot\text{SiO}_2\cdot n\text{H}_2\text{O} \tag{6-3}$$

$$x\text{Ca(OH)}_2+\text{Al}_2\text{O}_3+m\text{H}_2\text{O}\rightarrow x\text{CaO}\cdot\text{Al}_2\text{O}_3\cdot n\text{H}_2\text{O} \tag{6-4}$$

复合激发之后，会生成具有胶凝性的水化硅酸钙和水化铝酸钙，这些成分能将松散泥沙固结成块，当粉煤灰掺量增加时，试块的强度也随之增加。当 NaOH 掺量为 0.5%，Ca(OH)_2 掺量为 7.5%时，试块抗压强度在 28 天就达到了 10MPa，并且在 28 天以后抗压强度稳定保持大于 10MPa 的水平，满足防汛石材的抗压强度要求。

所以无论是矿粉还是粉煤灰，均可作为掺合料用于固结胶凝黄河泥沙制作人工防汛石材。

2. 养护条件对抗压强度的影响

胶凝材料在最优的温度和湿度下才能发挥良好的水化效应，良好的养护条件有利于胶凝材料强度发展及耐久性的提高，有效改善其孔结构特征，使其各方面性能达到最优，对于黄河泥沙加掺合料复合胶凝材料，由于其本身的水化活性很低，因此更需要良好的养护环境对其活性加以激发使其更好的水化。在实际工程中，人们经常忽略养护条件的重要性，因此而带来的问题也层出不穷。本节重点研究三种不同养护条件对黄河泥沙加掺合料复合胶凝材料抗压强度及孔结构特征的影响。

在试块压制成型后，用塑料密封袋密封好，放在烘箱内 80℃预养护 24 小时，使试块抗压强度迅速发展，在短时间内达到一定程度的抗压强度，然后分别放在空气中（20±3℃）、密封袋中（隔绝外部空气，温度 20±3℃）、水中（水温 20±3℃）中养护 3 天、7 天、28 天、90 天。测得不同龄期不同养护环境下试块的抗压强度的变化趋势如图 6-24 所示。

从图 6-24 可以看出，密封袋中的试块早期抗压强度要高于水中和空气中试块的抗压强度，而随着龄期的增长，试块内水化反应不断进行，在空气中常温养护的试块最终

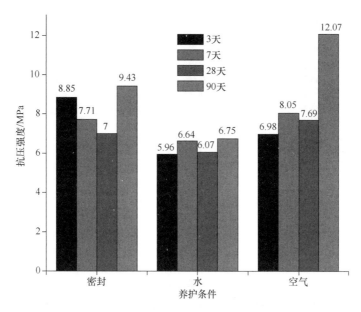

图 6-24　不同养护条件对试块抗压强度的影响

抗压强度最高。分析其原因是空气中的 CO_2 通过孔隙扩散到试块内部,与空隙中的 NaOH 与 $Ca(OH)_2$、Si-Al 凝胶、C-S-H 凝胶及其他空隙中可碳化的物质发生化学反应,生成碳酸盐或者其他物质,这些碳化后生成的物质使试块中的大孔变成小孔,孔隙率变低,进而提高了试块的密实度和抗压强度。而在密封袋中养护的试块,不能与空气中的 CO_2 充分接触,因此其抗压强度最终增长不是特别多,在水中养护的试块 90 天龄期抗压强度基本不增加,稳定在 6MPa 左右,原因是当试块在处于水中时,虽然一定程度上抑制了干缩,防止了强度倒缩,但由于水通过毛细孔进入到试块内部,包裹在颗粒周围,又一定程度地阻碍了水化的进行。

孔隙结构特征对材料的强度有着十分重要的影响。为具体研究养护条件对黄河泥沙+掺合料复合胶凝材料抗压强度的影响,对三种养护条件下 90 天龄期的试块进行压汞试验,试验结果如图 6-25 所示。

由图 6-25 可以看出,在水中养护的试块孔径尺寸主要分布在 10000~30000nm 范围,孔径为 13000nm 左右的孔最多,另外在 20nm 左右也有一定的小孔分布。在密封袋中养护的试块孔结构与在空气中养护试块的孔结构类似,在 13000nm 左右都存在数量较多的大孔,其小孔分布较均匀,主要分布在 50~70nm 范围内。由表 6-13 可以看出在水中养护的试块孔隙率最大,在密封袋和空气中养护的试块孔隙率接近。

3. 不同密度对抗压强度的影响

黄河泥沙+掺合料胶凝复合材料作为防汛石材应该具有一定的密度才能满足其作为防汛石材的要求。一方面,防汛抢险时,其密度过低相对容易被洪水冲走,无法发挥其作用;另一方面,密度也是影响其规定龄期内能否达到强度要求的重要影响因素。本节重点研究在 1900kg/m³、1950 kg/m³、2000kg/m³、2050kg/m³ 和 2100kg/m³ 密度情况下黄河泥沙+掺合料胶凝复合材料的抗压强度不同养护龄期的发展趋势。

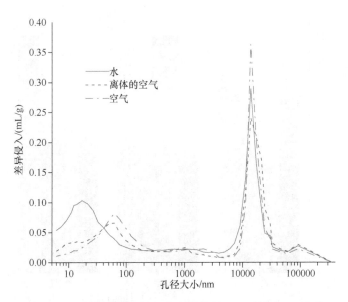

图 6-25 碱激发黄河泥沙加掺合料试块 90 天龄期 MIP 曲线

表 6-13 90 天龄期碱激发黄河泥沙加掺合料试块孔隙情况分析

项目	总侵入量/（mL/g）	总孔面积/（m²/g）	中值孔径/nm	孔隙率/%
水	0.2216	19.833	1838.6	39.16
离体空气	0.1903	9.218	13114.1	33.94
空气	0.1871	6.888	12219.6	33.81

图 6-26 显示了不同密度的黄河泥沙加掺合料胶凝复合材料不同龄期的抗压强度值，可以看出不同龄期的抗压强度几乎是随密度的增加而增加，这是由于密度越大，试件内的孔隙率相对越小，试件相对越密实，强度自然就越高。同时，也能发现密度在 2000kg/m³ 以下时，养护到 90 天的抗压强度也达不到要求，2050kg/m³ 与 2100kg/m³ 两个密度条件

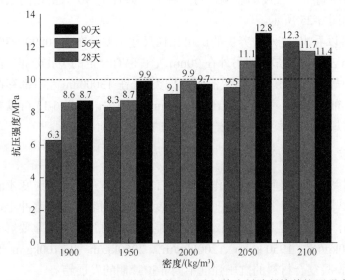

图 6-26 不同密度不同龄期的黄河泥沙加掺合料胶凝块体抗压强度

下养护到 90 天的试件都能达到强度要求，但是考虑到在大块大批量机械化成型条件下，密度可能会存在一定误差，因此我们选择 2100kg/m³ 这一密度值，确保在大批量机械成型时密度值能满足相应要求。

6.3.5　Ca(OH)₂+NaOH+石膏混掺复合激发黄河泥沙+掺合料炉灰的对比试验

由前述试验可知，在利用 Ca(OH)₂ 碱激发黄河泥沙+单一掺合料形成胶凝材料后，其后期强度增长迟缓，并且抗压强度较低，并未达到防汛石材的基本要求；利用 NaOH 对其进行激发胶凝，当 NaOH 用量大于 1%时，其表面大量泛碱，析出大量的白色晶体附着在试块表面，引起试块表面出现起皮、脱落现象。因此，采用复掺 Ca(OH)₂ 和 NaOH 的方法来提高试块的抗压强度。由前述炉灰的火山灰活性率可知，其活性 SiO₂、Al₂O₃ 含量较高，在碱激发过程中能够生成水化硅酸钙或者水化铝酸钙，为了使其潜在的活性得到充分的激发，可以掺入一定量的石膏，使其中的 Ca(OH)₂ 与黄河泥沙和炉灰中的 Al₂O₃ 化合生成钙矾石，消耗 Ca(OH)₂ 和铝离子，加速黄河泥沙和炉灰中钙离子的溶出，进而使网络解体，使黄河泥沙和炉灰中的活性被充分激发。但钙矾石的大量存在可能会使固相体积发生膨胀进而降低其抗压强度，因此要严格控制石膏的掺量。本组试验固定 NaOH 掺量为 0.2%，Ca(OH)₂ 掺量为 5%，石膏掺量分别为 0%，2.5%，5%，7.5%，10%。具体混合料的配合比如表 6-14 所示，不同掺量石膏对黄河泥沙加炉灰胶凝试块抗压强度的影响如图 6-27 所示。

表 6-14　三种混掺复合激发黄河泥沙加掺合料炉灰混合料配合比及试验结果

序号	黄河泥沙 /%	炉灰 /%	Ca(OH)₂ /%	NaOH /%	CaSO₄ /%	水 /%	密度 /（g/cm³）	抗压强度/MPa			
								3 天	7 天	28 天	90 天
1	74.8	10.0	5.0	0.2	0.0	10	2.1	5.87	6.20	8.28	8.70
2	72.3	10.0	5.0	0.2	2.5	10	2.1	5.56	6.08	7.78	9.59
3	69.8	10.0	5.0	0.2	5.0	10	2.1	6.02	6.72	9.25	9.31
4	67.3	10.0	5.0	0.2	7.5	10	2.1	7.64	9.97	11.5	14.4
5	64.8	10.0	5.0	0.2	10.0	10	2.1	7.72	9.20	11.2	11.2

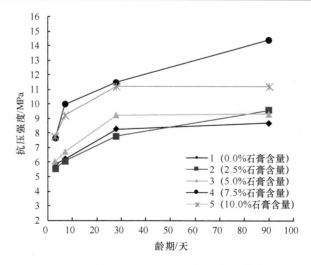

图 6-27　三种复掺时不同掺量石膏对黄河泥沙加炉灰胶凝试块抗压强度的影响

由图 6-27 可以看出，在对黄河泥沙复合激发时，掺入不同掺量的石膏后，黄河泥沙+掺合料炉灰胶凝试块的抗压强度尤其是早期强度有了大幅度的提高。当二水石膏掺量为 7.5%时，黄河泥沙+掺合料炉灰胶凝试块的抗压强度最大，养护 90 天时达到14.4MPa，基本上为最优用量。养护龄期对其抗压强度也有一定的影响，随着龄期的增加，其抗压强度也在不断增长，当二水石膏掺量为 7.5%时，后期强度增长趋势较大，其他掺量后期强度增长趋势逐渐变小。

6.3.6 多种激发剂多种掺合料复合激发黄河泥沙胶凝效果对比试验

由前面分析可知，在其他成分掺量相同以及养护龄期相同情况下，掺入 10%白色炉灰比掺入相同量的黑色炉灰的试件的强度要高很多倍。这是由于白色炉灰的火山灰活性率比黑色炉灰的火山灰活性率高。但是需要掺入的激发剂和石膏总量较大，而且经过后期试验发现黄河泥沙、炉灰复合材料浸水后会有开裂现象，这导致强度大幅下降，究其原因一是由于生成的大量钙矾石吸水膨胀，二是炉灰的火山灰活性率较低，导致固结胶凝作用不足。根据前述的研究发现，掺入 10%的矿渣对试件强度有大幅度的提高，而且矿渣的火山灰活性率比炉灰还高，这也意味掺入矿渣能发挥更好的胶凝作用。因此，本节将降低炉灰与石膏的掺入量，同时掺入矿渣，研究黄河泥沙/炉灰/矿渣复合材料在复合碱性激发作用下的强度随龄期发展过程、碱激发产物以及强度来源。

表 6-15 是多种激发剂多种掺合料复合激发黄河泥沙的设计配合比和试验结果，此配合比沿用上述章节中氢氧化钠和氢氧化钙复合碱性激发剂的掺入量，大幅度降低石膏的掺量，为了尽可能多的利用炉灰，为保证试件强度以及浸水不开裂，同时掺入不大于5%的矿渣作为掺合料。

表 6-15 多种激发剂多种掺合料复合激发黄河泥沙配合比和试验结果

组号	黄河泥沙/%	炉灰/%	矿渣/%	Ca(OH)₂/%	NaOH/%	石膏/%	水/%	密度/(g/cm³)	抗压强度/MPa 7 天	28 天	56 天	90 天
1	74.8	7.5	2.5	5.0	0.2	0	10	2.1	10.1	11.9	12.9	13.0
2	74.8	5.0	5.0	5.0	0.2	0	10	2.1	9.6	13.2	13.6	16.2
3	73.8	7.5	2.5	5.0	0.2	1.0	10	2.1	11.8	13.0	13.0	13.4
4	73.8	5.0	5.0	5.0	0.2	1.0	10	2.1	10.9	13.7	13.9	16.5
5	72.3	7.5	2.5	5.0	0.2	2.5	10	2.1	10.6	11.6	12.9	13.1
6	72.3	5.0	5.0	5.0	0.2	2.5	10	2.1	12.1	12.1	13.6	14.5

图 6-28 是多种激发剂多种掺合料复合激发黄河泥沙胶凝试块的强度随龄期发展的曲线图。从图中可以看出，当掺合料为炉灰和矿渣复合时，同时加入三种激发剂进行激发时，早期强度均较高，基本达到 10MPa 左右。当炉灰掺量为 5%时，掺入 1%石膏的复合材料的试件 28 天前的强度增长最快，56～90 天期间的强度增加缓慢，这期间不掺石膏情况下的强度增长较快。从图 6-28（2）中可以看出，当增加炉灰的掺量到 7.5%，石膏掺量为 1%时，试件的 28 天强度增加依然是最快的，同时后期（56～90 天）的强度也依然稳步增加，90 天的强度达到最大，为 13.4MPa。对比炉灰掺量为 5%和 7.5%情况，可以看出掺 7.5%的炉灰时，养护到第 7 天试件的强度就达到了 10MPa 以上，明显

大于掺 5%的炉灰情况，但是后期强度增长相对缓慢，因此其 90 天的强度要小于掺 5%
炉灰的情况，但试件的 90 天强度均达到了相应的强度要求。

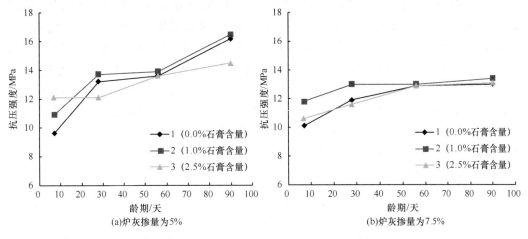

图 6-28　不同龄期的黄河泥沙加炉灰加矿渣胶凝体强度

6.4　非水泥基人工防汛石材耐久性研究

经过前几节的试验研究，利用碱激发的方法，使得黄河泥沙中的活性物质得以充分利用，以此改善黄河泥沙复合材料的微观结构，提高其抗压强度。同时，通过掺入一定量的矿渣、炉灰等掺合料使得黄河泥沙复合材料的抗压强度满足 90 天的强度要求，并且有一定的强度富余。众所周知，抗冻性和抗冲磨性是防汛石材的重要性能指标，根据工程实践需要，养护到 90 天的黄河泥沙复合材料的抗冻性应满足相应的规范要求。抗冻性采用《JGJ/T 70—2009 建筑砂浆基本性能试验方法标准》中相应的关于抗冻性方面的方法进行试验。抗冲磨性采用《DL/T5150—2017 水工混凝土试验规程》中的方法进行试验。对前述研究中几组满足强度要求的配合比进行了其抗冻性和抗冲磨性试验研究。

6.4.1　抗冻性试验研究

依据前面黄河泥沙复合材料的抗压强度研究结果，以 90 天抗压强度满足要求，且碱性激发剂掺量较少为依据。第一组选择黄河泥沙加矿渣复合材料研究过程中筛选出的最优配合比。第二、三组是选择炉灰与矿渣掺量均为 5%，且石膏掺量为 0%和 2.5%两种情况，具有一定的代表性，见表 6-16。

表 6-16　抗冻性试验所用黄河泥沙复合材料配合比

组号	黄河泥沙 /%	炉灰 /%	矿渣 /%	Ca(OH)$_2$ /%	NaOH /%	石膏 /%	水 /%	密度 /（g/cm³）
1	74.5	0	10	5.0	0.5	0	10	2.1
2	74.8	5.0	5.0	5.0	0.2	0	10	2.1
3	72.3	5.0	5.0	5.0	0.2	2.5	10	2.1

根据规范采用慢冻法对黄河泥沙复合材料进行抗冻性试验。达到规定养护龄期前两天，对冻融试件和对比试件进行外观检查并记录其原始状况，随后放入15～20℃水中浸泡。对比试件应放回原养护条件下继续养护，直到完成冻融循环。冻融试件应在浸泡两天后取出并用拧干湿毛巾轻轻擦去表面水分，然后对冻融试件进行编号，称其质量，再进行冻融试验。每次冻结时间应为4小时，冷冻时温度保持在–20～–15℃范围内，冻结完成后立即从冷冻箱内取出试件，并立即放入能使水温保持在15～20℃的水槽内进行融化。试件在水中融化的试件不应小于4小时。融化完毕即为一次冻融循环。取出试件，再用拧干的湿毛巾轻轻擦去表面水分，放进冷冻箱进行下一次循环试验，依此连续进行直至设计规定次数。对比试件应提前两天浸水，并且与冻融试件同时进行抗压强度试验。然后按照下列公式计算强度损失率和质量损失率。

（1）强度损失率

$$\Delta f_m = \frac{f_{m1} - f_{m2}}{f_{m1}} \times 100 \qquad (6-5)$$

式中，Δf_m 为 n 次冻融循环后试件的强度损失率，%，精确至1%；f_{m1} 为对比试件的抗压强度平均值，MPa；f_{m2} 为经 n 次冻融循环后 3 块试件抗压强度的算术平均值，MPa。

（2）质量损失率

$$\Delta m_m = \frac{m_0 - m_n}{m_0} \times 100 \qquad (6-6)$$

式中，Δm_m 为 n 次冻融循环后试件质量损失率，以 3 块试件的算术平均值计算，%，精确至1%；m_0 为冻融循环试验前试件质量，g；m_n 为 n 次冻融循环后试件质量，g。

当冻融试件的抗压强度损失率不大于 25%，且质量损失率不大于 5% 时，则该组试块在相应标准要求的冻融循环次数下，抗冻性可判为合格，否则应判为不合格。试验结果见表 6-17。

表 6-17　冻融循环试验结果

序号	对比组强度 f_{m1}/MPa	冻融组强度 f_{m2}/MPa	强度损失率 Δf_m/%	质量损失率 Δm_m/%	是否合格
1	10.7	8.7	18.7	−0.7	是
2	9.4	8.7	7.4	−0.4	是
3	8.9	5.0	43.8	0.2	否

为了更好描述冻融循环试验过程中试件质量的变化过程，并进一步研究试件在冻融循环作用后的损伤过程，对每组试件每次冻融循环后的质量都进行了称量记录，汇总后如图 6-29 所示。从图中可以看出，3 组冻融循环试件的质量开始时一直呈增加的趋势，这是由于试件在开始冻融循环试验前并没有完全吸水饱和，随着冻融循环试验的进行，试件不断吸水，质量不断增加，所以质量损失率呈现不断下降趋势，并且试件最初的不饱和率较高时，质量增长速度也较快。第 3 到第 8 个循环试件的质量损失率下降较缓慢，有时还会有突然上升的趋势，这是由于试件内孔隙饱和率较高，在经过冷冻过程中由于内部孔隙中水结冰膨胀，导致试件内部孔隙率略有增加，融解过程中又不断有水进入试件内，使得试件在这一过程中质量也一直增加，质量损失率突然的增加是由于冻融过程

中试件表皮受损后脱落引起的。第二组、三组试件在第 9、10 次冻融循环后质量损失率突然大幅上升，是因为经过 8、9 次的冻融循环后，试件表面受到较严重损伤，尤其是第三组试件，这一结果也与表 6-17 中强度损失结果相对应，第三组试件的强度损失率达到 43.8%，不满足抗冻性要求。

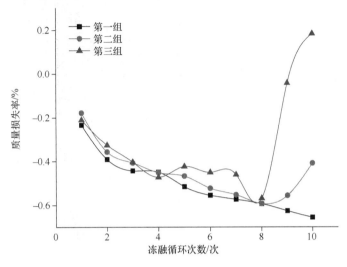

图 6-29 冻融循环过程中的质量损失率

图 6-30 显示了经过 10 次冻融循环后试件外观情况。对比分析可知：第一组试件表面经过放大后能看到微裂缝，底面边缘有少量剥落情况。但是由于试件内部吸入更多的水，使得质量损失率没有上升反而还有下降；第二组试件上表面有明显的大块剥落，使得质量损失率增加；第三组试件表面有更大块的剥落，质量损失率大幅增加。从三组图片对比可以看出，前两组试件表皮剥落确实较轻，一般不会超过规定的质量损失率，但是第三组表皮剥落非常严重，真实的质量损失率有可能已经超过规范规定，只是由于试件不断吸水质量增加，抵消了一部分质量损失。

压汞孔试验广泛应用于多孔材料的孔隙率及孔隙结构方面的研究，碱激发黄河泥沙复合材料也是一种多孔材料，而且试件的抗冻性与其孔隙率和孔隙结构有密切关系。因此，针对第一组试件冻融前后的孔隙率和孔隙结构进行了压汞试验研究，进一步分析试件孔隙率、孔径分布与其抗冻性的关系。冻融循环前后试件的孔隙率分别为 32.8%和33.3%，经过 10 次冻融循环后试件的孔隙率略有增加，这与前面的分析结果一致。图 6-31 是碱激发黄河泥沙复合材料冻融试验前后试件的孔径分布图，从图中可以看到在孔径为 10nm 和 10000nm 处分别有一个峰，并且 10000nm 处的峰的面积远大于 10nm 处的峰。经过 10 次冻融循环后，10nm 处的峰面积几乎没什么变化，但是在 10000nm 处的峰的面积明显增大，这说明冻融循环对大孔的影响较大。

6.4.2 抗冲磨性试验研究

按照水工混凝土试验规程中的圆环法（仪器的原理如图 6-32 所示）对表 6-15 中的第 1、2 组满足抗冻性要求的配合比制备的黄河泥沙复合材料试件进行了抗冲磨性能

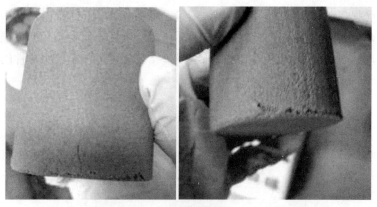

(a)第一组试验经过10次冻融循环后外观情况

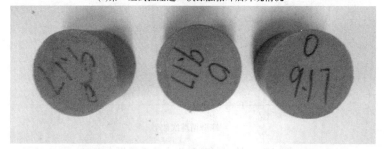

(b)第二组试验经过10次冻融循环后外观情况

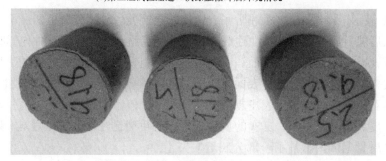

(c)第三组试验经过10次冻融循环后外观情况

图6-30 经过10次冻融循环后试件的外观情况

试验。依据规程每个配比采用规范规定的试模（外径 322±1mm，内径 202±0.5mm，高度 60±0.5mm）成型三块试件，养护到规定龄期前 2 天将试件浸泡在水中使其吸水饱和，直到试验前用湿布擦去表面水分，并称量记录每个试件的质量，然后将试件装入试验箱内。将水流含砂率为 20%（质量比）的冲磨质由冲刷齿轮孔间隙中均匀地洒入，再加入 2500mL 水，将试验箱上盖盖上，并对整齐。然后将 8 个紧固卡子装上，并紧固。设定试验条件后开动主机开关，每次试验冲磨时间 900s，冲磨时间达到后自动停机，从试验箱中取出试件并冲洗干净。打开排砂孔，然后将试验箱内清洗干净，关闭排砂孔。重复冲磨 4 次（累计冲磨 1 小时），在试件饱和面干状态下，称取试件质量，得到一个试件累计冲磨量，即一个试件冲磨 1 小时的冲磨量。抗冲磨性能指标以抗冲磨强度表示，抗冲磨强度按下面公式计算：

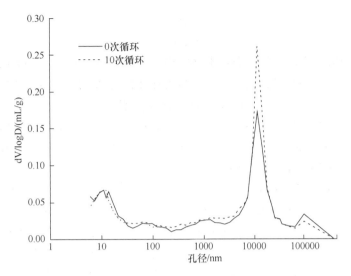

图 6-31　冻融试验前后试件的孔径分布情况

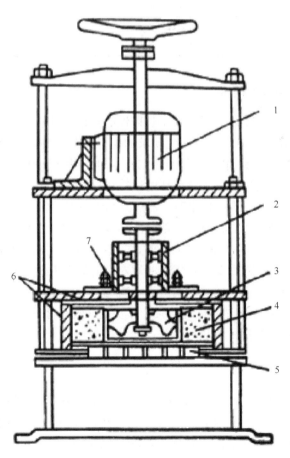

图 6-32　圆环冲磨仪示意图

1-马达；2-动轴；3-叶轮；4-圆环试件；5-试件托盘；6-隔砂防护层；7-冷却水

$$f_a = \frac{TA}{\Sigma\Delta M} \qquad (6\text{-}7)$$

式中，f_a 为抗冲磨强度，即单位面积上被磨损单位质量所需的时间，h/（g/cm^2）；$\Sigma\Delta M$ 为 4 次冲磨试件累计冲磨量，g；T 为试验累计冲磨时间，h；A 为试件冲刷面积，cm^2（$A = \pi DH$）；D 为试件内径，20.2cm；H 为试件高度，6cm。

评定规则：以 3 个试件测试的平均值作为试验结果，单个测值与平均值允许差值为 ±15%，超过时此值应剔除，以余下 2 个测试的平均值作为试验结果。若一组中可用的测值少于 2 个，则该组试验应重做。

表 6-18 中，抗冲磨强度是指单位面积上被磨损单位质量所需的时间，其值越大，混凝土抗冲磨能力越强。磨损率是指单位面积上在单位时间里的磨损量，其值越大，混凝土抗冲磨能力越差。因此，从上面的试验结果看，第一组配合比的抗冲磨性能较第二组配合比的抗冲磨性能差，这是由于第一组配合比试件的 90 天抗压强度较第二组低，强度越高抗冲磨性越强。根据素混凝土抗冲磨的要求，两组配合比均满足要求。

表 6-18　胶凝试块抗冲磨强度

编号	抗冲磨强度/[h/（g/cm^2）]	磨损率/[g/（h·cm^2）]
1	2.41	0.41
2	3.10	0.32

6.4.3　抗硫酸盐侵蚀试验研究

依据《GB/T50082—2009 普通混凝土长期性能和耐久性能试验方法标准》中混凝土抗硫酸盐侵蚀的试验方法对满足抗冻性要求的配合比制备的黄河泥沙复合材料试件进行了抗硫酸盐侵蚀性能试验研究。试验过程为：试件养护至 90 天（本试验采用的目标龄期）龄期前 2 天，将需要进行干湿循环的试件从标准养护箱去除，擦干表面水分后放入烘箱中，在（80±5）℃下烘 48 小时。然后冷却到室温，将试件放入试件盒中，将配制好的 5%Na$_2$SO$_4$ 溶液放入试件盒中，溶液应至少超过试件表面 20mm。从试件浸泡在硫酸盐溶液开始到结束应为（15±0.5）小时，溶液温度控制在（25±30）℃。浸泡结束后，将试件风干 1 小时，然后放入温度为 80℃左右的烘箱内烘干 6 小时左右，烘干结束后冷却 2 小时。每个干湿循环的总时间应为（24±2）小时，然后进行下一个循环。经过 15 次循环后进行抗压强度测试，试验结果计算及处理应符合下列规定：

抗压强度耐蚀系数按照下式进行计算：

$$K_f = \frac{f_{cn}}{f_{c0}} \times 100 \qquad (6\text{-}8)$$

式中，K_f 为抗压强度耐蚀系数，%；f_{cn} 为 N 次干湿循环后受硫酸盐腐蚀的一组试件的抗压强度测定值，MPa，精确至 0.1MPa；f_{c0} 为与受硫酸盐腐蚀试件同龄期的标准养护的一组对比试件的抗压强度测定值，MPa，精确至 0.1MPa。

f_{cn} 与 f_{c0} 应以 3 个试件抗压强度试验结果的算术平均值作为测定值。当最大值或最小值，与中间值之差超过中间值的 15%时，应剔除此值，并应取其余两值的算术平均值作为测定值；当最大值和最小值，均超过中间值的 15%时，应取中间值作为测定值。

试验结果如表 6-19 所示。

表 6-19　胶凝试块抗硫酸盐侵蚀结果

编号	对比组强度 f_{c0}/Mpa	试验组强度 f_{cn}/Mpa	耐蚀系数/%
1	11.5	9.4	82
2	16.0	12	75

从表 6-19 可以看出，虽然第二组配合比的强度较高，但是耐蚀系数却比第一组小，说明其抗硫酸盐侵蚀性能较第一组要差。这是由于第一组掺入 10% 的矿渣，对试件抗硫酸盐侵蚀性能有一定改善作用，这与矿渣混凝土抗硫酸盐性能较好的特征相一致。而第二组配合比中矿渣掺量比第一组要少，而且掺入一定量的红色炉灰，炉灰中包含有较多的含铝相的矿物，而且这些铝相矿物有一定活性，这些活性矿物能与硫酸根反应生成钙矾石，当其积累到一定程度产生体积膨胀，使试件内部产生一定应力，导致试件内部产生微裂纹，使得试件的抗压强度下降。但仅从耐蚀系数看，两个配合比的试件均满足耐蚀系数不小于 75% 的要求。

综上所述，非水泥基人工防汛石材的强度和耐久性等相关性能指标超过了水泥基人工防汛石材的性能指标，满足防汛石材的技术要求。因此，在传统胶凝材料面临挑战的今天，非水泥基人工防汛石材固结胶凝技术更加适应不同地区的原材料现状特点，具有更广阔的推广市场。

6.5　非水泥基胶凝技术的拓展应用

利用黄河泥沙制作人工防汛石材胶凝技术，也可以用于利用黄河泥沙制免烧砖、路缘石等方面。

标准蒸养砖制备：先将黄河泥沙和掺合料混合预搅拌然后再加入水和激发剂（总重 3.317kg，详细配比见表 6-20），使用搅拌机（N-50-1425 rpm）对样品混合物进行搅拌。慢搅 60s，快搅 180s，将搅拌完的混合物装入模具中，在压力试验机上压制成型，并保持压力 1 分钟后脱模。然后包上保鲜膜放到 80℃ 的烘箱中养护 12 小时，按 JC/T 422—2007 标准进行抗压强度、抗折强度以及耐水性能的测试，测试结果见表 6-21～表 6-23。

表 6-20　利用黄河泥沙制作免烧蒸养砖配合比　　　　　　（单位：g）

生石灰	钠盐	水玻璃	水	矿粉	黄河泥沙
128	32	321	247	642	1947
128	32	321	247	963	1526
128	32	321	247	1284	1205

表 6-21　免烧蒸养砖的抗折强度

矿粉含量/%	抗折强度/MPa	
	配合比 1	配合比 2
20	3.1	4
30	6.0	6.3
40	7.1	7.5

表 6-22　免烧蒸养砖的抗压强度

矿粉含量/%	抗压强度/MPa	
	配合比 1	配合比 2
20	18	19
30	28	29
40	36	38

表 6-23　免烧蒸养砖的软化系数

矿粉含量/%	软化系数	
	配合比 1	配合比 2
20	0.73	0.80
30	0.84	0.87
40	0.91	0.94

从表 6-21 可以很直观地看出 3 个配合比都满足规范 JC/T 422—2007 建筑用砖要求最优级的抗折强度，均大于 2.5MPa。并随着矿粉含量的增加抗折强度能达到 7MPa 左右，完全满足规范要求，因而利用黄河泥沙制作免烧蒸养砖具有优良的抗折性能。

从表 6-22 可以很直观地看出 3 个配合比都满足规范 JC/T 422—2007 建筑用砖要求最优级的抗压强度，均大于 15MPa。并随着矿粉含量的增加抗压强度能达到 36MPa 左右，完全满足规范要求，因而免烧蒸养砖有优良的抗压性能。

规范 JC/T 422—2007 块体材料的软化系数不得低于 0.68，从表 6-23 可以很直观地看出 3 个配合比都满足建筑用砖的规范要求，并且随着矿粉含量的增加其耐水系数达到 0.9 以上，因而可以确定利用黄河泥沙材料制作非水泥基建筑用免烧蒸养砖具有优良的耐水性能。经过测试利用黄河泥沙制作的免烧蒸养砖的吸水率为 15.5%，小于规范规定的 20%，综合判断其软化系数和吸水率均能满足要求。

6.6　本 章 小 结

（1）阐明了黄河泥沙"解构-重构-凝聚-结晶"非水泥基激发胶凝过程，发现了黄河泥沙本身具有可直接激发的火山灰活性，首次对黄河泥沙进行直接激发；系统揭示了直接激发黄河泥沙、单项激发黄河泥沙+掺合料、复合激发黄河泥沙+掺合料固结胶凝机理，不仅使人工防汛石材非水泥基固结胶凝理论取得突破，也为非水泥基固结胶凝技术的提高奠定了理论基础。

（2）复掺 $Ca(OH)_2$ 和 NaOH 的方式激发黄河泥沙/矿粉复合材料，研究了不同龄期的抗压强度变化趋势：试块不仅在早期抗压强度增长较快，其后期并未出现抗压强度劣化情况，泛碱情况也得到了改善，矿粉和黄河泥沙已经发生了相当程度的水化反应，水化产物为网状结构，这些水化产物相对均匀分布在基体表面。当 NaOH 掺量为 0.5%，$Ca(OH)_2$ 掺量为 5%或 7.5%时，试块抗压强度在 28 天就达到了 10MPa，28 天以后抗压强度稳定保持大于 10MPa 的水平。

在三种养护条件下，空气中常温养护试块的孔隙率最低，密封袋中养护的孔隙率与在空气中养护的孔隙率接近，水中养护的孔隙率最高，较高的孔隙率是水中养护试块的最终抗压强度不高的原因之一。

（3）碱激发黄河泥沙/炉灰复合材料发现最优组掺入的石膏量较大，不够经济。并且由于掺入大量石膏，产物中有大量钙矾石生成，这对后期强度以及浸水后强度有不利影响。因此，将部分炉灰用矿渣取代，同时掺入少量石膏或者不掺石膏。六组配合比的强度均满足要求，分析得出掺入石膏时有大量钙矾石生成，不掺石膏时炉灰中少量的硫也会导致生成少量的钙矾石。同时，每组配合比都有大量 C-S-H 凝胶生成，这是强度提高的主要原因，还有部分碳酸钙生成也对强度有一定贡献。

（4）针对本章三组有代表性的且满足强度要求的黄河泥沙复合材料的配合比的试件进行抗冻性和抗冲磨性进行研究。结果发现，掺入 10%矿粉的黄河泥沙/矿粉复合材料、掺入 5%矿粉+5%炉灰的改性黄河泥沙/炉灰/矿渣复合材料满足抗冻性要求。通过压汞试验发现经过冻融循环作用试件内部孔隙率增加，这是导致强度降低的主要原因。对满足抗冻性的两组复合材料试件的抗冲磨性能进行研究发现，强度越高的试件抗冲磨性能越好。

（5）通过系列配合比对比试验，发现了三种激发剂（$Ca(OH)_2$、$NaOH$、$CaSO_4 \cdot 2H_2O$）复合激发黄河泥沙可使早期生成大量稳定胶凝结构体，大幅度提高黄河泥沙胶凝试块早期强度。提出了泥沙固结胶凝配合比通用设计方法，研发了非水泥基的黄河泥沙胶凝技术，实现了掺合料的多样化和就近就地取材，大大降低掺合料成本；设计了细度模数低至 0.001 的全级配免分选黄河泥沙、不同掺合料（粉煤灰、矿粉、矿渣、炉灰）、不同激发方式、不同强度等级（5MPa、10MPa、15MPa、20MPa）人工防汛石材系列配合比，其抗冻性和抗冲磨性完全满足生产要求。

（6）利用黄河泥沙制作人工防汛石材胶凝技术，也可以直接用于利用黄河泥沙制作免烧砖、路缘石等方面。

第7章　人工防汛石材规模化生产成套装备集成研发与示范

在多年的治黄实践中，利用黄河泥沙资源机淤固堤、标准化堤防淤临淤背、淤堤河串沟、土壤改良、填海造陆等传统的泥沙利用技术都已比较成熟。这些泥沙资源利用技术一般多限于把黄河泥沙作为工程原料土使用，不改变泥沙的基本特性，可以称其为黄河泥沙资源的直接利用技术。相对应的，随着社会需求的不断变化，以黄河泥沙作为建筑用砂和工业用砂，或以黄河泥沙为原料通过加工后使用的工程材料或工业制品，这个过程中必须应用烧结、胶凝等加工、生产技术，可称其为黄河泥沙资源的转型利用技术。利用黄河泥沙生产人工防汛石材技术即属于黄河泥沙资源的转型利用技术。

针对利用黄河泥沙生产人工防汛石材存在规模化利用成本较高、成品率较低、成型工艺不成熟、生产设备不能满足要求、研究成果难以走出实验室等现实问题，在原有"人造大块石抢险材料研制技术"（王萍等，2007）和"利用黄河泥沙制作人工防汛石材固结胶凝技术"（王萍等，2012）专题研究基础上，通过相关技术和装备的现状调研、技术指标研究、设备研发与集成、建设示范基地、开展示范生产等系统研发，集成了一套利用黄河泥沙制造人工防汛石材的成型工艺和成套设备，有效降低了利用黄河泥沙制造人工防汛石材的成本，实现了规模化、自动化生产，解决了制约利用黄河泥沙制造人工防汛石材推广应用缺乏成型工艺和装备等技术难题，通过示范生产推动黄河泥沙资源规模化转型利用的大规模推广。

7.1　黄河泥沙转型利用技术与设备发展现状

7.1.1　黄河泥沙转型利用技术现状

1. 黄河泥沙转型利用发展缓慢

20 世纪 90 年代和 21 世纪初，黄河泥沙烧结砖（张金升和任成林，2000；童丽萍和吴本英，2003）在黄河下游得以迅速发展，主要原因是社会需求大、技术要求不高。2010 年后，由于国家政策的调整，黄河泥沙烧结砖被明令禁止。利用黄河泥沙制作免烧灰砂砖、加气混凝土块、干混砂浆等技术已开展多年研究，但由于技术要求相对较高，成本比黏土砖高，加之泥沙资源的供应不能保障，社会应用受到很大制约。自 2010 年开始，利用黄河泥沙复配建筑用砂在郑州地区发展较快，却一直无相应的技术标准可资依据。为此，2016 年河南省颁布了地方标准《混合砂混凝土应用技术规程》（DBJ41/T048—2016），黄河粉细沙可以与机制砂配制混合砂用于混凝土工程，使黄河泥沙的利用有法可依。然而，由于黄河湿地保护的要求和环保问题，加之采砂企业（基本上都是民营小业主）生产极不规范，地方政府、河道管理部门、其他管理单位之间也没有形成一个良性协作机制,造成黄河泥沙资源的转型利用技术发展十分缓慢。

2. 黄河泥沙转型利用技术多处于实验室研究阶段

20世纪90年代和21世纪前期的研究，主要集中在烧结砖的转型利用方面，此后研究范围得到逐步拓展，比如蒸压养护转型利用技术（张新爱等，2009）、非蒸压养护转型利用技术、煤矿绿色充填开采技术（闫大鹏等，2013）、利用黄河泥沙制作人工防汛石料关键技术（王萍等，2007）、黄河沙芯钢筋混凝土复合结构备防石（张金升等，2016）等，其中"人造大块石抢险材料研制技术"（王萍等，2007）在巩义、原阳、兰考等地进行了试验性推广。

前述研究已经表明，以 SiO_2、Al_2O_3、Fe_2O_3 等硅铝成分为主的黄河泥沙作为一种基础原料，具有巨大的利用价值和广泛的应用前途。然而，由于现有的政策不足以提高黄河泥沙转型利用产品的竞争能力，缺少资金投入，缺乏专用成套设备，产品成本高利润低，且与之配套的产品标准及设计、施工技术尚未纳入有关技术标准和规定，直接导致一些很好的黄河泥沙转型利用技术多停留于实验室研究阶段，影响了黄河泥沙转型利用技术的推广应用。

7.1.2 黄河泥沙转型利用成套设备及相关产品生产工艺研究现状

1. 黄河泥沙转型利用缺乏成套设备

目前，黄河泥沙复配建筑用砂、烧结砖、免烧灰砂砖、加气混凝土块及水泥基人造防汛石材等黄河泥沙资源的转型利用，多借用现有类似或相关产品的生产设备，没有专门的成套装备。黄河泥沙烧结砖和烧结多孔砖也多采用现有烧结黏土砖的工艺和设备，黄河泥沙免烧灰砂砖和砌块主要利用蒸养免烧砖生产工艺和设备，黄河泥沙加气混凝土块利用的是粉煤灰加气混凝土砌块生产工艺和设备。

利用黄河泥沙制造人工防汛石材的生产加工，在黄科院前期开展的水泥基"人造大块石抢险材料研制技术"（王萍等，2007）研究中，主要采用碾压混凝土的生产工艺和设备。生产工艺流程为原材料进场检验→模板支立→原材料拌制→拌和料分层摊铺→人工分层振动夯击→表面修整→拆模→分体切割→养护等。生产设备主要有搅拌机、小型运输车、冲击夯、圆盘金刚石切割机及建筑模板等。因此，现有利用黄河泥沙制造人工防汛石材生产技术优势是设备简单、技术要求不高、可就地生产加工，其不足之处是劳动强度大，生产效率低，规模化、自动化程度差。

2. 相关类似产品的生产工艺和设备

1）黏土烧结墙体材料生产工艺和设备

黏土砖、黏土空心砖、黏土机瓦等烧结墙体材料的生产技术和工艺、设备比较成熟，工艺流程主要有配料、成型、干燥和焙烧等。

设备主要有配料设备、制坯设备、码坯设备和窑炉等，制坯设备包括挤砖机和切条机，配料、制坯、码坯设备生产效率和自动化程度较高，窑炉主要有燃煤窑炉、燃油窑炉和燃气窑炉。燃气窑炉最环保，但燃煤窑炉更经济，燃煤窑炉、燃油窑炉经过技术处理均可达到环保要求。

黏土烧结砖厂投资可大可小，但一般规模不低于日产10万块标准砖，投资约需400万元以上，用地约300亩。

2）免烧建筑砌块生产工艺与设备

免烧砖及砌块生产工艺和生产设备成熟，定型产品较多，且技术水平不断提高，实现了规模化、自动化生产。免烧砖生产线广泛适用于利用各种工业废渣、粉煤灰、炉渣、河沙、石屑、石粉等为主要原料制砖，无须烧结，常温自然养护、蒸养均可，成品砖达到建材行业砖标准。

自然养护生产工艺流程为配料→混制→输送→喂料→成型→运送→堆放→养护→成品。

蒸汽养护生产工艺流程为配料→混制→输送→喂料→成型→蒸养→运送→堆放→成品。

设备主要由输送机、搅拌混料机、喂料机、成型机、蒸汽养护釜、自动化控制设备等。成型设备为成型机，有液压成型机和振动成型机。

液压成型机型号多样，最大压力可达1200t，生产线投资在600万元以上。

3）石墨电极产品生坯制取工艺和设备

石墨电极产品是炭材料制品的一种，主要用于电解铝等行业，作为电解槽的电极使用。生坯制取是石墨电极产品生产过程中的重要步骤，采用炭散料成型工艺制取。炭生坯有1610 mm×700mm×550mm、1450 mm×660 mm×540mm、3410 mm×660 mm×450mm、1900 mm×800 mm×650mm等多种规格，由于其尺寸大，加工难度较高，但其成型工艺可以借鉴。

加压振动成型是制取炭生坯的基本成型方法之一，所用设备主要为振动成型机。由于振动成型机结构相对简单，容易制造、造价较低，且适应性较强，且能生产大规格和异型件，并且在振动成型过程中，由于物料受强烈振动，物料的流动性好，使用压力（比压）小，同时节省动力。因此，振动成型的方法在炭极生产中得到广泛应用。

炭生坯制取工艺为：供料→糊料（强力混捏后）→凉料机降温、排烟→糊料进入计量料仓称量→下料→糊料装入模套→成型机落下压头→加压振动→下压头、模套提起脱模→炭块推出→模套复位。

生产设备主要包括供料设备、强力混捏糊料设备、计量称量设备、液压震动成型机等，生产线设备投资在2000万元左右。

4）混凝土防汛四脚体生产工艺及设备

混凝土防汛四脚体是一种大体积的人工防汛材料主要用于河道或堤防工程护脚和抢险，提高河道险工或控导工程的抗冲能力，目前在黄河宁夏河段应用较广。混凝土四脚体强度等级一般为C15，由直径0.65m的球体与四个圆台相切组成，圆台与球体相切的四脚根部直径为0.52m，端部直径为0.3m，圆台高0.46m，球冠高0.13m，混凝土四脚体单个体积为 0.333m³，单体四混凝土脚体重量 800kg。

混凝土防汛四脚体采用专用模具浇注混凝土的成型工艺，生产工艺流程为：原材料进场检验→砼四脚体模板组装→模板验收（合格后）→砼拌制→砼分层入仓振捣→凝固→脱模→养护。

设备主要有搅拌混料机、运输机、专用模具、振捣棒、模具吊装设备等。

7.1.3 建材制品相关成型技术及成型设备

建材制品成型技术主要指把松散、流态、流塑态的材料或拌和料按要求密实、塑型的工艺和技术，按机械化程度可分为机械成型技术和人工成型技术，按工艺流程可分为一次成型和分步成型技术，按成型原理可分为压力成型技术、振动成型技术、挤出成型技术、切割成型技术等。以下主要对液压成型技术、加压振动成型技术、钢丝切割成型技术、圆盘锯切割成型技术等进行研究分析，为规模化生产人工防汛石材成型工艺及成套设备研究提供技术参考。

1. 液压成型技术

1）成型原理

液压成型技术是一种压力成型技术，即利用帕斯卡定律制成的利用液体压强传动使得制品挤密成型的方法，用途和种类很多，随着新型墙材的引进和发展，液压成型法也被应用到砖坯的成型中，液压成型技术的主要设备为液压成型机。

2）拌和料性态要求

液压成型技术成型前的拌和料性状一般为不可流动的干硬性散料。

3）液压成型机技术水平

在国内建材行业，液压成型机发展相对较为成熟，成型压力多在 300～1200t 之间，主要用于压制以沙子、石灰和粉煤灰为原料的标砖、墙材用砌块等。其技术特点是压制成型的坯体具有一定的强度，可以实现交叉码坯，砌块最大成型尺寸一般不大于250mm×390mm×190mm。

4）产品价格

液压成型机价格较高，根据吨位不同，360～1200t 的液压成型机售价为 150 万～300万元。

5）国内产品性能

国内生产该类设备的代表企业有洛阳中冶重工机械有限公司生产的 ZY1200 系列全自动新型墙体砖液压成型机，以及科达机电生产的 KDQ1100Z 墙体砖压制成型自动液压机。两者的区别主要在成型工艺上，洛阳中冶重工的液压成型机在压制砖坯过程中采用五次加压与三次排气工艺，使得粉料中所含空气在压制过程中顺利排出，使得砖坯强度高且不易产生裂缝等。

以洛阳中冶重工机械有限公司生产的液压成型机为例，性能参数见表 7-1、表 7-2。

表 7-1　ZY1200A 交叉码坯型液压成型机主要技术参数

项目	最大压力 /kN	最大填料深度 /mm	成型块数 /（块/次）	年生产能力 /万块标砖	成型周期 /s	总装机功率 /kW	主机外形尺寸 /mm
参数	12000	240	36	5500	>13	127.45	1937×3259×6150

表 7-2　ZY360 液压成型机主要技术参数

项目	最大压力 /kN	最大填料深度 /mm	成型块数 /（块/次）	年生产能力 /万块标砖	成型周期 /s	总装机功率 /kW	主机外形尺寸 /mm
参数	3600	240	12	2000	10～12	65	700×2025×4050

2. 加压振动成型技术

1）成型原理

振动成型法的原理是物料在频率很高（一般为 3000～12000 次/min）的振动作用下，质点相互撞击，动摩擦代替质点间的静摩擦，泥料变成具有流动性的颗粒，在自重和外力作用下逐渐推集密实形成致密的制品。所用设备的结构形式有很多种，常用的有振动台、内部振动器和表面振动器等，其中以加压振动式最简单实用。加压振动即在振动台上的拌和料上方再施加一个向下的压力，使拌和料不单纯受到一个振动作用，同时还受到从拌和料上方向下的有一定频率的冲击力，更有利于坯体的密实。

国内振动砌块成型机的发展经历了一个引进消化吸收和自主创新相结合的过程。早在 20 世纪 40 年代中期，我国首次从美国哥伦比亚公司引进，生产砼小型空心砌块用于建筑填充墙，80 年代初又从美国引进了贝塞尔公司液压模振成型机；至 90 年代，从德国、意大利引进了底振砌块成型机。在借鉴国外新型墙材设备的基础上，我国工程技术人员开发了具有自主知识产权的混凝土砌块成型机。

2）拌和料性态要求

加压振动成型技术成型前的拌和料性状一般为不可流动的半干硬性散料，通过激振使拌和料变成具有流动性的颗粒。

3）加压振动成型机技术水平

技术较为成熟，结构相对简单，容易制造，造价较低，适应性较强，可用于建筑墙材制品和炭生坯的生产。其生产效率低于液压成型机，在建筑墙材生产中逐步被液压成型机替代；作为墙材生产设备，最大可成型砌块尺寸为 390mm×190mm×190mm。在炭生坯生产中，加压振动成型机加工产品的高度最大可达 650mm，平面尺寸最大可达 1900mm，故此在石墨电极产品生产中得到广泛应用。

4）产品价格

加压振动成型制砖机单机售价约 150 万元。炭块加压振动成型机单机价格约 2000 万元。

5）国内产品性能

加压振动成型制砖机，国内代表产品有西安强力建工加有限公司生产的爱尔莎 2000 砌块振动成型机，以及福建省泉州市群峰机械制造有限公司研制的 QFT5-20 型智能砌块成型机。具体性能参数见表 7-3 和表 7-4。

表 7-3　爱尔莎 2000 砌块振动成型机主要技术参数

项目	最大压力 /kN	最大填料深度 /mm	成型块数 /（块/次）	年生产能力 /万空心块	成型周期 /s	总装功率 /kW	主机外形尺寸 /mm
参数	2000	390	12	600	16～22	95	15520×2470×3715

表 7-4　QFT5-20 型智能砌块成型机主要技术参数

项目	最大压力 /kN	最大填料深度 /mm	成型块数 /（块/次）	年生产能力 /万空心块	成型周期 /s	总装功率 /kW	主机外形尺寸 /mm
参数	2000	390	15	650	15～25	65	4300×2260×3600

炭块加压振动成型机，国内代表产品有洛阳震动机械有限公司设计生产的阳极振动成型机，以及济南澳海炭素有限公司生产的新型炭素制品振动成型机。

3. 浇筑钢丝切割成型工艺与技术

钢丝切割成型技术属于分步成型工艺的一道工序，主要用于加气混凝土的切割和黏土砖坯的切割，切割的主要刀具为高强钢丝。用于加气混凝土块切割时，包括模具浇筑成型和切割成型两道工序。用于黏土砖坯切割时包括成型挤出和切割两道工序，分别由砖坯挤出机和切条机完成，成型前物料为软塑状。

4. 夯击圆盘锯切割成型工艺与技术

夯击圆盘锯切割成型技术也属于分步成型工艺，工程施工中使用较多。在黄科院前期开展的水泥基"人造大块石抢险材料研制技术"研究中，人工防汛石料生产即采用人工振动夯击成型和圆盘锯切割的分步成型技术，拌和料为半干硬性或干硬性，无流动性。具体步骤为拌和料分层摊铺、人工分层振动夯击、分体切割。

技术特点为：设备简单、投资小，人工为主、半机械化作业，对人员技术水平要求不高；产品尺寸可根据需要随意切割；就近生产、成品运输成本低。其存在的主要问题是生产效率不高，特别是用圆盘锯切割，难度大，成本高，费工费时，直接影响了其推广应用。

7.1.4　存在问题与本次研究目标

黄河泥沙转型利用技术的发展是社会需求决定的。黄河泥沙烧结砖、免烧砖、加气混凝土块等普通建材制品生产技术成熟。利用黄河泥沙制作人工防汛石材也有一定的研究基础，技术完全可行，主要是由于生产工艺相对落后，效率较低，生产成本较高，采用圆盘锯切割难度大等，制约了其推广应用。因此，改进优化现有黄河泥沙人工防汛石料生产技术，进一步研究解决适应于黄河防汛需求的自动化、标准化、规模化生产工艺和成套设备成为迫切需要解决的技术难题。

为了适应黄河防汛石料需求的特点,在控导工程、险工等防汛石材需求比较集中的地方采用规模化厂区生产方式,在需求量小或需求分散的地方采用移动式生产方式。因此,需要研究能够适应不同需求特点的规模化厂区生产技术和移动式生产技术。规模化厂区生产技术主要解决利用黄河泥沙制造大尺寸人工防汛石材的成型工艺和装备;移动式生产技术重点解决利用黄河泥沙制作人工防汛石材的切割工艺,在发挥移动式生产技术灵活机动优势的同时,提高生产效率。

7.2 人工防汛石材主要技术指标和生产目标

7.2.1 利用黄河泥沙制作人工防汛石材主要技术指标

在河道整治工程和防洪抢险中,常用防汛备防石散抛或铅丝笼护根、抢险,以维护坝、垛与河岸的稳定与安全。由于洪水冲刷,或坝前头、迎水面、背水面河床受折冲水流和马蹄形漩涡流的强烈淘刷,根石最易被洪水冲走(即根石走失),导致工程出险。因此,防止根石走失是河道整治工程设计和抢险中的一大难题,历来受到水利专家和学者的重视。

利用黄河泥沙制作的人工防汛石材的形状相对比较规整,但其强度、密度、耐久性等要达到天然石料的水平将增加成本较多。因此,必须对利用黄河泥沙制作人工防汛石材的相关技术指标开展系统研究,使其既能够满足防汛抢险的要求,又在生产环节达到切实可行。防汛备防石在水下的稳定性与其形状、尺寸、密度等密切相关,其强度、形状、尺寸直接影响到抛投性能,抗冻融能力、抗风化能力等耐久性指标直接影响其持续发挥作用的能力。因此,人工防汛石材的主要技术指标包括形状、尺寸、强度、密度、抗冻融能力、抗风化能力等;其中形状、尺寸、容重,是我们在生产阶段要直接、实时控制的技术指标。

1. 形状

黄河宁夏河段的人工混凝土四脚体防汛材料采用流动性拌和料,利用模具控制其形状,其主要问题是造价高。为了降低成本利用黄河泥沙制作人工防汛石材一般应采用干硬性拌和料,其形状主要考虑缺乏流动性拌和料成型的难易程度和可行性。通过查阅有关资料,对正四面体、正方体、扭工字体、框架体等几种人工块体稳定性与生产制作难易程度进行了比较,考虑到四方体或棱柱体具有易于抛投,制作工艺简单,可降低制造成本等优点,将利用黄河泥沙制作人工防汛石材的外形确定为直角六面体。

2. 密度

从根石抵抗水流冲击能力的角度考虑,利用黄河泥沙制作的人工防汛石材应该越重越好。表 7-5 为天然石料、混凝土、黏土砖、蒸压粉煤灰砖等相关产品的密度。从表 7-5 可以看出,人工加工建材很难达到天然石料的密度。利用黄河泥沙制作的人工防汛石材在室内实验时,采用 $1800 \sim 2200 kg/m^3$ 不同湿密度,开展了试块制作和相关建材实验。

实验结果表明采用同一配合比时，密度越大强度越高，密度一定时掺合料用量越大强度越高。因此，利用黄河泥沙制作人工防汛石材密度的大小不但涉及其强度，还涉及加工难度、性价比等问题。

表 7-5　相关产品密度汇总　　　　　　　　　　　（单位：kg/m³）

相关产品	天然石料	混凝土	黏土砖	蒸压粉煤灰砖	人工大块石	石墨电极
密度	2500~2700	2400~2500	1800~1900	1400~1600	1750~1860	1600

对于防汛石料的密度，《黄河下游标准化堤防工程规划设计与管理标准》第 5.5.2 款规定石料的容重不小于 1700kg/m³。在前期水泥基"人造大块石抢险材料研制技术"（王萍等，2007）试验研究中，现场人工制作的大块石湿密度可以达到 1950~2050kg/m³，约相当于干密度 1755~1845kg/m³，基本代表了目前加工能力可以达到的水平，也满足《黄河下游标准化堤防工程规划设计与管理标准》要求。综合考虑设备加工能力、成本和使用要求，黄河泥沙人工防汛石材湿密度应控制在 1950~2000kg/m³ 之间，以 1950kg/m³ 作为黄河泥沙人工防汛石材湿密度的控制指标。

3. 尺寸

由于黄河防汛备防石都是采用毛石或块石，尺寸不规则，对尺寸没有严格的要求，在《黄河下游标准化堤防工程规划设计与管理标准》第 5.5.2 款中规定了备防石料单块质量不小于 25kg。如把利用黄河泥沙制作的人工防汛石材制成四方体，干密度为 1710kg/m³，边长为 250mm，则其重量为 26.7kg，满足《黄河下游标准化堤防工程规划设计与管理标准》关于备防石料单块质量要求。所以，利用黄河泥沙制作人工防汛石材的边长应大于 250mm。

其他决定人工防汛石材尺寸大小的因素主要是防冲性能、防止根石走失和加工能力，防冲、防止根石走失是基本要求，《堤防工程设计规范》（GB 50286—2013）7.2.1 款第 2 条规定护坡石料粒径应满足抗冲要求，填筑石料最大粒径应满足施工要求。防冲、根石走失与其根基是否稳定以及水流流速、水深、块石粒径、断面形态等有关。一般可分为两种情况：一是坝体坡面块石被水流掀起后移往下游，脱离坝体，形成根石走失；二是在水流的冲刷下，工程前沿形成冲刷坑，根石随之下蛰。在前期水泥基"人造大块石抢险材料研制技术"研究中，针对上述第一种情况，依据《堤防工程设计规范》（GB50286—2013）进行了计算，当大河流速 V=3.0~4.0m/s，计算得人造大块石的边长 d=0.20~0.45m。对于第二种情况，采用缑元有提出的块石粒径计算方法进行了计算，当大河含沙量为 25~100kg/m³、水深 2~5m、流速 4~5m/s 时，正方体根石边长应为 23.4~56.0cm。

另外，《堤防工程设计规范》（GB 50286—2013）条文说明 8.2.4 款指出，抛石护脚是古今中外广泛采用的结构形式。据有关资料，湖北荆江大堤护岸工程，岸坡为 1：2.0，水深超过 20m，利用粒径为 0.2~0.45m 的块石，在垂线平均流速为 2.5~4.5m/s 的水流作用下，岸坡是可以达到稳定的。

综上所述,从工程实际条件出发,综合考虑直角六面体人工防汛石材作为抛石料时,边长大于 250mm 基本合适;代替铅丝石笼临时快速抢险的大块人工防汛石材的边长宜不小于 450mm 比较合适。

4. 利用黄河泥沙制作人工防汛石材生产阶段技术性能指标

根据上述分析,确定利用黄河泥沙制作的人工防汛石材技术指标如下:
（1）形状:正方体、长方体等直角六面体;
（2）尺寸:作为散抛石使用时边长宜大于 250mm,代替防洪抢险铅丝石笼使用时边长为 450～600mm;
（3）密度:不小于 1950kg/m^3。

7.2.2　利用黄河泥沙制作人工防汛石材规模化生产目标设置

1. 产能规模

黄河下游防汛备防石料每年需求在 30 万 m^3 左右,如果参照建材行业的规模化生产标准,一条 360t 压力的液压制砖机生产线可年产 2000 万块标准砖,折合 29.256 万 m^3,即可满足黄河下游备防石生产的需求。但黄河防汛备防石的需求分布在黄河下游 700 多千米河道的两岸,地点分散,这样的规模化生产布局明显不合理。

在 7.1 节中已提出,为了适应需求特点,利用黄河泥沙制作人工防汛石材采用规模化厂区生产和移动式生产灵活布局的方案。考虑既要兼顾到规模效益又要布局灵活的问题,每年规模化厂区生产量占比 2/3 比较合适,约 20 万 m^3;移动式生产量占比三分之一,约 10 万 m^3。每年厂区生产 20 万 m^3 的供应范围为桃花峪至入海口的 785.6km 下游河道两岸,左右岸平均每千米需求量约 127m^3。建材类产品附加值较低,运距一般控制在 50km 内比较合理。对于厂区式生产方式,按此运距计算,两岸每 100km 各设一个规模化厂区生产基地,需布设约 16 个基地,每个基地平均生产能力应在 1.27 万 m^3/a 左右;每年按生产 300 天计算,日产量要达到 40m^3 以上。移动式生产方式可根据设备和人员调整生产能力。

2. 产品尺寸

为了提高生产效率,厂区生产主要生产大块人工防汛石材,以代替铅丝石笼(边长 450～600mm)为主。同时,为了实现产品型号多样化,确定研发设备的最大成型尺寸为平面 700mm×700mm,高度 600mm,经过更换模具还可以生产 600mm×600mm× 600mm、500mm×500mm×500mm 的系列人工防汛石材。移动式生产方式以生产边长大于 300～450mm 的人工防汛石材为主,兼顾生产其他类型产品。

3. 拌和料性态

拌和物料的性态一般分流动性拌和物料和干硬性拌和物料。流动性拌和物料的优点是易拌和、易成型。其缺点是胶凝材料用量较大,不利于降低材料成本;拌和物用水量大,成品的空隙率相对较大;脱模时间长,模具周转效率低;自动化生产难度大,生产效率不高,不宜规模化生产。干硬性拌和物料的优点是用水量和胶凝材料用量可减少,有利于降低成本，成品的密实度更好，产品定型快、模具可提高周转效率，比较容易实现自动化生产；其缺点是对物料的拌和要求、对成型能量和技术要求更高。

为实现自动化、规模化生产，节约成本，成型的拌和料采用干硬性拌和物料。

4. 生产质量控制指标

由于利用黄河泥沙制作的人工防汛石材成型后初期没有强度，因此在生产阶段为了及时控制产品质量、避免不合格产品，除生产使用的原材料应严格按照相关标准进行检验合格后才能使用外，在生产阶段还要严格控制压实密度，最简单易行的方法就是检验成型后产品的湿密度，以湿密度控制成型质量。

5. 成型工艺

干硬性拌和物料对应的成型工艺称为干法成型工艺，可分为一次成型和分步成型，按照自动化、规模化生产的目标，厂区生产采用干法成型工艺一次成型，移动式生产采用干法成型工艺分步成型。

6. 设备研发与集成

厂区式生产重点研发成套成型设备，要求设备造价低，供配料系统和设备采用定型设备集成。移动式生产主要借用现有定型设备进行优化配置。

7. 多样化目标

利用黄河泥沙生产人工防汛石材技术可以采用水泥基和非水泥基两类配比方法，使用的原材料包括黄河泥沙、水泥、粉煤灰、矿粉、炉灰、复合激发剂、水等，系统要能够进行不同材料不同配比的示范生产，应满足原料多样化的要求。

利用黄河泥沙生产人工防汛石材的成型设备要有对其进行适当改造的可行性，使其可以生产多种产品，实现产品多样化目标。

7.3 人工防汛石材成型技术与工艺研发

7.3.1 规模化厂区生产成型技术与工艺

从前述调研分析可看出，不同的成型技术需要不同的生产成型工艺。液压成型技术成熟、质量好、效率高，目前在墙材加工行业广泛使用，但最大加工产品尺寸比人工防汛石材生产的目标尺寸小很多，且设备成本价高；振动挤压成型技术在墙材加工行业使用较早，最大加工产品尺寸和液压成型技术的加工能力基本一致，生产效率比液压成型技术要求低，且在相近行业具有加工大尺寸构件的先例。因此，本节首先进行组合试模静压实验和模拟静压实验等相关实验室研究，以确定成型技术方案；再根据确定的成型技术方案，研发生产工艺。

1. 成型实验采用的拌和料

由于研究周期短、时间紧，利用黄河泥沙制作人工防汛石材固结胶凝技术研究与成型技术研究同步进行，成型技术研究所使用实验材料的配比采用前期水泥基"人造大块石抢险材料研制技术"中的水泥基材料配比，正式示范生产时再采用本次研究提出的非水泥基胶凝技术和配比。成型实验研究采用的拌和料配合比详见表 7-6。

表 7-6　实验拌和料配合比　　　（单位：kg/m³）

拌和料	水泥	水	黄河沙	粉煤灰	外加剂（粉剂）	外加剂（水剂）
参数	120	218	1500	200	40	1.2

2. 组合模具室内静压实验

为研究拌和料在静压力作用下压强与密度关系，在不具备进行等尺寸实验的情况下，为了增加试件高度，实验模具采用两个标准模具叠加的"组合模具"，开展了室内静压成型实验。

1）实验装置

压力机为实验室的普通压力机。实验室采用两个边长 150mm 的立方体标准模具，通过叠加组合形成实验使用的"组合模具"高 300mm，底部为边长 150mm 的正方形。实验装置如图 7-1 所示。

图 7-1　组合模具静压成型实验装置

2）室内静压实验

室内静压实验主要研究压力成型时成型压强与成型密度的相关关系。作用在试件上的表面压强分 0.93MPa、1.33MPa、1.42MPa、1.91MPa、2.04MPa 共五级，相关实验数据详见表 7-7。

表 7-7　静压成型实验数据

序号	压强/MPa	压前 H_1/mm	压后 H_2/mm	H_1/H_2	成型密度/（g/cm³)
1	0.93	300	220	1.36	1.76
2	1.33	300	206	1.46	1.79
3	1.42	300	205	1.46	1.80
4	1.91	300	195	1.54	1.82
5	2.04	300	190	1.58	1.87

3）压强与密度的相关关系

采用"组合模具"增加了试件高度，也降低了试件的稳定性，使加压能力受限。因此，试验中的试件湿密度没达到目标值。即使如此，实验成果也反映出了相关的规律性变化，即拌和料成型密度与压强之间呈正相关关系，压强与密度关系参见图 7-2。

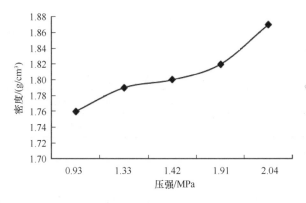

图 7-2　压强与密度关系

3. 室内模拟静压压实实验

由于利用黄河泥沙制作的人工防汛石材产品体积大、高度高，为验证压力成型技术的可行性，项目组联合洛阳豪智机械有限公司依据室内实验配比，进行了静压成型压力实验。

1）实验模具

实验模具为 Φ159mm 钢管，钢管高度分 930mm 和 700mm 两种。

2）实验方案

分别采用高度为 930mm 和 700mm 两种实验模具，进行一端施压和两端施压两种实验。模拟静压压实实验压实后的试件，如图 7-3 所示。

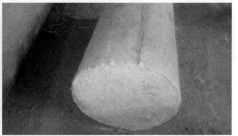

图 7-3　模拟静压压实实验压实试件

3）一端施压模拟压实实验

采用高度为 930mm 的钢管模具，自上崖口向下单向施压，压实后试件高度为 600mm。实验结果见表 7-8。

表 7-8　一端施压静压实验成果

管径 Φ/mm	管高/mm	压力 F/t	压强/MPa	上部湿密度/（g/cm³）	下部湿密度/（g/cm³）
159	930	70	35.27	2.02	1.92

4）两端施压模拟压实实验

采用高度为 700mm 的钢管模具，上下崖口相向施压，压实后试件高度为 450mm。实验结果见表 7-9。

表 7-9　两端施压静压实验成果

管径 Φ/mm	管高/mm	压力 F/t	压强/MPa	中部湿密度/（g/cm³）	端部湿密度/（g/cm³）
159	700	60	30.23	1.94	2.06

5）实验结果分析

一端施压模拟压实实验表明，平均湿密度为 1970kg/m³，达到目标要求；但压实需要的压强很高，达到 35.27MPa。同时，从实验结果可知，拌和料上崖口较密实，下部密实度稍差一些，拌和料与施压部位的距离越远，其压实密度越小，说明管壁的摩擦力对压力传递有一定的递减作用。

两端施压模拟压实实验表明，平均湿密度为 2000 kg/m³，达到目标要求；压实需要的压强为 30.23MPa，比一端施压时有所下降，但仍然较高。同时，从实验结果可知，两端部位的拌和料较密实，中间部位拌和料密实度稍差一些。

分析室内模拟静压压实实验成果可知，成型需要的压强很高，一端施压比两端施压的要求更高；静压成型的拌和料平均湿密度可以满足目标要求，但存在不均匀问题，且距离施压部位越远，拌和料的压实密度越小。

从压缩比分析，一端施压时，试件压缩比为 1.55；两端施压时，压缩比 1.56；可以将压缩比 1.55 作为成型机模具高度设计和移动式生产成型拌和料摊铺厚度的依据。

4. 成型技术方案

根据前述调研结果，混凝土防汛四脚体产品成型技术是一种湿法成型技术，明显不适用于干法成型工艺。建筑砌块液压成型技术主要用于蒸养工艺建筑砌块的压制成型，具有生产效率较高、噪音低、压制效果好的优点，但存在设备体积庞大、定型试件加工高度受到限制、成型机价格较高等问题。根据上述实验成果分析，如采用压力成型工艺，压制平面尺寸 700mm×700mm、高度 600mm 的产品，在一端加压时需要压力机的压头压力达到 1730t 以上，两端加压时仍需要压头压力达到 1480t 以上（实际模拟高度为 500mm）。目前国内建材行业很少具备如此吨位的压力机较少，即使有经其加工的产品，造价也会非常高。因此，不宜采用单独压力成型方案。建筑砌块振动挤压成型技术，存在噪音大、定型设备加工高度受到限制等问题；炭块振动挤压成型技术加工尺寸大，设备价格高，但其成型原理可以借鉴。因此，综合建筑砌块振动挤压成型技术和炭块振动挤压成型技术的优点，以振动挤压成型技术为基础，进行实验研发。

5. 规模化厂区生产的工艺流程

在成型技术确定后，利用黄河泥沙制作人工防汛石材的厂区生产工艺可参照建筑砌块产品的生产工艺进行改进，主要工艺流程为配料→上料→拌和→送料入仓→模具装料→振动挤压成型→脱模→推送→养护。

7.3.2 移动式生产成型技术与工艺

移动式生产的主要问题是切割工艺。因此，本次研究应重点解决切割技术；同时，为了便于就地生产、提高模板周转效率，节约成本，还需要根据生产场地的基底条件，优化支模方式等。

1. 生产场地基底条件试验

本次试验在孟州试验基地和新疆塔里木河干流堤防上分别进行。以往的试验生产多在控导工程硬化的砂石道路上进行，具有较好的基底条件。考虑到移动式生产的基地不固定，如果要求每一处现场生产场地都必须硬化将增加生产成本。因此，为了简化生产条件，节约基底硬化成本，针对黄河大堤和塔里木河干流堤防多为沙质土的现实情况，对稳定沙质土基底进行了最简单的洒水密实处理，并在洒水处理后的场地上进行了生产试验。生产试验证明，在洒水密实后的基底上进行支模、碾压或振动夯击实，密实度可以满足生产目标要求。因此，对于黄河大堤和塔里木河干流堤防的沙质土基底可以不用硬化基底层即可满足施工要求。

2. 支模方式试验

在水泥基"人造大块石抢险材料研制技术"（王萍等，2007）试验中，现场生产大块石的支模、拆模采用建筑工程施工的传统方法（图 7-4），费力费时，模板周转时间长，拆模时间一般在 3 天左右。为了提高模板周转效率，降低模板购置费用，从快速支模和快速拆模及拆模时机两方面进行了研究。

图 7-4　传统支模方式

1）快速支模和快速拆模支架结构设计及试验

该结构由底梁和两个三角形活动侧支架组成，侧支架与底梁之间为螺栓连接，底梁设计了不同间距的螺栓孔，不但可以改变成型尺寸，还可以快速组装、拆卸；支架适用于土质、沙土质等自然基底的现场施工。快速支模、拆模支架结构设计如图 7-5 所示，加工的支架结构成品如图 7-6 所示。

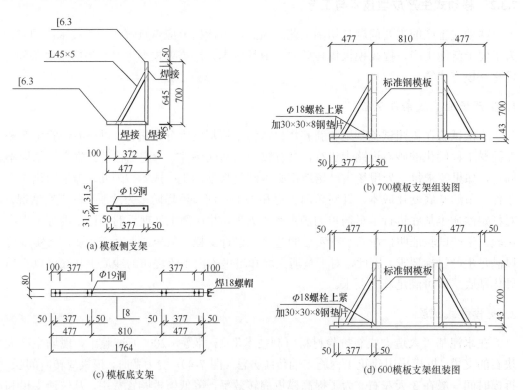

图 7-5　快速支模、拆模支架设计图（单位：mm）

图 7-6　快速支模、拆模支架成品

　　现场生产时，先组装侧支架，把支架底梁埋入基底土中，使底梁上表面与基底表面持平，通过连接螺栓固定侧支架，然后在支架内侧组装标准模板即完成支模工作。现场支模参见图 7-7。待模板内拌和料压实，达到拆模时间时，松开螺栓，移除支架和模板，拉出底梁，即完成拆模。

图 7-7　快速支模、拆模支架现场试验

2）拆模时机

　　拆模时机试验在塔里木河干流进行。为了节省试验工作量，逐步分时拆模现场试验共进行了两组，包括快速支模拆模方式和普通支模方式。快速支模拆模压实试验分两步分别拆模，即一半为拌和料压实成型后 0 小时拆模，如果拆模成功即终止试验，如拆模不成功 2 小时后另一半再拆模，拆模成功即终止试验。同样，如拆模不成功 2 小时后再开展第二组拆模试验。如仍然不成功，则另行加工试件进行试验。

　　第一组试验试件压实成型后立即拆模的一半，表面出现裂缝（图 7-8 下部试件表面），说明压实后立即拆模不可行。2 小时后对另一半拆模，试件不再开裂（图 7-9 试件下部表面），说明 2 小时的拆模时间可以满足要求。

图 7-8　第一组试验试件首次拆模后表面裂缝

图 7-9　2 小时后另一半拆模无裂缝

3. 压实工艺试验

在孟州黄河泥沙资源利用成套技术示范基地和塔里木河干流堤防分别进行了振动夯、小型压路机、中型压路机的压实工艺试验。振动夯分层夯实较好，但在往返移动夯实时易扰动两侧的物料，造成密实度均匀性差，且对物料的含水率控制要求比较高，含水率较高时容易出现分离析水，振动夯压实试验如图 7-10、图 7-11 所示。小型压路机压实的湿密度较低，明显不可取，小型压路机压实试验如图 7-12 所示；中型压路机碾压效果最好，压实均匀，效率高，对物料的含水率控制要求不高；中型压路机碾压试验如图 7-13 所示。因此，推荐使用中型以上压路机碾压，既方便快捷，又达到密实度的要求。

图 7-10 振动夯分层夯实施工

图 7-11 振动夯分层夯实的效果

图 7-12 小型压路机碾压试验

图 7-13　碾压试验使用的中型压路机

4. 切割技术研究

1）相关切割技术与设备调研

a. 金刚石绳锯切割技术

金刚石绳锯切割机适用于切割花岗岩、大理石、混凝土等材料，切割能力强，可切割体积较大，切割能力可以满足黄河泥沙人工防汛备防石的需要，但存在设备体积较大、移动不方便、设备成本高等问题。金刚石绳锯切割机及其切割对象如图 7-14、图 7-15 所示。

(a)台式金刚石绳锯切割机

(b)移动式金刚石绳锯切割机

图 7-14　金刚石绳锯切割机

(a)切割大理石

(b)切割混凝土

图 7-15　切割对象

b. 水切割技术与设备

水切割即高压水射流切割技术。20 世纪末，水切割技术引入我国，主要应用于建筑陶瓷、石材、金属加工、汽车工业、航空航天、军工、石油化工等行业，并得到良好的发展。水切割技术具有切割对象广、成本低、自动化程度高、切割效率高、环保等优点，但也存在设备需水量大，喷嘴磨损快，切割厚度有限等问题，尤其对初期强度较低的材料，适应性较差。水切割机如图 7-16 所示。

(a)水切割设备1　　　　　　　　(b)水切割设备2

图 7-16　水切割机

c. 加气混凝土块切割技术

加气混凝土块切割使用自动化切割机，如图 7-17 所示。特点是体积大、成本高，适合大规模、工厂化生产。其主要的切割刀具是高强钢丝绳，可以切割无骨料的混凝土类材料，切割对象与利用黄河泥沙制作的人工防汛石材的性状基本一致，可以借鉴。

图 7-17　加气块生产设备之切割机

2）利用黄河泥沙制造人工防汛石材移动式生产切割技术

为解决前期水泥基"人造大块石抢险材料研制技术"试验研究中遇到的切割难题，我们从切割时机、切割刀具着手，借鉴加气混凝土和砌块生产的切割刀具-高强钢丝绳，采用预埋纵横向钢丝的方法，在完成压实工艺后，坯体没有形成强度之前进行切割，试验证明钢丝绳切割方式切实可行。

在试验研究中，选用了直径 0.7mm 的高强钢丝、直径 0.7mm 的普通钢丝、直径 1.0mm 的普通钢丝，分别进行现场切割试验。通过试验发现，直径 0.7mm 的普通钢丝和直径 1.0mm 的普通钢丝很容易被拉断。直径 0.7mm 的高强钢丝可以达到切割目的，当压实厚度在 300mm 时比较容易切割，当压实厚度大于 500mm 时存在拉断现象。因此，高强钢丝切割是移动式人工防汛石材成型的有效手段，切割效果良好；但选用高强钢丝的直径应根据压实厚度适当调整。在利用黄河泥沙制作人工防汛石材时，采用高强钢丝切割成型技术，工艺简单，成本低，通过调整高强钢丝的布设间距可非常方便地生产出需要的产品尺寸，同时，通过不同的高强钢丝布设方法还可以切割出其他形状的产品。需要注意的是，切割对象内部不能含有较大的石子、纤维质物体等，否则影响切割效果。

高强钢丝切割成型技术是在支模完成后，根据产品尺寸大小确定布设高强钢丝的间距，将高强钢丝绳预先在模框内纵横向分层布设固定，然后摊铺拌和料压实。压实完成后采用手工方法或小型卷扬机拉出高强钢丝完成成型切割。试验使用的高强钢丝如图7-18，现场切割情况见图7-19。

图 7-18　试验使用的 0.7mm 高强钢丝　　　　图 7-19　高强钢丝切割

5. 移动式生产工艺

移动式生产工艺流程与黄科院前期水泥基"人造大块石抢险材料研制技术"研究中提出的生产工艺流程基本一致，但增加了基底处理、高强钢丝埋设等流程。同时，移动式生产工艺在基底处理、支模方式方法、拆模时间、压实方式、切割方法等方面与前期水泥基"人造大块石抢险材料研制技术"使用的生产工艺已有很大改进和提高。

1）生产工艺流程对比

（1）水泥基"人造大块石抢险材料研制技术"提出的生产工艺流程：原材料进场检验→模板支立→原材料拌制→拌和料分层摊铺→人工分层振动夯击→表面修整→拆模→分体切割→养护。生产过程照片如图7-20所示。

(a)模板支立　　　　　　　(b)夯击密实　　　　　　　(c)分体切割

图 7-20　改进前生产现场

（2）优化改进后的生产工艺流程：原材料进场检验→地面平整→碾压压实（黏性土基层）或散水密实（沙质土基层）→模板支立→埋设高强钢丝→原材料拌制→拌和料分层摊铺→分层机械碾压→表面修整→钢丝切割→拆模→养护。生产过程如图 7-21 所示。为了节约研究经费，在压路机碾压压实试验中租用当地的支撑及模板进行试验，没有定制快速支模、拆模支架。

(a)支模　　　　　　　　　(b)碾压密实　　　　　　　　(c)切割

图 7-21　改进后生产现场

2）改进后的生产工艺主要特点

与水泥基"人造大块石抢险材料研制技术"试验研究中提出的生产工艺相比，本次研发的移动式生产工艺主要特点如下：

（1）降低了对生产场地基底的要求，不使用其他材料硬化基底层即可满足施工要求。增加了基底洒水密实或压实等简易处理流程和工艺。

（2）快速支模、拆模结构，降低了支模、拆模的劳动强度，提高了工作效率，为早期拆模创造了条件。

（3）确定了 2～3 小时为最佳拆模时间，加快了模板的周转速度，降低了模板购置成本。

（4）使用中型以上压路机进行碾压压实，设备简单既方便快捷，又达到产品要求的密实度。

（5）利用高强钢丝切割成型，提高了切割效率。

7.4　人工防汛石材规模化厂区生产成型设备研发

7.4.1　研发过程

在前述调研和目标设置研究基础上，确定了利用黄河泥沙制作人工防汛石材规模化厂区生产成型设备采用振动挤压耦合成型工艺，并开展了针对性的研发，过程如下。

1. 技术参数室内实验阶段

为了初步确定成型机的压力、激振力、振幅、振动频率等设备参数，第一阶段开展了拌和料对压实、振动等相关参数适应特征的室内实验。

2. 成型技术方案实验阶段

联合设备制造企业开展相关研究，提出了多套成型技术比较方案；邀请国内有关专家开展专家咨询，反复比较论证，确定成型技术方案和设备设计试制企业。

3. 成型设备研发设计阶段

设备试制企业根据确定的成型技术方案进行成型设备的研发设计，同时提出与成型设备相适应的自动化生产线工艺设计，提出供配料系统设计集成方案；召开专家咨询会，对成型设备的设计和供配料系统设计成果进行论证，提出改进意见和建议；设备试制企业根据专家意见进一步优化设计方案，设计设备试制加工图纸。

4. 成型设备试制和供配料系统设计阶段

按照设备试制加工图纸进行设备试制，同时设计供配料集成系统图纸，提出设备安装图和设备安装土建条件图及土建工程施工图。

5. 成型设备厂内调试和基地供配料系统集成阶段

开展成型试制设备的厂内调试，同时在示范基地开始供配料系统的采购与集成安装；焦作黄河河务局开展成型设备基础施工和厂房设计、施工。

6. 成型设备安装调试阶段

将厂内调试好的成型设备运往孟州示范基地，安装完成后进行单机空载调试、空载联调联试、带料联调联试。

7. 试生产调试阶段

根据带料调试初步确定的现场试验配合比，进行试生产；在试生产中发现问题，对系统和设备进一步改造优化。

8. 示范生产阶段

利用黄河泥沙示范生产人工防汛备防石 $1500m^3$。

7.4.2 振动挤压耦合成型技术参数室内实验

设备研发设计前，在室内对振动挤压成型机技术的压力、平台振动频率、振幅、振动时间、密度、强度、物料性态等进行实验测试，为成型机的设计提供依据。

1. 实验设计

1）实验拌和料配合比

由于利用黄河泥沙制作人工防汛石材固结胶凝技术研究与成型技术研究同步进行，故成型技术研究所使用实验材料的配合比参考此前黄科院开展"人造大块石抢险材料研制技术"项目提出的水泥基配合比。实验用原材料采用黄河沙、42.5水泥、2级粉煤灰和激发剂，设计的试验配合比见表7-10。

表 7-10　室内振动挤压成型配合比　　　　　　　（单位：kg/m³）

编号	水胶比	水泥	粉煤灰	激发剂	沙	水	备注
1-1	0.518	105	260	26	1520	189	基准配合比

2）振动挤压耦合成型实验装置改造

为了进行振动挤压成型的室内实验，对试验室一台小型振动平台进行了改造，加装了液压加载系统、控制系统和平台机架（与振动平台刚性连接），并试制了一套振动挤压成型专用试模，相关实验装置如图 7-22 所示。实验分为专用试模振动挤压成型、组合试模振动挤压成型。

(a)室内震动挤压耦合成型实验系统　　　(b)专用试模成型实验　　　(c)组合试模成型实验

图 7-22　室内振动挤压耦合成型实验装置

3）实验仪器及参数

（1）混凝土成型振动实验台尺寸为 1m×1m，频率 50Hz，振频 3500 次/min，振幅 0.3～0.5mm。

（2）压力机为 2000kN 实验压力机。

（3）振动台配套反力架、液压加载系统、千斤顶。

（4）振动成型"专用试模"1 套，内径 $\Phi=308$mm，高 $H_1=404$mm，压头直径 $\Phi=299$mm，高 $H_2=200$mm。

（5）2 个 150mm×150mm×150mm 标准混凝土钢试模的"组合试摸"，用于振动成型的砼标准试件压头。

4）拌和物料准备

（1）按相关规范检测原材料参数，包括水泥、粉煤灰、添加剂、花园口黄河沙或孟州黄河泥沙。

（2）按选定的配合比准备拌和物料，进行搅拌拌和，拌和料如图 7-23 所示。

5）实验设计

利用花园口黄河泥沙配合比编号为 1-1 的拌和料分别进行不同压强和振动时间的振动挤压耦合成型实验。

(a)   (b)

图 7-23　物料搅拌及拌和料

6）试验程序

（1）将带底试模平放，分三层装料至模具上表面，并自然刮平。

（2）将做过自然堆积容重的试模轻轻抬至混凝土振动台中间位置平放好。

（3）根据试模和压头的尺寸，计算出施加到成型试件上不同压强时液压系统千斤顶所需的压力。

（4）准备好千斤顶，连好千斤顶各部件，插好接通千斤顶电源，将专用压头、千斤顶及垫块按照从下到上的顺序放置在试模拌合物上表面。

（5）调整反力架的中心调整丝杠，使丝杠下缘轻轻与千斤顶上断接触。启动千斤顶开关，平稳加压到千斤顶需要施加的压力，然后启动振动台对专用试模拌合物进行激振，激振 20s。

（6）振动挤压耦合成型后，卸下相关设备，首先用环刀对成型试件的上表面进行取样，然后对下表面进行取样，测试湿密度。

2. 振动挤压耦合成型实验结果

1）振动挤压耦合成型时间不变条件下压强与密度的关系

a. 专用试模振动挤压耦合成型实验

首先采用一次加压方式进行了专用试模振动挤压耦合试验，激振时间为 20s，施加的压强分别为 0.05MPa、0.10MPa、0.20MPa、0.40MPa、0.50MPa、0.60MPa、0.70MPa。实验结果表明，在振动时间一定时，随着压强的加大，成型湿密度不断提高。但压强达到 0.50MPa、0.60MPa、0.70Mpa 时，湿密度的增加趋于平缓，说明在激振时间不变时，压强达到一定程度后再提高压强的作用是有极限。初步试验还发现，因使用的振动台激振力偏小，减震弹簧偏软，且专用试摸试件较重，造成施加压力过大时（压强超过 0.2MPa），振幅太小影响实验效果。专用试模加压振动成型实验成果见表 7-11，压强与密度关系如图 7-24 所示。

表 7-11 专用试模振动挤压耦合成型实验成果

序号	压强/MPa	激振时间/s	振压前 H_1/mm	振压后 H_2/mm	平均密度/ (g/cm³)	备注
1	0.05		404	360	1.49	
2	0.10		404	324	1.63	
3	0.20		404	302	1.68	
4	0.40	20	404	281	1.74	专用试模
5	0.50		404	284	1.77	
6	0.60		404	277	1.81	
7	0.70		404	272	1.82	

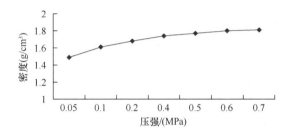

图 7-24 专用试模实验压强与密度关系

通过对图 7-24 与图 7-2 及表 7-8、表 7-9 中的实验成果和数据进行比较分析说明，在振动条件下，需要施加的压强要比没有振动时小得多，从而也说明了振动挤压耦合成型的技术路线是可行的。

b. 组合试模振动挤压耦合成型实验

在专用试摸实验的基础上，再次利用组合试模进行了一次振动挤压耦合成型试验，振动时间为 20s，施加的压强分别为 0.05MPa、0.10MPa、0.20MPa、0.60MPa、0.70MPa。实验结果表明，在振动时间一定时，组合试模的成型密度与振动压强同样呈正相关关系。且压强在 0.60MPa、0.70MPa 阶段，密度增加梯度虽有所减缓，但减缓不很明显。组合试模加压振动耦合成型实验成果见表 7-12，压强与密度关系如图 7-25 所示。

表 7-12 组合试模一次振动挤压成型实验成果

序号	压强/MPa	激振时间/s	振压前 H_1/mm	振压后 H_2/mm	密度/ (g/cm³)	平均密度/ (g/cm³)	备注
1	0.05		300	219	1.69	1.69	
2	0.10		300	216	1.71	1.71	
3	0.20		300	210	1.72	1.72	
4	0.60	20s	300	218	1.78	1.74	组合试模
			300	223	1.72		
			300	224	1.75		
			300	217	1.71		
5	0.70		300	213	1.84	1.76	
			300	220	1.74		
			300	220	1.71		

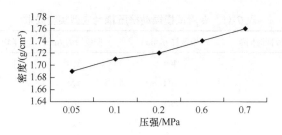

图 7-25　组合试模试验的压强与密度关系

比较专用试模振动压强与密度的关系和组合试模振动压强与密度的关系可以看出：相同激振时间下，施加压强 0.05～0.20MPa 时，组合试模振压成型的物料整体密度较专用试模振压成型的物料整体密度大；施加 0.60～0.70MPa 时，组合试模振压成型的物料整体密度较专用试模振压成型的物料整体密度小。分析主要原因如下：

（1）当施加的压强较小时，振动平台的振幅能够达到额定振幅的情况下，自重小的组合试模与拌和物料试件受迫振幅要大于自重大的专用试模与拌合物料试件受迫振幅，此时组合试模振压成型的物料整体密度较专用试模振压成型的物料整体密度大。说明当压强较小时，振幅对物料的密度起主要影响作用。

（2）当施加的压强较大时，振动平台的振幅已很难达到额定振幅；在这种情况下，自重小的组合试模与拌和物料试件受迫振幅与自重大的专用试模与拌和物料试件受迫振幅基本相同，但由于组合试模的整体性和稳定性不如专用试模，造成压力传导损失，因此，其振压成型密度小于后者。

比较分析图 7-25 与图 7-24 可以看出，由于组合试模整体尺寸和重量较专用试模小，压强为 0.70MP 时，组合试摸试件湿密度增加没有达到极限，而专用试摸由于重量大，此压强下试件湿密度基本达到极限。说明，在振动频率、振幅不变的条件下，平台与被激振体的整体重量对振动挤压成型效果影响较大。

2）不同激振方式下的成型密度

为比较在拌和物料和振频等试验条件基本一致的情况下，一次加压和二次加压振动成型时成型密度的变化，采用专业试模和组合试模进行了二次加压振动成型试验。

二次加压振动挤压试验是在施加第一级压强激振 20s 后暂停 20s，然后再施加第二级压强激振 20s。专用试模施加的压强组合分别为 0.13MPa 和 0.20MPa、0.13MPa 和 0.13MPa、0.20MPa 和 0.13MPa，组合试模施加的压强组合分别 0.13MPa 和 0.20MPa、0.13MPa 和 0.13MPa、0.20MPa 和 0.13MPa、0.60MPa 和 0.70MPa、070MPa 和 0.70MPa。实验结果表明，与一次振动挤压成型相比，二次振动挤压成型密度没有明显增加。因此，设备研发时可不考虑多次振动的方案。实验结果见表 7-13。

3）不同成型压强下不同部位密度的变化

为研究成型试件的湿密度变化，采用组合试模，分别施加 0.40MPa、0.50MPa、0.60MPa、0.70MPa 的压强，进行了产品内部不同高度部位的密度变化实验研究。实验结果见表 7-14、图 7-26。分析实验结果表明，随着压强增大，成型试件的密度与压强呈正相关关系。但在压强相同的条件下，振动模腔内物料密度基本随取样深度加大而降低，即同样实验条件下，物料上部密度大于中部密度，中部密度大于底部密度。

表 7-13　二次振动挤压耦合成型实验结果

序号	一次加压/MPa	二次加压/MPa	每次激振时间/s	振压前 H_1/mm	振压后 H_2/mm	密度/（g/cm³）	备注
1	0.13	0.2		404	318	1.7	
2	0.13	0.13		404	312	1.71	专用试模
3	0.20	0.13		404	320	1.68	
4	0.13	0.2	20	300	233	1.72	
5	0.13	0.13		300	220	1.76	
6	0.20	0.13		300	207	1.8	组合试模
7	0.60	0.70		300	214	1.81	
8	0.70	0.70		300	211	1.83	

表 7-14　不同压强下试件不同深度处的密度变化

序号	压强/MPa	激振时间/s	试件高度/mm	成型高度/mm	取样深度/mm	密度/（g/cm³）	备注
1			300	226	40	1.74	
2	0.4		300	222	120	1.74	
3			300	219	210	1.73	
4			300	221	50	1.8	
5	0.5		300	219	110	1.78	
6			300	216	200	1.76	
7		20	300	224	40	1.81	专用试模
8	0.6		300	223	90	1.83	
9			300	219	160	1.78	
10			300	217	220	1.76	
11			300	219	45	1.84	
12	0.7		300	216	100	1.82	
13			300	214	165	1.80	
14			300	213	220	1.77	

从图 7-26 可见，其分布规律类似于静压条件下的分布规律。分析其原因，主要是受实验装置限制，振动台激振力偏小，且液压加压系统直接连接到振动平台，使实验施加压力全部作用到震动台上，施加较大压力时，振幅会大大降低，振动对拌和料的密实作用减小，压强成为拌和料密实的主要影响作用，而压强自上向下传导时，需要克服更大的摩擦阻力和物料颗粒间的黏结咬合力。

实验成果也表明，振动挤压耦合成型时，施加的成型压力直接作用在振动平台上会明显降低振动成型效果，在成型设备研发中应予以避免。

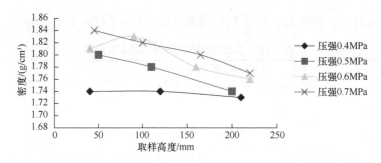

图 7-26   不同压强条件下密度随取样高度的变化

4）振动时间与密度的关系

振动挤压耦合成型实验过程中，模腔内整体拌和料不断发生弹性变形和塑性变形，在一定压力的成型条件下，无论振动时间怎样增加，拌和料都不再变形，密度达到最大。如果继续振动，部分拌和料颗粒反而会克服黏接力和咬合力发生向上的运动，造成整体密实度下降。因此，不同的拌和料组成和性态，在一定的成型条件下会有一个最佳振动时间以达到理想的密度。生产中可以根据制品的不同需要选择一个经济合理的成型振动时间。

室内实验还开展了不同压强作用下，振动时间与密度的振动挤压耦合实验。实验数据如表 7-15 所示，不同压强下振动时间与密度关系如图 7-27 所示。试验表明，无论在多大压强条件下，振动时间不是越长越密实，振动挤压耦合成型存在最佳振动时间。压强为 0.1MPa 时最佳振动时间约 40s，压强为 0.4MPa 时最佳振动时间约 30s。说明，施加的压强越大，所需的最佳振动时间越少。

表 7-15   不同压强下振动时间与密度试验结果

序号	压强/MPa	振动时间/s	密度/（g/cm³）	备注
1		20	1.39	
2	0.1	30	1.46	
3		40	1.51	
4		50	1.48	
5		20	1.47	
6	0.2	30	1.57	
7		40	1.6	
8		50	1.58	
9		20	1.52	
10	0.3	25	1.68	
11		30	1.73	
12		35	1.77	
13		20	1.56	
14	0.4	25	1.69	
15		30	1.79	
16		35	1.76	

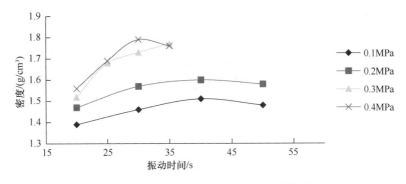

图 7-27　不同压强下振动时间与密度关系

5）物料含水率与密度的关系

物料的组成和性态对成型密实度有很大影响，过于干燥松散的物料颗粒间黏结力和水分子结合力相对变弱，振压时不容易黏聚成型，同时在脱模时容易产生开裂、缺棱掉角等缺陷；过于潮湿的物料颗粒间黏结力和水分子结合力相对变强，在振压过程中易产生更大的摩阻力，同时容易产生水分流失出浆料，在脱模时容易发生塌陷。因此，物料具有合适的含水率对振压成型的坯体密度有很大影响。试验表明，物料含水率在12%～14%较为适宜，如表7-16、图7-28所示。

表 7-16　物料含水率与密度试验结果

序号	压强/MPa	振动时间/s	物料含水率/%	密度/（g/cm³）
1			8.2	1.49
2	0.2		10.5	1.6
3			12.7	1.66
4			14.8	1.61
5			7.6	1.55
6	0.3		10.6	1.74
7			13	1.72
8		30	15.2	1.7
9			9.4	1.68
10	0.4		12.6	1.81
11			15.1	1.77
12			17.4	1.76
13			8.6	1.72
14	0.5		11.2	1.81
15			14.5	1.85
16			17.6	1.8

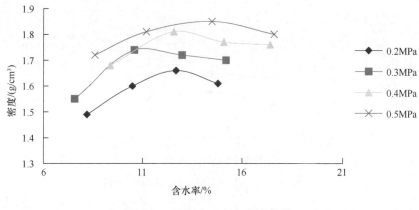

图 7-28 物料含水率与密度关系

7.4.3 振动挤压耦合成型设备研发

1. 成型技术方案

为了利用相关设备制造企业的技术优势,项目组分别联合洛阳豪智机械有限公司、郑州华科自动化有限公司、河南省机械设计研究院、洛阳中冶重工机械有限公司提出了成型技术方案。

1)方案一

方案一是项目组与洛阳豪智机械有限公司研究提出的成型技术方案。方案自上料至布坯采用自动生产,成型设备采用上下双向液压压制加振动的成型原理,初步压制成型的人工防汛石材坯体带模具经过专用滑道进入成品堆放场地,自然养护成型的全自动化生产工艺流程。工艺流程为:配料→称料→上料→拌和后送入压制机进料仓→经振动、压制、脱模→通过出料机构滑道→进入成品堆放场地→卸料机装卸。方案一生产线总图如图 7-29 所示。

2)方案二

方案二是项目组与郑州华科自动化有限公司研究提出的成型技术方案。方案采用振动夯实原理,当振动压实机的振动夯抬起时,布料机向前移动对准模腔,将储料仓的拌和料落入模腔内,第一次投料量为总量的三分之一;投料完成后,布料机向后移动,振动压实机落下,将液压振动夯压头与物料接触,开动振动夯对模腔内的物料进行振动夯实;完成第一次振动夯实。

第一次振动夯实后,振动夯在油缸的带动下提至上止点,布料机再次前移对准模腔,重复第一次的布料到振动夯实的动作,完成第二次振动夯实;第二次投料量仍为总量的三分之一。

第三次重复上述动作和投料量,完成第三次振动夯实后,模腔在油缸的带动下上移进行脱模,坯体与模腔完全分离后,由移动机构将载有坯体的托板和坯体一起推出,进入坯体输送带上,并重新将一新托板置于模腔下方,此时模腔落下,完成生产单块人工防汛石材的一个生产循环。

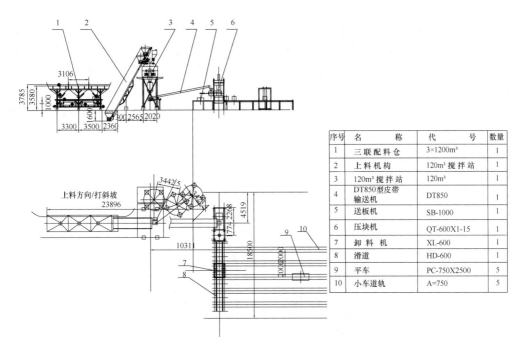

序号	名　　　称	代　号	数量
1	三联配料仓	3×1200m³	1
2	上料机构	120m³搅拌站	1
3	120m³搅拌站	120m³	1
4	DT850型皮带输送机	DT850	1
5	送板机	SB-1000	1
6	压块机	QT-600X1-15	1
7	卸料机	XL-600	1
8	滑道	HD-600	1
9	平车	PC-750X2500	5
10	小车道轨	A=750	5

图 7-29　方案一生产线总图（单位：mm）

　　第一块生产出的坯体和托板顺输送带移动到堆垛机右端位置，由堆垛机将托板和坯体同时提起移动到叉车位置，将托板和坯体落下放在叉车上，当叉车上的坯体堆积够三层后由叉车将坯体运放至空闲位置进行保养固化。

　　方案二工艺流程图如图 7-30 所示。

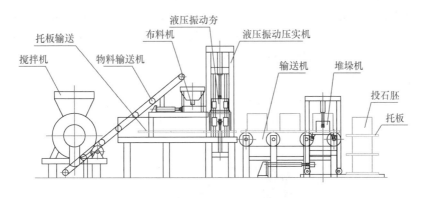

图 7-30　方案二工艺流程图

3）方案三

　　方案三是项目组与河南省机械设计研究院研究提出的成型技术方案。该方案是一种现有全自动液压制砖机的改造方案，设计最大工作压力 1280t，最大填料高度 420mm。该机组的生产工艺过程为：混合料通过定量称重下料装置计量，进入喂料斗；由带内置位移数字传感器的推进油缸把喂料箱推至喂料→压制→夹坯三工位工作台上的模腔上方，在喂料斗的摆动，以及内部双转子快速搅动压迫的复合作用下迅速把模腔均匀布满物料；在程序控制下三工位工作台迅速退一个工位至压制位，主副油缸按分阶段加压的工作方式把物料压制成型；然后再迅速退一个工位至夹坯位，压制副油缸把坯体快速顶出模腔，夹坯器夹住坯体，并迅速向前移动，平稳放置于输送皮带上；同时喂料箱再次被非常准确地推至模腔上方进行下一循环布料。

输送皮带由数字编码器控制，迅速把坯体移动至自动码坯机下，由码坯机机械手抓起并按程序要求码放至蒸压小车上。完成从布料→压制→出坯→夹坯→码放一个完整的动作循环。方案三的成型机外观如图7-31所示。

图 7-31　成型机外观图

4）方案四

方案四是项目组与洛阳中冶重工机械有限公司研究提出的成型技术方案。方案采用振动挤压（下振上压一次成型）原理和自然养护成型工艺。振动成型机主要由压头、液压油缸、锁模机构、链条、模具、物料、托板、振动平台等组成，在振动平台内有对称布置的振动电机，能够产生竖直方向的周期性简谐激振力，在压头接触物料前，振动电机进行振动，液压油缸的下降用节流阀控制缓慢下降。压头在物料的压制过程中，受自身的重力和液压缸的推力和物料的支撑力的共同作用使得物料变得密实。液压油缸通过链条和机架柔性连接，振动不易传递到机架上。

方案四工艺流程为：配料→称料→上料→拌和后送入压制机进料仓→布料→振动挤压→脱模→推送→进入成品堆放场地。方案四的成型系统原理如图7-32所示。

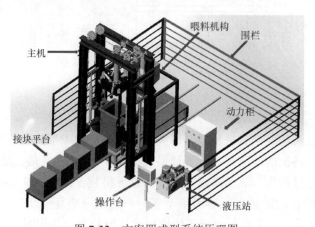

图 7-32　方案四成型系统原理图

2. 成型技术方案专家咨询论证与研发方案确定

为了确保成型技术方案切实可行、成型设备研制成本合理，项目组组织开展了 3 次成型设备研制咨询论证会。第一次专家咨询会主要对各技术方案和成型设备进行质询，专家认为四个成型技术方案和设备技术指标基本能满足利用黄河泥沙制作人工防汛石材生产要求，但均存在一些问题，并提出了改进建议。第二次专家咨询会对改进后的四个成型技术方案进行了质询与评审，提出专家意见和建议如下。

1）专家意见

（1）方案一，成型设备采用上下双向液压压制加振动的成型原理和自然养护成型工艺，振动装置、加压装置一体设计影响振动效率，设备成型主机尺寸较大，设计和制造复杂。自动布坯机构自动化程度高，但投资大，占用场地大。因此，该研发方案不适合人工防汛备防石的规模化生产。

（2）方案二，成型设备采用单向振动夯实原理和自然养护成型工艺，其成型特点是采用三次振动夯实成型工艺，易保证大体积防汛石材的压实密度。但也存在成型工序复杂、控制程序多、布料机向模具布料准确度难易控制等不足，特别是在换装不同规格尺寸的成型模具时，所有控制程序和控制工位都需要重新调整，难度较大。因此，该方案的研发难度和实际生产操作便捷性存在一定问题。

（3）方案三，依靠液压设备采用静压生产原理，技术成熟可行，生产工艺比较完善、生产效率最高，但最大成型高度为 420mm，低于要求的 450～600mm，且报价 500 万元的生产设备和建厂投资较大。

（4）方案四，采用一次填料整体振动挤压成型的生产方式，工艺简单，液压油缸通过链条和机架柔性连接，振动不易传递到机架上，不会影响振动效率，技术上认真完善后比较可行。

2）专家建议

（1）生产设备的产能不宜太大，重要的是要实现自动化生产。

（2）生产设备的研制要针对不同的原材料和配合比进行多次试验生产，以保证利用不同河段黄河泥沙生产的人工防汛备防石均能满足相应的技术指标。

（3）研制的生产设备应坚固耐用、故障率低，以适应野外现场环境的生产需要。

（4）研制的生产设备应尽可能降低造价，以便于推广。

3）成型技术研发方案对比

四种成型技术研发方案，从成型工艺、功能、技术特点、生产效率、造价等方面的对比情况见表 7-17。

4）成型技术研发方案确定

在综合专家意见建议和比较分析的基础上，结合生产示范要求和设备研发经费情况，认为成型技术方案四，采用一次填料整体振动挤压耦合成型的生产方式，工艺简单，液压油缸通过链条和机架柔性连接，振动不传递到机架上，不影响振动效率，设计理念新颖，技术比较可行，初步确定采用方案四的技术方案。之后，又第三次组织专家咨询会，就方案四进行专题咨询讨论，最终确定依据方案四的总体技术方案进一步完善后研发试制。

表 7-17 四种成型技术研发方案的比较分析

序号	方案	成型工艺	功能	主要特点	生产效率	造价
1	方案一	双向液压成型	满足	占地面积大，需要模具多	中等	较高
2	方案二	液压成型	满足	自动化程度，需要建厂	高	高
3	方案三	振动夯实	不满足	产品分层成型，工序较多	一般	较低
4	方案四	振动挤压耦合	满足	设备简单，易优化扩展功能	中等	中等

7.4.4 振动挤压耦合成型主机设计

设备试制企业根据确定的成型技术方案进行成型设备的研发设计，同时提出与成型设备相适应的自动化生产线工艺设计，提出供配料系统设计集成方案。经专家咨询，对成型设备的设计和供配料系统的设计集成总体方案进行了论证，提出改进意见和建议。试制企业根据专家意见进一步优化，设计了设备试制加工图纸。

1. 振动挤压耦合快速成型主机研制理论依据及设计模型

1）工作原理

根据试验研究结果，只要对物料施加的压力不小于成型阻力，松散物料必然受到挤压而发生塑性变形，进而达到理想密实状态。振动密实过程就是含间隙的塑性碰撞振动过程。干硬性物料振动成型密实的原理实为塑性碰撞振动密实。

2）系统模型

针对传统的振动成型机制作大块人工防汛石材存在生产效率和尺寸等多方面的缺陷，结合塑性碰撞振动密实机理，根据利用黄河泥沙制作非水泥基人工防汛备防石生产需求，研发的一种新型振动挤压耦合、快速成型设备的系统模型如图 7-33 和图 7-34 所示。

新型的振动挤压耦合快速成型机，主要由压头、液压油缸、锁模机构、链条、模具、物料、托板、振动平台等组成。在振动平台内有对称布置的振动电机，能够产生竖直方向的周期性简谐激振力，在压头接触物料前，振动电机进行振动，液压油缸的下降用节流阀控制缓慢下降。压头在物料的压制过程中，受自身的重力、液压缸的推力和物料支撑力的共同作用，使得物料变得密实。由于液压油缸通过链条和机架柔性连接，振动不易传递到机架上。其内部受力如图 7-35 所示，即挂钩锁紧后，压头与模具通过锁模机构与振动平台上台面组成一个系统。压制油缸加压时，压制力压制物料传递到平台上，压制油缸给压头一个向上的反力，通过锁模机构传递到振动平台的两边。

新型振动挤压耦合成型机采用压力脱模，原理如图 7-35 所示。物料成型后，锁模机构勾住模具，使得模具和锁模机构成为一体，在模具的提升过程中，液压油缸无杆腔进油, 对成型的砌块施加压力, 使其脱模。

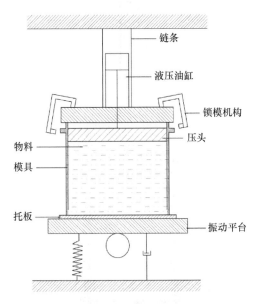

图 7-33 振动挤压耦合成型系统模型

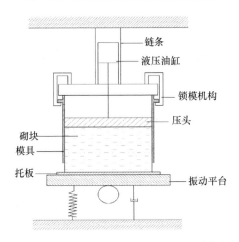

图 7-34 振动挤压耦合成型系统模型脱模过程

3) 创新点和风险

虽然国内有小型砌块振动成型机和大型炭块振动成型机的设备可以借鉴, 但是对于利用黄河泥沙掺加矿粉、粉煤灰、炉灰等掺合料和 $Ca(OH)_2$、NaOH 等碱激发材料或水泥、激发剂等胶结材料来制成较大尺寸人工防汛石材的专用设备还是空白, 特别是其成型高度较大, 若成型工艺和压制力控制不当, 容易使利用黄河泥沙制作的人工防汛石材造成层裂或者密实程度不均匀。因此, 如何运用塑性碰撞振动密实机理, 同时耦合高强挤压效能, 设计一套利用黄河泥沙制作人工防汛石材的振动挤压耦合的快速成型设备, 既能生产出密实可靠的人工防汛石材, 又具有较低能耗和较长使用寿命, 设备整体设计有很大的难度, 需要在原型机上反复试验和调试, 逐步改进。

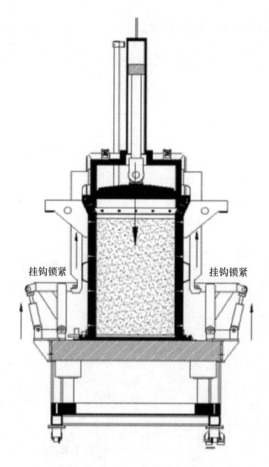

图 7-35　内力作用示意图

2. 振动挤压耦合成型主机设计参数计算

振动挤压耦合成型主机的主要机构和动作,包括上下锁模机构锁模,振动平台激振,压头压制,模具提升脱模,压头提升,行走系统,坯体推出等。作用力包括激振力、压头压制力、模具装料前后移动的水平推力、推出坯的水平推力、第一和第二锁模力、模具提升力、压头提升力等。并根据以上作用力计算,选配液压站、泵和电机。

1)激振力计算

激振力范围一般为 0~140kN,振动挤压耦合成型机的激振力可通过振动频率和偏心块重量调整。激振力和振动加速度的计算方法如下:

$$F = Ma \tag{7-1}$$

式中,F 为激振力;M 为振动体质量;a 为振动加速度。其中:

$$M = M_{振动台} + M_{振动器} + (M_{模箱} + M_{托板} + M_{压头})/3 + M_{弹}/3 + 0.4M_{制} \tag{7-2}$$

$$a = 5g \tag{7-3}$$

则,M=500+100+(2400+50+1500)/3+20/3+0.4×600=2173kg;那么:

$$F = 2173 \times 5 \times 9.8 = 106477N \approx 106kN = 10.6t$$

2）压制油缸提供的脱模力

脱模力通过试验确定，即通过人工击打坯体至需要密度时脱模需要的力。经过试验，脱模力约28t。

3）水平推力油缸

行走系统自重：模具装配2.26t+1.66t+行走小车2t+物料0.6t=6.52t。

水平推力：由于行走轮滚动轴承摩擦系数很小，约0.0015，水平推力负载取F=1t。

因此，选用油缸缸径50mm，杆径28mm，速比1.46，推力3t，拉力1.8t，可以保证前进后退的拉力均能满足行走要求。

4）推坯油缸

坯体重量约0.6t，托板约55kg，取负载推力F_1=0.6t。选取油缸缸径50mm，杆径28mm，推力3t，拉力1.8t，可以满足推坯要求。

5）压制/脱模油缸

压制/脱模力预先取28t。因为压制油缸不仅要实现压制功能，还需要实现脱模功能，压制力大小需要通过工业试验确定最佳值，目前暂取脱模力。

6）第二锁模油缸

第二锁模油缸作用力传导示意图如图7-36所示。

根据杠杆原理，第二锁模作用力$F_缸$ = F×35/298.3 = 7×35/298.3 = 0.82t。取油缸缸径40mm，杆径22mm，推力2t，可以满足锁模要求。

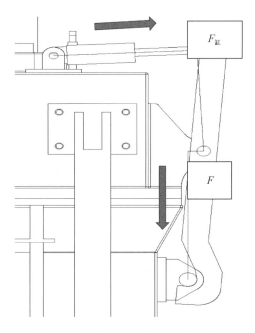

图7-36 第二锁模油缸作用力传导示意图

7）第一锁模油缸

第二锁模油缸作用力传导示意图如图 7-37 所示。

同样，第一锁模作用力 $F_2 = F_1 \times 149.2/262.87 = 3.97t$，取油缸缸径 63mm，杆径 35mm，推力 4.98t，可以满足第一锁模要求。

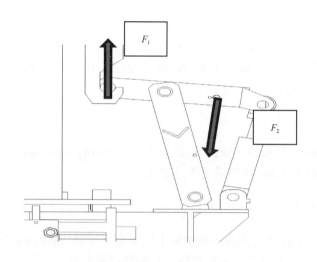

图 7-37　第一锁模油缸作用力传导示意图

8）模具提升油缸

需要提升的模具重量 4.5t；取油缸缸径 80mm，杆径 40mm，推力 8t，拉力 6t，可以满足模具提升要求。

9）压头提升油缸

压头重量约 1.7t；取油缸缸径 63mm，杆径 35mm，推力 4.9t，拉力 3.4t，可以满足压头提升要求。

10）液压计算说明

（1）油缸平均速度 70mm/s、震动时间 11～13s/次，初定液压系统压强 16MPa。

（2）负载要求包括最大压制及脱模力 28t、压头重量 1.7t、模具重量 2.3t、坯体重量 0.432t。

（3）振动成型机工作流程中的所有动作需用液压缸驱动，具体参见表 7-18。

（4）压制过程：①执行元件，油缸 150/85-700，一根；②最大压制行程（同时振动）570mm，压制时间 11～15s，压制速度 $V = 38 \sim 51.8$mm/s；③压制力 $F = 28.26t$、压强 16MPa；④所需流量 $Q = 40.3 \sim 54.9$L/min；⑤消耗功率 $P = 10.74 \sim 14.64$kW。

（5）提模过程：①执行元件，80/40-750，一根；②提模行程 750mm，提模速度 $V = 70$mm/s，所需时间 10.7s，③提模负载 $F = 5.4t$，取 1.2 倍安全系数；④所需流量 15.8L/min；⑤所需压强 $P = 14.3$MPa；⑥消耗功率 $P = 3.77$kW。

表 7-18　液压缸型号及性能

油缸	型号	推力/t	拉力/t	数量
推车油缸	50/28-1400	3.14	1.856	1
料斗油缸	40/25-350			1
提模油缸	80/40-750	8.042	6.032	1
压头提升油缸	63/35-1100	4.987	3.4487	1
压制油缸	150/85-700	28.274	19.321	1
下锁模油缸	63/35-50	4.987	3.4487	4
上锁模油缸	40/22-50	2.01	1.401	4
推坯油缸	50/28-1400	3.14	1.856	1

（6）压头提升过程：①执行元件，63/35-1100，一根；②提升行程 1000mm，提模速度 V=80mm/s，所需时间 12.5s；③提模负载 F=2.04t，取 1.2 倍安全系数；④所需流量 Q=10.34L/min；⑤所需压强 P=9.47MPa；⑥消耗功率=1.63kW。

（7）推坯过程：①执行元件，50/28-1400，一根；②推坯行程 1300mm，速度 V=100mm/s，所需时间 13s；③负载 F=0.35t，取 0.8 的摩擦系数；④所需流量 Q=11.78L/min；⑤所需压强 P=1.78MPa；⑥消耗功率 P=0.35kW。

（8）推车过程：①执行元件，50/28-1400，一根；②推坯行程 1300mm，速度 V=100mm/s，所需时间 13s；③负载 F=9.78kg，取 0.0015 的摩擦系数；④所需流量 Q=11.78L/min。

（9）下锁模过程（压制过程中保压）：①执行元件，4-63/35-50；②行程 50mm，速度 V=50mm/s，所需时间 1s；③单缸负载 F=3.97t，无杆腔出力；④所需总流量 Q=37.4L/min；⑤所需压强（保压）P=12.8MPa。

（10）流量-工况（时间）循环图。液压流量在不同工况阶段循环情况如图 7-38 所示。可见，在下锁模、压制、模具下降三个时段所需液压流量明显较大。

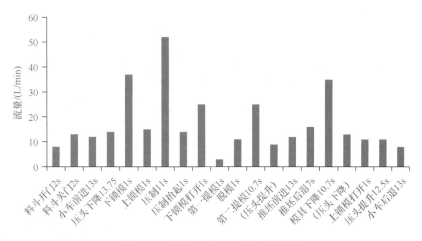

图 7-38　流量-工况（时间）循环图

（11）压力-工况循环图。不同工况阶段的压力变化如图 7-39 所示。可见，在压制、脱模阶段所需压力明显较大。

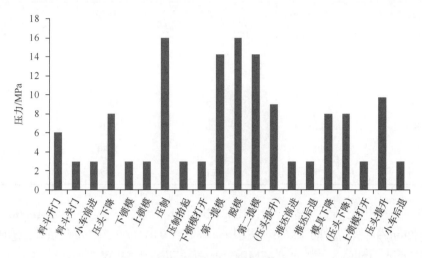

图 7-39　压力-工况循环图

（12）功率-工况循环图。不同工况阶段设备的输出功率变化如图 7-40 所示。可见，在压制、压头升降阶段设备的输出功率明显较大。

（13）液压泵和电机的确定。根据上述分析计算结果，选择液压泵和驱动电机：①液压泵选择：CBTL-F420/F416AFP 双联泵，额定压力 20t，最高压力 25t，容积效率 92%，最大输出流量 $Q=36×1460×0.92/1000=48.36$L/min。②电机的确定：四极电机，转速 1460，压制时双泵输出 $P=14.3$kW，电机为 11kW。

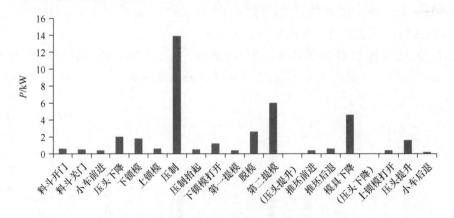

图 7-40　功率-工况循环图

3. 振动挤压耦合成型机设计

1）主要技术参数设计

根据上述研究、计算结果，确定振动挤压耦合快速成型机的主要技术参数如表 7-19 所示。

表 7-19　振动液压成型机主要技术参数设计

参数	规格
外形尺寸	长 8300mm×宽 4000mm×高 4500mm
整机功率	55kW
整机重量	10t
成型方式	振动增密　液压成型
额定压力	28t
振动频率	3000～4500 次/min
激振力	30～60kN
控制方式	成型、脱模自动控制
模具	长 700mm×宽 700mm×高 600mm（模腔内尺寸）模具 1 套
主机占地面积	40m²
产品运移方式	叉车搬运
生产效率	140 块/天
主机运输	设备各部件可拆卸分开装车运输

2）振动挤压耦合成型机机构

振动挤压耦合成型机机构主要包括：压头提升机构、主机框架、模具提升机构、压头加压机构、模具、振动台、第一锁模机构和第二锁模机构，如图 7-41 所示。

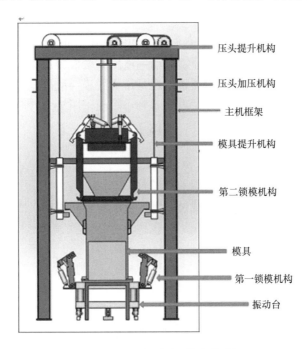

图 7-41　振动成型机机构图

其中，压头提升机构采用液压油缸驱动链条，链条通过链轮来提升液压油缸及压头。模具提升机构采用液压油缸驱动钢丝绳，钢丝绳通过定滑轮来提升模具。压头加压机构采用由液压油缸直接驱动压头。第一锁模机构采用油缸驱动连杆机构达到对模具下侧的压紧；第二锁模机构采用油缸驱动连杆机构达到对模具上部的锁紧。振动台采用两台振动电机和空气弹簧，带动模具和物料随之振动。

3）喂料机构

喂料机构主要由料仓、料仓门、料仓门气缸组成，配好的物料由输送皮带运输到喂料机构内，当行走小车把模具运送到喂料机构的正下方，喂料机构开始布料，如图7-42所示。

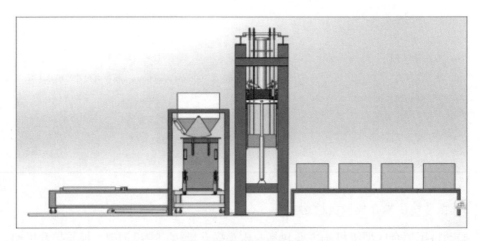

图7-42　喂料机机构图

4）振动挤压耦合成型机的工作流程

行走小车后退，模具填料→行走小车前进到主机压头正下方→压头下降，准备锁模→合模完成，第一锁模机构锁紧，开始振动→液压缸缓慢施加压力，振动平台高频振动第一锁模机构松开，第二锁模机构锁紧后进行压力脱模→脱模结束，推坯机构把成型砌块推出→推坯油缸回缩，模具下行，直至落到小车上，压头上行至设定位置。然后小车载模具后移接料，完成一个工作循环，如图7-43所示。

5）行走小车

行走小车采用液压油缸为驱动实现前后的往复运动，其主要用于振动台的支撑，同时是喂料机构给模具布料前后进给的载体。上边安装有推块机构，推块机构采用液压油缸为驱动力实现砌块的推送。

6）接块平台

接块平台采用焊接式框架结构，中间安装滚筒便于砌块的推送，接块平台主要用于承接成型后的砌块，方便运输。

7）振动挤压耦合成型机的特点

与上述类似成型设备相比，振动挤压耦合成型机的主要特点如下：

（1）采用振动增密，液压加压成型方式，整机重量轻、功耗小，成本低。成型的黄河泥沙人工防汛备防石坯体密度比较均匀，气孔率较低。

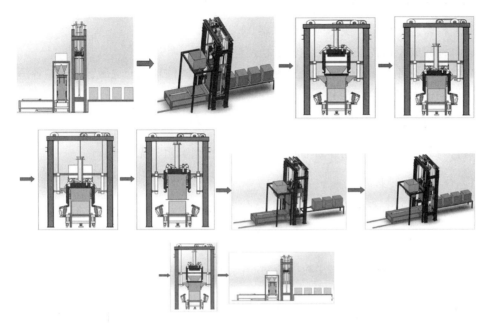

图 7-43　振动挤压耦合成型机工作流程图

（2）主动脱模功能，能够根据坯体需要设置脱模力大小。

（3）机架空间高度大，即可生产大尺寸制品，也可通过更换模具快速生产不同规格的其他制品。

（4）整机模块化设计，便于运输和组装生产。

（5）各工艺动作通过液压和电气自动控制，生产效率高。

7.4.5　振动液压耦合成型设备样机试制和厂内调试

利用黄河泥沙制作人工防汛备防石的振动挤压耦合成型机，经过理论计算、方案设计，完成了样机制造生产。为保证新型振动挤压耦合成型机的产品质量，验证产品结构、设计和功能的合理性、制造和装配的正确性，尽量减少现场安装调试过程中出现的各种问题。主机生产完成后，在厂内按照《厂内试验大纲》和《出厂试验大纲》进行了整机安装和初步联动调试。

1. 机械部分调试

1）准备工作

（1）各个设备单独动作试验完成，且接口正确安装。

（2）液压油必须经过滤油车进行过滤后才能加入液压站，试验过程中要保证液压系统的清洁度。

（3）各压力制阀在试验前应将旋钮调整到松开的位置。

（4）各流量控制阀在试验调整时须遵循从小到大的调节原则。

（5）首先进行空载试验，空载试验正常运行 4 个小时后，带料试验。

2）振动挤压耦合成型机调试

（1）检验急停按钮，操作应安全可靠。

（2）检验成型机在工作时应运转平稳，性能可靠。

（3）检验各可调部位的调整应灵活，各种动作之间的转换应灵敏、准确，各运动零部件在运动中无明显爬行、卡阻、冲击等现象。

3）喂料机构的调试

料仓内装满物料，料仓开启油缸可正常动作，无卡阻、无漏料。

4）行走小车的调试

检验驱动行走小车的油缸往复运行多次，前后极限行程是否达到实际要求。

5）接块平台的调试

调整接块平台与振动成型主机的相对距离及安装高度，使推块机构能将砌块顺利推送到接块平台。

空载试验完成后，根据黄科院提供的物料配比，在厂内进行了带料试验。带料试验除了重复空载试验的事项外，需要检测成型砌块的容重和强度是否满足设计要求，同时对比实际生产周期。

2. 设备基本参数测试

整机调试的重点是对振动挤压耦合成型机的主机参数、振动平台的激振力、振幅等进行测试。调试结果表明：整机运转正常、各机构动作可靠，带料生产过程顺利。

厂内调试过程的成功实施，说明该设备是一种结构简单紧凑、生产效率高、维护成本低、满足自动化安全生产需要的黄河泥沙人工防汛备防石振动挤压耦合快速成型设备，生产的黄河泥沙人工防汛备防石密度均匀。具体有以下技术优点：

（1）设备主体结构采用优质型钢焊接，承载能力大变形小，便于维护，操作简单，成型机各组成部分模块化设计，便于拆解运输和组装生产；

（2）采用振动增密液压成型的方式，所成型的备防石坯体密度较高且比较均匀，气空率较低，耐压强度高，外形规整，棱角完好；

（3）设备工艺布局合理，各工艺动作通过液压和电气实现自动控制，生产效率高；

（4）生产制品品种可以多种多样，通过更换模具，可快速实现生产不同规格的制品。

厂内调试情况如图7-44所示。

图 7-44　厂内主机调试过程图

7.5 人工防汛石材厂区生产成套设备集成与安装

7.5.1 示范生产线工艺流程

利用黄河泥沙制作人工防汛石材的生产，一般包括原料处理、计量、输送、搅拌、成型、养护和成品堆放等工艺流程，如图 7-45 所示。

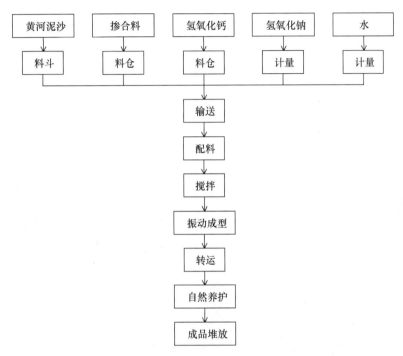

图 7-45 利用黄河泥沙制作人工防汛石材的生产工艺流程图

7.5.2 示范生产线设备集成

1. 集成设计

设计集成了利用黄河泥沙制作人工防汛石材生产线的配料系统、振动成型系统、电气控制系统及液压系统，如图 7-46、图 7-47 所示。

2. 振动挤压耦合成型机设备集成及功能配置

生产人工防汛石材的振动挤压耦合成型机主要由主机、操作台、动力柜、液压站、喂料机构、接块平台等模块组成，如图 7-32 所示。

（1）振动挤压耦合成型机主要由振动成型部分、行走小车及导轨、加料料仓及支架、液压系统、电控系统、安全围栏和接块平台等附件组成。

（2）振动挤压耦合成型机包括主机框架、模具、振动台、第一锁模机构、第二锁模机构、压头加压机构、压头提升机构、模具提升机构、推块机构等。完成混合料在模具内的振动和加压成型、成型坯体与模具脱模和坯体自动推出的功能。

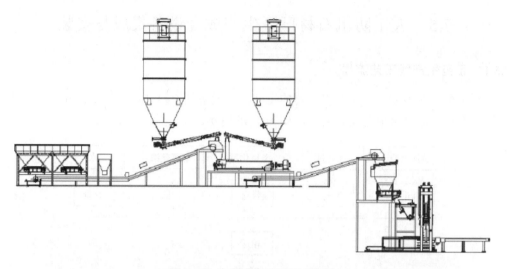

图 7-46 生产线集成设计示意图

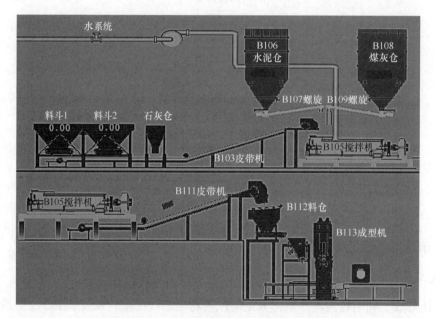

图 7-47 人工防汛备防石生产线系统示意图

（3）模具由压头、模框等组成，压头提升机构的液压缸带动压头上下运动，当压头压到混合料上时，压力油缸动作，驱动压头压向混合料，实现对混合料的压制成型。

（4）锁模机构包括第一锁模机构把模具锁定在振动平台上，第二锁模机构把压头加压机构锁定在模框上部，以便完成后续的成型过程和坯体脱模功能。

（5）压头提升机构主要用于提升加压机构，加压机构向混合料施加压力以及块成型后的脱模后，通过液压缸提升和链条导轮的动作，提起加压机构，为后续的脱模腾出空间高度，该压头提升机构不参与振动。

（6）压头加压机构包括加压油缸、加压机架，机架与第一锁模机构配合，实现对模具的锁定，实现液压加压功能，可适应较大规格的备防石的生产，加压前端设置减震装置，实现了柔性加压，对设备冲击小，稳定性好。

（7）推块机构由推块架、推块板、液压缸、导向轮及支座组成，完成对成型坯块的推出。

（8）液压系统包括液压站、控制阀组、连接管路等其他附件，实现移动小车、推块机构、加压机构、压头提升机构、模具提升机构和锁模机构的动作。

（9）电控系统主要由低压控制柜、PLC 控制系统、操作台、检测元件、工控系统、电缆等组成。本系统采用 PLC 自动控制系统，通过工控机可实现系统的集中控制，通过现场操作台的控制方式选择旋钮和操作按钮，可实现系统各主要工艺设备和装置的现场控制，并通过 PLC 实现系统各主要设备之间的连锁控制。

（10）小车推送机构包括小车架、导轨和驱动油缸，使小车运行快速、平稳、挺位准确，快速实现模框内添料。

（11）料仓及机架由钢板焊接而成，由料仓体、气缸、机架和料门等组成，料仓配备称重传感器，实现定量给料，确保备防石成品质量的稳定性。

3. 供配料主要设备

供配料设备主要由料斗、料仓、输送皮带、搅拌机、加水系统、计量系统等组成，设备型号与规格见表7-20。

（1）料斗：包含两个 $7m^3$ 的料斗、振动电机、料斗支架、除铁器等，用于储存泥沙、炉渣及矿渣等。

（2）料仓：包含两个 $40m^3$ 的料仓，两条螺旋输送机、料仓支架等；用于储存粉煤灰、炉灰掺合料等。

（3）输送皮带：包含输送皮带、搅拌进出输送皮带等，用于物料输送和计量。

（4）搅拌机：连续式搅拌机，用于混合料的搅拌。

（5）加水系统：包含水泵及管道，用于物料水分控制。

（6）计量系统：掺和料螺旋控制系统和添加剂称量系统。

表 7-20　供配料系统主要配置设备表

序号	设备名称	设备型号及规格	数量	单位	备注
1	配料机	$2×7m^3$	1	台	
2	添加剂受料斗	$1.0m^3$	1	台	
3	胶带输送机	B650 型	1	台	
4	除铁器	RCYB-6.5	1	台	
5	双轴连续搅拌机	$Φ550×4000$ 型	1	台	
6	水泥粉仓	$50m^3$	1	台	
7	螺旋计量秤	ø168 型	1	台	
8	粉煤灰仓	$50m^3$	1	台	
9	螺旋计量秤	ø168 型	1	台	
10	计量称		1	台	流量流程计
11	皮带输送机	B650 型	1	台	出配料机至搅拌机皮带
12	成平料斗	$4.0m^3$	1	台	
13	振动成型机	ZYZ60	1	台	
14	空压机		1	套	

7.5.3　示范基地规划及生产线布置设计

示范基地占地约 100 亩，产权为孟州黄河河务局所有，场地内既有建筑布置较多，只有场地北半部有一个较大的空旷场地，东西长约 70m，南北宽约 50m。为了尽量不破坏原有的建筑，以场地北半部的空地作为示范基地的核心区，布置示范生产设备。核心区面积约 3500m^2。

根据场地现状，在示范基地的规划中，原则上不拆除原有建筑，还要充分利用原建筑，尽可能减少示范基地建设内容，节约项目科研、建设费用。为此，将示范生产区布置在场地中间部位，南北长约 35m，东西宽约 30m。示范生产区西侧的空地作为产品养护场地，东侧的空地作为黄河泥沙、炉灰等原料临时存放场地，其他空地作为产品厂内临时存放场所。对于核心区西部的建筑，南侧作为卫生设施利用，北侧作为厨房利用；对于核心区北部的建筑，中间建筑作为生产工人宿舍，东部建筑作为管理用房和激发剂等材料库房。

根据示范基地的总体规划，示范生产线布设可利用场地南北长约 35m、东西宽约 30m，无法采用直线布置，设计成"L"形布置，南侧为供配料系统，北侧为成型厂房。示范生产线设备布置如图 7-48 所示。

7.5.4　设备采购与安装

1. 设备采购

设备由洛阳中冶重工集团有限公司采购并运送到孟州示范基地。

2. 设备安装

项目组工作人员与洛阳中冶重工集团有限公司技术人员按照生产需要、技术规范要求，进行设备现场安装。安装现场如图 7-49 和图 7-50 所示。

（1）按照工艺图纸要求，把配料系统、振动成型系统、电气控制系统及液压系统等设备，安装到指定位置，把所有液压管路，电气元件连接完毕。

（2）检查所有紧固件，若有松动，重新进行紧固。

（3）检查所有液压元件、电气元件等，保证型号正确，安装正确。

（4）转动轴处按照要求加足润滑脂。

（5）打开电源和空气压缩机，实现整套设备集成和联动，检查各系统运转是否正常。

7.5.5　设备调试

1. 空载调试项目和标准

（1）传感器校点，机器启动之前，所有传感器信号需要校点，确保检测信号正确。

（2）空载启动液压站，排净系统中的空气，运行 5～10 分钟。检查有无异常声响。无其他动作时，压力表显示为 0。

（3）检验急停按钮操作是否可靠。

（4）操作各个油缸，确保运行过程中无卡阻、爬行、冲击现象。油缸运行到极限位时，传感器信号是否起作用。

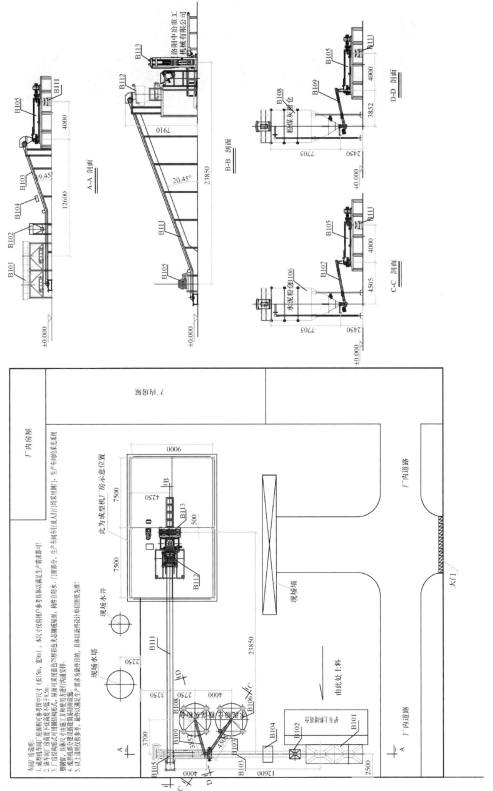

图 7-48 示范生产线设备布置图（单位：mm）

图 7-49　成型机安装　　　　　　　　图 7-50　供配料系统安装

（5）检验模具提升导向机构上下移动时是否有卡阻等异常现象。

（6）模具提升后，检测模具底端面的四个角与振动平台上表面的距离是否一致，调整后保证四个距离误差在±2mm 之内。

（7）推坯油缸推托板时，托板在导向槽中移动是否有卡阻现象。

（8）检查推坯油缸推板导向机构是否可靠，确保前后行走时推板不倾斜。

（9）检查振动平台上台面后侧面与行走架间距保持在 5～10mm。

（10）检查第一锁模和第二锁模锁紧、脱开是否可靠。

（11）运行接坯平台，检验是否可靠。

（12）检验提模油缸、压制油缸、压头提升油缸保压效果，将模具、压头、上压板悬停与中间某个位置，观察 2 小时，测量其运动部分的变化量。确保变化量在 20mm/2h 范围内。

（13）检查各管路在运行时是否有摩擦、大幅抖动情况。

（14）检查所有电磁阀动作准确，节流阀调整时速度变化正确。

（15）在 0.4～0.6MPa 气压下，料斗门开启无卡阻，气路无漏气坝象。

（16）检查供配料系统运转是否正常。

2. 空载调试结果

设备安装、检查合格后，进行了整机空载调试运行。空载运行结果表明，各项指标符合标准，可以带料调试。

7.5.6　带料试生产调试及设备改进

1. 准备工作

（1）备料：按实验配合比购置原料，配合比为黄河沙占 73%，粉煤灰占 10%，$Ca(OH)_2$ 占 5%，水占 12%。

（2）托板选择与购置：考察了加厚三合板、钢板、PVC 板三种材质的材料，三合板耐久性差，钢板太重上板困难，最后选用 PVC 板做托板。根据模具外形尺寸，托板平面尺寸设计为边长 950mm 的正方形，托板厚度设定 25mm 和 30mm 两种，由试验情况具体确定托板厚度，并购置少量厚度 25mm 和 30mm 的 PVC 托板进行试验。

2. 带料试生产调试内容

（1）根据需要调整变量参数：振动频率、振动时间、含水量。

（2）按照生产工艺进行设备联动试生产。

（3）检验生产各环节的流畅性。

（4）坯体性能初步检测，检验是否满足技术标准。

3. 第一阶段试生产调试及改进

第一阶段试生产发现以下两个问题。

（1）坯体开裂问题：试验了厚度 25mm 和 30mm 两种 PVC 托板，采用 25mm PVC 托板时坯体普遍开裂严重，采用 30mm 托板时仍然有少量坯体开裂。但托板加工的最大厚度是 30mm，只能选用厚度 30mm 托板。

开裂情况主要发生在坯体推出到接坯机的过程中和转运过程。经研究分析，取消接坯机，将接坯机改为直连托架式，直接焊接在振动平台上，解决推出过程中的开裂问题；在 PVC 托板下加活动钢托，增加托板的刚度，解决了产品推出开裂问题，如图 7-51 和图 7-52 所示。

（2）布料不均问题：布料呈锥形，使产品缺角、缺边、周边不密实，还使上压头损坏。产品缺角、缺边情况如图 7-53 所示。

经过反复试验和多次改进，最终设计加工了一套专用布料机构，由固定式改为前后移动式布料方式，且在布料机构出口增加打散装置，较好地解决了这一问题，并更换了上压头。

4. 第二阶段试生产调试改进

第二阶段试生产运行又发现以下两个问题。

（1）液压站能力不足问题：布料方式改为移动式布料后，引起液压站能力不足，液压站不能同时为上压头和布料仓供压，降低了效率，为此又增加了一个液压站。

（2）产品密实度不够问题：产品密实度达不到设计要求，且下部高上部低，分析原因主要是激振力不足问题，为此将激振电机由一台改为两台。

图 7-51　链条式接坯机

图 7-52　直连托架式

图 7-53　第一次带料调试生产的产品出现缺角、缺边现象

5. 第三阶段试生产调试改进

为了适应复合激发的需求，改进了激发胶凝材料投料系统，在原有投料系统的基础上，增加了用于小剂量激发剂胶凝材料投料的螺旋式配料系统。

7.5.7　系统率定

利用黄河泥沙制作人工防汛石材生产中，各种物料的掺量准确与否直接影响产品的性能。一般情况下拌合物的原材料每盘称量的偏差应符合这些规定：泥沙允许偏差为±4%，掺合料允许偏差为±3%，水和外加剂允许偏差为±3%。本项目供配料系统虽然受资金影响未能安装电子秤等精确称量设备，但对于粉煤灰、矿粉采用了控制螺旋输送机转速的间接计量方法，对于黄河沙采用了圈数进行计量的方式，经过人工率定相关参数，给出了物料计量公式，使计量精度基本满足了生产要求。

$$W(黄河沙)=[(400×黄河沙比例)÷(300÷50)÷50]×300 \qquad (7\text{-}4)$$

$$W(粉煤灰)=[(400×粉煤灰比例)÷(150÷50)÷50]×150 \qquad (7\text{-}5)$$

$$W(氢氧化钙)=[(400×氢氧化钙比例)÷(120÷50)÷50]×120 \qquad (7\text{-}6)$$

$$W(水)=[(400×水比例)÷(90÷50)÷50]×90 \qquad (7\text{-}7)$$

式中，W 为各物料控制面板设定值。

具体来说，供料重量与设定参数相关，设定参数=总配料速度×配方比例。"参数设定按钮和显示系统"在拌合物配方设置控制面板上，如图 7-54 所示。

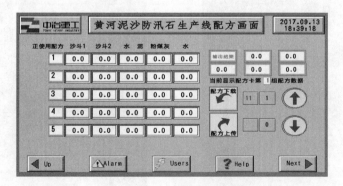

图 7-54　配方参数输入画面

假设实际生产各物料比例为：泥沙 70.5%，粉煤灰 12%，氢氧化钙 5%，氢氧化

钠 0.5%，水 12%。如果按每分钟配料 400kg 强度，则依上述公式计算各物料参数设定值见表 7-21；如果按每分钟配料 300kg 强度，则依上述公式计算各物料参数设定值见表 7-22。

表 7-21　400kg/min 配料参数设定值

总配料量	物料名称	比例	计算公式	设定值
400kg/min	沙	70.5%	$[(400 \times 70.5\%) \div (300 \div 50) \div 50] \times 300$	282.00
	粉煤灰	12%	$[(400 \times 12\%) \div (150 \div 50) \div 50] \times 150$	48.00
	氢氧化钙	5%	$[(400 \times 5\%) \div (120 \div 50) \div 50] \times 120$	20.00
	水	12%	$[(400 \times 12\%) \div (90 \div 50) \div 50] \times 90$	48.00
	氢氧化钠	0.5%	人工计算	2.00

表 7-22　300kg/min 配料参数设定值

总配料量	物料名称	比例	计算公式	设定值
300kg/min	沙	70.5%	$[(300 \times 70.5\%) \div (300 \div 50) \div 50] \times 300$	211.50
	粉煤灰	12%	$[(300 \times 12\%) \div (150 \div 50) \div 50] \times 150$	36.00
	氢氧化钙	5%	$[(400 \times 5\%) \div (120 \div 50) \div 50] \times 120$	11.25
	水	12%	$[(300 \times 12\%) \div (90 \div 50) \div 50] \times 90$	31.50
	氢氧化钠	0.5%	人工计算	1.50

7.6　人工防汛石材生产示范

7.6.1　规模化厂区生产示范

规模化厂区生产示范在孟州"泥沙资源利用成套技术示范基地"进行，主要生产示范试验内容、示范生产的总体情况如下。

1. 多种掺合料示范

选用粉煤灰、矿粉、炉灰三种掺合料进行了示范生产。

2. 最佳用水量试验

试验室配方的最佳用水量为 10%，考虑现场试验在室外，配置了 10%、12%、14% 三种用水量的拌和料，试验结果认为 12%的用水量比较适合现场生产。

3. 最佳成型激振时间

根据现场情况，试验了最佳振动成型时间。试验结果表明，振动时间 30s 为最佳，对于不同的掺合料略有不同。

4. 试制专用脱模器

根据生产示范的需要，试制了夹具式专用脱模器，用于产品吊起脱模和装卸。专用脱模器样品如图 7-55 所示。

图 7-55　夹具式专用脱模器

5. 示范生产情况

自 2016 年 10 月至 2017 年 11 月，以孟州黄河泥沙为主原材料，以粉煤灰、矿渣粉和炉灰（红色煤泥）为主掺合料，以氢氧化钙和氢氧化钠为主要激发材料，采用非水泥基胶凝技术，进行不同配合比的生产试验和生产示范，通过不断地对黄河泥沙人工防汛石材生产成套设备进行调试、优化、改进和养护，保证了整套振动挤压耦合成型设备和供料系统的正常运行，共生产规格长 700mm×宽 700mm×高 600mm（长×宽×高）的黄河泥沙人工防汛石材 1500m³。其中，以粉煤灰为主要掺合料的产品试生产 900m³，以矿渣粉和炉灰为主要掺合料的产品试生产各 300m³。经试验检测，示范生产的黄河泥沙人工防汛石材各项性能指标基本满足设计要求。利用黄河泥沙制作的人工防汛石材产品如图 7-56 和图 7-57 所示。

6. 成套集成设备的技术特点

（1）整线从配料、搅拌到成型工段采用 PLC 过程控制系统全流程监控，该控制系统可动态显示生产线的流程画面及各测控点的运行状态，并可显示生产趋势及故障报警。根据工艺生产流程特点及控制要求，PLC 控制系统配置主要测控环节包括：设置黄河泥沙储料斗下料微机定量配比控制系统，物料采用变频调速皮带秤连续式计量，配比及定量关系可由人工及 PLC 系统给定、控制；配料系统内各料仓、罐的下料，采用计量秤定值给料；对各料仓进行料位检测、控制、报警；其中，粉状物料均设置料位计；根据生产状况对各类阀门进行控制，并检测阀位。

（2）整线设备均设置在地平面以上，地基工艺较简单，便于整线拆卸移动运输。

7. 需要进一步优化改进的问题

通过示范生产，发现集成的整套设备还需要进一步的优化和改进。

（1）托板放置方式改进：目前托板需要人工放置在小车上，托板应改进为自动放置。

（2）搅拌系统改进：示范生产线使用的搅拌机为 Φ550×4000 型连续式搅拌机，产能为 20~30t/h，虽然满足规模化生产要求，但存在拌和不均匀的情况。在示范中供配料系统集成时，主要考虑到研究经费有限，才选用连续式搅拌机，根据经验总结建议正式生产时改为强制式搅拌机。

图 7-56　利用黄河泥沙制作的人工防汛石材产品养护

图 7-57　利用黄河泥沙制作的人工防汛石材成品堆放

（3）功能拓展：受资金限制，本次示范生产线只设计了一种模具，应设计加工不同品种的生产模具，使其通过模具更换能够生产砌块、护坡石、路沿石等产品，以拓展振动液压耦合成型机功能。

7.6.2 移动式生产示范

利用黄河泥沙制作人工防汛石材的移动式生产示范，仍然在孟州"泥沙资源利用成套技术示范基地"进行。拌和系统利用自动化生产线拌和系统，在拌和料仓下临时增开了一个下料口供移动式生产示范使用，运转车辆、压路机、模板等临时租赁。以示范基地自动化生产区域南侧两排建筑之间的空地作为生产示范的场地。生产方案、生产流程及工艺、生产检验及特点等总结如下。

采用模块化循环生产方式，把黄河泥沙人工防石材生产划为两个生产模块，每天完成一个循环。

1. 生产方案

（1）生产示范的成品高度初步确定为 600mm、300mm 两种，用两块场地分别生产。成品平面尺寸设定为 600mm×600mm、600mm×500mm、600mm×300mm、500mm×300mm、300mm×300mm 等五种。根据产品尺寸大小确定高强钢丝纵向和横向的布设间距。

（2）采用模块化循环生产方式，把黄河泥沙人工防石材生产划分为两个生产模块，每天完成一个循环。每个生产模块长 18m、宽 3.6m、高 0.3m，体积为：18m×3.6m×0.3m=19.44m^3。每个生产模块长、宽也可根据场地调整。

（3）采用厂区规模化生产的原材料和配合比，掺和料为粉煤灰和炉灰。

（4）利用规模化生产供配料系统进行成型物料拌和，自卸车转运拌和料。

（5）采用人工支模和分层摊铺方式，25t 振动压路机压实。

（6）采用钢丝切割工艺进行黄河泥沙人工防汛石材分体切割，人工自然养护。

2. 生产过程

生产过程主要包括场地清理、支模、预埋高强钢丝、原料拌和、摊铺、碾压、切割、拆模、养护等。本次生产示范为了节约试验经费，没有定制加工快速支模拆模支架结构，采用租赁模板；碾压遍数为每摊铺 1 层碾压 2 次（来回 4 遍）；高强钢丝切割没有采用机械设备，使用人工拉出的切割方法。具体生产过程如图 7-58 所示。

3. 湿密度测试

碾压完成后进行了湿密度的测试，测得表层（上部）湿密度平均值为 1.96g/cm^3，中层湿密度平均值为 2.02g/cm^3。

4. 生产流程和工艺

生产流程和工艺主要包括场地清理→支立侧模板→布设预埋切割高强钢丝→原料拌和→拌和料转运→拌和料摊铺（1 次或 1 次）→碾压（每摊铺 1 次碾压 1 次）→高强钢丝切割→拆模→养护。

5. 生产设备

利用黄河泥制作沙人工防汛石材的移动式生产方式需要的设备主要包括：搅拌机、大小量程称重设备、小型运输车、压路机、模板、快速支模支架或钢管撑子、切割高强钢丝绳等。

(a)支模预铺钢丝　　　　　　　　　　(b)拌和及接料

(c)一次摊铺填料　　　　　　　　　　(d)一次碾压

(e)二次摊铺填料　　　　　　　　　　(f)二次碾压

(g)钢丝切割过程　　　　　　　　　　(h)钢丝切割效果

图 7-58　移动式示范生产流程及过程

6. 技术特点

利用黄河泥制作沙人工防汛石材的移动式生产方式具有以下技术特点：

（1）生产地点可在各黄河泥沙储备地或人工黄河泥沙人工防汛备防石堆放地就近选

择；黄河泥沙人工防汛石材成品的运输成本低；

（2）设备简单，前期投入较少；设备转移方便，一套设备可以在多个场地进行生产；

（3）对生产人员的技术水平要求不高，各类人员经过简单培训后都可胜任；

（4）生产规模可通过设备和人员调整来灵活调整，不易造成人员和设备的闲置。

7. 生产推广中应注意的问题

（1）要定时测试黄河泥沙原料的含水率，及时调整用水量，使拌和料保持最优含水率，稳定碾压质量；

（2）为了提高劳动效率，加快模板周转速度，应定制快速支模拆模支架；

（3）高强钢丝切割时，建议采用简易绞盘或卷扬机拉出高强钢丝，使切割面更加规整，但应采取相应的安全保护措施。

7.7　示范基地建设

7.7.1　示范基地概况

"泥沙资源利用成套技术示范基地"由黄河水利科学研究院联合协作单位河南黄河河务局焦作黄河河务局，依托水利部公益性行业科研专项"黄河泥沙资源利用成套技术研发与示范"项目，按照项目研究需要，遵照"泥沙利用、服务治黄、科技引领、示范推广"的宗旨，共同建设。

示范基地地处黄河左岸，距小浪底水利枢纽约 30km，位于焦作市孟州河务局原逯村防汛物资仓库院内，紧邻逯村控导工程，距工程大约 500m。由于孟州上游河段落差大，洪水出峡谷进入孟州河段河面较为宽阔，洪水期间将大量泥沙淤积该河段，因此这段河道砂石资源丰富。以此为示范基地，一方面取沙用沙方便，另一方面便于进行示范生产，便于开展人工防汛石材的现场抛投试验。基地位置及平面布局情况如图 7-59 和图 7-60 所示。

图 7-59　示范基地位置示意图

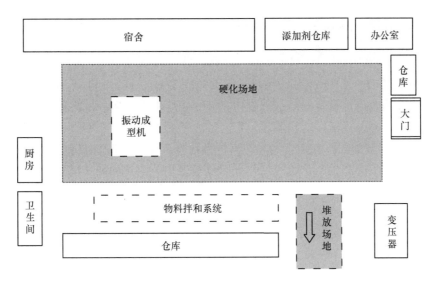

图 7-60　示范基地平面布置示意图

7.7.2　建设需求

现场生产工艺试验和示范基地生产、生产原料堆放、产品储存等,预计需要 3100m² 场地及相应配套设施,详见表 7-23。

表 7-23　黄河泥沙人工防汛石材示范生产设备所需场地及配套设施表

序号	项目名称		预计占用场地	配套设施	备注
1	50 搅拌站		600m²	供水池	
2	振捣挤压成型设备间		300m²	厂房或彩板房	
3	原材料堆放加工场地	水泥	50m²	防雨防潮板篷	如采用罐装可不配备
		掺和料	50m²	防雨防潮板篷	如采用罐装可不配备
		粗细骨料	200m²	防雨防潮板篷	
		配料间	60m²	防雨防潮板篷	
4	碾压切割等辅助设备仓库		80m²	彩板房	
5	模具模板仓库		100m²	彩板房或板篷	
6	现场试验间		15m²	彩板房	
7	人工宿舍		45m²	彩板房	
8	示范生产硬化场地		600m²	养护供水系统、排水沟	硬化场地 30m×20m 较为合适
9	人工防汛备防石堆放场地		1000m²	排水沟	

7.7.3　示范基地建设

1. 设计

1）生产线设备布置

生产线设备布置如图 7-61 所示。顺序包括上料系统、搅拌系统、皮带传输系统、振动挤压耦合成型系统等。

2）设备基础

设备基础布置如图 7-62 所示,包括搅拌系统、振动挤压耦合成型系统等的承重桩基；设备基础详图如图 7-63 和图 7-64 所示。

2. 工程建设

截至 2016 年 11 月，示范基地按建设需求完成了全部建设项目，包括房屋建设改造、水电等配套设施改造、设备安装基础制作、振动成型机主厂房、道路和场地硬化、场内环境卫生整治、办公生活配套设施等。

2017 年 3 月至 10 月，完成了利用黄河泥沙制作人工防汛石材整套生产设备的调试、改造、率定、试生产和生产示范等工作。示范基地相关图片如图 7-65～图 7-67 所示。

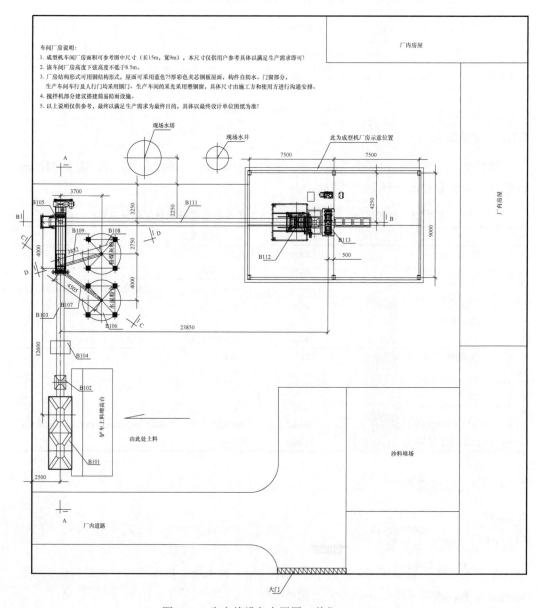

图 7-61 生产线设备布置图（单位：mm）

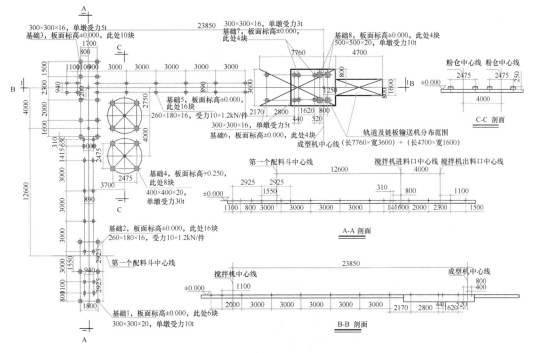

图 7-62　设备基础布置图（单位：mm）

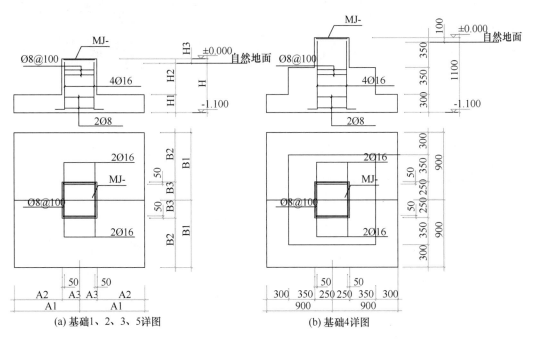

(a) 基础1、2、3、5详图　　　　　　(b) 基础4详图

图 7-63　设备基础详图（一）（单位：mm）

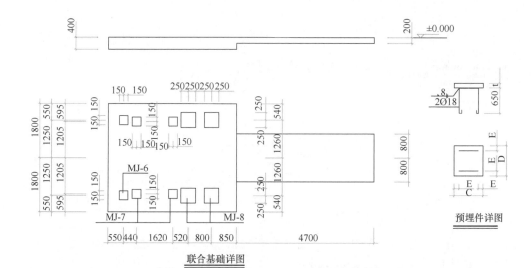

图 7-64　设备基础详图（二）（单位：mm）

（a）　　　　　　　　　　　　　　　　　　　（b）

图 7-65　示范基地建设前

（a）　　　　　　　　　　　　　　　　　　　（b）

图 7-66　示范基地建设过程中

(a)

(b)

(c)

(d)

图 7-67　示范基地建设完成并开始示范生产

7.8　建设投资及产品单价分析

7.8.1　建设投资估算

利用黄河泥沙制作人工防汛石材的规模化厂区生产线建设投资按一条生产线估算，其中不含土地费用；场地硬化、厂房建设、水电配套、设备等建设费用参照本次示范基地建设经验估算。生产线供配料系统中，示范采用的螺旋搅拌机改为强制搅拌机，估计费用约 70 万元；振动液压耦合成型机估计销售价约 50 万元；铲车、叉车等生产辅助设备按购置计算，价格参照市场价。

1. 场地硬化及厂房建设费

主要场地平整或硬化、临建厂房（棚）等。具体估算如下：

1）场地硬化与场地平整费用

硬化场地包括配料及拌和系统占用场地约 400m²、振动挤压耦合成型车间 120m²、人工防汛石材前期养护场地 500m²，共 1020m²。场地硬化按 0.1m 厚混凝土设计。

硬化场地及其他场地平整面积约 3000m²。

素混凝土综合成本 900 元/m³ 计，场地硬化素混凝土用量为 0.1 方/m²，则场地硬化费用单价为 90 元/m²。场地平整费用约合 20 元/m²，场地硬化与场地平整费用约 15.18 万元，详见表 7-24。

表 7-24　生产场地硬化与场地平整费用

序号	项目名称	数量/m²	单价/（元/m²）	费用/元
1	拌和系统部分	400	90	400×90=36000
2	成型车间	120	90	120×90=10800
3	前期养护场地	500	90	500×90=45000
4	场地平整	3000	20	3000×20=60000
	场地硬化与场地平整费小计			151800

2）设备基础建设费

包括配料机、胶带输送机、搅拌机、矿粉（水泥）储料罐、熟石灰（粉煤灰）储料罐、振动成型机等主要设备基础。设备基础为钢筋混凝土基础，工程量约为 20m³，钢筋混凝土基础综合单方造价约 2000 元，20×2000=40000 元，详见表 7-25。

表 7-25　设备基础建设费用

序号	项目名称	数量/m³	单价/（元/m³）	费用/元
1	钢筋混凝土基础	20	2000	20×2000=40000
	设备基础制作费小计			40000

3）房屋建设费

成型车间 120m²，采用轻钢结构，净空高度高，单方综合造价约 800 元/m²，合计费用为 96000 元，详见表 7-26。

表 7-26　房屋建设费

序号	项目名称	数量/m²	单价/（元/m²）	费用/元
1	成型车间	120	600	120×800=96000
	房屋建设费小计			96000

2. 水电设施配套费

依据现有成型设备需要，应配备 100kW 供电设施，电力增容 100kW 的费用估算为 60000 元。供水设施配套费估算为 5000 元。水电设施配套费共计 65000 万元，详见表 7-27。

表 7-27　水电设施配套费用

序号	项目名称	数量	单价/元	费用/元
1	电力增容费	100kW		60000
2	供水设施改造费估算	1 项	5000	5000
	水电设施配套费小计			65000

3. 生产设备购置费

主要包括振动挤压耦合成型机约 50 万元；供配料及拌和系统约 70 万元；1 台 2.5t 叉车 5 万元；30 铲车一台 10 万元；成型托板按每天生产 40m³ 人工防汛石材计算需 140 块，3 天 1 个拆模周期，共需要周转托板 420 块，依照目前单价 180 元/块，需要费用约 7.56 万元。生产设备投资共计 142.56 万元，详见表 7-28。

表 7-28　人工防汛石材生产设备购置费

序号	项目名称	单价/万元	数量	合计/万元
1	振动成型机	50.0	1	1×50=50.0
2	拌和系统	70.0	1	1×70=70.0
3	2.5t 叉车	5.0	1	1×5=5.0
4	30 铲车	10.0	1	1×10=10.0
5	PVC 托板	0.018	420	420×0.018=7.56
	生产设备购置费小计			142.56

4. 建设投资

综合考虑场地硬化及厂房建设费、水电设施配套费和生产设备购置费，建设一条人工防汛石材规模化集成式生产线预计总费用约 177.84 万元，详见表 7-29。

表 7-29　人工防汛石材生产线建设费用

序号	项目名称	费用/万元
1	场地硬化与场地平整费	15.18
2	设备基础建设费	4.00
3	房屋建设费	9.60
4	水电设施配套费	6.50
5	生产设备购置费	142.56
	生产线建设费用合计	177.84

7.8.2　利用黄河泥沙制作人工防汛石材产品单价分析

根据第六章的研究成果，利用黄河泥沙制作人工防汛石材时，使用的掺和料、激发材料可以有多种组合。例如本次研究采用的掺和料就有矿粉、粉煤灰、炉灰三种；主要激发材料熟石灰有袋装 $Ca(OH)_2$、块状 $Ca(OH)_2$，还可以用电石渣代替；实际生产时一般会采用块状 $Ca(OH)_2$，有条件的可用电石渣代替。试验和生产示范使用的矿粉、粉煤灰价格约 160 元/t，当实际生产时，采购量大，价格应有所降低。使用的炉灰为孟州酒精厂的炉灰，加运费后约合 20 元/t。示范生产使用的 $Ca(OH)_2$ 的价格为 600 元/t，如果采用块状 $Ca(OH)_2$ 在厂内采用球磨机自行加工，则价格约合 240 元/t，如采用电石渣代替 $Ca(OH)_2$，价格约合 110 元/t。黄河泥沙的价格按照河道抽沙成本，估算价格约合 5 元/m³。

规模化厂区生产方式生产的产能规模按每天生产 40m³ 人工防汛石材计算，掺和料分别采用矿粉和炉灰，激发材料分别采用袋装 $Ca(OH)_2$、自磨块状 $Ca(OH)_2$ 和电石渣，对利用黄河泥沙制作的人工防汛石材产品价格分析如下。

1. 单方直接费

1）人工费

全套设备运转需要 5 人，包括上料铲车司机 1 人，人工防汛石材成型后转运叉车司机 1 人，振动挤压耦合成型机操作员 1 人，PVC 托板搬运放置 2 人，按照每人日工资 120 元/天计算，详见表 7-30。

表 7-30　单方人工费

序号	名称	计算
1	工时单价/[元/(时·人)]	120÷8=15.00
2	单方工时量/[(时·人)/m³]	(5×8)÷40=1.0
3	单方人工费/(元/m³)	1.0×15.00=15.00

2）材料费

分别进行了掺和料为粉煤灰和炉灰，激发材料为袋装 Ca(OH)$_2$、自磨块状 Ca(OH)$_2$ 和电石渣等几种掺和料的材料费测算，详见表 7-31～表 7-34。

表 7-31　粉煤灰-袋装 Ca(OH)$_2$ 组合的单方材料费

序号	材料项目	单方用量	材料单价	单方费用/（元/m³）
1	粉煤灰	0.22（t/m³）	160（元/t）	0.2×160=32.00
2	袋装 Ca(OH)$_2$	0.1（t/m³）	600（元/t）	0.1×600=60.00
3	添加剂	0.01（t/m³）	2000（元/t）	0.01×2000=20.00
4	沙	1.15（m³/m³）	5（元/m³）	1.15×5=5.75
	单方材料费			117.75

表 7-32　炉灰-袋装 Ca(OH)$_2$ 组合的单方材料费

序号	材料项目	单方用量	材料单价	单方费用/（元/m³）
1	炉灰	0.20（t/m³）	20（元/t）	0.20×20=4.00
2	袋装 Ca(OH)$_2$	0.1（t/m³）	600（元/t）	0.1×600=60.00
3	添加剂	0.01（t/m³）	2000（元/t）	0.01×2000=20.00
4	沙	1.15（m³/m³）	5（元/m³）	1.15×5=5.75
	单方材料费			89.75

表 7-33　粉煤灰-自磨块状 Ca(OH)$_2$ 组合的单方材料费

序号	材料项目	单方用量	材料单价	单方费用/（元/m³）
1	粉煤灰	0.20（t/m³）	160（元/t）	0.20×160=32.00
2	自磨块状 Ca(OH)$_2$	0.1（t/m³）	240（元/t）	0.1×240=24.00
3	添加剂	0.01（t/m³）	2000（元/t）	0.01×2000=20.00
4	沙	1.15（m³/m³）	5（元/m³）	1.15×5=5.75
	单方材料费			81.75

表 7-34　粉煤灰-电石渣组合的单方材料费

序号	材料项目	单方用量	材料单价	单方费用（元/m³）
1	粉煤灰	0.20（t/m³）	160（元/t）	0.20×160＝32.00
2	电石渣	0.1（t/m³）	110（元/t）	0.1×110＝11.00
3	添加剂	0.01（t/m³）	2000（元/t）	0.01×2000＝20.00
4	沙	1.15（m³/m³）	5（元/m³）	1.15×5＝5.75
			单方材料费	68.75

3）燃油费

主要包括 1 台 30 铲车和 1 台 2.5t 叉车的燃油动力费，满负荷率按 0.5 计算。燃油费单方费用测算见表 7-35。

表 7-35　单方燃油费

序号	设备	单位耗油量 /（L/min）	柴油单价 /（元/L）	单方燃油费用 /（元/m³）	备注
1	30 铲车	10×0.5＝5	6.0	（5×6×8）÷40＝6.0	
2	2.5t 叉车	2.5×0.5＝1.25	6.0	（1.25×6×8）÷40＝1.5	
			燃油费单方费用	7.50	

4）水电费

水电费单方费用测算见表 7-36。

表 7-36　单方水电费

序号	材料项目	单方用量	单价	单方费用 /（元/m³）	备注
1	水费	0.10t	3（元/t）	0.10×3＝0.30	
2	电费	80×0.4×8÷40＝6.4 度	0.76［元/(kW·h)］	0.76×6.4＝4.86	平均出力系数取 0.4
			水电费单方费用合计	5.16	

5）单方直接费小计

单方直接费小计见表 7-37。

表 7-37　单方直接费

序号	项目名称	单方费用/（元/m³）			
		粉煤灰-袋装 $Ca(OH)_2$	炉灰-袋装 $Ca(OH)_2$	粉煤灰-自磨块状 $Ca(OH)_2$	粉煤灰-电石渣
1	人工费	15.00	15.00	15.00	15.00
2	材料费	117.75	89.75	81.75	68.75
3	燃油费	7.50	7.50	7.50	7.50
4	水电费	5.16	5.16	5.16	5.16
5	单方直接费	145.41	117.41	109.41	96.41

2. 单方间接费

1）单方设备折旧费

依照《中华人民共和国企业所得税法实施条例》第六十条（二）款，机器、机械和其他生产设备固定资产计算折旧的最低年限为 10 年。按照平均年限法，残值率为 5%、折旧年限为 15 年计算。单方设备折旧费测算见表 7-38。

表 7-38 单方设备折旧费

序号	项目名称	费用	备注
1	设备总费用	142.56 万元	
2	设备年折旧费	142.56×（1–0.05）÷15=9.029 万元/a	按 15 年折旧计算
3	设备日折旧费	151500÷365=247.36 元/天	
4	单方设备折旧费	247.36÷40=6.18 元/m^3	日生产 40m^3

2）单方建设折旧费

场地硬化及厂房建设包括场地硬化、设备基础制作费、房屋建设费共计 18.62 万元。按照平均年限法，残值率为 5% 和折旧年限为 20 年计算。单方建设折旧费见表 7-39。

表 7-39 单方建设折旧费

序号	名称	费用	备注
1	总费用	35.28 万元	房屋及配套设施
2	年折旧费	352800×（1–0.05）÷20=16758 元/a	按 20 年折旧计算
3	日折旧费	16758÷365=45.91 元/d	每年按 365 日计
4	单方建设折旧费	45.91÷40=1.15 元	日生产 40m^3

3）单方管理费

管理费取直接费的 3%，详见表 7-40。

表 7-40 单方管理费

序号	项目名称	单方直接费 /（元/m^3）	管理费费率	单方管理费 /（元/m^3）
1	粉煤灰-袋装 $Ca(OH)_2$	145.41	3%	4.36
2	炉灰-袋装 $Ca(OH)_2$	117.41	3%	3.52
3	粉煤灰-自磨块状 $Ca(OH)_2$	109.41	3%	3.28
4	粉煤灰-电石渣	96.41	3%	2.89

4）单方间接费

单方间接费=单方设备折旧费+单方建设折旧费+单方管理费，详见表 7-41。

表 7-41 单方间接费

序号	项目名称	单方设备折旧费 /（元/m^3）	单方建设折旧费 /（元/m^3）	单方管理费 /（元/m^3）	单方间接费 /（元/m^3）
1	粉煤灰-袋装 $Ca(OH)_2$	6.18	1.15	4.36	11.69
2	炉灰-袋装 $Ca(OH)_2$	6.18	1.15	3.52	10.85
3	粉煤灰-自磨块状 $Ca(OH)_2$	6.18	1.15	3.28	10.61
4	粉煤灰-电石渣	6.18	1.15	2.89	10.22

3. 单方利润

利润取直接费与间接费之和的 3%，详见表 7-42。

表 7-42 单方利润

序号	项目名称	单方直接费 /（元/m³）	单方间接费 /（元/m³）	利润率	单方利润 /（元/m³）
1	粉煤灰-袋装 Ca(OH)₂	145.41	11.69	3%	4.71
2	炉灰-袋装 Ca(OH)₂	117.41	10.85	3%	3.85
3	粉煤灰-自磨块状 Ca(OH)₂	109.41	10.61	3%	3.60
4	粉煤灰-电石渣	96.41	10.22	3%	3.20

4. 单方税金

前直接费、间接费、利润三项之和的 3%，详见表 7-43。

表 7-43 单方税金

序号	项目名称	单方直接费 /（元/m³）	单方间接费 /（元/m³）	单方利润 /（元/m³）	税率	单方税金 /（元/m³）
1	粉煤灰-袋装 Ca(OH)₂	145.41	11.69	4.71	3%	4.85
2	炉灰-袋装 Ca(OH)₂	117.41	10.85	3.85	3%	3.96
3	粉煤灰-自磨块状 Ca(OH)₂	109.41	10.61	3.60	3%	3.71
4	粉煤灰-电石渣	96.41	10.22	3.20	3%	3.30

5. 产品单价

产品单价=单价直接费+单价间接费+单价利润+单价税金，详见表 7-44。

表 7-44 产品单价

序号	项目名称	单方直接费 /（元/m³）	单方间接费 /（元/m³）	单方利润 /（元/m³）	单方税金 /（元/m³）	产品单价 /（元/m³）
1	粉煤灰-袋装 Ca(OH)₂	145.41	11.69	4.71	4.85	166.66
2	炉灰-袋装 Ca(OH)₂	117.41	10.85	3.85	3.96	136.07
3	粉煤灰-自磨块状 Ca(OH)₂	109.41	10.61	3.60	3.71	127.33
4	粉煤灰-电石渣	96.41	10.22	3.20	3.30	113.13

6. 产品单价分析

利用黄河泥沙制作人工防汛石材单价分析，掺和料、激发材料的价格以及生产设备利用率、人员配置是影响产品价格的主要因素。材料价格主要依据生产示范阶段的采购价格和市场调研的材料价格，项目研究进行了多种配合比方案（不同原材料）的比较，为技术推广阶段制定因地适宜的技术方案提供参考和决策依据。不同原材料的产品单价分析详见表 7-45。

表 7-45　产品单价分析表

编号	项目名称	单方费用/（元/m³）			
		粉煤灰-袋装 Ca(OH)$_2$	炉灰-袋装 Ca(OH)$_2$	粉煤灰-自磨块状 Ca(OH)$_2$	粉煤灰-电石渣
一	直接费	145.41	117.41	109.41	96.41
1	人工费	15.00	15.00	15.00	15.00
2	材料费	117.75	89.75	81.75	68.75
3	燃油费	7.50	7.50	7.50	7.50
4	水电费	5.16	5.16	5.16	5.16
二	间接费	11.69	10.85	10.61	10.22
1	设备折旧费	6.18	6.18	6.18	6.18
2	建设折旧费	1.15	1.15	1.15	1.15
3	管理费	4.36	3.52	3.28	2.89
三	利润	4.71	3.85	3.60	3.20
四	税金	4.85	3.96	3.71	3.30
五	产品单价	166.66	136.07	127.33	113.13

由于生产示范阶段原材料采购量较小，采购价格高，不能充分体现原材料的真实价格，以及辅助生产设备利用率不高，人员配置不尽合理等因素，都使核算出的产品单价偏高。实现规模化生产之后，通过原材料的批量采购，生产设备和人员的合理配置，降低材料成本等直接成本和间接成本，产品单价一定会比生产示范阶段进一步降低。

7.9　本章小结

7.9.1　确定了利用黄河泥沙制作人工防汛石材的相关技术指标

研究表明，利用黄河泥沙人工防汛石材宜采用正方体、长方体等直角六面体，可降低加工难度、便于生产，作为散抛石使用时边长宜大于 300mm，代替防洪抢险铅丝石笼使用时边长宜在 450~600mm 之间，湿密度不宜小于 1950kg/m³。考虑黄河下游两岸的防汛需求、产品的合理运距，测算厂区式生产人工防汛石材的生产规模为日产量 40m³ 以上即可。相关技术指标的提出，确定了产品性能的合理指标，也为生产技术提出了明确要求。

7.9.2　研发集成了一套利用黄河泥沙制作人工防汛石材规模化厂区生产技术

由于厂区式生产产品主要为代替铅丝笼的大尺寸人工防汛石材，拟定产品平面尺寸 700mm×700mm、高度 600mm。根据模拟实验研究结果，如采用液压压力机生产该尺寸的产品，在一端加压时需要压力机压头压力达到 1730t 以上，两端加压时仍需要压力机压头压力在达到 1480t 以上。在墙体材料行业，如此吨位的压力机需求量少、技术难度较大、造价高。因此，综合建筑砌块振动挤压成型技术和炭块振动挤压成型技术的优点，研发了振动挤压耦合成型技术，设计生产了振动挤压耦合成型机。集成了示范生产的供配料系统，形成了一套黄河泥沙制造人工防汛石材的集成技术，整线从配料、搅拌到成型工段采用 PLC 过程控制系统全流程监控，该控制系统可动态显示生产线的流程画面及各测控点的运行状态，并可显示生产趋势及故障报警。该技术实现了人工防汛石材的规模化、自动化生产，提高了生产效率，降低了生产成本。

7.9.3　集成研发了一套利用黄河泥沙制作人工防汛石材移动式生产技术

从基底条件、支模方式、压实工艺、切割成型技术等方面改进了人工生产黄河泥沙防汛石材的技术和工艺，在快速支模、拆模及切割工艺上获得突破，利用高强钢丝绳简单易行地解决了人工防汛石材的切割难题，集成研发了一套利用黄河泥沙制作人工防汛石材的移动式生产技术。

规模化厂区生产技术主要解决大尺寸黄河泥沙人工防汛石材的生产，用于需求集中的区域；移动式生产技术简单，用于需求集中度不高、常规尺寸人工防汛石材的生产，两种生产方式可灵活布局，相互补充。

7.9.4　建立了"泥沙资源利用成套技术示范基地"并进行了示范生产

"泥沙资源利用成套技术示范基地"建设包括房屋建设改造、水电等配套设施改造、设备安装基础制作、振动成型机主厂房、道路和场地硬化、场内环境卫生整治、办公生活配套设施等。以孟州黄河泥沙为主要原材料，以粉煤灰、矿渣粉和炉灰（红色煤泥）为主掺合料，以氢氧化钙和氢氧化钠等作为激发胶凝材料，采用非水泥基胶凝技术和不同的配合比，通过不断对人工防汛石材生产成套设备进行调试、优化、改进和养护，保证了整套振动挤压耦合成型设备和供料系统的正常运行，共生产规格为长（700mm）×宽（700mm）×高（600mm）的黄河泥沙人工防汛石材 1500m³，其中粉煤灰为掺合料的900m³，矿渣粉和炉灰为主掺合料的各 300m³。经试验检测，示范生产的人工防汛石各种性能指标满足设计要求。通过示范生产促进了利用黄河泥沙生产人工防汛石材技术的大规模推广应用。

第8章 利用黄河泥沙改良中低产田技术与示范

《史记》记载："泾水一斛，其泥数斗。且粪且溉，长我禾黍。"这种引水灌溉，人工增肥的"淤田"方法，早在战国时就普遍用于黄河中下游地区。因此，利用黄河水沙资源，通过引黄灌溉对沿岸沙质中低产田或黏质盐碱地改造，是最直接的土地改良措施。新中国成立以后，国家花费巨资在黄河下游建设了137处引黄灌区，其中万亩以上引黄灌区98处（河南26处、山东72处）；30万亩以上大型灌区37处，30万亩以下中型灌区61处。引黄灌区不仅是粮食稳产高产的重要保证，灌区范围内构建的水、田、林、路、环境等基础系统对区域社会、经济、生态协调发展也意义重大。

然而复杂的水沙、水盐条件以及自然与人类的交互作用，使土壤质量和土地资源利用开发极不稳定，进而对区域生态系统的良性维持也产生着重要的影响。土壤质地是土壤的自然属性，可以反映母质的来源和成土过程的某些特征。引黄泥沙与灌区土壤有明显差别，长期灌溉加上化肥、农药的使用必然造成灌区土壤颗粒组成发生一定程度的变化，影响灌区土壤质地，从而使土壤物理、化学等基本性状产生变化。如果引黄灌溉入田泥沙改善土壤质地，会促进土壤改良，提高土地质量；如果入田泥沙恶化了土壤质地，反而会造成土壤沙化或盐碱程度加重。

随着引沙输沙技术的不断丰富和成熟，土壤改良应由过去漫灌式引水引沙向精准测沙改土转变，强化泥沙资源利用理念，从河流上下游大空间尺度、灌区内部小空间尺度两个层面分区分类实施。因此，系统研究利用黄河泥沙进行沿黄地区土壤质地综合改良技术，构建防洪安全-粮食安全-生态安全的引黄灌区"三位一体"可持续发展模式，不仅可以解决引黄灌区沉沙池和渠系周边堆积如山的泥沙对生态环境的破坏问题，还能够解除灌区大量引沙顾虑，变厌恶引沙为主动引沙，在提高灌区土地质量、改善灌区生态环境的同时，通过前述多途径泥沙资源利用推动黄河泥沙资源利用事业发展。

8.1 粮食安全与中低产田改良

我国人口占世界人口近1/5，耕地却不足世界的7%，粮食问题始终是我国的头等大事。黄河流域是我国重要的农业生产基地和粮食核心产区，也是我国粮食增产潜能主要发掘区，肩负着保障国家粮食安全的重任。《国家粮食安全中长期规划纲要（2008～2020年）》明确提出，2020年我国粮食综合生产能力要达到5400亿kg以上。然而，我国粮食主产区高产田产量已基本接近耕地的生产能力，产量进一步提高空间不大。相对而言，占全国耕地总面积65%的中低产田（约为12.6亿亩），粮食增产潜力巨大。习总书记2014年5月在河南考察时指出，"粮食生产根本在耕地，命脉在水利，出路在科技，动力在政策"。因此，重视中低产田的利用，创新中低产田增产增效生产技术体系，对保障当前及今后相当长时期我国的粮食安全具有非常重要的战略意义。

《全国新增1000亿斤粮食生产能力规划（2009—2020年）》提出黄淮海地区要承担新增粮食产能建设任务164.5亿kg，占全国新增产能的32.9%。黄河流域是我国中低产田集中地区，下游引黄灌区承担着重要的粮食增产、高产任务。国家从"六五"科技攻关开始，先后开展了大规模的黄淮海平原中低产田治理；"十二五"国家科技支撑计划"渤海粮仓科技示范工程"实施5年期间，环渤海低平原区5000万亩的土地改良（包括4000万亩的中低产田和1000万亩可开垦的盐碱荒地）累计增粮104.8亿kg，节本增效186.5亿元；为促进区域社会经济高速发展，山东省黄河三角洲高效生态经济区发展战略、半岛蓝色经济区发展战略（简称"黄蓝高效生态经济区"战略）上升为国家战略；通过项目实施，培育带动了种业、畜牧养殖业、农产品加工业和农业服务业等发展，变粮食生产为粮食产业，促进了"一二三"产业的融合。"黄蓝高效生态经济区"战略实施，将充分发挥未利用800万亩、黄河冲积每年新造1.5万亩的土地资源优势，加快开发石油、天然气、风能、渔业等1500万亩浅海资源，维持黄河三角洲湿地生态系统良性发展。

影响我国中低产田低产的原因有很多，归结起来主要表现在两方面：自然因素和人为因素。自然因素是指自然条件的限制，如土壤贫瘠、土层较薄及障碍层存在、自然灾害发生频繁、耕地无水源保证、基础设施薄弱、土壤过砂或过黏等；人为因素主要指经营管理不善、采取掠夺式经营、对土地只种不养等。只有采取具有针对性的综合措施，才能将不良影响因素控制在最小限度，从而发挥土壤最大增产潜力。

近年来，利用土壤改良和农业增产相结合的工程措施与耕作培肥等技术相配套的综合措施来改良治理中低产田，成为主要趋势和手段（程乐庆，2018；董亮等，2014；曾希柏等，2014）。通过有针对性治本措施和广谱性治标措施相结合，能够有效消除土壤障碍因素，增强耕地综合生产能力，达到改土培肥、提高地力水平、增产增收，实现农业可持续发展的目标。目前主要的改良方法包括物理改良、化学技术改良、生物技术改良、土壤培肥改良以及集合以上措施的综合改良等手段。

（1）物理改良。土壤物理改良是指采取相应措施，改善土壤性状。具体措施有：客土、漫沙、漫淤等，改良过砂或过黏土壤；设立灌排渠系洗盐、种稻洗盐等，改良盐碱土；设立沙障、固定流沙，改良风沙土；平整土地等。

（2）化学技术改良。化学改良技术是指利用不同物质之间的化学反应来达到改良土壤的目的（娄锋等，2011；王辉等，2011；王立志等，2011），如对于酸性土壤导致的中低产田，可利用石灰等进行酸性土壤改良，对酸化土壤进行深耕前地表撒施风化的生石灰粉处理，既达到降低土壤酸化的效果，又能提高土壤中钙的含量。施用碱渣可以显著提高土壤pH值、土壤交换性盐基和盐基饱和度，降低土壤交换性酸和交换性铝含量，并使土壤中钙、镁养分保持合理比例。利用脱硫石膏改良盐碱耕地，明显提高了土壤EC值，脱硫石膏配合使用风化煤或农家肥不仅能够降低土壤pH值，也在一定程度上控制了土壤含盐量。

（3）生物技术改良。生物改良技术主要通过种植特定的植物来改善土壤的成分，研究发现对全盐含量为0.49%的盐碱土壤中种植白茎盐生草（*Halogeton arachnoideus*）（王文等，2011）0～20cm 土层中盐分明显减少。同时，土壤 pH 值下降，土壤水分含量较裸地提高 2%以上；沈艳等（2012）的研究也发现，种植耐盐牧草对碱性土壤 0～20cm 土层的 ESP、pH 值、代换性 Na+含量均有不同程度的降低作用。

（4）土壤培肥改良。在一些中低产田地区利用深翻结合施肥，特别是施有机肥，不但可以改善土壤结构，使土壤含水量和通气状况大大改善，而且能增强土壤微生物活动，加速土壤熟化过程，使难溶性营养物质转化为可溶性养分（唐光木等，2011）。同时，在有机肥腐化过程中还能产生酸性物质来中和盐碱，降低土壤盐碱度。研究发现（王珍等，2011），秸秆粉碎处理后作为肥料加入土壤能改良土壤结构，降低土壤容重，提高土壤持水、供水能力。

黄河因其高含沙而闻名于世，历史上洪灾频繁，三年两决口，造成两岸土壤沙化，形成沿黄两岸大面积的砂质中低产田。但由于黄河泥沙富含有机物质，古代即有引黄淤灌"且灌且粪"之说。1943 年，中华民国即建立了"河南省整理水道改良土壤委员会"，下设开封改良碱土试验场和商丘改良碱土事务所等，年灌田 20 余万亩。1935 年开封改良碱土试验场就开展了抗碱植物利用、物理改良、化学改良和理化混合改良土壤试验等。

新中国成立以后，为改造盐碱、沙荒和水洼地，黄河下游河南、山东两省先后在黄河两岸实施了一些小型放淤工程。据 1962 年统计，仅河南的 14 个县（市）淤改耕地十万多亩。20 世纪 70 年代中期开始，对盐碱地采取了以水肥为中心，以改土为基础，工程措施与生物措施结合，改良与利用结合，进行综合治理，成果显著。80 年代以后，河南省有重点地开展了沙土地的综合治理，研究引黄灌溉，种植绿肥牧草，改善土壤结构，培肥地力，使沙区土壤逐渐改良。

几十年来，沿黄地区采取大规模沉沙放淤，改良低洼沙碱地，减少渠系泥沙，改善了生态环境，不仅为发展引黄灌溉积累了丰富经验，也为科学研究提供了大量资料。根据 1983 年人民胜利渠三支渠试验区测定结果，黄河泥沙中细粒泥沙的养分指标可以达到中、高肥土壤标准，引黄灌溉既满足了作物耗水需求，又提供了部分养分，增加了土壤肥力；黄河三角洲引黄灌区对土壤变化进行了长期的科学观测，分析了黄河泥沙入田后影响成土过程发生、发展的各种条件，揭示出黄河三角洲地区引黄泥沙入田后的土壤演变机理，为确定与生态系统演变保持协调一致的引黄泥沙与土地利用机理奠定了基础。

8.2 黄河下游砂质中低产田土壤质地综合改良技术

黄河下游河南、山东等省区是我国重要的农业生产基地和粮食核心产区，同时也是我国粮食增产潜能主要发掘区，肩负着保障国家粮食安全的重要责任。目前河南省现有耕地 1.2 亿亩，一半以上是中低产田，山东省现有耕地约 1.14 亿亩，约 60%是中低产田。砂质土壤是河南、山东沿黄中低产田的一个典型种类，其有机质含量和黏粒含量低，漏水漏肥，土壤质量差，严重制约当地农业发展。对这一类耕地进行改良，不仅对农业增产意义重大，而且对于黄河泥沙的分类利用具有重要意义。

根据砂质土壤改良目标，研究选取合适淤积沙源，定点定量投放黏泥含量高的黄河泥沙，经济有效地改善土壤质地；同时辅以相应增肥保水综合改良措施，提高农作物产量。与传统的引黄放淤比较，这种土壤改良方式是被动向主动转变，盲目向有计划转变，粗放式向精细化转变。

8.2.1　砂质中低产田土壤理化性质检测

根据《河南省土壤图》以及沿黄县市的《土壤志》等资料，可以查阅分析各地中低产田典型地块土壤机械组成和养分含量等信息，如表 8-1 和表 8-2 是延津县某些抽样点的相关数据。

黄科院的科研人员还在沿黄地区的长垣县、封丘县、新乡县、原阳县、中牟县和开封县等地砂质中低产田实地调研，了解农田及作物种植情况，并选取黄河沿岸 14 个典型地块，对其地块样品质地进行了试验分析。

表 8-1　延津县抽样土壤机械组成

原编号 GYYJ	层次/cm	2～0.02mm/%	0.02～0.002mm/%	0.002～0.0002mm/%	<0.0002mm/%
GYZM9	0～20	0.0	75.7	10.8	13.5
GYZM9	20～65	0.0	87.5	4.8	7.7
GYZM9	65～99	0.0	59.2	28.6	12.2
GYZM9	99～120	0.0	82.8	9.4	7.8
GYLK14	21～49	0.0	75.9	13.2	10.9
GYLK14	49～81	0.0	80.2	10.3	9.5
GYLK14	81～120	0.0	45.4	42.5	12.1
GYLK15	0～22	1.7	68.3	17.0	13.0
GYLK15	22～49	0.0	54.8	31.3	13.9
GYLK15	49～77	0.0	78.0	12.4	9.6
GYLK15	77～85	0.0	33.9	47.5	18.6
GYLK15	85～120	0.0	69.2	20.4	10.4

表 8-2　延津县抽样土壤养分、pH 值和 CEC

原编号 GYYJ	层次 /cm	全氮/%	全磷/%	全钾/%	速效氮 /（mg/kg）	速效磷 /（mg/kg）	速效钾 /（mg/kg）	有机质/%	pH 值	CEC /（cmol/kg）
11	0～20	0.059	0.062	2.186	27.94	11.29	95.9	0.992	8.72	2.65
12	0～20	0.083	0.075	2.081	27.94	21.13	106.6	1.643	8.6	7.54
13	0～20	0.056	0.064	2.298	20.96	12.22	54.8	1.304	8.65	5.87
14	0～20	0.077	0.069	2.267	22.36	35.81	52.6	1.542	8.59	7.75
15	0～20	0.05	0.066	2.216	13.97	13.33	56.1	0.926	8.64	3.56
17	0～20	0.05	0.058	2.287	20.96	13.62	51.3	1.176	8.59	2.23
18	0～20	0.058	0.043	2.191	19.56	11.86	50.6	0.934	8.8	5.87
	21～43	0.03	0.043	2.305	15.37	12.0	53.3	0.425	9.08	4.47
	43～61	0.053	0.051	2.435	16.77	6.41	78.4	0.729	8.91	11.31
	61～95	0.024	0.044	2.24	13.97	5.69	27.8	0.255	9.19	4.48
	95～140	0.019	0.044	2.177	13.97	7.32	46.3	0.239	9.24	4.64
19	0～20	0.06	0.059	2.252	27.94	6.05	92	1.097	8.82	7.64
20	0～20	0.073	0.06	2.356	41.92	4.58	119.3	1.403	8.72	8.92

土样的采集的原则：采样点要分布均匀，不可集中；不要设在地边、路旁、沟旁等地采集土样；对于类正方形地块，采样点在 5～10 个，点数根据地块面积大小来确定；对于面积较大类长方形地块，采样点在 10～20 个，点数根据地块面积大小来确定（图 8-1）；一般情况下，表层土壤是大多数农作物根系的主要分布土层，也是农业生产的耕作层，本次调查中土壤的采样深度一般为 0～20cm。

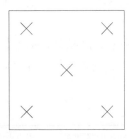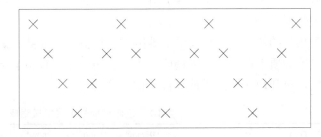

图 8-1　采样布点方式

取土前要去除采样点处的表土，土钻直接插入土壤中，深度在 0～20cm 为宜，多个采样点取出的土壤样品都先合并保存在一起，拣除枯枝、落叶、小石子等，充分混合均匀，并采用四分法将土壤样品保留约 1kg，先放入塑料袋中，再放入布制的取土袋中，做好标记编号。

样品的实验室土壤测试指标主要包括：土壤质地、有机质、速效氮、速效磷、速效钾及土壤阳离子代换量（CEC）等，每个样品重复测量 3 次。泥沙粒径检测依据《土壤检测》（NY/T 1121.3-2006）规定的土壤机械组成测定方法进行，将 0.01mm 作为物理性黏粒和物理性砂粒的划分界限；速效氮检测依据《碱解扩散法》（GB 7849—1987）测定；速效磷检测依据《碳酸氢钠浸提－钼锑抗比色法（Olsen 法）》（GB 12297—90）进行；速效钾检测依据《采用醋酸铵浸提-火焰光度法测定》（NY/T 889—2004）进行；土壤有机质检测依据《采用重铬酸钾外加热法测定》（GB 9834—1988）进行；土壤阳离子代换量（CEC）检测依据《BaCl$_2$-MgSO$_4$ 代换法》（GB 7863—1987）进行。试验结果见表 8-3 和表 8-4。

表 8-3　采集的土壤样品质地分析结果

编号	样品编号	物理性黏粒/%	物理性砂粒/%	土壤类型	地块
1	1-1	22.94	77.06	轻壤土	原阳县黄河大堤 1#
	1-2	20.94	79.06	轻壤土	
	1-3	23.54	76.46	轻壤土	
2	2-1	51.55	48.45	重壤土	原阳县黄河大堤 2#
	2-2	50.54	49.46	重壤土	
	2-3	52.94	47.06	重壤土	
3	3-1	7.54	92.46	紧砂土	原阳县黄河大堤 3#
	3-2	7.54	92.46	紧砂土	
	3-3	9.94	90.06	紧砂土	
4	4-1	19.54	80.46	砂壤土	长垣县张臣村
	4-2	16.64	83.46	砂壤土	
	4-3	19.54	80.46	砂壤土	

编号	样品编号	物理性黏粒/%	物理性砂粒/%	土壤类型	地块
5	5-1	20.94	79.06	轻壤土	长垣县金占村
	5-2	21.55	78.45	轻壤土	
	5-3	23.54	76.46	轻壤土	
6	6-1	19.54	80.46	砂壤土	长垣县吴寨村
	6-2	16.55	83.45	砂壤土	
	6-3	18.94	81.06	砂壤土	
7	7-1	27.55	72.45	轻壤土	长垣县芦岗乡
	7-2	25.55	74.45	轻壤土	
	7-3	25.94	74.06	轻壤土	
8	8-1	15.54	84.46	砂壤土	长垣县大王庄村
	8-2	15.54	84.46	砂壤土	
	8-3	16.55	83.45	砂壤土	
9	9-1	56.95	43.05	重壤土	长垣县许寨村
	9-2	52.55	47.45	重壤土	
	9-3	52.94	47.06	重壤土	
10	10-1	4.94	95.06	松砂土	封丘县曹岗滩区 1#
	10-2	3.55	96.45	松砂土	
	10-3	4.94	95.06	松砂土	
11	11-1	15.54	84.46	砂壤土	封丘县曹岗滩区 2#
	11-2	13.54	86.46	砂壤土	
	11-3	17.94	82.06	砂壤土	
12	12-1	15.84	84.16	砂壤土	河南科技学院新乡试验基地 1 号地块
	12-2	15.44	84.56	砂壤土	
	12-3	16.24	83.76	砂壤土	
13	13-1	9.84	90.16	紧砂土	河南科技学院新乡试验基地 2 号地块
	13-2	9.84	90.16	紧砂土	
	13-3	9.04	90.96	紧砂土	
14	14-1	11.84	88.16	砂壤土	河南科技学院新乡试验基地 3 号地块
	14-2	12.84	87.16	砂壤土	
	14-3	11.44	88.56	砂壤土	

从表 8-3 和表 8-4 可以看出,黄河沿岸多处滩区的土壤物理性砂粒含量很大,部分地区甚至砂粒含量超过 90%。黄河发生洪水漫滩时,大水挟带泥沙涌入滩区,根据距离远近,落淤的颗粒粗细有所不同,粗颗粒泥沙落淤较近,而粉黏颗粒可随水流在更远的

位置落淤沉积。如封丘县曹岗滩区 1#地块距离目前黄河主河槽大约 3km，曹岗滩区 2#地块距离目前黄河主河槽大约 5km，1#地块所包含的物理性砂粒比 2#地块高出 12%左右；原阳县从黄河大堤到目前主河槽由近及远的 1#、2#和 3#地块，土壤类型分别是轻壤土、重壤土和紧砂土。

表 8-4　采样样品土壤速效养分和 CEC

编号	速效氮/（mg/kg）	速效磷/（mg/kg）	速效钾/（mg/kg）	有机质/（g/kg）	CEC/（cmol/kg）
1	31.5	7.83	53.79	2.43	1.85
2	23.06	4.81	41.25	7.56	3.38
3	21.52	9.25	102.85	9.66	3.53
4	24.6	2.02	46.97	5.31	2.99
5	23.06	1.12	34.65	4.31	1.23
6	38.42	0.61	107.36	17.71	6.61
7	32.27	14.85	66	24.9	6.3
8	30.73	8.56	71.39	12.55	4.92
9	33.81	8.6	109.45	20.1	9.83
10	35.35	1.12	62.04	11.9	6.77
11	38.42	9.93	73.04	11.9	5.23
12	30.73	12.42	105.49	10.91	2.92
13	30.73	23.24	117.26	18.07	8.29
14	23.06	13.44	60.28	14.34	6.46

8.2.2　单纯利用黄河泥沙改良砂质土壤质地技术及试验

黄河底部淤积泥沙的质地、黏粒含量和分层情况都大不相同，这和泥沙淤积的年代、后期冲淤变化等有直接的关系。适合砂质中低产田土壤质地改良的材料为黏粒含量高的泥沙，因此首先要对黄河淤积沙进行抽样分析。综合考虑河南省黄河河道进行抽沙试验难易程度和沿黄砂质土地的分布情况，在河南省黄河流经区域选择了 3 个典型河段作为抽沙试验地点，分别位于郑州刘江黄河大桥附近（1 号点）、原阳县官厂乡附近（2 号点）和原阳县刘庄村附近（3 号点）。

一般在抽沙作业时，都会在抽沙管道出流口用钢筋网面进行过滤。粗颗粒泥沙成散粒体状可以通过钢筋网面，而细颗粒淤积固结后凝聚力高，一般呈块状，多数隔离在钢筋网面前端（图 8-2）。这种作业方式便于粗细泥沙的分选和分类利用，降低了用于土壤质地改良泥沙的后期处理成本。

抽沙试验过程中观察发现：1 号和 3 号抽沙点抽出浑水中黏性胶泥块很少，泥沙基本全部通过钢筋网面，只能从后方堆积泥沙中随机抽取样品；2 号抽沙点抽出浑水中黏性胶泥块很多，被过滤在筛网前面，可以从钢筋网前方堆积泥沙中随机抽取样品。3 个典型河段抽沙地点的样品质地分析结果见表 8-5。

图 8-2　钢筋网面过滤

表 8-5　抽沙点黄河泥沙样品质地分析

样品编号	物理性黏粒/%	物理性砂粒/%	土壤类型
1-1	1.54	98.46	松砂土
1-2	1.94	98.06	松砂土
1-3	1.76	98.24	松砂土
2-1	41.84	58.16	中壤土
2-2	43.85	56.15	中壤土
2-3	44.25	55.75	中壤土
3-1	2.84	97.16	松砂土
3-2	2.65	97.35	松砂土
3-3	2.25	97.75	松砂土

从表中可以看出，1 号和 3 号抽沙点黄河泥沙粒径较粗，以砂粒为主，属于松砂土，保水保肥性能差，无法用于砂质地土壤质地改良；2 号抽沙点拣选出的样品黏粒含量较高，为中壤土，保水保肥性好，可以用于砂质地土壤质地改良。因此，选取 2 号抽沙点黄河泥沙作为试验材料。

选择距 2 号抽沙点距离最近的河南科技学院新乡试验基地作为砂质土壤质地改良小区试验场地。圈定物理性砂粒最高的地块作为试验区，2014 年 8 月开始了土壤质地改良试验。考虑经济成本，对掺加的黄河泥沙量进行了控制，设计黄河泥沙的质量掺入比例为 5%～20%。共分 4 类 12 个种植区：原始土壤（CK）、黄河泥沙相对于原始土壤的体积掺入比分别为 1∶15、1∶10、1∶5（相当于黄河泥沙的质量掺入量分别为 6.7%、10%、

20%），各 3 个平行试验种植区。

首先，高黏性的黄河泥沙通过运输车辆运至试验场地；潮湿泥沙结块不宜直接撒播入地，必须进行泥沙平铺、晾晒脱水和机械化碾压粉碎处理；将泥沙均匀的播撒在试验区土壤中，并进行旋耕，旋耕深度 25cm。小麦品种为矮抗 58。试验过程参见图 8-3 和图 8-4。

(a)碾压粉碎黄河泥沙   (b)摊铺黄河泥沙

(c)人工均匀弹撒黄河泥沙   (d)黄河泥沙均匀分布在小区土地表面

图 8-3　黄河泥沙处理

图 8-4　旋耕和小麦播种

不同种植区的土壤质地状况见表 8-6，掺入黄河泥沙的种植区物理黏粒含量明显增加，平均含量由原始土壤的 9.57%，分别增加为 10.57%、11.54%和 13.81%。

表 8-6　不同种植区的土壤质地状况

黄河泥沙与原土壤体积比	地块编号	物理性黏粒/%	物理性黏粒均值/%	物理性砂粒/%	物理性砂粒均值/%	质地
原始土壤	重复1	9.84		90.16		紧砂土
	重复2	9.84	9.57	90.16	90.43	紧砂土
	重复3	9.04		90.96		紧砂土
1∶15	重复1	10.84		89.16		砂壤土
	重复2	10.04	10.57	89.96	89.43	砂壤土
	重复3	10.84		89.16		砂壤土
1∶10	重复1	11.14		88.86		砂壤土
	重复2	10.74	11.54	89.26	88.46	砂壤土
	重复3	12.74		87.26		砂壤土
1∶5	重复1	13.14		86.86		砂壤土
	重复2	13.14	13.81	86.86	86.19	砂壤土
	重复3	15.14		84.86		砂壤土

2015 年 6 月小麦收割后,对试验区土壤质地和小麦产量分别进行了测验,同一黄河泥沙掺入比例的三个平行试验地块取其平均值,结果见表 8-7。

表 8-7　不同种植区的质地变化及小麦产量

编号	黄河泥沙与原土壤体积比	物理性黏粒/%	物理性砂粒/%	质地	小麦亩产/kg
1	CK	9.84	90.16	紧砂土	148.75
2	1∶15	11.54	88.46	砂壤土	153.54
3	1∶10	13.54	86.46	砂壤土	276.04
4	1∶5	16.94	83.06	砂壤土	385.31

由表 8-7 可以看出,本次观测的土壤物理性黏粒较 2014 年 10 月土地刚平整完时测定的土壤数据有所提高,这是由于植物的根系作用有利于增加土壤的黏性颗粒,改善土壤质地结构。从小麦产量看,黄河泥沙掺量少的试验区(体积比 1∶15)小麦产量未见明显提升;黄河泥沙掺量较多的试验区(体积比分别为 1∶10 和 1∶5),小麦产量有显著提高,分别达到 276.04kg 和 385.31kg,较原始土壤试验区的产量分别提高了 85.57% 和 159.03%。土壤质地改良试验表明,利用黏粒含量较高的黄河泥沙对砂质中低产田土壤进行改良、提高土地单位面积产量效果明显。

8.2.3　黄河泥沙暨增肥保水综合改良砂质土壤技术及试验

对砂质中低产田进行改良,除了掺入黄河泥沙进行土壤质地改善外,如果辅以相应增肥保水综合改良措施,形成一整套砂质中低产田增产增效生产技术体系,能够进一步提高耕地单产。试验首先进行了单项掺入黄河泥沙、鸡粪,复合掺入黄河泥沙与保水剂、鸡粪的对比试验；而后进行推广性应用进行了复合掺入黄河泥沙、鸡粪、保水剂的综合改良技术现场试验。

1. 试验场地选择

2015 年 4～7 月，通过多地调研和土壤取样试验分析，选定中牟县雁鸣湖镇黄河滩区农田作为砂质中低产田综合改良技术试验区。该地块历史上曾历经多次黄河洪水淹没，洪水携带大量泥沙淤积在此，土壤物理性砂粒含量较大。因其距离黄河主河槽较近，地势平坦，便于黄河泥沙的抽取和运输。抽取的黄河泥沙物理性黏粒含量约为 44%～50%。

2. 黄河泥沙暨增肥或保水措施的土壤改良对比试验

2015 年 10 月，采用综合措施对砂质中低产田进行改良。运用机械化方式将黄河泥沙掺入到原始砂质土壤中，又分别掺加了鸡粪、保水剂后，进行小麦耕种。

设计方案列入表 8-12，共设计了 13 种处理方式，按照随机分组的原则每种处理方式平行进行 3 个地块试验，每个地块的尺寸为 11m×6m，整个试验区面积为 2574m^2（约 3.86 亩）；鸡粪从当地养鸡农户收集，加入量为 400kg/亩；保水剂为河南省农科院生产，加入量为 2.0kg/亩。鸡粪、保水剂施撒完毕后，按照往年种植标准播撒了化肥，利用旋耕机对土地进行旋耕，旋耕深度为 25cm。试验过程参见图 8-5。

(a)施加保水剂   (b)施加鸡粪

(c)施加化肥   (d)小区划分

图 8-5　砂质中低产田综合改良技术现场试验

2016 年 6 月，对试验区小麦进行了测产，采集了小麦样本和土壤样本（图 8-6），通过室内检测分析，获得了现场试验小麦产量、土壤营养成分等相关数据，见表 8-8。

图 8-6　小麦测产

表 8-8　砂质中低产田改良对比试验小麦产量与土壤质地改良效果

序号	处理方式	小麦亩产/kg	处理前物理性黏粒含量/%	处理后物理性黏粒含量/%
1	CK	382.3	32.0	32.0
2	10%黄河泥沙	435.2	32.8	34.3
3	15%黄河泥沙	452.1	32.4	34.5
4	20%黄河泥沙	523.7	34.1	36.8
5	25%黄河泥沙	469.9	34.2	37.9
6	30%黄河泥沙	407.3	26.8	32.1
7	10%黄河泥沙+保水剂	510.7	31.2	32.9
8	15%黄河泥沙+保水剂	506.0	33.3	35.5
9	鸡粪	450.2	36.2	36.4
10	10%黄河泥沙+鸡粪	510.8	29.5	31.3
11	15%黄河泥沙+鸡粪	509.8	23.1	26.6
12	20%黄河泥沙+鸡粪	531.5	22.8	27.3
13	25%黄河泥沙+鸡粪	516.6	23.6	28.9

注：掺入的黄河泥沙以质量比计算。

从表 8-8 可以看出，黏粒含量高的黄河泥沙掺入使原土壤质地发生了变化，改善了土地的质地结构，各区块产量比对比试验原始地块（CK）都有所提高；黄河泥沙与鸡粪或者保水剂的组合使用，比单独使用黄河泥沙增产效果更加显著；单纯使用黄河泥沙进行土壤改良，黄河泥沙掺入比例从 10%增加到 30%，黄河泥沙掺入量 20%时产量最高；保水剂的使用提高了土壤保水保肥的能力，对提高产量有明显的促进作用。各试验方案，小麦产量比对比小区（CK）提高了 6%～39.0%，平均提高 27%。

3. 黄河泥沙暨增肥保水综合改良砂质土壤试验

根据对比试验结果，2016 年 10 月在当地又选取了 22 亩砂质中低产田进行技术推广性应用试验（图 8-7）。推广试验场地与对比试验地块紧邻，土地的土壤质地属性基本一致，复合掺入20%的黄河泥沙、鸡粪（400kg/亩标准）、保水剂（2kg/亩标准）进行了砂质中低产田综合改良方案试验。

(a)试验田小麦发育情况　　　　　　　(b)试验田土壤样品采集

图8-7　黄河泥沙暨增肥保水综合改良砂质土壤现场试验

根据农户提供的产量数据显示，选择的22亩试验田，在2013～2015年小麦亩产稳定在380～400kg。经过土壤综合改良后，2017年6月随机三点进行了测产试验，小麦亩产分别为531.2kg、528.4kg、520.7kg。经过测算，亩产提高30.2%～39.5%，均在30%以上。因此，对于砂质中低产田，通过土壤质地重构等综合改良技术增产效果显著。

8.3　黄河三角洲引黄灌区土壤质地改良技术

黄河三角洲地区位于山东省东北部，是以黄河历史冲积平原和鲁北沿海地区为基础，向周边延伸扩展形成的经济区域。包括东营、滨州两市及潍坊、德州、淄博、烟台等市的部分地区，总面积2.65万km²，占山东省总面积的六分之一。黄河三角洲地区土地资源优势突出，是我国东部沿海土地后备资源最多的地区，在国家区域协调发展战略中具有重要地位。

截至2006年末，黄河三角洲地区拥有未利用地811万亩，约占全省33%，其中国家鼓励开发的盐碱地271万亩、荒草地148万亩、滩涂212万亩，其他180万亩；另有浅海面积近1500万亩。因此，如何提高黄河三角洲地区土壤质量、实现土地资源的可持续利用，是黄河三角洲高效生态经济区建设与发展中迫切需要解决的重大问题。

8.3.1　黄河三角洲地区土壤质地整体概况

黄河三角洲地区有黄河泛滥冲积平原、黄河三角洲冲积海积平原两种地貌类型，系黄河现行河道及历次决口冲积扇堆积而成。区域内地势平坦，坡度较小，自然比降1/8000～1/15000，由西南向东北倾斜。黄河三角洲地区有5种土壤类型，其中潮土、盐化潮土和滨海盐土是区域内最主要的土壤类型，三者之和约占区域总土地面积的95%。潮土是黄河三角洲地区面积最大的旱作土壤类型，约占土地总面积的30%，潮土土层深厚，土壤剖面一般可分为耕作层、心土层、潮化层和母质层4个发育层次；盐化潮土是潮土形成过程中附加盐化的土壤,约占土地总面积的30%;成土母质为黄河冲积物,以粗粉粒居多,其分布的地形部位主要是浅平洼地及背河洼地、缓平坡地相交接的"二坡地"(洼坡地带);滨海盐土属于非地带性土壤,占全区土壤面积的35%。主要分布于除邹平县外的其他县市的河间浅平洼地、槽状洼地。

按物理性砂粒和黏粒在土壤中所占的百分数,黄河三角洲地区的土壤质地可分为6级,即沙土、砂壤土、轻壤土、中壤土、重壤土和黏土,不同质地的土壤其理化性状有明显差异。黄河三角洲地区轻、中壤土面积约占土壤面积的70%,土体构型以均质型、夹黏型、砂体型、黏体型面积较大,占92.47%,其他构型面积较小。以滨州市为例,区域内轻壤土面积最多,中壤土次之,沙土最少,滨州市土壤质地与分布特征见表8-9。

表8-9 滨州市土壤质地分布特征

质地类型	沙土	砂壤土	轻壤土	中壤土	重壤土+黏土
比例/%	0.72	9.45	41.03	30.97	17.83
土壤类型	潮土 风沙土	潮土 盐化潮土	潮土 盐化潮土		盐化潮土 滨海盐土
土壤特点	养分少,孔隙大易干旱,产量低	养分含量低,保肥保水性差,耕性好	水、热、气协调,耕性良好,适种作物多,肥力较差,盐化面积大	养分含量高,水热气协调,适种作物广,高产,易盐碱	养分含量高,土壤黏重,适耕性差,排水不畅,易涝
分布区域	惠民、滨城	惠民、邹平、高青、沾化、博兴	惠民、阳信、滨城、沾化	邹平、高青、无棣、滨县	无棣、博兴、沾化

黄河三角洲引黄灌区自1953年开始灌溉以来,经历了试办、大办、停灌、复灌和稳定发展的曲折过程,由最初的大引、大蓄、大灌导致地下水位上升、土壤次生盐碱化而停办,到1965年因严重干旱而复灌,再到目前基本实现了稳定发展。引黄灌区几十年坎坷的发展历程说明黄河三角洲发展引黄灌溉的重要性,同时也反映出黄河三角洲地区生态环境对引黄灌区建设发展的敏感性。

黄河水含沙量大,引水必引沙。由于区域内地势平坦,泥沙输送困难,80%的泥沙淤积在沉沙池和干支渠系,入田和进入排水沟的泥沙约占20%。20世纪80年代后期开始,对老灌区进行了大规模改、扩建,通过优化水沙调度、渠道衬砌、工程改造等增加干、支渠系的输沙能力,沉沙方式逐渐向多元化发展。目前虽然各灌区沉沙方式差异较大,但受渠道输沙能力、水沙运动规律等诸多因素的影响,引黄泥沙仍然比较集中的沉积在灌区上中游的沉沙池、干支渠系和田间三个部位,平均各占1/3左右。

黄河三角洲成土是由黄河近代频繁决口泛滥的沉积物及其黄河入海的回流淤积物组成,土壤质地的空间分布与泛滥决口处的远近关系密切,在黄河主河道决口处附近为沙土,远离河道的河间平地为壤土,河间洼地及其边缘为重壤土或黏土,区域内土壤质地呈现出明显的分选性。根据不同区域渠系泥沙和当地土壤特点,进行科学配沙以重构土壤质地,从本质上改善土壤最根本的物理性状,是一种直接高效的土壤改良方法。然而灌区内黄河泥沙的不均匀分布和土壤改良实际需求之间存在明显矛盾,灌区上游沙化土壤需要黏泥含量较高的细颗粒泥沙,中下游黏质盐碱土壤需要粗沙入田,但是引黄泥沙沿渠系实际分布恰好相反,呈现明显的上(游)粗下(游)细不均匀分布特征,这种矛盾制约了黄河泥沙的有效利用。

8.3.2 韩墩引黄灌区测土配沙土壤改良方法

韩墩引黄灌区是位于黄河三角洲腹地的国家大型引黄灌区。灌区自 1959 年开灌，引水引沙 50 余载，累计引水近 120 亿 m³，累计引沙 6763 万 m³，引黄供水为灌区工农业生产和群众生活及城乡生态用水提供了可靠的保障。受地理条件所限，韩墩灌区作为一大型灌区一直没设置沉沙池，1990 年以前，以总干渠作为沉沙条渠以挖待沉，两岸清淤弃土曾一度造成严重的生态环境问题。1990 年韩墩灌区实施远距离输沙节水技术改造，总干渠两岸的环境问题才得以遏制和逐步修复。相应地，这种远距离输沙分散于田间的泥沙配置模式，输送于田间的泥沙比例大幅增加，为顺应韩墩生态灌区建设要求，汲取灌区曾遭受泥沙危害的历史教训，将黄河泥沙资源利用的理念推进到田间末端，韩墩灌区与中国农业科学院、黄科院等合作，组织开展了科学利用泥沙改良土壤的相关研究，提出了"测土配沙"改良土壤运行模式及工程技术措施（崔淑芳等，2017），为实现灌区引进黄河泥沙的科学利用和土壤改良，提高灌区土壤承载能力，推进生态灌区建设，促进引黄灌区可持续发展，提供了科技支撑。

1. "测土配沙"含义

对土壤进行沙化预控并改良，需要对土壤的现状类型和质地进行监测，了解土壤的砂黏性，是为"测土"，这是进行科学配沙的基础。砂粒含量偏高的砂质土壤保水保肥性能差，黏性土壤透气性差，对作物生长有不利的影响，壤质土壤保水保肥及透气性均佳，是有利于作物生长的优质土壤，通过测土实现科学的"配沙"，是为"测土配沙"。即在对灌区土壤及引黄水沙监测的基础上，根据灌区土壤质地性状和水沙监测结果，通过分层取水取沙或导沙、扰沙工程技术措施，科学调配不同粒径的黄河泥沙输送于需要改良的土壤中，砂质土壤配细沙、黏质土壤配粗沙，实现浑水灌溉土壤沙化预控及黏性盐碱土壤改良。

为了科学灵活地实现"砂质土壤配细沙、黏质土壤配粗沙"目标，方便工程技术人员实操运用，需要确定一个统一的判别指标，以指导"测土配沙"实施方案的制定，崔淑芳等提出了"土壤沙化参数"的概念。即土壤砂粒含量与土壤黏粒和粉粒含量之和的比值，我们将其记为

$$\Phi = \Psi_s / (\Psi_n + \Psi_f) \tag{8-1}$$

式中，Φ 为土壤沙化参数；Ψ_s、Ψ_n、Ψ_f 分别为土壤砂粒含量、土壤黏粒含量、土壤粉粒含量；均以%计。我们可以根据沙化参数的大小界定土壤沙化程度。其中，沙化参数小于 1 时，为黏性土壤，1～3 时为轻度沙化土壤，3～6 时为中度沙化土壤，大于 6 时为重度沙化土壤。研究人员于 2016 年 10 月 9-10 日，从韩墩灌区总干渠左岸的二分干、三分干、五分干和过徒干控制的浑水灌溉地域 27 个点位进行了土壤采样监测，这些点位耕作层（0-20cm）土壤质地均为砂质壤土，砂粒含量均在 60%以上。按公式（8-1），计算监测土样的沙化参数参见表 8-10。可以看出，从上游到下游（三个分干到过徒干），田间有近及远，输沙距离越远，沙化程度越低。

表 8-10　韩墩灌区土壤沙化参数监测结果

灌区 （时限）	与分干垂直距离	样本数 n	砂粒含量/%	粉粒含量/%	黏粒含量/%	土壤 质地	沙化 参数
总干渠 三个分干 （浑水灌溉 40 年）	<200m	7	75.12	21.76	3.12	砂质 壤土	3.02
	>300m	10	68.14	27.75	4.11	砂质 壤土	2.16
过徒干（浑水灌溉 20 年）	<200m	4	68.21	27.91	3.88	砂质 壤土	2.14
	>300m	4	64.78	31.18	4.04	砂质 壤土	1.84

注：27 个点位耕作层中，有两个土样距干渠过近，与干渠清淤弃沙混合，予以去除。

2. "测土配沙" 改良土壤目标

按照国际土壤分类标准，当土壤砂粒含量为 50%时，沙化参数为 1，土壤质地为最利于作物生长、保水保肥透气性能最优的壤土。因此，将沙化参数 1 作为土壤改良的目标。即对于沙化参数小于 1 的土壤，应配备较粗黄河泥沙；对于沙化参数大于 1 的土壤，应配备较细的黄河泥沙；不论沙化系数大于 1 还是小于 1，都朝着沙化系数 1 的方向实施土壤改良。

黄河三角洲地区多数引黄灌区的沉沙池目前基本采用"以挖待沉"的运行管理方式，清理出的泥沙颗粒较粗，在渠道两边堆放既压占农田也造成土地沙化，造成环境生态破坏。另一方面，中下游存在大量质地黏重的盐碱地需要粗颗粒泥沙进行土壤改良，粗泥沙却无法下送至当地，这是目前灌区最突出的矛盾。对此，如果将沉沙池较粗泥沙进行分散化输运，尽量向中下游输送，就可以在地形低洼、质地黏重的土地进行配沙改土。不仅起到提高土地质量的作用，也解决了沉沙池长此以往的泥沙危害问题，既保护了环境和生态，对灌区的可持续发展也意义重大。

小开河灌区曾经开展了长期大量的科学研究和生产实践，对位于灌区的中部的沉沙池内淤积的泥沙进行分类处理和利用，测土配沙方法运行模式更适合这类灌区，能够更加经济有效地利用黄河泥沙。

3. 科学配沙的工程技术

科学配沙除必要的前期土壤质地监测、密切关注黄河水沙变化等措施外，必要的工程措施更有利于粗细泥沙的调配。为此，崔淑芳等（2017）提出了分层取水取沙的工程措施，如图 8-8 所示，即根据泥沙粒径沿垂线分布下粗上细的规律，设计的一种高低闸门联合运用的灌溉分水闸。

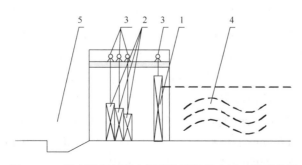

图 8-8　一种高低闸门联合运用的灌溉分水闸工程示意图

位于前端的高闸门 1、位于后端的低闸门组 2，用于控制高闸门 1 和低闸门组 2 的启闭设备 3；闸门 1 位于整个闸门系统的前端，直接与上游 4 的黄河水接触；低闸门组 2 靠近下游 5 的位置。非灌溉期，低闸门组 2 处于非工作状态，灌溉期与高闸门 1 联合运用实现分层取水取沙。根据灌溉地块土壤质地和黄河水沙监测结果，计算应取水沙的水层高度。对于沙化参数大于 1，需要细沙改良土壤质地的，选择低闸门组 2 中合适的闸门落下阻挡底层水沙；对于沙化参数远小于 1 的黏重土壤，需要配沙化参数远大于 1 的粗沙改良土壤质地的，低闸门组 2 全部开启，并配以小型扰沙设备提高粗沙入田。

8.3.3 小开河灌区浑水灌溉对土壤质地的影响

引黄灌区渠首经过长期集中沉沙已成为泥沙危害最严重的区域，对泥沙需求量较小。受取水引沙过程中水沙不均匀分布等多种因素的影响，目前多数灌区渠首沉沙比例依然较高，且沉积的泥沙颗粒粗大，使需沙量小且不需要粗沙的区域沉积了大量粗沙，加重了渠首沙化和生态环境恶化。灌区中、下游地区对泥沙（特别是粗沙）需求量大，由于多数灌区不能实现远距离输沙，即使能在中、下游进行放淤和浑水灌溉的灌区，沉积的泥沙黏粒含量普遍较高，使需要粗沙的区域沉积的是细沙，或根本无沙可用，造成引黄泥沙在灌区范围内的"需求—供给—分配"严重失衡，在一定程度上制约了引黄泥沙的有效利用。

小开河灌区是滨州市最重要的大型引黄灌区，位于黄河利津水文站上游 60km 处。灌区控制土地面积 14.98 万 hm^2，占滨州市土地面积的 15.9%。灌区内的土壤主要为潮土、盐化潮土、潮盐土和滨海潮盐土三大类，其中潮土和盐化潮土所占比例最大。

由于小开河灌区渠首地势较高，自然地形南高北低，且渠首地区为一狭长地带，不适宜沉沙，因此沉沙池设在灌区中游。通过采用大比降远距离输沙技术，用输沙干渠将高含沙水流长距离稳定输送到距渠首 51.3km 的沉沙池进行沉沙。采用远距离输沙技术后，小开河灌区泥沙处理的特点是从渠首到沉沙池的灌区上游区域采用输沙入田的浑水灌溉方式，使约占小开河引黄灌区总面积 48% 的上游范围基本实现将引黄泥沙直接输入田间，这种由集中转向分散的沉沙方式，使灌区上游的田间沉沙比例占灌区沉沙总量的 32.91%，大量引黄泥沙在沉沙池上游的灌区范围内得到有效转化和利用。对浑水灌溉田间试验与引黄泥沙的研究发现（王景元等，2016），与当地沙质土地相比，黄河泥沙黏粒含量较高，进入田间的泥沙会对灌区土壤组成、质地、结构等生态环境产生相应影响。

1. 小开河灌区引黄泥沙颗粒对土壤颗粒影响

土壤颗粒组成是决定土壤性质和特征的重要因素，对于砂质土地的浑水灌溉试验田，引黄泥沙以 0.25～0.05mm 的粗沙和 0.02～0.002mm 粉细沙为主，分别为 30.47% 和 39.31%，两者之和为 69.78%；小开河灌区土体中粒径小于 0.05mm 的颗粒平均为 83.52%，其中，0.05～0.02mm 的粗沙比例为 53.41%，土体中 0.02～0.002mm 的粉细沙比例为 21.12%。由此可见，引黄泥沙中<0.02mm 的细粉粒和黏粒含量明显高于当地土壤。

在浑水灌溉 10 年 0～5cm 的表层土壤中，0.02～0.002mm 土壤颗粒含量增幅最大，达 105.94%，小于 0.002mm 的黏粒含量增加了 65.56%，0.05～0.02mm 的土壤颗粒含量降低了 24.88%，0.25～0.05mm 的含量降低了 31.10%。

黄河泥沙黏粒含量大,使土壤中小颗粒比例明显增加,大颗粒比例相对降低。因此,经过浑水灌溉后,并没有导致土壤沙化。

2. 10年浑水灌溉区与清水灌溉区土壤有机质变化

10年浑水灌溉耕地土壤有机质含量较清水灌溉有明显增加,其中0~20cm土层中,土壤有机质增加30.8%,20~60cm土层中土壤有机质含量增加62.3%,增加幅度明显大于表层土壤。在各种土壤养分变化中,土壤有机质的增加最为明显。由此可见,黄河泥沙中的黏粒富含有机质,有机质随灌溉水分下渗,对土壤影响较为明显。

3. 10年浑水灌溉与清水灌溉下土壤养分变化

通过10年浑水灌溉,土体中全磷P的含量比清水灌溉有明显提高,其中0~5cm表层土壤的增加幅度最大为33.8%,其余各土层中P的增加幅度基本一致,约为25%左右。土壤全氮N的含量较清水灌溉的土壤没有明显变化。各种土壤养分的变化,有机质随灌溉水分下渗,使得其对底层土壤的影响改变更为明显。全P等成分随多数泥沙颗粒被表层土壤孔隙阻留,使表层土壤中全P的含量明显增加。由此可见,黄河泥沙中的黏粒富含养分,可以明显提高土壤的肥力。

4. 土壤容重变化

通常情况下,土壤黏粒含量的增加会导致土壤容重增大。虽然浑水灌溉使灌区土壤中黏粒含量明显增加,但土壤容重并没有随土壤黏粒含量的增加而升高。这是由于土壤容重受成土母质、成土过程、气候、生物作用及耕作状态等多重因素影响,是一个高度变异的土壤物理性质。输沙入田只是改变了土壤颗粒级配,各种农田耕作措施改善了土壤孔隙与结构状况,在一定程度上避免了由土壤黏粒含量增加产生的土壤容重增大现象。因此,除了改良土壤质地,还需要辅以科学的农耕措施,才能更好地提高土地质量。

5. 土壤孔隙度变化

小开河引黄灌区不同区域土壤总孔隙度分析结果显示,除渠首附近以外的大部分地区,土壤总孔隙度都普遍小于48%,一般为40%~47%,通透性能差。这就说明,如果土壤质地、结构等物理性状较差,单纯的耕作措施难以从根本上改善土壤的孔隙比。如果土地孔隙度过小,需要适当增加粗颗粒泥沙,改良土地结构。

综上所述,由于接近入海口的黄河泥沙中黏粒含量高,浑水灌溉不会使土壤发生沙化;细颗粒泥沙挟带相当数量的农作物生长所需的养分,对农作物生长十分有利;需要注意的是经过长期浑水灌溉,土地黏粒含量过多,如果出现土壤紧实、通透性能差等不良影响,必须根据实际情况调整入田泥沙物理组成,适当增加粗颗粒泥沙,辅以耕作措施,改善土壤质地和结构。

8.3.4 小开河灌区利用沉沙池粗颗粒泥沙对黏质盐碱地改良效果

黄河三角洲引黄灌区的下游地区各类盐碱土壤普遍为黏质的盐碱土,质地黏重,渗透性和通透性差。黏质的盐碱土壤中粒径小于0.002mm的黏粒所占比例一般大于25%,由于所处的区域排水困难,土壤淋洗作用微弱、水分蒸发强烈,溶解于地下水中的盐分随之带入土壤表层，形成各种重度盐碱土。改良盐碱土方式很多，不同的改良方法，效果也有所差异。黏质盐碱土最突出问题是其不良的物理性质，利用沉沙池较粗泥沙改变黏质盐土质地，从根本上改良盐碱地物理性状，研究表明这是一种快速有效的改良技术手段（郑乾坤，2018）。

在黏质盐碱土配沙改良试验中，将田间试验共设计 3 个对比试验区，即对比试验区（CK），配沙量为 0kg/m²；配沙改良区 1（NS1），配沙量为 10kg/m²；配沙改良区 2（NS2），配沙量为 20kg/m²。将沉沙池内的粗泥沙按照确定的用沙量均匀洒在土壤表面，用旋耕犁翻耕 4 次，直至将粗泥沙与试验田 0～20cm 厚度范围内的土壤充分混合均匀。试验区小麦播种量、耕作施肥方式、灌水量、灌水时间、施肥量等，都与当地小麦种植方式保持完全一致。

1. 土壤颗粒组成的改善

沉沙池的粗泥沙和盐碱土两者之间的颗粒组成存在明显差异。沉沙池泥沙以 0.1～0.05mm 沙粒为主，占 84.56%，0.25～0.1mm 的沙粒占 10.7%，0.05～0.002mm 的粉粒和黏粒占 4.53%，小于 0.002mm 的黏粒基本为 0；而试验田的黏质盐土以 0.05～0.01mm 粉粒为主，占 57.39%，大于 0.05mm 的沙粒只占 7.22%，小于 0.002mm 的黏粒占 19.51%。

在表层土壤中 0～20cm 取样进行土壤颗粒分析，黏质盐碱土配沙改良以后，土壤的颗粒级配发生明显改变。配沙前 CK 处理中 0.1～0.05mm 的粒级为 7.22%，配沙改良后 NS1 和 NS2 配沙处理后该粒级分别达到 9.46% 和 12.95%，增加 31% 和 36.9%；配沙前 CK 处理中 0.05～0.01mm 粒级泥沙含量为 57.39%，配沙后 NS1 和 NS2 该粒级分别为 53.69% 和 52.54%，降低了 6.45% 和 8.45%。由此可加，引入相对较粗的泥沙，降低了黏质盐碱土中细颗粒比例，增加了粗颗粒比例，改善了土壤的颗粒级配。

2. 对土壤容重的影响

土壤容重越大，表明土壤紧实板结，会抑制作物根系的生长；容重越低，说明土壤疏松多孔。CK 和配沙后处理的 NS1、NS2 土壤容重分别为 1.31g/cm³，1.28g/cm³，1.26g/cm³，NS1 和 NS2 与 CK 相比容重分别降低了 2.29%、3.82%。引黄泥沙粒径较大，颗粒间距也相对较大，随配沙量的增加，沙粒比例增大，土壤容重随之降低，说明黄河泥沙改良了黏质盐土的土壤结构。

3. 对土壤孔隙度的影响

在黏质盐碱土中，土壤总孔隙度普遍偏低，0～20cm 表层土壤的总孔隙度仅为 45.75%，达不到一般农田总孔隙度 50% 的下线水平。NS1、NS2 配沙处理后，随粗泥沙比例增大，土壤总孔隙度分别达到 49.13%，52.54%，特别是 NS2 处理后总孔隙度已达到普通农田的正常水平。一般而言，泥沙颗粒粗，颗粒间隙相对越大，引入黄河泥沙增大了土壤孔隙度。

4. 对土壤饱和导水率的影响

CK 多点平均土壤饱和导水率为 3.5×10^{-7} m/s；经配沙改良后，随粗泥沙比例增大，NS1 土壤饱和导水率增加为 3×10^{-6} m/s，NS2 土壤饱和导水率增加为 4.77×10^{-6} m/s。由此可见，向黏质盐碱土中引入较粗的黄河泥沙，增加了土地通透性，更利于透水透气，可以明显改善土壤的导水性能，增加土壤饱和导水率。

土壤饱和导水率是评价土壤透水性能好坏的重要指标，土壤的饱和导水率增加，说明盐黏质盐碱土经配沙改良后，有利于改变土壤的渗透性，对灌溉和降雨后盐分的淋洗起到促进作用。

5. 对土壤含盐量的影响

由于黏质盐碱土中含有大量黏粒，有较高的比表面积和阳离子交换容量，增加了土壤对各类盐分的吸附能力，使土壤含盐量升高，所以盐碱土壤的大量盐分与土壤中黏粒含量密切相关。利用相对较粗的黄河泥沙改土，降低土壤黏粒比例，可以有效抑制土壤盐分的积累，特别是在土壤水分持续蒸发时，对降低土壤含盐量的作用更为显著。

6. 对冬小麦产量的影响

小麦是黄河三角洲地区的三大农作物之一，也是该地区最主要的粮食作物。与 CK 相比，NS1 和 NS2 两个配沙处理后的小麦籽粒产量分别增加了32.98%和62.63%。结果表明，配沙改良对小麦的增产效果十分明显。

综上所述，土壤物理性质是影响作物生长发育的重要因素，是反映土壤肥力的重要指标。黏质盐碱土中存在过多的黏粒，导致产生各种不良土壤物理性状。因此利用引黄泥沙直接改善黏质盐土恶劣的物理性状，是最有效的土壤改良方法。黏性盐碱土壤经过配沙改良以后，改善了土壤颗粒级配，降低了土壤的容重，使土壤的总孔隙度和通气孔隙比例增加，土壤变的疏松，有利于冬小麦根系的生长，对农作物增产起到积极作用。因此，优选级配合适的引黄泥沙作为改良材料，调控土壤颗粒组成、降低土壤中黏粒的数量和比例，能够明显改良土壤质地和结构。辅以科学的土壤耕作措施，会更有效提高农作物产量。

在黄河三角洲地区利用沉沙池粗颗粒泥沙改良灌区中下游盐碱地，不仅可以解决渠首及沿岸泥沙沙化的危害，也提高了中下游土地的土壤质量。如果这项工作能大局推开，真正树立泥沙也是资源的思想，定会消除灌溉管理部门引水怕引沙的顾虑，还可以大大缓解河道管理与灌区管理之间的矛盾，真正实现"国家粮食安全-黄河防洪安全-灌区生态安全"的多赢。

8.4　本章小结

中低产田改良对确保国家粮食安全意义重大。黄河沿岸和广大的三角洲地区分布着大量的中低产田。引黄灌溉对河南等地的盐碱地改良作用显著，也为黄河三角洲地区盐碱地改良提供了可供借鉴的经验。

砂质土壤是黄河下游中低产田的一个典型种类，多分布于河南和山东菏泽等地，有机质含量和黏粒含量少，粮食产量普遍低下。黏质盐碱土壤，在黄河三角洲地区多见。为了实现不同类型土壤的精准化改良，我们采用衡量土壤沙化程度的沙化参数，并将沙化参数 1 作为土地改良的目标值。对于沙化参数小于 1 的土壤，配备较粗的黄河泥沙调整土壤物理性状；对于沙化参数大于 1 的土壤，配备较细的黄河泥沙改良土壤质地。

　　针对黄河下游砂质中低产田开展了土壤质地改良试验，选取黏粒含量高的黄河河道淤积泥沙定量投放掺混，同时辅以有机肥料和保水措施，改善土壤质地，形成了一整套砂质土壤改良技术体系。试验结果表明，改良后的土地增产效果明显。

　　通过山东滨州小开河和韩墩两个灌区浑水灌溉、灌区砂质土壤改良和黏质盐碱地土壤改良效果的分析评价，进一步完善了引黄灌区灌域内水沙系统调配、系统管理的理论技术体系。土壤物理性质是影响作物生长发育的重要因素，是影响土壤肥力的重要指标。小开河灌区砂质土壤或黏质盐碱地经过测沙改土和必要的农耕措施，土壤颗粒级配、容重、总孔隙度、养分和盐分等都得以优化改良，土壤质地重构和改善从根本上改变了土壤物理性状，进而改善了其他影响作物生产的相关因素，是一种最直接有效的土地改良方法。测沙改土技术，不仅解决了灌区泥沙对生态环境的危害问题，而且能够实现规模化分类利用引黄泥沙资源改良土地；与传统引洪放淤改良土地相比，这种改良方式变被动为主动，变盲目为有计划，变粗放为精细化，对引黄灌区实现防洪安全、粮食安全和生态安全"三位一体"的可持续发展模式意义重大。

第9章 利用黄河泥沙充填采煤技术工艺研究

截至 2015 年，全国采矿业累计引发各类地质灾害 2.6 万余处，其中采空区塌陷超过 4000 处。目前，我国煤炭开采塌陷土地累计已达 11000km^2，每年仍以 270～410km^2 的速度增加。采空引起的耕地减少、土地利用率降低、环境恶化、生态移民等问题，事后治理不仅费用巨大，而且其对经济社会生态的负面影响根本无法短期内消除，预防塌陷区扩大化迫在眉睫。因此，国土资源部"十二五"科学和技术发展规划，明确提出要开展矿产资源勘查开发全程矿山地质环境保护及修复技术、生态环境脆弱条件下的矿山地质环境保护与重建技术研究，提高矿山地质环境保护和治理工作水平。

鉴于煤矿采空区带来的巨大危害，我国煤矿企业逐步确立了绿色开采的理念，膏体充填、矸石充填、无煤柱充填等技术也在不断地进行尝试推广。具有来源丰富、方便获取且成本低廉的充填原材料，是充填技术广泛应用的必要条件。黄河干支流淤积泥沙数量巨大、采沙输沙技术日臻成熟，是理想的沿黄煤矿采空区充填原材料。在泥沙中添加适宜的固化剂，作为煤矿开采的充填材料，随采随填可以提高采空区上方地层承载力，有效预防或遏制地面塌陷。

因此，着眼于黄河泥沙淤积与矿产资源采空区的双重治理，开展利用黄河淤积泥沙充填开采技术研究，为实现煤矿绿色开采、淤积泥沙处理和资源利用、区域经济社会可持续发展的多赢提供科技支撑，必将发挥巨大的经济效益、社会效益和生态环境效益。

9.1 煤矿充填开采技术发展现状

9.1.1 煤矿开采引发的土地破坏及环境问题

人们很早就注意到煤炭开采造成的土地破坏（连玮，2013；贺学鹏，2014），但最初并没人对其进行专门的研究。土地破坏主要包括：井工开采造成土地塌陷、露天开采对土地挖损以及外排土场占地、煤矸石压占土地，及其对周边环境的影响。其中，井工开采占到我国煤炭开采的 94%左右，也是沿黄煤矿开采塌陷的主要破坏类型。对土地破坏较为严重，塌陷较为集中，塌陷规模巨大的，主要是国有的大、中型煤矿，如陕西煤业化工集团、河南焦作煤业集团、山东济宁和菏泽地区的煤矿等。沿黄平原地区的矿区开采沉陷后地面常年积水，还造成严重的盐渍化（周建伟等，2006；昌增芝等，2012；郭巧玲等，2015）。

以毗邻黄河的焦作煤矿为例，煤矿为焦作市乃至河南省的经济发展做出了巨大贡献，但也带来了很大的负面影响，其主要原因是煤炭开采带来的土地资源破坏，包括塌陷、挖损和压占，其中最为严重的就是煤矿塌陷地。表 9-1 统计了焦作主要煤矿的塌陷地分布以及塌陷特征。

表 9-1 焦作煤业集团土地塌陷的主要特征

矿区名称	塌陷面积/km²	采空区面积/km²	塌陷区与采空区之比	塌陷区下沉值/m
韩王矿	3.2	3	1.067	1.5
冯营矿	1.5	1.5	1	5
演马矿	3.5	2.6	1.346	5
中马村矿	1.8	1	1.8	7
九里山矿	2.6	2	1.3	1
合计	12.6	10.1		
平均			1.303	3.9

从表 9-1 可以看出，焦作煤业集团下属的几个主要煤矿总塌陷面积为 12.6km²，其中演马矿塌陷面积最大，为 3.5km²，冯营矿塌陷面积最小，为 1.5km²；采空区总面积为 10.1km²；塌陷区与采空区之比平均值为 1.3；塌陷区下沉值平均为 3.9m，其中，中马村矿塌陷区下沉值最大，为 7m，九里山矿塌陷区下沉值最小，为 1m。采煤塌陷地的产生，改变了原有的地形地貌，从而导致生态环境恶化，有的地方甚至出现大面积积水，破坏了原有农业生态系统的平衡，扰乱了原本相对稳定的土壤结构和地质环境。除此之外，煤矿生产过程中会产生大量的废水、粉尘、有害气体等，煤矸石、粉煤灰等废弃物的堆积受雨水淋溶还会污染沟、河、土壤和地下水，极易对自然环境造成巨大污染。

1. 土壤污染

矿区内被洗煤水浸泡而发黑的黑色土壤随处可见，煤矸石大面积堆放，有毒有害物质随着淋滤液渗入土壤中，严重污染土壤环境（图 9-1）。

图 9-1 土壤污染严重

2. 水质恶化

矿区内地表水均受到不同程度污染，部分地面坍陷积水区的积水发黑；地下水污染主要是矿坑废水排放、煤矸石的堆放（图 9-2）及煤矿库的渗透引起的。坍陷坑汇集坍陷区及周边地区的生产、生活污水，依靠蒸发排放。由于水体自净能力有限，这些地表水未经处理直接渗透补给地下水，造成地下水水质恶化。

图 9-2　煤矸石堆占用土地

3. 含水层破坏

根据现场调查及收集的资料，矿区内煤矿开采对含水层的影响主要表现在以下两个方面：

（1）煤层开采后上部岩层失去支撑导致应力重新分布，此过程中，岩层内部岩石强度和内聚力大大降低，顶板发生变形，形成冒落带、裂隙带和弯曲带三个变形特征不同的区域。变形产生的裂隙和断裂致使地下含水层和开采煤层之间的隔水层破坏，导致含水层水量漏失。

（2）煤矿开发影响了地下水的径流途径，原来的地下水渗流场发生改变。首先是采煤引起的岩层裂隙、采空巷道和矿坑形成了地下水运移新通道，造成大量地下水向矿井矿坑渗漏，部分含水层被疏干；其次是地表塌陷使浅层地下水进入原来的非饱和带，极易造成含水层污染；采煤揭露断层带，使得部分不导水断层变得导水，有可能使不同含水层发生水力联系，引起整个地下水环境的改变。

9.1.2　煤矿充填开采技术研究现状

煤矿充填开采技术已成为解决煤炭开采与环境保护问题最有效的技术途径之一（钱鸣高等，2004；闫少宏等，2008；郭振华，2008；徐法奎，2012；岳陶等，2012；张俊波等，2014）。它是将矸石、风积沙、粉煤灰、建筑垃圾、膏体等充填材料随着采煤工作面的推进充填至工作面后方采空区的采煤技术。应用充填采煤技术控制岩层移动和地表沉陷，可提高"三下（建筑物下、道路下、水体下）"压煤资源回收率，做到矸石不升井，消化地面矸石山，节约大量土地，减轻地层沉降，保护水资源，减少煤矿瓦斯和矿井水积聚，有效抑制煤层及顶底板动力现象，实现矿区生态和安全生产环境由被动治理向主动防治的重大转变，是煤炭生产方式的重大变革。目前充填采矿法越来越受到人们的重视，充填工艺技术也在不断改造的过程中得到创新与发展。

进入 21 世纪，在传统充填采煤技术基础上，煤矿企业通过改进充填设备、引入金属矿山充填采矿技术陆续研发了抛矸充填、原生矸石综采架后充填、膏体充填和高水材料充填技术，显著提高了充填采煤效率，使该技术迈入新的发展阶段。目前已经形成了固体直接充填、膏体充填和高水材料充填三大类生产工艺技术体系，其推广应用也得到了国家和地方政府的大力扶助。2012 年 4 月 26 日，国家能源局在山东泰安组织召开了全国煤矿充填开采现场会，会议指出充填采煤技术对于煤矿安全和环境的重要性，要求大力推广煤矿充填开采经验，推进煤炭生产方式变革、提高煤炭资源利用水平、保护生态环境、建设和谐矿区，标志着我国充填采煤技术体系正走向成熟。国家能源局"十二五"规划中，就安全高效煤炭开发工作明确指出，积极推广保水开采、充填开采等先进技术，实施采煤沉陷区综合治理。

主要的充填开采技术简介如下。

1. 抛矸充填

抛矸充填的关键设备为高速动力抛矸机，主要包括电动机、驱动滚筒、转向滚筒、托辊、抛矸皮带和支架等，其结构和工作原理如图 9-3 所示。

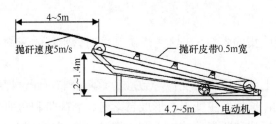

图 9-3 高速动力抛矸机结构及工作原理示意图

其中，"V"型花纹抛矸皮带高度可调、伸缩自如，可将原生矸石以较快的冲击速度充填到采空区内。配合不同的采煤工艺，抛矸充填可分为巷采抛矸充填和普采抛矸充填。该技术在我国邢台、新汶、兖州、枣庄等矿区先后得到推广应用。

2. 膏体充填

该技术从金属矿山的膏体充填技术发展而来，将矸石、粉煤灰和水泥、胶凝材料与水混合，搅拌加工成具有良好流动性的膏状胶结体，在重力或泵压作用下，以柱塞流的形态输送到采空区。膏状胶结体在一定时间内固结后，达到一定强度要求。与金属矿山膏体充填不同，煤矿膏体充填需要发展专门膏体充填隔离支架，将膏体充填工作面分为采煤区和充填区两部分，充填支架在满足采煤区顶板控制功能要求的基础上，必须能够对充填区裸露的顶板进行支护，同时还应起到隔离防漏、抵抗浆体侧向压力的作用。但由于煤层属沉积矿体，随着工作面的推进，采空区上覆岩层随采随垮，因此充填支架应有足够大的初撑力以控制充填区顶板不垮落、不下沉，同时对膏体充填体的凝固时间也有很高的要求，充填体必须在短时间内就具有一定的承载力。

该技术在新汶、淄博、济宁、邯郸、邢台、赤峰等矿区得到应用。这种采煤方法具有料浆流动性好、密实度高、充填体强度高的优势，对岩层移动与地表沉陷的控制效果较好。但是，实施过程要构建一套完整的膏体充填系统，初期投资较大；另外，膏体充填采煤不能达到采煤与充填并举，膏体充填工作面生产能力受到一定限制。

3. 高水材料充填

高水速凝固结材料（简称高水材料）是一种由 A 和 B 两种材料构成的胶凝材料，主要组成成分为高铝水泥、石灰、石膏、速凝剂、解凝剂、悬浮剂等。高水速凝固结材料能将高比例的水快速凝结，并在短时间内达到一定强度，具有固水能力强、单浆悬浮性和流动性强、凝固速度快、强度增长速度快等特点。A 和 B 两种材料分别通过管道运送至缓冲池，将其制作成浆液通过专用管道运输到充填采煤工作面，混合后注入采空区内实现凝固充填。该技术主要原材料为水（含水率约 70%～95%），故充填材料来源充沛，且充填系统简单、高水材料流动性好。但是，高水材料充填成本较高，凝固形成的充填体抗氧化及抗高温性能差，其长期稳定性有待于进一步研究。

9.2 基于黄河泥沙资源利用的煤矿充填开采技术

前述研究已经对黄河泥沙资源储量与分布进行了详细调研，干支流水库泥沙淤积量大、采沙输沙技术成熟，开展以黄河泥沙为主要充填材料的煤矿充填开采技术研究，不仅能够有效推动黄河泥沙资源利用事业的发展，还能有效解决沿黄地区煤矿开采安全、采出率低、生态环境恶化等问题，从而实现煤炭资源可持续开采和矿区生产稳定发展。

在科技部和水利部大力支持下，按照黄河泥沙资源利用整体架构布局，黄科院开展了利用黄河泥沙进行煤矿充填开采的技术工艺研究。经过实地调研和综合各方因素，选择焦作煤业集团公司的鑫珠春矿（当地一般以地名命名煤矿，以下简称朱村矿）作为研究基地。朱村矿位于焦作煤田西南部，东距焦作市区 5km，矿区面积 7.4km²。1958 年投产，具有 50 多年的开采历史，设计生产能力 60 万 t/a，2005 年核定生产能力 42 万 t/a，目前主要开采村庄等建筑物保护下的煤柱与边角煤。

利用黄河泥沙充填进行煤矿开采，适宜采用朱村矿目前的膏体充填开采工艺。膏体充填料浆采用加压泵及管道输送。在膏体充填系统中，搅拌机拌好的料浆先进入缓冲斗，斗中浆体靠自重向充填泵进料斗加料，经过充填泵加压后的膏体料浆通过管道，经过充填站附近的充填钻孔下井，再沿巷道管道输送到充填工作面，在充填工作面采用液压转换阀控制采空区充填顺序。充填工艺流程如图 9-4 所示。

将黄河泥沙、水泥、粉煤灰等材料加工膏状浆体，然后用充填泵及管道输送到井下，在直接顶尚未垮落前及时充填回采工作面后方采空区，形成以膏体充填体、窄煤柱和老顶关键层构成必要的覆岩支撑体系，实现泥沙资源的规模化利用、控制地表破坏与沉陷、保护地下水资源、提高矿产资源采出率、改善矿山安全生产环境的采矿方法与技术。

由于矿井的地域差异和周围环境不同，导致充填膏体原材料的选择不同，充填材料必须遵循以下基本原则和技术要求：

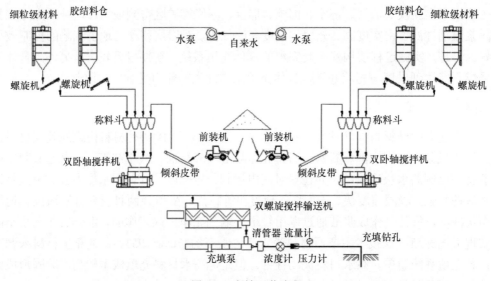

图 9-4 充填工艺流程

1. 总体要求

（1）充填原材料来源丰富，尽量就地取材；

（2）充填骨料大小适中，可直接利用；

（3）充填材料的透水性能好，使充填材料易脱水。

膏体性能的好坏除了与原材料的选择有关外，还与充填膏体的配合比有很大的关系，充填膏体基本配比原则如下：

（1）选择合理的充填材料；

（2）充填体强度必须满足采矿工艺要求；

（3）选择合适的胶结材料；

（4）满足输送工艺的要求；

（5）制备工艺简单。

2. 充填材料的流动性要求

泵送固液混合材料经管道进行运输，浆体的浓度决定了浆体的流动特性，浆体浓度会随着时间逐渐升高，可有效防止管内大颗粒发生沉淀，即有效的防止管道堵塞，实现充填浆体的顺畅输送。

通常采用表观黏度的物理量来评定其流动特性。表观黏度是指在特定的剪切速率下，非牛顿流体的当量牛顿黏度，给定流体的表观黏度是剪切速率的函数，随着剪切速率的增大，黏度急剧下降，最后趋于稳定，其流变方程表现为黏塑性体的特性。

浆体浓度的不同直接影响其运动形态，运动的结构流体呈柱体状，没有明显的浓度和速度梯度，一定大小的固体材料不发生沉淀不是因为流动的关系，而是因为浓度的关系。所以不管流速如何，固体材料都会保持一个均匀的状态。在管壁和膏体料浆之间有一层由粒径级别很小的颗粒组成的隔离层，这个隔离层的摩擦阻力十分小，并且可以人工调控，将流动特性发挥到最佳效果。

3. 充填材料的可泵性要求

可泵性是充填材料在泵送过程中的流动状态的重要特征，一般可采用易变性和稳固性来综合反映。易变性是反映浆体克服压力、不发生逆向变化的性质；稳固性是指浆体的防沉淀、防离析、防分层特性。浆体作为充填材料需要满足如下要求：

（1）浆体在输送管中摩擦阻力较小；

（2）在浆体泵压输送过程中，坍落度大、强度和出水稳定性好；

（3）在自流输送过程中，浆体级配稳定性好，浆料悬浮液不可分离沉淀。

根据以上原则，朱村矿目前选用的充填材料基本技术参数为以下两条：

第一，固体材料组成为煤矸石60%，粉煤灰20%，水泥10%，其余为外加剂，充填后允许有10%的下沉量；水固比为4：6，不考虑煤矸石，成本为100元/m³。在水泥生产过程中掺加了中国矿业大学提供的外加剂，极大改善了水泥的性能。

第二，初凝时间和强度要求：大煤层，150m×1.8m×2.5m（长×宽×高），要求28天抗压强度达到3MPa以上，初凝2～4小时，终凝6～9小时，坍落度为26～28cm；小煤层，120m×5m×1.2m（长×宽×高），要求28天抗压强度达到1MPa以上，初凝2～4小时，终凝6～9小时，坍落度为26～28cm。

9.3 黄河泥沙充填材料性能研究

针对黄河泥沙作为煤矿充填开采的主要原材料，再添加适宜的胶凝材料和外加剂，制成充填膏体，主要性能设计指标基本达到朱村矿现行大煤层充填材料的性能要求。即28天抗压强度达到3MPa以上，初凝2～4小时，终凝6～9小时。利用黄河泥沙制作充填浆体、形成具有一定强度的煤矿开采充填体，其固结胶凝机理与第六章相同，在此不再赘述。

9.3.1 黄河泥沙充填材料基本性能试验

充填材料基本性能试验的目的是了解充填材料的基础物理性能，试验结果可以为材料配合比设计提供依据。试验采用市场常用的32.5复合硅酸盐水泥和42.5普通硅酸盐水泥，粉煤灰选用郑州市附近热电厂粉煤灰，泥沙采用朱村煤矿附近焦作河段的黄河泥沙，同时选取朱村矿目前充填所用煤矸石作为对比试验材料，分别开展了基本性能试验。

1. 水泥性能参数

水泥技术性能测定结果见表9-2、表9-3。

表9-2 细度与凝结时间

品种	细度/%	标准稠度用水量/%	安定性	凝结时间（h:min）	
				初凝	终凝
32.5复合硅酸盐水泥	3.3	28.2	合格	3:42	5:45
42.5普通硅酸盐水泥	0.8	26	合格	1:14	5:28

表 9-3　胶砂强度　　　　　　　　　（单位：MPa）

品种	抗折强度		抗压强度	
	3 天	28 天	3 天	28 天
32.5 复合硅酸盐水泥	2.97	8.38	19.0	39.3
42.5 普通硅酸盐水泥	6.17	8.43	30.3	47.6

2. 粉煤灰性能参数

粉煤灰是一种细粉状的物质，其成分与高铝黏土相似，黏度 32.5%，化学成分主要含硅镁铝铁等元素。利用粉煤灰代替部分水泥，能降低成本而不降低充填体的强度；在高浓度充填料浆，加入适量的粉煤灰可以减少对管道的摩擦，提升原始输送动力，保证浆体具有良好的工艺性能。

粉煤灰的物理性质是化学成分及矿物组成的宏观反映（表 9-4），由于粉煤灰组成波动范围很大，因此其物理性质的差异也很大，实际使用时每批次都需要做基本性能试验。在粉煤灰的物理性能指标中，细度是较重要的参数，直接影响着粉煤灰的其他性质。粉煤灰细粉含量占比越大，其活性也越大。粉煤灰的细度影响早期水化反应，而化学成分影响后期的水化反应。

表 9-4　粉煤灰物理性质　　　　　　（单位：%）

细度（45 微米方孔筛）筛余	烧失量	含水率	需水量比	强度活性指数
8.9	0.3	0.6	112	40.5

3. 黄河泥沙材料物理性能参数

黄河泥沙在充填料中主要发挥骨架和填充作用，减小胶凝材料在凝结硬化过程中产生的体积变化。基料质量对所制成的充填浆体性能影响很大。因此，以黄河泥沙（图 9-5）作为充填材料的基料，需要对泥沙样品的表观密度、堆积密度、含水率、含泥量、细度模数、颗粒级配等性能参数进行试验测定，测定结果见表 9-5～表 9-8。

图 9-5　黄河泥沙采集

表 9-5　黄河泥沙物理性质

编号	S_1	S_2	S_3	S_4
表观密度/（kg/m³）	2630	2640	2630	2670
堆积密度/（kg/m³）	1361	1302	1370	1438
含水率/%	10.5	4.0	3.0	2.8
含泥量/%	24.4	31.7	26.6	7.4
细度模数	0.22	0.37	0.27	0.52

注：S 为泥沙代号，数字为样品编号。

表 9-6　泥沙细度模数及颗粒级配—筛余量　　　　（单位：g）

编号	筛孔径							
	10mm	5.0mm	2.5mm	1.25mm	0.63mm	0.315mm	0.16mm	筛底
S_{11}	0	0	0	0	1	5	93	401
S_{12}	0	0	0	0	1	7	97	395
S_{21}	0	0	3	3	3	20	110	361
S_{22}	0	0	3	2	3	21	107	364
S_{31}	0	0	1	0	1	6	108	384
S_{32}	0	0	1	1	0	9	111	378
S_{41}	0	0	0	0	0	20	215	265
S_{42}	0	0	0	0	0	17	228	255

注：S 为泥沙代号，第一位数字为样品编号，第二位数字为某种样品的排序。

表 9-7　泥沙细度模数及颗粒级配—累计筛余及细度模数

编号	累计筛余/%						细度模数	平均值
	A_1	A_2	A_3	A_4	A_5	A_6		
S_{11}	0	0	0	0.2	1.2	19.8	0.212	0.220
S_{12}	0	0	0	0.2	1.6	21	0.228	
S_{21}	0	0.6	1.2	1.8	5.8	27.8	0.372	0.367
S_{22}	0	0.6	1	1.6	5.8	27.2	0.362	
S_{31}	0	0.2	0.2	0.4	1.6	23.2	0.256	0.266
S_{32}	0	0.2	0.4	0.4	2.2	24.4	0.276	
S_{41}	0	0	0	0	4	47	0.510	0.517
S_{42}	0	0	0	0	3.4	49	0.524	

表 9-8　泥沙吸水率

编号	G_0/g	G/g	m/%	$\overline{m}$/%
S_1	500	497	0.6	
S_2	500	497	0.6	
S_3	500	497	0.6	0.6
S_4	500	496	0.8	

　　按照我国泥沙分级标准细度模数 0.7～1.5 属特细砂。由表 9-7 可以看出，黄河泥沙含泥量偏大，细颗粒偏多，达不到标准规定的特细砂级别。

4. 煤矸石性能参数

煤矸石是煤炭生产过程中产生的岩石的泛称，包括露天煤矿剥离的岩石、巷道掘进排出的岩石、采煤工作面顶板垮落岩石，以及所采底板岩石、煤层中夹石等混入煤中的岩石和经选煤过程排出的炭质岩石。煤矸石作为膏体骨料，其物理力学特性测试内容与泥沙相似，见表 9-9～表 9-11。

表 9-9　煤矸石物理性质

物理性质	表观密度/（kg/m³）	堆积密度/（kg/m³）	含水率/%	含泥量/%	泥块含量/%
参数	2420	1143	4	16.1	0.4

表 9-10　煤矸石颗粒级配及细度模数—筛余量　　　　　（单位：g）

编号	5mm	2.5mm	1.25mm	0.63mm	0.315mm	0.16mm	筛底
1	119	205	39	24	33	33	54
2	108	193	39	25	30	34	71

表 9-11　煤矸石累计筛余及细度模数

编号	累计筛余/%						细度模数	平均值
	A_1	A_2	A_3	A_4	A_5	A_6		
1	23.8	64.8	72.6	77.4	84	89.2	3.5	3.4
2	21.6	60.2	68	73	79	85.8	3.3	

煤矸石最大粒径为 27mm，颗粒组成包括石块（粒径为 0.16mm～27mm）和细粉颗粒，整体混掺均匀，大颗粒表面粗糙，片状颗粒较多。

上述基本性能试验表明，煤矸石粒径明显大于黄河泥沙。如果以黄河泥沙代替煤矸石作为充填材料的基料，粒径小、比表面积大，需要相对更多的胶凝材料，但是细颗粒填料在泵送过程中会具有更好的流动性。

9.3.2　充填材料配合比初步设计

在不添加任何外加剂的前提下，开展黄河泥沙或煤矸石、水泥、粉煤灰、水等不同配合比浆液的物理力学试验，测试不同配合比混合浆体的流动性、凝结时间以及抗压强度等指标。初步配合比设计参考朱村矿充填材料的各组分比例，按照水固比 4∶6 进行试配，如表 9-12 所示。

表 9-12　填充料配合比（重量比）

配比编号	水泥	粉煤灰	煤矸石	泥沙	水固比
m	15%	25%	60%		4∶6
s				60%	

注：m 代表煤矸石，s 代表黄河泥沙。

按照上述水固比进行试配，发现由于泌水率太高，无法正常继续开展相关性能试验。因此，适当降低水固比重新进行了试配，充填浆体配合比见表 9-13 和表 9-14。

表 9-13　煤矸石充填料配合比　　　　（材料用量 kg/m³）

配比编号	水	水泥	粉煤灰	煤矸石
325m	453	215	358	860
425m	461	215	358	860

注：325m 表示煤矸石和 325 水泥组合，425m 表示煤矸石和 425 水泥组合。

表 9-14　黄河泥沙充填料配合比　　　　（材料用量 kg/m³）

配比编号	水	水泥	粉煤灰	泥沙
325s	465	215	358	860
425s	491	215	358	860

注：325s 表示黄河泥沙和 325 水泥组合，425s 表示黄河泥沙和 425 水泥组合。

充填材料性能参数主要包括物理特性和力学性能，黄河泥沙和煤矸石分别作为主要充填骨料的试验结果见表 9-15 和表 9-16，试验过程见图 9-6、图 9-7。

表 9-15　充填材料物理特性

配比编号	坍落度/mm	表观密度/（kg/m³）	泌水率/%	凝结时间/（h:min）	
				初凝	终凝
325m	270	1920	8.7	11:55	21:15
425m	270	1950	11.2	12:15	20:30
325s	275	1930	15.6	8:50	15:58
425s	265	1930	22.4	9:00	15:20

表 9-16　充填材料力学性能

配比编号	抗压强度/MPa			弹性模量/（×10³MPa）
	3 天	7 天	28 天	
325m	1.9	5.0	11.5	0.79
425m	2.9	5.5	16.5	1.11
325s	2.0	4.4	9.5	1.01
425s	2.4	4.6	10.8	1.29

图 9-6　坍落度测定

图 9-7 泌水率测定

通过上述试验结果对比可以看出：

（1）在物理特性方面，对比煤矸石或黄河泥沙作为充填基料试验结果，前者泌水率较低；两者凝结时间都相对较长，达不到充填材料凝结时间的技术要求；但是，后者的初凝和终凝时间明显优于前者。

（2）在力学性能方面，对比煤矸石或黄河泥沙作为充填基料试验结果，前者抗压强度略高，但弹性模量前者偏小。但是，后者的抗压强度完全能够满足充填材料的技术要求。

因此，利用黄河泥沙替代煤矸石作为煤矿开采充填材料的主要骨料具有明显的可行性，但是仍需通过添加外加剂进行性能优化，以全面满足充填材料的技术要求。

9.3.3 充填材料配合比优化设计

外加剂包括促凝剂、减水剂、激发剂、悬浮剂、早强剂，促凝剂作用是缩短充填材料凝结时间，减水剂的作用是减少拌合用水量，激发剂的作用是激活粉煤灰早期活性和加快化学反应速度，悬浮剂的作用是减轻水和固体充填料的离析程度，早强剂作用是提高充填材料早期强度。

上述试验研究发现，以黄河泥沙作为煤矿开采充填材料存在两个主要问题：一是凝结时间长，不能满足现场采煤连续作业的要求；二是泌水率大，表层浮水层厚。因此，必须添加外加剂提高充填材料性能。为此，我们设计了不同的配合比优化设计方案，根据试验效果进一步遴选适宜的外加剂并调整各组分比例开展性能调节试验，最终通过优化外加剂和配合比试验，确定满足充填材料物理性能要求的各组分和比例。包括，添加不同剂量促凝剂以减少充填材料凝结时间；添加不同剂量复合外加剂（促凝剂、减水剂、悬浮剂和早强剂）以提高充填材料综合性能等。系列试验结果见表 9-17～表 9-21。

表 9-17 无外加剂充填材料性能试验结果

序号	水泥	粉煤灰	泥沙	水	外加剂（占水泥质量%）	坍落度/cm	泌水率/%	凝结时间/（h:min） 初凝时间	凝结时间/（h:min） 终凝时间
1	15%	20%	50%	15%	0	太低	—	—	—
2	15%	20%	50%	18%	0	15	20.1	>10:00	—
3	20%	20%	43%	17%	0	20	25.9	11:00	—
4	25%	20%	40%	18%	0	21	28.7	>10:00	—

表 9-18 添加促凝剂试验结果

促凝剂	序号	水泥	粉煤灰	泥沙	水固比	促凝剂（占水泥质量%）	坍落度/cm	泌水率/%	凝结时间/（h:min） 初凝时间	凝结时间/（h:min） 终凝时间
碳酸盐	1	10%	30%	60%	1：3.2	0	27.5	20	>10:00	—
	2	10%	30%	60%	1：3.2	1	27.8	—	>10:00	—
	3	10%	30%	60%	1：3.2	2	27.5	—	>10:00	—
硅酸盐	1	10%	30%	60%	1：3.2	2	—	—	>10:00	—
	2	10%	30%	60%	1：3.2	5	—	—	>10:00	—
水玻璃	1	10%	30%	60%	1：3.2	0	—	—	11:00	>13:00
	2	10%	30%	60%	1：3.2	10	—	—	>10:00	—
	3	10%	30%	60%	1：3.2	30	—	—	6:00	>13:00
	4	10%	30%	60%	1：3.2	50	—	—	7:00	>13:00
	5	10%	30%	60%	1：3.2	70	—	—	9:00	>13:00
	6	10%	30%	60%	1：2.2	100	—	—	>10:00	—

上述系列试验结果表明，悬浮剂和早强剂效果作用不明显，遴选使用的外加剂为促凝剂、减水剂、激发剂；通过性能调节试验和性能优化试验，确定采用表 9-21 中的第 2 组配合比，作为后续充填浆体充填后强度等性能指标试验和充填模拟试验的参考组分和拌和比例。即水泥 20%、粉煤灰 20%、泥沙 42%、水 19.5%；减水剂为水泥质量的 3%、促凝剂为水泥质量的 30%、激发剂为水泥质量的 2%。

充填体必须尽早形成强度，才能继续进行煤矿的开采工作，以满足提高开采工作效率的要求。按照上述优选提出的充填材料配合比，我们制备了三种规格充填材料试块（100mm×100mm×100mm，150mm×150mm×150mm 和 200mm×200mm×200mm），分别测试 8 小时、24 小时、3 天、7 天、28 天的抗压强度。强度测试结果见表 9-22 和表 9-23。

表 9-19　添加复合外加剂作用试验结果

序号	水泥	粉煤灰	泥沙	水	外加剂（占水泥掺量%）				坍落度/cm	泌水率/%	凝结时间/（h:min）		备注
					减水剂	悬浮剂	促凝剂	早强剂			初凝时间	终凝时间	
1	15%	20%	50%	16%	1.5	0.2	4.0	2.3	17	18.8	>10:00	—	
2	15%	20%	50%	16%	1.5	0.0	4.0	2.3	17	18.8	>10:00	—	
3	15%	20%	42.5% 7.5%	16%	1.5	0.2	4.0	2.3	25	21.9	>10:00	—	掺 7.5%河砂
4	15%	20%	42.5% 7.5%	17%	1.5	0.2	4.0	2.3	20	12.1	>10:00	—	掺 7.5%人工砂

表 9-20　充填材料性能调节试验结果

序号	水泥	粉煤灰	泥沙	水	外加剂（占水泥掺量%）		坍落度/cm	泌水率/%	凝结时间/（h:min）		备注
					减水剂	促凝剂			初凝时间	终凝时间	
1	15%	20%	50%	17%	3.0	10	23	10.6	>10:00	—	
2	15%	20%	50%	17%	3.0	20	22	4.5	>10:00	—	冷水，置于养护箱
3	15%	20%	50%	18.5%	3.0	20	23	4.0	>10:00	—	温水，置于养护箱
4	20%	20%	42%	20%	2.25	26.25	24	0	5:30	>12:00	温水，置于养护箱
5	25%	15%	40%	21%	2.25	26.25	25	0	6:30	>12:00	温水，置于养护箱

表 9-21　充填材料性能优化试验结果

序号	水泥	粉煤灰	泥沙	水	外加剂/（占水泥掺量%）			坍落度/cm	泌水率/%	凝结时间/（h:min）		备注
					减水剂	促凝剂	激发剂			初凝时间	终凝时间	
1	20%	20%	42%	19.5%	3.0	30	2.0	25	0%	<2:00	8:00	温水、置于养护箱
2	20%	20%	42%	19.5%	3.0	30	2.0	25	0%	2:00	8:30	温水、置于养护箱
3	25%	15%	42%	19.5%	3.5	30	2.0	26	0%	6:00	>10:00	温水、置于养护箱
4	20%	20%	42%	20%	3.5	30	2.0	25	0%	1:45	8:30	温水、置于养护箱
5	18%	20%	43%	19.5%	3.0	30	2.0	24	0%	2:00	10:00	温水、置于养护箱
6	22%	18%	42%	21%	3.0	30	2.0	11	—	—	—	坍落度不符合要求
7	20%	20%	42%	19.5%	2.5	30	2.0	26.5	0%	2:00	10:00	温水、置于养护箱
8	20%	20%	42%	19.5%	2.5	30	2.0	25	0%	1:45	10:00	温水、置于养护箱
9	20%	20%	42%	19.5%	2.0	30	2.0	25	0%	1:45	8:30	温水、置于养护箱
10	20%	20%	42%	19%	1.5	30	2.0	27	0%	1:30	9:00	温水、置于养护箱
11	20%	20%	42%	19%	1.0	30	2.0	26	0%	1:20	7:30	温水、置于养护箱
12	20%	20%	42%	19%	0.5	30	2.0	26	0%	1:20	7:00	温水、置于养护箱
13	20%	20%	42%	19%	0	30	2.0	25.5	0%	1:10	7:00	温水、置于养护箱
14	20%	20%	42%	19%	0.5	25	2.0	25	0%	1:45	7:00	温水、置于养护箱
15	20%	20%	42%	19%	0.5	25	2.0	26	0%	2:30	>10:00	室温下试验
16	20%	20%	42%	19%	0.5	20	2.0	26	0%	>5:00	/	温水、置于养护箱
17	20%	20%	42%	19%	0.5	20	2.0	26	0%	2:30	>10:00	温水、置于养护箱
18	20%	20%	42%	19%	0.5	15	2.0	26	0%	6:00	>10:00	温水、置于养护箱

表 9-22 充填材料试块早期强度试验结果

养护龄期/小时	试验组次	荷载/kN	抗压强度/MPa	抗压强度平均值/MPa
8	1	8.06	0.8	
	2	7.76	0.8	0.8
	3	7.88	0.8	
24	1	14.57	1.4	
	2	14.67	1.5	1.5
	3	15.31	1.5	

表 9-23 填充材料试块不同历时强度测试结果

养护龄期/天	试块类别		荷载/kN	抗压强度/MPa	抗压强度平均值/MPa
3	100mm×100mm×100mm	1	41.82	4.2	
		2	41.69	4.2	4.3
		3	45.39	4.5	
	150mm×150mm×150mm	1	70	3.1	
		2	61	2.7	3.0
		3	73	3.2	
	200mm×200 mm×200mm	1	117	2.9	
		2	123	3.1	2.9
		3	110	2.8	
7	100mm×100mm×100mm	1	67.26	6.7	
		2	66.77	6.7	6.7
		3	68.47	6.8	
	150mm×150mm×150mm	1	114	5.1	
		2	106	4.7	5.0
		3	116	5.2	
	200mm×200mm×200mm	1	187	4.7	
		2	200	5.0	4.5
		3	150	3.8	
28	100mm×100mm×100mm	1	109.80	11.0	
		2	111.11	11.1	10.9
		3	107.26	10.7	
	150mm×150mm×150mm	1	246	10.9	
		2	256	11.4	11.2
		3	254	11.3	
	200mm×200mm×200mm	1	394	9.8	
		2	315	7.9	9.0
		3	376	9.4	

　　试验结果表明,该配比充填材料 24 小时抗压强度已经达到 1.5MPa,3 天抗压强度基本已达到朱村矿大煤层的 28 天要求的抗压强度(3.0MPa),28 天抗压强度都在 9 MPa 以上,远高于煤矿开采充填材料抗压强度要求,抗压性能优异。

9.4 充填开采模拟试验

制作填充池模拟煤矿充填区,分析充填体的抗压强度、坍落度、初凝时间、终凝时间等物理力学特性,验证充填材料的各项性能指标。

9.4.1 模拟试验

因模拟试验购买的原材料与实验室购买的原材料生产厂家不同,性能有所差异,且现场工作条件也与实验室内环境有所不同,在开展模拟试验前,首先进行了配合比复测试验(表9-24),直至调整至满足充填材料现场试验物理性能要求后,再行开展相关模拟试验。

表 9-24 充填材料现场复测试验结果

编号	各组分质量/(kg/m³)							坍落度/cm	泌水率/%	凝结时间/(h:min)	
	水泥	粉煤灰	泥沙	水	减水剂	促凝剂	激发剂			初凝	终凝
S1	400	400	840	380	2	106	8	26	0	0:45	4:00
S2	400	400	840	390	4	106	8	27	0	0:50	3:00
S3	400	400	840	390	6	63	8	27.5	0	1:45	9:00
S4	400	400	840	390	2	55	8	26	0	5:00	>8
S5	400	400	840	420	2	42	8	27.9	0	>5	—
S6	400	400	840	380	2	63	8	26.2	0	1:15	5:00
S7	400	400	840	390	2	63	10	27	0	1:40	9:00
S8	400	400	840	380	2	59	10	26.8	0	1:45	8:20

根据上述复测试验结果,S8 组充填浆体的各项指标不仅可以满足煤矿现场充填要求,需要的外加剂也较少,有利于降低成本。该组每立方米充填浆体各组分组成为:水泥 400kg、粉煤灰 400kg、沙子 840kg、水 380kg、减水剂 2kg、促凝剂 59kg、激发剂 10kg。

开展模拟试验,首先制作了一个内壁尺寸长×宽×高为 5m×3m×1.3m 的充填池(图9-8),试验使用了搅拌机 2 台、注浆机 1 台、20m 长管道和相关配套设备。为了模拟井下充填工艺,充填试验必须不间断一次充填完成。按照上述配合比配料完成后,利用搅拌机将充填材料搅拌均匀,再利用注浆泵和管道模拟现场充填泵送运输过程。在模拟试验过程中,通过抽样来检测充填材料的各项性能参数,验证是否满足技术要求,试验过程见图 9-9~图 9-13。抽样检测结果见表 9-25 和表 9-26。

图 9-8 充填池

图 9-9　立式搅拌机

图 9-10　注浆泵

图 9-11　充填材料的流动性

图 9-12　充填完成

图 9-13　坍落度测定

表 9-25　填充材料物理性能抽样检测结果

样品编号	凝结时间/（h:min）		泌水率/%	坍落度/cm
	初凝时间	终凝时间		
1	3:05	9:00	0	21
2	3:15	9:15	0	26
3	4:30	11:00	0	27.5

表 9-26　填充材料力学性能抽样检测结果

样品编号	养护龄期/天	序号	荷载/kN	抗压强度/MPa	抗压强度评定值/MPa
1		1	33.03	3.3	
		2	34.81	3.5	3.4
		3	33.81	3.4	
2	3	1	27.34	2.7	
		2	26.58	2.6	2.6
		3	25.45	2.5	
3		1	21.27	2.1	
		2	21.66	2.2	2.0
		3	16.34	1.6	
1		1	59.80	6.0	
		2	48.74	4.9	5.8
		3	63.62	6.4	
2	7	1	46.73	4.7	
		2	48.78	4.9	4.8
		3	49.44	4.9	
3		1	33.96	3.4	
		2	35.99	3.6	3.6
		3	37.06	3.7	
1		1	101.33	10.1	
		2	104.16	10.4	10.3
		3	103.45	10.3	
2	28	1	85.30	8.5	
		2	84.57	8.4	8.5
		3	85.96	8.6	
3		1	62.59	6.2	
		2	63.30	6.3	6.4
		3	65.74	6.6	

　　抽样检验结果表明，样品均未发生泌水现象，充填体抗压强度远高于煤矿开采充填材料的力学性能要求；但是，试验过程中也发现坍落度和凝结时间会出现不稳定的情况，其主要原因在于人工配料精度不高，物料混合不够均匀。因此，在实际工程操作中，必须精细化控制各组分掺合比例和搅拌时间，以保证浆体的均匀性和稳定性。

9.4.2　经济效益分析

　　利用黄河泥沙进行煤矿充填开采，不仅具有明显的经济效益，而且社会经济和生态环境效益也十分显著。为了与传统垮落法开采和现有的膏体充填、矸石充填作对比，在此仅分析其经济效益。

1. 材料费

　　每立方米充填材料包括：水泥 400kg、粉煤灰 400kg、沙子 840kg、水 380kg、减水剂 2kg、促凝剂 59kg、激发剂 10kg。

1）胶凝材料费用

胶凝材料 C_c 主要分为普通水泥和外加剂（减水剂、促凝剂、激发剂），参考现有市场价格，水泥成本为 C_{c1}=250 元/t×0.4t/m³=100 元/m³，外加剂价格为 C_{c2}=5 元/kg×2kg+0.6 元/kg×59kg+2 元/kg×10kg=65.4 元。胶凝材料总价为 C_c=C_{c1}+C_{c2}=165.4 元/m³。

2）粉煤灰费用

充填中采用当地焦作电厂的普通粉煤灰，1m³ 充填材料中粉煤灰的到站价格 C_f=20 元/t×0.4t=8 元。

3）黄河泥沙材料费

黄河泥沙采用附近沙场的泥沙价格 10 元/ m³，密度按 2t/ m³ 考虑。
$$C_s=材料费+运费=4.2 元$$
初步计算得到，每立方米充填材料的直接材料费用为
$$C_1=C_c+ C_f+ C_s=165.4+8+4.2=177.6 元$$

2. 电费

充填系统设计装机容量 Q_e=623kW，电费单价为 C_e=0.5 元/kW·h，充填系统设计是按照最大生产能力考虑的，但是全部设备不可能都满负荷运转，取负荷系数 K_e=0.8，充填系统每小时充填能力为 q_f=50m³/h；则充填 1m³ 的电费为

$$C_2=\frac{C_e\times K_e\times Q_e}{q_f}=\frac{0.5\times 0.8\times 623}{50}=4.98 （元/m³）$$

3. 人工费

充填系统人员组织方案如下：

（1）破碎系统地面人员 3 人，包括装载机驾驶员 2 人；电工 1 人。

（2）充填系统地面人员 8 人，包括控制室操作员 2 人；进料管理员 1 人；设备检修巡视管理工 3 人；站长 2 人。

（3）井下充填人员每班 12 人，包括充填工作面 10 人，管道巡视员 2 人。考虑人员轮休的需要，实行三班倒，每班 8 小时，则：N_p=3×（10+2）=36 人。

充填系统月充填量 q_{fm}=1.5 万 m³/月；按照人均月工资 C_p 地面人员 3000 元/人，井下人员 5000 元/人，则单位体积充填体折合人工费为 C_3=14.4（元/m³）。

4. 充填成本

充填成本为上述四项费用之和，即：$C=C_1+C_2+C_3+C_4$=196.98（元/m³）。

充填材料容重取 1.54t/m³，则充填直接费用为 C_{01}=196.98/1.54=127.9（元/t）。

5. 节省的巷道掘进费用

矿井采用黄河泥沙充填开采，不仅解决了地表沉陷的问题，同时也为沿空留巷创造

了条件，节省了巷道的掘进费用，使得工作面可以形成 Y 型通风，增强了通风的安全性；此外，由于黄河泥沙充填使得工作面矿压减小，支护成本降低。因此，与传统垮落法开采相比，充填开采可降低部分成本，这里仅考虑沿空留巷降低的巷道掘进费用。一般巷道掘进费用为 1500 元/m，因为在空留巷还要消耗部分挡墙费用，综合考虑取巷道掘进费为 C_6=1200 元/m，则工作面日产煤炭 Q=700t/d，每天可沿空留设 L=3m 长的巷道，则节省的巷道掘进费用为

$$C_{02}=\frac{C_6 \cdot L}{Q}=\frac{1200\times3}{700}=5.1 \quad （元/t）$$

通过上述分析计算，充填开采实际成本为

$$C_0=C_{01}-C_{02}=122.8（元/t）$$

黄河泥沙作为煤矿开采的主要原材料，再添加适宜的胶凝材料和外加剂，制成充填膏体用于煤矿开采，减少了掘进巷道工程量，提高煤炭资源的回收率，直接效益明显；保证工作面正常衔接，增加煤炭采出率，减少资源浪费，延长矿井服务年限，符合国家产业政策，间接效益明显；不仅能够降低地表沉陷量，保护开采区域生态环境，也为黄河淤积的巨量泥沙找到了有效利用的途径，生态效益和社会效益显著。

需要说明的是，成本计算依据的试验数据，大规模的应用成本一定会大大降低。

9.6　本章小结

将黄河泥沙作为煤矿开采充填材料的主要骨料，配以水泥、粉煤灰、外加剂等掺合料加工成浆体，更适用于膏体充填工艺。参考朱村煤矿对充填材料的技术要求，通过配合比实验室试验和野外模拟试验，研究提出了以黄河泥沙为主材的煤矿充填开采技术。研究结果表明，黄河泥沙可以用于煤矿开采充填材料，性能指标符合煤矿充填开采现行技术要求。包括：充填试块抗压强度远高于煤矿现行技术标准；坍落度和凝结时间均满足煤矿开采现行技术要求。

由于黄河泥沙粒径较细，需要使用更多胶凝材料和外加剂，以达到技术要求，因此材料成本高于朱村煤矿目前使用的膏体充填材料。但是，利用黄河泥沙进行煤矿充填开采，着眼于黄河泥沙淤积及矿产资源采空区的双重治理，不仅可以提高采空区上方地面承载力，有效预防和遏制地面塌陷，实现绿色开采，同时也对水库或河道淤积泥沙资源的规模化利用找到了出路，具有巨大的经济效益、社会效益和生态效益。

第10章 黄河泥沙资源利用综合效益评价

前述研究在系统分析流域水沙变化情势、泥沙资源分布和利用现状的基础上，设计了未来黄河流域泥沙资源利用整体架构，研发并集成了泥沙资源利用成套技术。本章重点研究黄河泥沙资源利用产生的供水发电、生态环境等综合效益评价方法，并以西霞院水库泥沙处理与资源利用示范项目为例进行了具体的分析与评价。

10.1 黄河泥沙资源利用综合效益评价指标体系构建

10.1.1 评价指标选择的原则

泥沙是河流承载物质的重要组成部分，兼具自然资源与灾害双重属性。一方面，泥沙在水库淤积造成了库容萎缩，水库功能退废；在河道淤积造成了河床抬高，增大两岸防洪压力。另一方面，泥沙的主要成分二氧化硅，是工程基建材料、陶瓷制品的原材料；泥沙吸附大量的营养成分，为水体中许多浮游生物、水生动植物提供养分和生境，在陆地上可用于改良土壤肥力；泥沙更长效的用途是淤积造陆，从地学角度，广袤的黄淮海大平原，正是泥沙经年淤积的产物；黄河三角洲的持续造陆过程，还在不断拓展我国的国土面积。

在构建水库与河道泥沙资源利用综合效益评价指标体系时，必须坚持对泥沙自然属性的全面认识，权衡其利害关系，理清其正负效益，覆盖其各个维度。因此，泥沙资源利用综合效益评价指标的选择应遵循如下四条基本原则。

1. 全面性原则

所选取的指标要涵盖泥沙作为资源所能够产生显著效益的所有维度。**经济效益**——包括泥沙资源转型利用的直接效益和发电供水产生的间接效益；**社会效益**——包括防洪效益与供水效益；**生态效益**——包括对生物与非生物的影响。这三个维度的效益之间以水为纽带存在着耦合关系，在具体案例分析中应根据研究水体所处的不同区域与社会功能，采取相应的数学手段解耦。

2. 代表性原则

水体生态系统是开放的，对水体生态系统的任何扰动，其影响都有可能是普遍而深远的。因此，在选取泥沙资源利用的评价指标时，既要力求能够覆盖与国家战略需求相关的各个层面，也必须去芜存菁，抓住事物的主要矛盾，对于影响较小的、当前认识不清的一些效益与影响，暂不予考虑。

3. 时效性原则

泥沙资源利用既有短期收益，也有其长远效应。从泥沙资源直接利用的角度，作为工业原材料的出售是一次性收益，造陆、改良土壤的收益则是长远的；从水库供水发电与生态的效益看，只要取出的泥沙不再占用库容，则多出的库容就能够持续发挥效益。因此，在指标选取时，必须区分不同指标效益的时效性，对于具有时效性的评价指标，必须考虑水库与河道大量减沙后的逐渐回淤过程，对黄河这样的多沙河流而言，这一点尤为重要。

4. 空间差异性原则

无论是河道取沙还是水库取沙，无论在哪条河流哪座水库取沙，取出泥沙的沙质和位置均直接影响泥沙资源利用的综合效益。从直接效益上讲，不同空间位置取沙的泥沙组成的级配不同，用沙区域的市场需求不同，直接经济效益相差甚远；从间接效益上讲，不同空间位置取沙对防洪安全和综合效益的作用不同，对水库而言还涉及发电、供水、调洪可利用库容的区分与联系。因此，必须具体位置具体分析，在统一评价指标体系架构下根据空间差异性调整具体的评价指标与评价模型参数。

10.1.2 评价指标体系架构与指标选取

根据上述原则，构建黄河泥沙资源利用综合效益评价指标体系框架如图 10-1 所示。

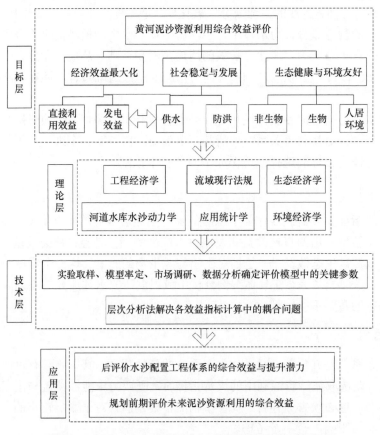

图 10-1 黄河泥沙资源利用综合效益评价指标体系框架图

该评价指标体系框架以全面客观评价泥沙资源利用综合效益为目标，包括目标层，理论层、技术层和应用层四个层次：一是黄河泥沙资源利用综合效益评价指标体系的逻辑构架；二是评价指标的理论支撑；三是各评价指标的求解方法和计算方式；四是评价指标体系的应用。

在上述评价指标体系架构搭建的基础上，综合运用多学科理论，最终确定的一级评价指标 3 项，二级评价指标 7 项，其关系图如图 10-2 所示。

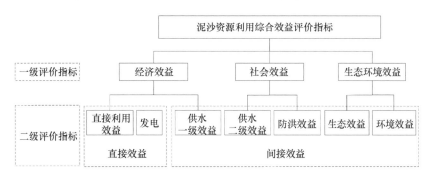

图 10-2　黄河泥沙资源利用综合效益评价指标体系逻辑关系图

需要指明的是，并不是每一个水库或者每一段河道的泥沙资源利用都完全包括这几项功能，如对单一供水功能的水库与河道而言，其发电效益即为 0。因此，本指标体系尽可能全面覆盖了水系统的各项功能，但具体计算过程需针对水系统的具体功能从中选择组成合适的指标集。

10.1.3　时间效应分析

泥沙资源利用综合效益评价是多个维度的，部分维度的效益与时间无关，如泥沙资源的直接利用效益；另一部分则有显著的时间效应，如发电、防洪、生态、环境、供水等。其中，水库泥沙资源利用的时间效应尤为显著。

泥沙资源利用的时间效应即指水库新增库容或河道新增挖沙体积随时间的延长逐渐淤积，各维度的效益随之逐渐降低。泥沙资源利用新增库容或河道挖沙体积的恢复过程与水库或河道的淤积规律和过程相关，有必要对其进行深入研究，阐明与时间有关的各效益指标衰减特征。

在此，我们以水库为例给出具有时间效应的评价指标分析通用方法：根据水库的特征库容（淤积库容或剩余库容）与时间的关系，拟合其衰减曲线，确定水库泥沙处理与资源利用所恢复的库容及其在关系曲线上的位置，计算恢复库容重新淤满的年数及每年的淤积量，以年为时间效应计算单位，根据每年新增库容的衰减程度计算发电、防洪、生态、供水等各方效益的衰减过程。

根据沙莫夫经验公式，水库剩余库容与淤积年份成指数衰减关系（《泥沙设计手册》，2006）。其计算公式为

$$V = V_0 e^{-kt} \tag{10-1}$$

式中，V 为 t 年后水库剩余库容，亿 m^3；V_0 为水库计算初始库容，亿 m^3；t 为淤积时间，年；k 为水库库容衰减参数。本方法为纯经验方法，也可针对具体案例，开发专门的水

库水沙动力学模型对其淤积过程开展更细化的分析计算。

10.1.4 空间差异性分析

河道与水库的泥沙资源利用空间差异性有共同之处，也有明显不同。河道泥沙资源利用的空间差异性主要体现在两个方面：一是直接经济效益，涉及河道不同位置泥沙的级配组成和沿岸市场需求的差异；二是防洪效益，一般地，取沙位置处于易淤积河段及其上游，则防洪效益较大。水库泥沙资源利用的空间差异性则更为复杂，除了上述两项外，还需要考虑发电效益、供水效益、防洪效益、生态环境效益分别针对的是不同的库容区间，因此对取沙的高程应做相应的区分。具体而言（图 10-3），发电效益与供水效益针对的是水库的兴利库容（正常蓄水位至死水位之间，Ⅱ+Ⅲ），防洪效益则可分为两部分，调洪效益针对的是水库的调洪库容（校核洪水位至防洪限制水位之间，Ⅲ+Ⅳ），减淤效益、生态与环境效益针对的均是水库的总库容（校核洪水位至坝底高程之间，Ⅰ+Ⅱ+Ⅲ+Ⅳ）。可以看出，在水库不同淤积高程取沙，其对各类效益的影响是不同的，既有区别，也有重叠，这部分重叠区域正是我们进行综合效益评价计算的难点之一，具体计算方法详见下节。

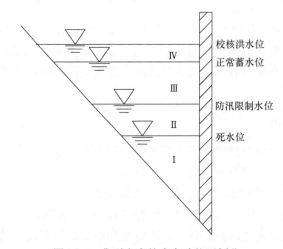

图 10-3 典型水库的库容功能区划分

10.2 黄河泥沙资源利用综合效益评价指标计算方法

黄河流域是世界上人类与自然相互作用最复杂的流域之一。人类一方面采用各种工程与非工程措施，不断加快加深对黄河的自然改造；另一方面，黄河自然属性的变化也在深刻影响着流域内外社会经济的发展。本章正是从改造自然-自然反馈的角度，试图全面系统分析泥沙资源利用产生的社会、经济、生态、环境效益，并将其纳入一套统一、具体、定量的评价体系中予以评价。

10.2.1 直接利用效益

泥沙从水库与河道中挖掘出来加以资源利用以后，无论用于建筑、工业，还是用于防洪、改土、造陆，其作为原材料都将产生一定经济效益。这部分效益也是驱动企业和个人从事泥沙资源利用的主要驱动力。直接利用效益不存在时间效应。

1. 生产成本

生产成本为生产产品或提供劳务而发生的各项生产费用，包括各项固定成本和变动成本。计算公式为

$$C = C_g T + C_b X \tag{10-2}$$

式中，C 为生产成本，元；C_g 为固定成本折旧额，元/a；T 为设备使用时间，年；C_b 为变动成本单价，元/m^3；X 为泥沙资源利用量，m^3。
其中

$$C_g = \frac{C_0 - (C_m - C_q)}{t} \tag{10-3}$$

式中，C_0 为固定资产原值，元；C_m 为预计残值收入，元；C_q 为预计清理费用，元；t 为设备预计使用年限，年。

2. 一次利用直接效益

当泥沙从水库与河道中挖掘出来直接利用，不发生二次加工后再利用所产生的经济效益为一次利用的直接效益，用如下公式计算：

$$Z_\alpha = P\alpha X - C_p \alpha X \tag{10-4}$$

式中，Z_a 为泥沙资源利用产生的一次利用直接效益，元；P 为开采出售原材料的单价，元/m^3；X 为泥沙资源利用量，m^3；α 为产生一次利用直接效益泥沙资源利用量占泥沙资源利用总量的比例（根据采出泥沙的颗粒级配及市场需求确定）；C_p 为泥沙直接利用时额外产生的单位成本（元/m^3）。

3. 二次利用直接效益

当泥沙从水库与河道中挖掘出来通过二次加工，生产出成品或新材料再加以利用所产生的经济效益为二次利用直接效益，用如下公式计算：

$$Z_\beta = \sum_{i=1}^{n} P_i \beta_i X - C_i \beta_i X \tag{10-5}$$
$$\sum_{i=1}^{n} \beta_i = 1 - \alpha$$

式中，Z_β 为泥沙资源利用产生的二次利用直接效益，元；P_i 为第 i 种途径加工泥沙出售新材料或加工生产成品的单价，元/m^3；β_i 为第 i 种途径产生二次利用直接效益泥沙资源利用量占泥沙资源利用总量的比例（根据采出泥沙的颗粒级配及市场需求确定）；C_i 为第 i 种途径加工泥沙产品的成本，元/m^3；n 为加工泥沙产品的途径总数。

直接利用效益包括一次利用和二次利用直接效益之和减去生产成本。

$$Z = Z_a + Z_\beta - C \tag{10-6}$$

10.2.2 发电效益

发电效益与水库减淤直接相联系。通常意义上，水库的发电效益与发电水头（H_D）和过机流量（Q_D）直接相关，采用下式计算：

$$D = b(AgH_DQ_D)T \tag{10-7}$$

式中，D 为发电效益，元；b 为水库上网电价，元/（kW·h）；A 为水轮机发电效率；g 为重力加速度 9.8N/kg；H_D 为发电平均水头，m；Q_D 为水轮发电机组平均过机流量，m^3/s；T 为水轮发电机的运行时间，s。

我们分两种情景讨论发电效益的计算方法。

对于水资源丰沛地区的水库而言，弃水是时常发生的。此时，挖沙减淤多出的兴利库容就等同于能够多利用的水资源量。新增加的水资源量产生的新增发电量可用如下方式计算：

$$\Delta D = b(AgH_DQ_D)\Delta T$$

$$\Delta T = \frac{\eta_E NX}{Q_D} \tag{10-8}$$

式中，ΔD 为新增发电效益，元；ΔT 为新增发电时间，s；X 为该水库的新增的兴利库容，m^3，η_E 为水库水资源利用系数，其物理意义为水库出库水量用于发电的比例；N 定义为水库弃水再利用系数，其物理意义为水库年内每次过洪弃水量能够重新蓄满新增兴利库容的累加次数（每次弃水量大于新增库容的按 1 计算，小于新增库容的按弃水量/新增兴利库容计算）。

对于北方和内陆缺水地区的水库而言，弃水现象往往较少发生。此时，由于减淤多出的兴利库容更多的是保证了水库在枯水年份仍有足够库容达到保证出力，通过提高发电保证率而提高发电效益。这里我们基于谢金明与吴保生（2012）提出的基于库容的发电效益计算方法计算因兴利库容增加而增加的发电效益。该方法适用于多年调节水库，除发电用水外不考虑其他泄水，且不考虑库区的水量蒸发，因此计算值与真实值之间仍会存在一些偏差。

该方法的计算原理可简述如下。水库的年入库流量过程是不稳定的，在特别枯水的年份可能由于来流量过小而达不到该年的发电保证率，这对水库的发电效益影响是破坏性的。此时新增的兴利库容就将发挥作用，即将过去几年水量较为丰沛时期存于新增兴利库容中的水用于枯水年发电，进一步提高水库的发电保证率，进而提高发电效益。换句话说，虽然水库用于发电的水资源量并没有增加，但是由于水库兴利库容的存在，改变了水资源量的时间分配过程，从而提高了发电保证率。具体的示意图如图 10-4 所示。

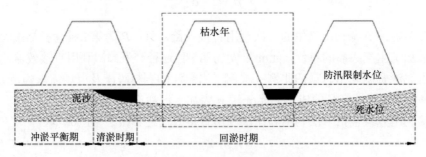

图 10-4　不弃水水库的新增发电效益计算原理

谢金明与吴保生（2012）基于水库的入库年径流量满足正态分布的假设，给出了兼顾发电功能和其他功能的年调节水库多年平均发电能力计算方法

$$D = b(Ag)\left(\mu - \frac{Z_p^2}{4S_{ar}}C_v^2\mu^2\right)H_D/3600 \quad （10-9）$$

式中，μ 为多年平均入库径流量，m^3；S_{ar} 为水库兴利库容，m^3；Z_p 为 $p\times100\%$ 发电保证率下对应的标准正态变量值；C_v 为入库年径流系列变差系数。

由式（10-9）即可得，当水库兴利库容变动时，其新增发电效益为

$$\Delta D = b(Ag)\left[\frac{Z_p^2 C_v^2 \mu^2 X_D}{4S_{ar}(S_{ar}+X_D)}\right]H_D/3600 \quad （10-10）$$

式中，X_D 为新增用于发电的兴利库容，m^3，多数情况下它不等于泥沙资源利用的总量 X，m^3。

计算发电效益时应注意两点。首先，水库的发电效益与供水效益都针对水库多蓄的兴利库容，即这部分库容是两者共用。因此，需引入发电用水分配系数 $\xi_o=(X_D/X)$，其物理意义是兴利库容中用于发电的库容比例。通常情况，我们默认新增库容的分配模式仍然按照水库设计时的比例进行。在特殊情景下，我们可能需要运用层次分析法确定新增库容中用于支持发电和供水的新分配系数。

此外，水库的发电效益是存在时间效应的。随着新增兴利库容逐渐淤满，由于泥沙资源利用所带来的发电效益也将逐渐衰减到0。最终的总发电效益应该是从库容清淤年份到新增库容淤满年份之间，所有年份发电效益之和。

10.2.3 供水效益

供水效益的计算首先要实现两个重叠域的识别与分配过程。

第一是发电与供水之间共享新增兴利库容之间的重叠域识别与分配。这部分我们在发电效益计算中通过引入发电用水分配系数 ξ_o 来解决，则相应的供水占用的新增兴利库容的比例即为 $1-\xi_o$。

第二是供水效益内部之间经济效益与社会效益之间的重叠域识别与分配。这中间的效益分配，实质上是通过经济社会发展的规划实现的，其决策过程未来可做进一步研究。在本次研究中，我们同样引入分配系数 ξ_o'，即用于经济效益的供水份额占总供水量的 ξ_o'。

在此，将供水分为供水一级效益与供水二级效益。其中一级效益是指水库供水中用于工农业生产的部分，这部分产生了直接的经济效益，作为供水的经济效益部分；二级效益是指水库供水用于城镇居民生活用水、维持生态环境用水的部分，这部分作为供水的社会效益部分。

供水效益的计算与发电效益类似也有所不同。与发电用水多多益善相比，供水效益对保证率的要求更为严格。因此，在水资源丰沛地区不用专门考虑新增库容引起的供水效益的计算方法，但在水资源较少地区，通过水库兴利库容的时间调节作用，使供水保证率得到有效提高，可以显著提高该地区的供水效益。同样采用谢金明与吴保生（2012）

提出的计算方法，我们得到在给定兴利库容和年入库径流条件下，水库一定供水保证率的年供水量 W_D（m^3）的计算方程如下：

$$W_D = \alpha_D \left(\mu - \frac{Z_p^2}{4S_{ar}} C_v^2 \mu^2 \right) \tag{10-11}$$

式中，α_D 是多年平均目标供水量与多年平均入库径流量 μ 的比值。

由式（10-11）可知，在保证水库供水量 W_D 一定的条件下，我们增大兴利库容 S_{ar}，保证供水量就可以提高 Z_p 值，也就相应的提高对应的供水保证率 P 值。但在实际计算中，由于不好直接建立增加的供水保证率与供水效益之间的定量关系，因此我们采用等效计算的思路，即在供水保证率不变的情况下，增大兴利库容即增大了年供水量，这部分增加的年供水量产生的效益即为水库清淤增加的供水效益。

增加的年供水量计算公式为

$$\Delta W_D = \frac{\alpha_D Z_p^2 C_v^2 \mu^2}{4S_{ar}(S_{ar} + X_G)} X_G \tag{10-12}$$

式中，X_G 为新增兴利库容中用于提高供水保证率的部分，m^3。

1. 供水一级效益——经济效益

水库或河道减沙有效提高了工农业用水的供水保证率。其供水一级效益计算公式可简化为

$$G_1 = G_n + G_g = (\mu_n - \mu_0) \sum_{i=1}^{n} W_{n,i} + (\mu_g - \mu_0) \sum_{i=1}^{n} W_{g,i} \tag{10-13}$$

式中，G_1 为供水一级效益，元；G_n 为农业用水的直接增加效益，元；G_g 为工业用水的直接增加效益，元；$W_{n,i}$ 为各河段新增农业用水量，m^3；$W_{g,i}$ 为各河段新增工业用水量，m^3；μ_n 为引水区域农业用水水价，元/m^3；μ_g 为工业用水水价，元/m^3；μ_0 为供水成本，元/m^3。

在水库减沙中，式（10-13）可以进一步简化为式（10-14）的形式：

$$G_1 = G_n + G_g = (\mu_n - \mu_0) g_n \xi_o' \Delta W + (\mu_g - \mu_0) g_g \xi_o' \Delta W_D \tag{10-14}$$

式中，g_n 是新增供水量中供给农业用水的比例；g_g 是新增供水量中供给工业用水的比例。

2. 供水二级效益——社会效益

类似地，供水还提高城镇居民和生态环境用水的供水保证率。其供水二级效益计算公式为

$$G_2 = G_c + G_s = (\mu_c - \mu_0) \sum_{i=1}^{n} W_{c,i} + (\mu_s - \mu_0) \sum_{i=1}^{n} W_{s,i} \tag{10-15}$$

式中，G_2 为供水二级效益，元；G_c 为城镇居民用水的增加效益，元；G_s 为生态环境用水的增加效益，元；$W_{c,i}$ 为各河段新增城镇居民用水量，m^3，$W_{s,i}$ 为各河段新增生态环境用水量，m^3；μ_c 为引水区域城镇居民用水水价，元/m^3；μ_s 为生态环境用水水价，元/m^3；μ_0 为供水成本，元/m^3。

在水库减沙中，可进一步简化为

$$G_2 = G_c + G_s = (\mu_c - \mu_0)g_c(1-\xi_o')\Delta W_D + (\mu_s - \mu_0)g_s(1-\xi_o')\Delta W_D \quad (10\text{-}16)$$

式中，g_c 是新增供水量中供给城镇居民用水的比例；g_s 是新增供水量中供给生态环境用水的比例。

综上，供水总效益的计算公式为

$$G = G_1 + G_2 \quad (10\text{-}17)$$

式中，G 为供水总效益，元。

类似地，供水效益也与兴利库容的新增量有关，同样存在时间效应。

10.2.4 防洪效益

河道清淤降低了河床，使得下游在现有防洪标准下能够通过更大流量的洪水，提高了下游河道的防洪能力；水库清淤则既增大了拦蓄泥沙的能力，同时也增大了拦蓄洪水的能力，从两个方面减轻了下游河道的防洪压力。在此，我们运用补偿思路来定量描述河道、水库清淤的防洪效益。即以下游河道水位因增淤、流量加大而抬升，继而导致大堤为维持现有防洪标准需增筑的工程总投资，作为河道清淤、水库拦沙的防洪效益，我们称之为减淤效益。另外，以水库的防洪库容因增淤，兴利库容减少，而使削峰能力降低，下泄流量增大，继而导致大堤为维持现有防洪标准需增筑的工程总投资，作为水库拦洪的防洪效益，我们称之为调洪效益。

需要指出的是，减淤效益和调洪效益对应的库容功能区不同。减淤效益对应的是水库的全库容（校核洪水位至坝底高程，Ⅰ+Ⅱ+Ⅲ+Ⅳ区），调洪效益对应的是水库的调洪库容（校核洪水位至汛限水位，Ⅲ+Ⅳ区）。在两者重叠的部分，一旦产生了淤积，则减淤效益发挥效用，而调洪效益随之丧失。即两者具有不相容性。

此外，减淤效益与调洪效益简单相加并不等于总的防洪效益，因为防洪效益对应的是减免的灾情损失。故仍需引入相应的比例系数 C，表征不增高堤防的灾情损失与增加堤防的工程投资之间的比例，显然有 $C>1$；两者之和乘以 C 分为总的防洪效益。

1. 减淤效益

减淤效益，指的是河道、水库清淤，增大了河道过水能力或水库淤沙库容。同样运用补偿思路，反向认为如这部分泥沙不清除与清除相对比，则下游河道必因增淤而抬升水位，该抬升水位值即为大堤为维持相对高差需要加高的高度。其计算公式为

$$H_1 = a\sum_{i=1}^{n} S_i \frac{x_i}{b_i l_i}$$
$$X = \sum_{i=1}^{n} x_i \quad (10\text{-}18)$$

式中，H_1 为水库/河道的减淤效益，元；a 为大堤每填筑 $1\mathrm{m}^3$ 需增加的工程投资，元/m^3；x_i 为该河段河道减沙总量，m^3；b_i 为该河段大堤平均间距，m；l_i 为该河段长度，m；S_i 为面积折算系数，其物理意义为该河段大堤增高需填筑的土方量与增高高度之间的比值，m^2；X 为河道减沙总量。需要特别指出的是，式（10-18）是一个简化的计算模式，

仅考虑了淤积前后大堤之间的过流面积守恒，并未考虑河床形态变化与糙率对流速的影响。未来更精细的计算依赖于河道水沙演进数学模型的准确预测。

2. 调洪效益

调洪效益，是指水库清淤后，增加了调洪库容，削减了进入下游的洪峰流量，降低汛期下游同流量下的洪水位。同样采用补偿思路，将增加拦蓄库容与不增加拦蓄库容相对比，则如无这部分增加的拦蓄库容，水库的调峰能力必将下降，同流量过程下下游水位因调峰能力下降会相应上升，该抬升水位值即为大堤为维持相对高差需要加高的高度。其计算分为如下步骤：

（1）根据水库"水位-库容曲线"计算清淤后的新校核洪水位与清淤前原校核洪水位的水位差 Δh_1；

（2）根据水库"水位-泄流能力曲线"计算在 Δh 水位差下的下泄流量差 ΔQ_h；

（3）根据黄河下游各河段的"水位-流量关系"，计算各河段在设计洪峰流量下增加 ΔQ_h 时，水位相应的增加值 $\Delta h_{2,i}$；

（4）计算两岸大堤需增筑相应 $\Delta h_{2,i}$ 高度时的工程总投资 H，此即为水库清淤带来的调洪效益。计算公式如下：

$$H_2 = a\sum_{i=1}^{n} S_i \Delta h_{2,i} \tag{10-19}$$

式中，H_2 为水库的调洪效益，元。

综上，总防洪效益的计算公式为

$$H = C(H_1 + H_2) \tag{10-20}$$

式中，H 为河道/水库防洪的总效益，元；C 为不修堤的洪水损失与大堤新增工程投资之间的比例系数。

根据《黄河下游 1996 年至 2000 年防洪工程建设可行性研究报告》，黄河下游大堤第四次大修，堤防加高加培土方量合计 7327.06 万 m^3，总投资 151782.72 万元。根据不同流量级洪水发生的概率和大堤决溢机遇，计算得 2001～2020 年工程修建的总投资为 32.63 亿元，工程修建与洪灾损失差值为 45.08 亿元，即工程修建避免的洪灾损失为 77.71 亿元。

综上，避免的洪灾损失与土方工程投资之间的比例系数为 C=77.71/15.18=5.12。

河道的防洪效益计算较为简单，仅需考虑减淤效益即可。水库的防洪效益计算则较为复杂，特别需要强调的是，当清淤方量位于水库汛限水位以下时，仅能带来减淤效益；当清淤量既包括死库容，也包括调洪库容时，则水库兼具减淤与调洪效益。

此外，防洪效益因与库容相关联，同样存在时间效应。

10.2.5 生态效益

泥沙是河流与湖泊生态系统的重要组成部分，影响生态系统的物质循环（包括水循环、碳循环和氮循环）和能量转化。水体生态系统的物质循环和能量转化如图 10-5 所示。太阳能（包括风、雨、太阳辐射等）和地球内能（包括地质构造、地壳运动、地热等）是该生态系统的能量来源，也是系统的驱动力。水、泥沙、营养盐在太阳能和地球内能的驱动下，相互作用，不断变化。水沙相互扰动，营养盐一部分溶解于水中，一部分吸附于泥沙颗粒上。三者共同为水体生态系统的生产者和消费者提供生境和食物来源。藻类等浮游生物及水生植物是生态系统的初级生产者，而水生动物是消费者，生态系统的产出项则是生态环境价值。水体中减沙导致水体生态系统的物质循环发生变化，进而引起生态系统的生态服务功能和价值及其表现形式产生改变。

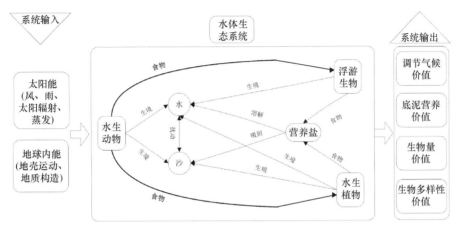

图 10-5　水体生态系统物质循环与能量转化

对水体减沙生态效益的评价主要采用能值基本理论与分析方法。该方法是由美国著名生态学家 Odum（1996）提出和发展起来的新科学理论体系。它是以能值为基准，能量为核心，把生态经济系统中原本难以统一度量的各种能流物流，在能值尺度上统一起来，从而进行比较和分析。在实际应用中，由于任何资源、产品和劳务的能值都直接或间接来源于太阳能，故常以太阳能为基准来衡量各种能量的能值，单位为太阳能焦耳（Solar emjoules，即 sej）。

生态系统的能量和物质等与能值之间的转换计算公式如下：

$$EM = \tau \times B \tag{10-21}$$

式中，EM 表示能值，sej；τ 表示能值转换率，sej/J 或 sej/g；B 代表能量或物质的质量，J 或 g。

水库或河道取沙实施泥沙资源利用生态效益的评价主要包含四部分。一是取沙造成的水体扩张引发的对气候调节能力的增强，即调节气候价值 EM_1；二是取沙造成底泥变化进而造成底泥营养价值的变化，即底泥营养价值 EM_2；三是取沙造成的生物数量变化，即生物量价值 EM_3；四是取沙对生物种群数的影响，即生物多样性价值 EM_4。具体的计算公式如下：

$$E = \left(EM_1 + EM_2 + EM_3 + EM_4\right)/e \tag{10-22}$$

式中，e 为所研究生态系统当地的能值货币转换系数，sej/元。每一项能值均由式（10-21）求解。

类似地，生态效益与新增库容紧密相关，具有时间效应。

10.2.6 环境效益

环境效益的主要受益体是人类。对于当前黄河的水库与河道而言，水质是环境问题最突出的因素。因此，我们选取泥沙资源利用引起的水体自净价值，作为环境效益的代表性指标。

水体对污染物的降解程度反映了水体的自净能力，可以用水体自净系数来表示。从能值角度，水体污染物自然发生降解而减少的量就是水体自净价值（田桂桂，2016）。常见的污染物指标主要是 COD 和氨氮，由于 COD 的能值转换率难以确定，故在此我们选取氨氮指标作为计算代表值。

其计算方法同样参照 10.2.5 节生态效益计算方法，计算公式如下：

$$EM_5 = W_w \times f \times \tau_5 \tag{10-23}$$

式中，EM_5 为水体自净能值，sej；W_w 为进入水体的污染物排放量，g，此处取氨氮排放量作为代表值；f 为水体自净系数；τ_5 为进入水体污染物的能值转换率，sej/g。

水体减淤增加了库容或过流断面面积，该部分新增水体贡献的新增水体自净能力主要体现在新水体更新总量增大了水体的自净系数，我们采取如下公式计算：

$$\Delta f = \frac{NX}{V+X} f \tag{10-24}$$

$$\Delta EM_5 = W_w \times \Delta f \times \tau_5$$

因此，总环境效益为

$$J = \Delta EM_5 / e \tag{10-25}$$

上述二式中，ΔEM_5 为新增水体自净能值，sej；Δf 为因新增水体而增加的自净系数；J 为水体自净的环境效益，元。

类似地，环境效益与新增库容紧密相关，具有时间效应。

10.2.7 综合效益

综上所述，黄河泥沙资源利用所产生的综合效益可用如下公式计算：

$$T = Z + D + G + H + E + J \tag{10-26}$$

如考虑时间效应，则（10-26）需调整为：

$$T = Z + \sum D + \sum G + \sum H + \sum E + \sum J \tag{10-27}$$

式中，T 为黄河泥沙资源所产生的总社会经济生态效益，元。其余变量的含义参见式（10-6）～式（10-25）说明。

10.3 黄河泥沙资源利用综合效益评价方法应用

本节设计两种情景展开评价计算。一种为实际案例 A，以黄河西霞院水库 2016 年实际抽沙 2000m³ 为例，计算上述泥沙资源利用的社会经济生态等综合效益。另一种为虚拟案例 B，假设黄河西霞院水库抽沙 1000 万 m³，计算水平年仍为 2016 年，计算泥沙资源利用的社会经济生态效益。

二者对比，可综合评价不同规模的泥沙资源利用综合效益的差异和放大效应。

10.3.1 案例A——西霞院水库实际挖沙2000m³方案

1. 直接利用效益计算

根据西霞院水库淤积泥沙的物化特性、取沙、用沙等技术手段（王萍等，2012）和当前的市场导向（姜秀芳和潘丽，2012），水库抽沙可直接出售，用于建筑材料，也可间接用于制作人工防汛备防石。结合第3章所述工程示范应用效果统计，抽沙2000m³均在2016年当年实施了泥沙资源利用，设备使用时间T均取1年。

根据市场调研，从西霞院水库抽取的泥沙包括直接利用的建筑用沙和人工制作防汛备防石、制作生态砖等两个转型利用。粒径大于0.015mm泥沙作为一次利用直接效益用沙；粒径大于0.005mm小于0.015mm泥沙作为制作人工防汛备防石的二次利用用沙，粒径小于0.005mm沙料作为二次利用制作生态砖。根据示范试验取沙的泥沙级配测量结果（图5-63、图5-64），取沙区域内淤积面以下2m范围内为中值粒径小于0.005mm的泥沙，淤积面以下2～4m范围内为中值粒径大于0.005mm小于0.015mm的泥沙，没有大于0.015mm的泥沙。因此，直接用于建筑用沙的量占泥沙资源利用总量的比例α取0%，50%用于制作人工防汛备防石，剩余50%全部用于制作生态砖。

1）生产成本

西霞院水库泥沙处理与资源利用示范项目，抽沙固定资产包括：抽沙平台建造、抽沙管道及浮筒加工、抽沙平台现场组装、浮筒组装及水上管道布设、岸上管道布设、拆卸等。其中抽沙平台等建造费42.7万元，输沙管道等建造费36.6万元，管道调遣及组装等费用16.3万元，固定资产原值$C_0=95.6$万元。

除国务院财政、税务主管部门另有规定外，机械和其他生产设备等固定资产折旧的最低年限为10年，我们取使用年限t为10年。根据市场调研及预测，取预计设备残值C_m收入25万元，预计清理费用5万元。

则固定成本折旧额C_g依照式（10-3）计算可得7.56万元，变动成本中抽沙运行费用包括生产占地费用、人工费用、水电费用及税费等，合计15元/m³。

依据式（10-2）计算可得生产成本C为105600元。

2）二次利用直接效益

（1）通过市场调研，西霞院水库抽取的细沙转型利用于制作人工防汛备防石，附近区域天然备防石单价$P=130$元/m³，人工备防石生产成本103元/m³。

西霞院库区抽沙2000m³，其中1000m³泥沙用于制作防汛备防石，依据式（10-5）计算可得由此产生的二次利用直接效益$Z_{\beta1}$为27000元。

（2）西霞院水库抽取的细沙转型利用于制作生态砖，由市场调研，当地砖的单价为0.31元/块，折合为158.72元/m³，生产成本107.52元/m³，当地运沙单价为0.80元/(m³·km)，运输距离约为18.3km，合计生产运输成本单价为122.16元/m³。代入式（10-5）计算，1000m³泥沙用于制作生态砖产生的二次利用直接效益$Z_{\beta2}$为36560元。

综上，西霞院抽沙2000m³的直接利用效益为–42040元。

2. 发电效益计算

本次西霞院水库抽沙期间的淤积面高程为 128m，原则上已在死水位以下，故其本身对发电、供水及调洪效益均无影响。但为了全面检验本评价方法的可行性，我们仍假定抽沙清出的库容全部在死水位以上。

西霞院水库年均来水量 μ 为 279.6 亿 m^3，取发电保证率为 95%，查正态分布表得 $Z_p=1.65$，经多年径流序列统计计算得其变差系数 $C_v=0.212$，水库兴利库容 S_{ar} 取长期有效库容 0.45 亿 m^3，X_D 为新增兴利库容中用于发电的库容。在此，我们取发电用水分配系数 $\xi_。=0.5$，则新增兴利库容中用于发电的库容 $X_D=1000m^3$。西霞院水库装机 4 台单机容量 35MW 的水轮发电机组，过机总额定流量 Q_E 为 1380m^3/s，额定水头为 11.5m（李涛等，2006），这里取平均水头为额定水头的一半，$H_D=11.5/2=5.75m$。水轮机发电效率 A 通常在 0.65~0.85 之间（电站越大效率越高），此处取最小值 0.65。上网电价 $b=0.368$ 元/kW·h（王延红等，2007）。将上述参数取值代入式（10-10）可得减沙 2000m^3 增加的发电效益 D 为 44215 元。

3. 供水效益计算

根据《中国河湖大典》（2014），西霞院水库修建改善了黄河下游供水条件，每年向附近城镇与农田供水 1 亿 m^3，增加黄河下游灌溉面积 7.59 万 hm^2。故 $\alpha=1/279.6=0.00358$。发电与供水同享新增兴利库容。由于发电用水分配系数取 $\xi_。=0.5$，故用于供水的新增兴利库容 $X_G=1000m^3$，其对应的供水等效增加水量 ΔW_D 按照式（10-12）计算为 42235.93m^3。

这部分水量按照《2014 年中国水资源公报》（2015）黄河区用水量分布，农业灌溉占总用水量比例为 70%，工业及城镇用水占 26%，生态用水占 4%。取工业与城镇用水的参考分配比例为 3∶1，则工业用水占 19.5%，城镇用水占 6.5%。

1）供水一级效益——经济效益

按照豫价费字（1997）第 091 号文规定，农业用水水价以总干渠渠首进水闸为计量点、每立方米 $\mu_n=0.04$ 元，供水成本为每立方米 $\mu_0=0.19$ 元。通过市场调研，现阶段西霞院水库工业供水水价为 1.9 元/m^3。

故其供水一级效益 G_1 按照式（10-14）计算结果为 9648.80 元。

农业的直接供水效益为负值，是由于政策层面对农业用水的补贴造成的。从长远看，这种不平衡关系会逐渐通过多种途径得到改善。

2）供水二级效益——社会效益

城镇用水的水价参考工业用水定价，生态环境用水的水价参考农业用水定价。则供水二级效益 G_2 按照式（10-16）计算结果为 4441.1 元。

综上，西霞院反调节水库抽沙 2000m^3 的供水总效益 G_1+G_2 为 14089.9 元。

4. 防洪效益计算

如果西霞院水库清淤 2000m^3 为死库容，则水库清淤产生的效益仅为减淤效益，即减少进入黄河下游河道泥沙 2000m³ 带来的效益，也就是补偿思路中河道内增淤泥沙量而导致大堤为维持现有防洪标准需增筑的工程总投资。

如果清淤泥沙位于防洪库容，则不仅仅有上述的减淤效益，还存在调洪效益。清淤 2000m³ 将增大水库的防洪库容，增强了水库的拦蓄能力，削弱汛期进入下游的洪峰流量，降低下游水位，同样可以采用补偿思路，即下游河道增大洪峰流量而导致大堤为维持现有防洪标准需增筑的工程总投资。

考虑到减淤效益与调洪效益的不相容性，且 2000m³ 在一场洪水中即会淤平，故此案例中仅计算 2000m³ 的减淤效益，不考虑其调洪效益。

依据《黄河河道管理范围内建设项目技术审查标准》（黄河水利委员会，2007；黄建管［2007］48 号）第七条规定的条文说明："黄河下游河道未来的淤积，在小浪底水库运用后，黄河下游各河段设防水位恢复到 2000 年状态可按 20~15 年考虑。此后，黄河下游各河段淤积抬升的速率为：铁谢—伊洛河口河段为 0.05m/a、伊洛河口—花园口河段为 0.071m/a、花园口—夹河滩河段为 0.080m/a、夹河滩—高村河段为 0.080m/a、高村—艾山河段为 0.094m/a、艾山—利津河段为 0.096m/a。"根据淤积速率、河道面积计算出黄河下游各河段的年淤积量占比。由于西霞院水库为日调节水库，故可设西霞院库区清淤量 2000m³ 全部淤积于下游河道，根据各河段年淤积量占比乘以总增淤量即得出黄河下游各河段增淤量。其中各河段河道面积根据黄河大断面实测资料算得。

根据《黄河堤防》（胡一三，2012）中统计，黄河下游两岸大堤共计 1369.864km 长，设计临背河坡为 1:3，顶宽 12m，一般高度为 7~10m，本次计算采用 9m。计算得出黄河下游因淤积 2000m³ 西霞院下泄泥沙引起河床抬升，需要加高两岸大堤的工程量为 47.06m³。具体计算参数见表 10-1。

表 10-1　西霞院水库抽沙 2000m³ 的防洪效益计算表

指标	河段					
	铁谢—伊洛河口	伊洛河口—花园口	花园口—夹河滩	夹河滩—高村	高村—艾山	艾山—利津
大堤平均间距 b_i/km	7.52	8.33	9.85	11.11	5.45	2.57
河段长度 l_i/km	48.01	55.16	100.80	72.63	182.07	269.64
宽河河道面积 b_il_i/km²	360.80	459.49	993.24	807.16	992.32	692.79
淤积速率/(m/a)	0.050	0.071	0.080	0.080	0.094	0.096
淤积量占比	0.051	0.092	0.224	0.182	0.263	0.188
淤积量 x_i/m³	101.86	184.07	448.18	364.24	526.29	375.36
大堤加高厚度 $\frac{x_i}{b_il_i}$/m	0.0000003	0.0000004	0.0000005	0.0000005	0.0000005	0.00014
面积折算系数 S_i/m²	6337320	7281120	13305600	9587160	24033240	35592480
工程量 $S_i\frac{x_i}{b_il_i}$/m³	1.79	2.92	6.01	4.33	12.75	19.28

根据中华人民共和国行业标准 JTG/TB06-02—2007《公路工程预算定额》，考虑了挖土、装运、填方、压实等各环节，综合单价 a=24.19 元/m³，完成 47.06m³ 土方量的大堤加高加固，需投资 H=1138.38 元。故总防洪效益依据式（10-20）计算为 5829 元。

5. 生态效益计算

西霞院水库的总库容是 1.62 亿 m³，库区面积约 30km²，有效水深约为 5.4m。从水库中抽取 2000m³ 泥沙，则等效新增面积为 370m²。水库取沙的生态效益分析计算如下：

1）蒸发潜热能值—调节气候价值

蒸发是水循环中的重要环节之一，它可以减少热辐射和感热以降低地表温度，在维持区域水量和热量平衡中有着重要的作用。潜热是指水分在从液体变成气体过程中会吸收热量，如果蒸发减少则潜热就会有一部分转化为感热，只是气温上升；反之，则气温下降。水循环过程中的蒸发潜热体现了水生生态系统的气候调节价值。

计算公式：

$$
\begin{aligned}
L_E &= 2507.4 - 2.39 T_E \\
E_E &= L_E \times G_E \\
EM_1 &= E_E \times \tau_1
\end{aligned}
\tag{10-28}
$$

式中，EM_1 为调节气候价值，sej；L_E 为蒸发潜热，J/g；T_E 为计算区域平均气温，这里取济源市 2015 年度平均气温 16.28℃；E_E 为天然水体蒸发能量，J；G_E 为蒸发量，g，查气象数据得济源市河道内 2015 年度蒸发量 4.62×10^{15}g，假定西霞院水库新增水体面积的蒸发量与济源市河道内年蒸发量之间存在简单的面积正比关系，济源市天然水体的生态系统面积约为 5526.48km²，则有：G_E=$4.62 \times 10^{15} \times 370 / (5526.48 \times 10^6)$=$3.09 \times 10^8$g；$\tau_1$ 为蒸汽能值转换率，取文献中的参考值 12.20sej/J（田桂桂等，2014）。

2）底泥氮素释放量能值—底泥营养价值

底泥可以向水中释放氮素等，增加水体的营养元素。水库取沙减少了附着在底泥上的营养盐，因此底泥营养价值应为负值。由于氮素是营养盐中最具代表性的元素之一，本次计算将底泥氮素释放量作为底泥营养价值的代表，计算公式如下：

$$
EM_2 = V_E \times \rho_2 \times \tau_2
\tag{10-29}
$$

式中，EM_2 为底泥氮素释放量能值，sej；V_E 为挖去的底泥体积，m³；ρ_2 为单位体积的氮素释放量，暂借用郑州市贾鲁河底泥氮素的释放浓度 29.1mg/L（陈停，2012）；τ_2 为释放氮素能值转换率，取文献参考值 3.8×10^9sej/g（赵桂慎，2008）。

3）水库生物量能值—生物量价值

生物量是生态系统内各生态环境要素长期作用的结果，是反映生态系统生产力水平的标志。采用的生物量价值公式如下：

$$
EM_3 = S_E \times P_E \times \tau_3
\tag{10-30}
$$

式中，EM_3 为水库生物量能值，sej；S_E 为新增水库面积，m²；P_E 为水库生态系统生物量，g/m²，取全球平均值 15×10^3g/m²；τ_3 为生物量的能值转换率，取文献参考值 5.11×10^6sej/g（李友辉，2009）。

4）水库物种能值—生物多样性价值

Ager 估算了全球平均每个物种所包含的能值，即全球物种能值转换率为 $\tau_s = 1.26 \times 10^{25}$ sej/种（蓝盛芳等，2002），根据全球物种能值转换率、区域生物物种种类、区域生物活动面积占全球面积之比，可以计算水库生态系统生物多样性价值，公式如下：

$$EM_4 = N_E \times R_E \times \tau_4 \qquad (10\text{-}31)$$

式中，EM_4 为水库物种能值，sej；R_E 为区域生物活动面积占全球面积的比例，此处取 $R = 370/(5.11 \times 10^{14}) = 7.24 \times 10^{-13}$；$N_E$ 为计算区域内水生生物物种总数（种），与附近郑州市类似水体做类比，N_E 取为 325 种；τ_4 为全球物种能值转换率，取文献中参考值 1.26×10^{25} sej/种。

郑州市的 2015 年的能值货币转换系数 $e = 6.42 \times 10^{11}$ sej/元（田桂桂，2016），生态效益四分项的取值见表 10-2。

表 10-2 西霞院水库取沙生态效益能值

序号	项目	能值转换率	太阳能值	能值货币价值
EM_1	调节气候价值（蒸发潜热能值）	12.20sej/j	9.31×10^{12} sej	14.5 元
EM_2	底泥营养价值（底泥氮素释放能值）	3.8×10^9 sej/g	-2.21×10^{14} sej	-344 元
EM_3	生物量价值（水库生物量能值）	5.11×10^6 sej/g	2.84×10^{13} sej	44 元
EM_4	生物多样性价值（水库物种能值）	1.26×10^{25} sej/种	2.96×10^{15} sej	4611 元
总计	—	—	—	4325.5 元

6. 环境效益计算

环境效益主要选取氨氮指标作为计算代表值，可依据公式（10-23）～（10-25）计算。式中，ΔEM_5 为水体自净能值，sej；W_w 为进入水体的污染物排放量，g；取文献参考值 1.5t（水利部中国水利水电规划设计总院，2014）；Δf 为水体自净系数增加值；复蓄系数 N 由之前的发电效益计算所得 611.94，次；X 为增加的水量 2000m³；V 为西霞院水库现状总库容 1.2261×10^8 m³；f 为水体自净系数，取文献参考值 0.38（张世坤等，2006）；τ_5 为污染物的能值转换率，取文献参考值 2.8×10^9 sej/g（吕翠美，2009）。

计算得：$\Delta EM_5 = 1.6 \times 10^{13}$ sej，$J = 24.9$（元）

综上，西霞院水库取沙 2000m³ 总的社会经济效益为 26444.3 元，各项效益见表 10-3。

表 10-3 西霞院水库取沙 2000m³ 综合效益评估

一级评价指标	金额/元	二级评价指标	分项	金额/元	金额/元	效益分类	金额/元
经济效益	11823.8	直接利用效益	生产成本	105600	-42040	直接效益	2175
			一次利用直接效益	0			
			二次利用直接效益	63560			
		发电效益	—	—	44215		
供水效益	10270.1	供水一级效益	农业灌溉供水效益	-4434.77	9648.8		
			工业供水效益	14083.57			
		供水二级效益	城镇用水效益	4694.52	4441.1		
			生态环境用水效益	-253.42			
社会效益		防洪效益	减淤效益	5829	5829	间接效益	24269.3
			调洪价值	0	0		
生态环境效益	4350.4	生态效益	调节气候价值	14.5			
			底泥营养价值	-344	4325.5		
			生物量价值	44			
			生物多样性价值	4611			
		环境效益	—	—	24.9		
合计	26444.3	—	—	—	26444.3	—	26444.3

10.3.2 案例 B——西霞院水库挖沙 1000 万 m³ 方案

假设黄河西霞院水库取沙 1000 万 m³、水平年为 2016 年，计算泥沙资源利用总的社会经济生态效益。

统计西霞院水库运行以来日均进出库沙量及每年汛前汛后测量库容，计算水库日均淤积量及其剩余库容，绘制水库剩余库容与淤积时间关系曲线（图 10-6），根据收集到的资料，起始时间从 2010 年 4 月 1 日起计，对应水库初始库容为 1.4541 亿 m³。

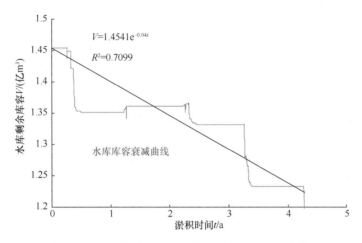

图 10-6　西霞院水库剩余库容与淤积时间关系曲线

从西霞院水库运用情况来看，水库排沙期主要集中在每年 7 月和 8 月，其中 7 月上旬主要为汛前调水调沙，水库基本处于敞泄状态，淤积量很小，部分时段发生冲刷（图 10-7），其对应时段剩余库容变化较小，而 7 月中旬至 8 月下旬期间，由于黄河流域

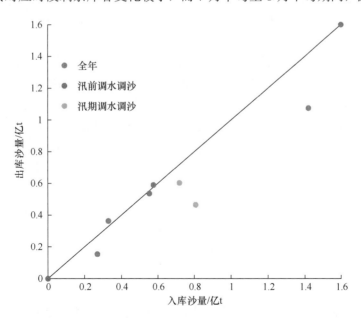

图 10-7　西霞院水库进出库沙量不同时段统计

山陕区间、泾渭河、北洛河等地降雨，西霞院水库会发生一定程度的淤积，对应时段剩余库容变化较大。由图 10-6 拟合西霞院水库库容衰减公式：

$$V = V_0 e^{-kt} \tag{10-32}$$

式中，V_0 取 2010 年 4 月 1 日水库的初始库容 1.4541 亿 m^3，水库库容衰减参数 k 为 0.04。

根据资料统计，2015 年 4 月西霞院水库死水位 131m 以下死库容 0.5578 亿 m^3，正常蓄水位 134m 以下库容 1.2261 亿 m^3，2010 年 4 月 1 日以来正常蓄水位以下库容淤积 0.228 亿 m^3，水库死库容淤积 0.2122 亿 m^3，兴利库容淤积 0.0158 亿 m^3。

如果水库抽沙 1000 万 m^3，则剩余库容为 1.3261 亿 m^3，代入式（10-32）中计算对应淤积时间为 2.30 年，即新增库容 1000 万 m^3 恢复到清淤时刻库容还需 2 年时间，按水库淤积先死库容后兴利库容的原则，计算每年库容衰减量、剩余库容及对应的死库容、兴利库容，见表 10-4。

表 10-4　西霞院水库清淤 1000 万 m^3 库容衰减时序表

指标	清淤时序		
	第 1 年	第 2 年	第 3 年
剩余库容/万 m^3	1000	481	0
库容衰减量/万 m^3	—	519	481
死库容/万 m^3	842	323	0
兴利库容/万 m^3	158	158	0

1. 直接利用效益计算

计算拟抽取的 1000 万 m^3 泥沙均在水平年 2016 年当年即全部加以资源利用，设备使用时间 T 均取 1 年。水库抽沙可直接出售，用于建筑材料，也可间接用于制作人工防汛备防石和生态砖。

根据当前试验取沙的泥沙级配测量结果与市场需求，黄河规划勘测有限设计公司《黄河泥沙处理和利用规划》（2009）研究报告中分析了制作生态砖、防汛备防石、采挖建筑砂料等泥沙资源利用的市场前景广阔。泥沙资源利用的潜力受可利用泥沙范围、防洪安全、生态环境、产品运距、产品性能、经济效益、市场需求、政策导向等各方面因素的影响，在此逐项分析匡算。其中，制作生态砖年可利用泥沙量近期按 600 万 m^3（远期 400 万 m^3），制作人工防汛备防石年可利用泥沙量约 40 万 m^3，建筑用砂年适宜采挖量约 1500 万 m^3。

根据西霞院水库淤积泥沙的粒径及分布，计算出不同利用途径可利用沙量参见表 10-5，据此一次利用直接效益用沙量占泥沙资源利用总量的比例 α 取 13.7%，4% 用于制作人工防汛备防石，剩余 82.3% 全部用于制作生态砖。

1）生产成本

根据西霞院水库泥沙处理与资源利用示范工程统计，抽沙固定资产包括：抽沙平台建造、抽沙管道及浮筒加工、抽沙平台现场组装、浮筒组装及水上管道布设、岸上管道

表 10-5　西霞院水库淤沙可利用途径分析　　　（单位：万 m³）

断面号	制作生态砖	人工备防石（也可制砖）	建筑材料	合计
xxy0～01	36.99	242.30	0.00	279.29
xxy01～02	51.03	308.73	0.00	359.76
xxy02～03	225.45	212.92	0.00	438.37
xxy03～04	40.68	142.37	102.71	285.75
xxy04～05	56.45	152.42	0.00	208.87
xxy05～06	85.62	299.69	34.25	419.56
xxy06～07	80.61	235.77	0.00	316.38
xxy07～08	0.00	0.00	0.00	0.00
xxy08～09	38.90	0.00	0.00	38.90
xxy09～10	0.00	0.00	0.00	0.00
xxy10～11	0.00	0.00	0.00	0.00
合计	615.73	1594.20	136.96	2346.89

布设、拆卸等。其中抽沙平台等建造费 7472.5 万元，输沙管道等建造费 6405 万元，管道调遣及组装等费用 2852.5 万元，固定资产原值 C_0=16730 万元。

除国务院财政、税务主管部门另有规定外，机器、机械和其他生产设备等固定资产计算折旧的最低年限为 10 年，在此也取预计使用年限 t 为 10 年。根据市场调研及预测，取预计设备残值 C_m 收入 625 万元，预计清理费用 125 万元。则固定成本折旧额 C_g 依照式（10-3）计算可得 1623 万元。

变动成本中抽沙运行费用包括生产占地费用、人工费用、水电费用及税费等，合计 15 元/m³。

生产成本 C 依据式（10-2）计算得 16623 万元。

2）一次利用直接效益

通过市场调研，2016 年水库周边区域建筑用细沙 20～28 元/m³，本次计算取 P=20 元/m³。代入式（10-4）计算，西霞院库区抽沙 1000 万 m³，泥沙资源利用产生的一次利用直接效益为 2740 万元。

3）二次利用直接效益

通过市场调研，附近区域备防石单价 P=130 元/m³，人工备防石生产成本 103 元/m³，按 2016 年当地运沙单价为 0.56 元/（m³·km）计算，运输距离约为 35km；砖单价为 0.31 元/块，折合为 158.72 元/m³，生产成本 107.52 元/m³，平均运输距离约为 50km。

代入式（10-5）计算，西霞院库区抽沙 1000 万 m³，泥沙资源利用产生的二次利用直接效益 $Z_{\beta1}$、$Z_{\beta2}$ 分别为 296 万元和 19093.6 万元，合计 19389.6 万元。

综上，西霞院库区抽沙 1000 万 m³，泥沙资源利用产生的直接利用效益共计 5506.6 万元。

2. 发电效益计算

根据水库库容时间效益计算，第一年减沙增加总库容 1000 万 m³，其中兴利库容为

158 万 m^3；第二年剩余增加总库容为 481 万 m^3，其中兴利库容 158 万 m^3；第三年为 0。水库发电用水分配系数仍取 0.5，则两年的发电效益增加值不变。依据式（10-10）计算每年的新增发电效益为 3433 万元，两年合计 6866 万元。

3. 供水效益计算

与发电效益的计算类似，由于新增的兴利库容两年没有发生变化，第三年完全淤满。因此，可计算其两年的供水效益，且这两年的供水效益相等。其对应的年供水等效增加水量 ΔW_D 按照式（10-12）计算为 32791457 m^3。

故其供水一级效益 G_1（每年）按照式（10-14）计算结果为 749.12 万元，供水二级效益 G_2（每年）按照式（10-16）计算结果为 344.8 万元。

西霞院反调节水库减沙 1000 万 m^3 的供水总效益为 2187.84 万元（表 10-6）。

表 10-6　西霞院反调节水库减沙 1000 万 m^3 供水总效益　（单位：万元）

指标	第一年	第二年	合计
新增水库供水一级效益	749.12	749.12	1498.24
新增水库供水二级效益	344.8	344.8	689.6
总供水效益	1093.92	1093.92	2187.84

4. 防洪效益计算

当 2016 年西霞院水库清淤 1000 万 m^3，根据每年库容衰减量结果，第一年清淤的 1000 万 m^3 中，有 842 万 m^3 为死库容，158 万 m^3 为防洪库容，经过水库回淤，第二年死库容内再淤积 519 万 m^3，之前清淤增加的死库容还剩余 323 万 m^3，防洪库容仍为 158 万 m^3，第三年则将清淤的 1000 万 m^3 库容全部淤满。

因此需要分开计算防洪效益。

1）减淤效益

依据黄河下游河段淤积速率、河道面积、大堤设计等参数取值，计算得出黄河下游因淤积西霞院下泄泥沙（第一年 842 万 m^3，第二年 323 万 m^3）引起河床抬升，需要加高两岸大堤的工程量为 235323.3 m^3。具体计算参数见表 10-7。

根据中华人民共和国行业标准 JTG/TB06-02—2007《公路工程预算定额》，考虑了挖土、装运、填方、压实等各环节，综合单价 a=24.19 元/m^3，完成第一年 122132.8 m^3 土方量的大堤加高加固，需投资 295.44 万元。完成第二年 113190.5 m^3 土方量的大堤加高加固，需投资 273.81 万元。即西霞院水库清淤 1000 万 m^3 的减淤效益造成的堤防节约投资 H_1 为 569.25 万元。

2）调洪效益

根据西霞院水库水位库容曲线（图 10-8），可内插求得因库容增大 158 万 m^3 而降低水位 0.0669cm，再根据水库水位泄流能力曲线（图 10-9），可内插求得到因水位降低而减小下泄流量为 1.2333 m^3/s，下游各河段水位均会有所降低，根据《2016 年黄河下游河道排洪能力分析》（2016 年 5 月黄科院报告），绘出黄河下游设计水位流量关系图

（图 10-10～图 10-15），内插求得各河段因减少下泄流量 $1.2333m^3/s$ 而降低的水位差值，该差值即为下游两岸堤防因西霞院增大拦蓄库容而可避免加高的数值，土方量计算方法同减淤效益计算，具体计算数值见表 10-8。

表 10-7 西霞院水库取沙 1000 万 m^3 的防洪效益计算表

指标		河段					
		铁谢—伊洛河口	伊洛河口—花园口	花园口—夹河滩	夹河滩—高村	高村—艾山	艾山—利津
大堤平均间距 b_i/km		7.52	8.33	9.85	11.11	5.45	2.57
河段长度 l_i/km		48.01	55.16	100.80	72.63	182.07	269.64
宽河河道面积 $b_i l_i$/km²		360.80	459.49	993.24	807.16	992.32	692.79
淤积速率/（m/a）		0.050	0.071	0.080	0.080	0.094	0.096
淤积量占比		0.051	0.092	0.224	0.182	0.263	0.188
淤积量 x_i /万 m^3	第一年	26.43	47.77	116.30	94.52	136.57	97.41
	第二年	24.50	44.27	107.79	87.60	126.57	90.28
大堤加高厚度 $\dfrac{x_i}{b_i l_i}$ /m	第一年	0.00073	0.00103	0.00117	0.00117	0.00138	0.00141
	第二年	0.00068	0.00096	0.00108	0.00108	0.00128	0.00130
面积折算系数 S_i/m²		6337320	7281120	13305600	9587160	24033240	35592480
工程量 $S_i \dfrac{x_i}{b_i l_i}$ /m³	第一年	4639.56	7569.34	15585.68	11230.04	33078.17	50030.03
	第二年	4299.86	7015.13	14444.53	10407.80	30656.26	46366.95

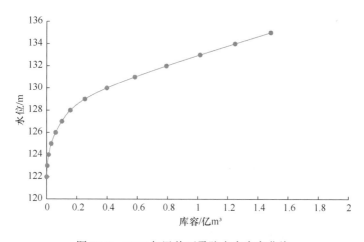

图 10-8 2016 年汛前西霞院水库库容曲线

根据上述计算结果，因西霞院水库防洪库容增大 158 万 m^3，下游可节约的加高大堤总土方量为 $29996.67m^3$，综合单价 a=24.19 元/m^3，需投资 72.56 万元；因防洪库容第三年才回淤，故第二年的调洪效益同样为 72.56 万元；因此前两年带来的调洪效益 H_2 为 145.12 万元。

综上计算，西霞院清淤 1000 万 m^3，至回淤结束，可以带来两年的防洪效益依据式（10-20）计算为 3657.57 万元。

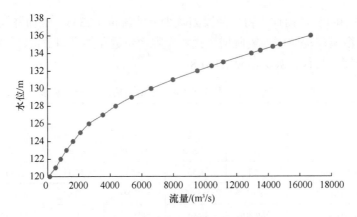

图 10-9   西霞院水库泄流能力曲线

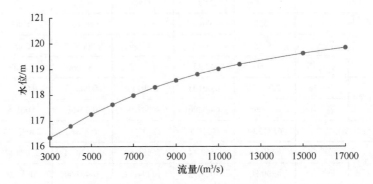

图 10-10   2016 年铁谢设计水位流量关系

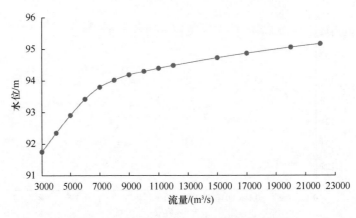

图 10-11   2016 年花园口设计水位流量关系

5. 生态效益计算

生态效益计算方法同上节计算过程，新增库容的第一年剩余库容 1000 万 m³，新增库容的第二年剩余库容 481 万 m³，其生态效益分别见表 10-9 和表 10-10。两年的生态效益共计 3206.7 万元。

6. 环境效益计算

环境效益参考上面的计算过程，第一年剩余库容 1000 万 m³，N=189.94（次），

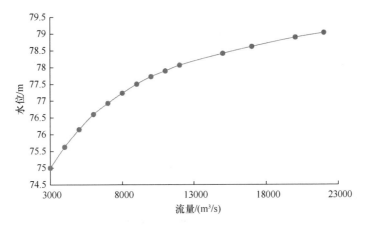

图 10-12　2016 年夹河滩设计水位流量关系

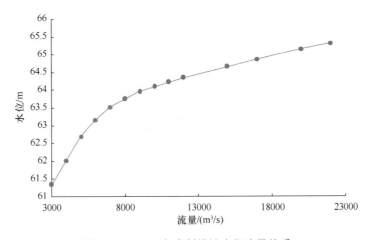

图 10-13　2016 年高村设计水位流量关系

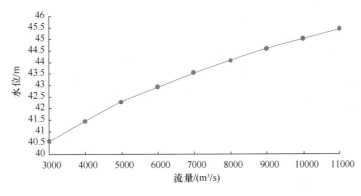

图 10-14　2016 年艾山设计水位流量关系

X=1000×10^4m^3，其环境效益计算结果为：ΔEM_5=2.29×10^{16}sej，J_1=3.56（万元）

第二年剩余库容 481 万 m^3，N=295.82（次），X=481×10^4m^3，其环境效益计算结果为：ΔEM_5=1.78×10^{16}sej，J_2=2.77（万元）

两年的环境效益共计 6.33 万元。

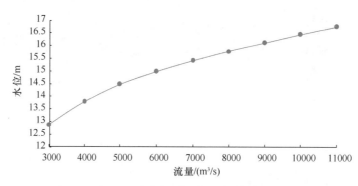

图 10-15 2016 年利津设计水位流量关系

表 10-8 西霞院水库取沙 1000 万 m³ 的调洪效益计算表

项目	河段					
	铁谢—伊洛河口	伊洛河口—花园口	花园口—夹河滩	夹河滩—高村	高村—艾山	艾山—利津
削减流量/(m³/s)	1.2333					
下游降低水位差值/cm	0.0142	0.0068	0.0086	0.0099	0.0518	0.0395
大堤加高厚度/cm	0.0142	0.0068	0.0086	0.0099	0.0518	0.0395
工程量/m³	899.90	495.12	1144.28	949.13	122449	14059

表 10-9 西霞院水库剩余库容 1000 万 m³ 取沙水库生态效益能值分析

序号	项目	能值转换率	太阳能值/sej	能值货币价值/元
EM₁	调节气候价值（蒸发潜热能值）	12.20sej/J	4.659×10^{16}	7.257×10^{4}
EM₂	底泥营养价值（底泥氮素释放能值）	3.8×10^{9}sej/g	-1.1×10^{18}	-1.7134×10^{6}
EM₃	生物量价值（水库生物量能值）	5.11×10^{6}sej/g	1.418×10^{17}	2.2087×10^{5}
EM₄	生物多样性价值（水库物种能值）	1.26×10^{25}sej/种	1.48×10^{18}	2.3053×10^{7}
总计				2.163304×10^{7}

表 10-10 西霞院水库剩余库容 481 万 m³ 取沙水库生态效益能值分析

序号	项目	能值转换率	太阳能值/sej	能值货币价值/元
EM₁	调节气候价值（蒸发潜热能值）	12.20sej/J	2.2424×10^{16}	3.4928×10^{4}
EM₂	底泥营养价值（底泥氮素释放能值）	3.8×10^{9}sej/g	-5.32×10^{17}	-8.29×10^{5}
EM₃	生物量价值（水库生物量能值）	5.11×10^{6}sej/g	6.827×10^{16}	1.0634×10^{5}
EM₄	生物多样性价值（水库物种能值）	1.26×10^{25}sej/种	7.14×10^{18}	1.1122×10^{7}
总计				1.0434×10^{7}

综上，西霞院水库取沙 1000 万 m³ 考虑时间效应后，计算得总社会经济效益为 21431.04 万元，约 2.14 亿元。各项效益见表 10-11～表 10-13。

表 10-11 西霞院水库取沙 1000 万 m^3 综合效益评估（第一年）

一级评价指标	金额/元	二级评价指标	分项	金额/万元	金额/万元	金额/万元	效益分类	金额/万元
经济效益	9688.72	直接利用效益	生产成本	16623			直接效益	8939.6
			一次利用直接效益	2740		5506.6		
			二次利用直接效益	19389.6				
		发电效益	—			3433		
社会效益	2228.96	供水效益	供水一级效益 农业灌溉供水效益	-344.31	749.12	1093.92	间接效益	5144.94
			供水一级效益 工业供水效益	1093.43				
			供水二级效益 城镇用水效益	364.48	344.8			
			供水二级效益 生态环境用水效益	-19.68				
		防洪效益	减淤效益	1512.65		1884.16		
			调洪效益	371.51				
生态环境效益	2166.86	生态效益	调节气候价值	7.257		2163.3		
			底泥营养价值	-171.34				
			生物量价值	22.087				
			生物多样性价值	2305.3				
		环境效益	—	—		3.56		
合计	14084.54	—	—			—	—	14084.54

表 10-12　西霞院水库取沙 1000 万 m^3 综合效益评估（第二年）

一级评价指标	金额/万元	二级评价指标	分项	金额/万元	金额/万元	效益分类	金额/万元
经济效益	4182.12	直接利用效益	生产成本	0	0	直接效益	3433
			一次利用直接效益	0			
			二次利用直接效益	0			
		发电效益		—	3433		
		供水效益	供水一级效益 农业灌溉供水效益	−344.31	749.12	间接效益	3913.51
			工业供水效益	1093.43			
社会效益	2118.22		供水二级效益 城镇用水效益	364.48	344.8		
			生态环境用水效益	−19.68			
		防洪效益	减淤效益	1401.91	1773.42		
			调洪效益	371.51			
生态环境效益	1046.17	生态效益	调节气候价值	3.4928	1043.4		
			底泥营养价值	−82.9			
			生物量价值	10.634			
			生物多样性价值	1112.2			
		环境效益	—		2.77		
合计	7346.51	—	—		—	—	7346.51

表 10-13 西霞院水库取沙 1000 万 m³ 综合效益评估（汇总）

一级评价指标	金额/元	二级评价指标	分项	金额/万元	金额/万元	金额/万元	效益分类	金额/万元
经济效益	13870.84	直接利用效益	生产成本	16623		5506.6	直接效益	12372.6
			一次利用直接效益	2740				
			二次利用直接效益	19389.6				
		发电效益	—			6866		
		供水效益	供水一级效益 农业灌溉供水效益	−688.62	1498.24	2187.84	间接效益	9058.44
			工业供水效益	2186.86				
社会效益	4347.17		供水二级效益 城镇用水效益	728.96	689.6			
			生态环境用水效益	−39.36				
		防洪效益	减淤效益	2914.56		3657.57		
			调洪效益	743.02				
生态环境效益	3213.03	生态效益	调节气候价值	10.7498		3206.7		
			底泥营养价值	−254.24				
			生物量价值	32.721				
			生物多样性价值	3417.5				
		环境效益	—			6.33		
合计	21431.04	—	—			21431.04	—	21431.04

10.4 本章小结与讨论

当前泥沙资源利用的途径众多，前景广阔，但仍需要进一步的空间统筹规划。在产生直接经济效益的同时，泥沙资源利用措施将在发电、供水、防洪、生态、环境等多个领域发挥重要的效益。本书在系统研究基础上建立了黄河泥沙资源利用综合效益评价指标体系，提出了各评价指标的具体计算方法，并结合西霞院水库泥沙处理与资源利用工程实践开展了初步的评价计算，得到的基本结论与认识如下：

（1）黄河泥沙资源利用效益从应用价值上可分为经济效益、社会效益与生态环境效益三类；从资金回流角度可分为直接效益与间接效益。各类效益之间既有所重叠也有所区别。通过系统梳理，对效益评价的诸要素进行了分层分类，理清了各指标同级与上下级之间的关系，确定了黄河泥沙资源利用评价指标体系的层次结构，界定了各指标之间对效益贡献的重叠域，并给出了对应的协调分配方法。

（2）基于全面性、代表性、时效性、空间差异性原则，提出了双层三维的黄河泥沙资源利用的综合效益评价指标体系，并给出了每一项具体指标的定量计算方法，形成了完整的黄河泥沙资源利用综合评价模型。

（3）对 2016 年 10 月黄河西霞院水库库区取沙 2000m³ 的实际情景开展了方案评价计算。结果表明，经济效益为 1.18 万元，社会效益为 1.03 万元，生态环境效益为 0.435 万元，其效益从大到小排序为：经济效益>社会效益>生态环境效益；直接效益为 0.22 万元，间接效益为 2.43 万元，总效益 2.64 万元。直接效益与间接效益各自所占的比例为 8.3%与 91.7%，如图 10-16 所示。

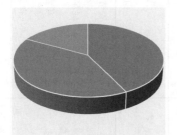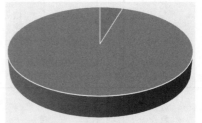

·经济效益·社会效益·生态环境效益   ·直接效益·间接效益

(a)取沙2000m³的三维效益评价   (b)取沙2000m³的直接间接效益评价

图 10-16　取沙 2000m³ 的综合效益评价

（4）对西霞院水库库区取沙 1000 万 m³ 的虚拟情景，水平年取为 2016 年，开展的方案评价。结果表明，经济效益为 13870.84 万元，社会效益为 4347.17 万元，生态环境效益为 3213.03 万元，其效益从大到小排序为：经济效益>社会效益>生态环境效益；直接效益为 12372.60 万元，间接效益为 9058.44 万元，总效益为 21431.04 万元。直接效益与间接效益各自所占的比例为 57.7%与 42.3%，如图 10-17 所示。

（5）两种情景计算结果的对比说明，三个维度的效益均存在尺度放大效应。其中经济效益的尺度放大效应最强，这是由于经济效益中一次性投入的成本较高，在不断提高产量的

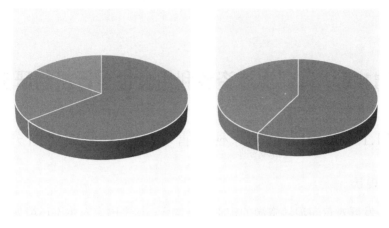

▪ 经济效益 ▪ 社会效益 ▪ 生态环境效益   ▪ 直接效益 ▪ 间接效益

(a)取沙1000万m³的三维效益评价   (b)取沙1000万m³的直接间接效益评价

图 10-17　取沙 1000 万 m³ 的综合效益评价

同时，一次性投入成本才能被逐渐摊薄；社会效益与生态效应的放大效应次之，但这同样是时间累积效应与空间衰减效应同时发挥作用的结果。正是由于经济效益的尺度放大效应最强，随着泥沙利用资源量的增长，直接效益所占的比例才会不断增大，如图 10-18 所示。

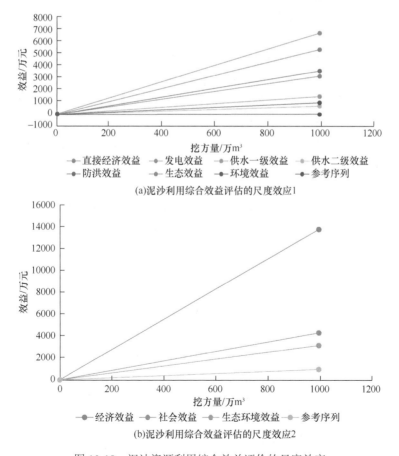

(a)泥沙利用综合效益评估的尺度效应1

(b)泥沙利用综合效益评估的尺度效应2

图 10-18　泥沙资源利用综合效益评价的尺度效应

第11章　黄河泥沙资源利用良性运行机制研究

11.1　黄河泥沙资源利用管理现状及产业化研究

11.1.1　管理现状

社会经济发展对黄河泥沙资源的需求日益增大，加之国家对生态环境保护工作的高度重视，砂源、石源因采砂的严控和开山采石的关停而逐渐减少乃至消失，因此黄河泥沙开发利用的前景十分广阔，社会各界对黄河泥沙资源利用也给予了高度关注。

1. 国家层面采砂管理

近年来，国家加大了河道采砂的管理力度，而且做到了多部委协同管理。如水利部组织开展了《全国江河重要河道采砂管理规划》编制工作。水利部、国土资源部、交通运输部三部委联合印发的《关于进一步加强河道采砂管理工作的通知》（水建管[2015]310号），环保部和水利部等十部委联合印发的《关于进一步加强涉及自然保护区开发建设活动监督管理的通知》（环发[2015]57号），均进一步明确规定自然保护区内严禁采砂。随着人们对自然环境保护意识的提高和争取国家加大对当地环境保护投资的期望，国家级自然保护区、省级自然保护区等如雨后春笋般出现，这当然对我们国家自然生态的修复与保护意义重大，也给河道内淤积泥沙的资源属性恢复生机提供了绝佳机遇，不仅可以将其变"害"为宝，有效减少黄河泥沙淤积，同时可以有效地服务社会。

2017年国家财政部发布了《关于清理规范一批行政事业性收费有关政策的通知》（财税[2017]20号），要求全国水利部门停止征收河道采砂管理费，加之国家环保督查力度的增加，河道采砂受到严格控制。因此，面对像黄河这样的多沙河流，水沙关系不和谐仍然是今后很长时间要面对的问题，如何从国家层面、从黄河长治久安的角度，处理好河道采砂、河流管理、防洪保安等各方关系，值得我们深思。

2. 流域层面采砂管理

黄河下游河道是黄委直管河道。国务院批准黄委的"三定"方案对直管河段及授权河段河道采砂管理进行了界定，但在具体采砂管理上并没有上位法的支持，实际操作性较差。

2011年黄委编制了《黄河流域重要河道采砂管理规划》。该规划侧重于黄河防洪安全和黄河河道治理，其主要作用是规范采砂活动、合理开采河砂，规划要求制订相应管理制度，强化河道采砂的审批管理、加强现场监管力度。《规划》给出了在保障防洪、通航、供水和水生态环境安全的前提下，规划期内黄河流域年度建筑用砂量为6820万t的定额，但该规划未得到上级主管部门的审批。

2013年黄委制定了《黄河下游河道采砂管理办法（试行）》（黄水政[2013]559号），

主要内容涉及采砂管理体制、采砂规划、禁采区、禁采期、采砂许可申请内容、许可程序和时限、许可证有效期限、禁止性事项、监督管理职责和责任追究等。但是，无论是《黄河流域重要河道采砂管理规划》，还是《黄河下游河道采砂管理办法（试行）》或其他相关文件，均未对黄河泥沙资源开发利用的方向、技术、装备，特别是对促进规范管理的良性运行机制做出明确的阐释，使得黄河泥沙资源的合理开采与河务部门的河道管理矛盾重重、纠纷不断，不仅造成管理者的日常管理陷入困顿，也不利于黄河治理工作的流畅推进。

3. 黄河泥沙资源利用

黄委高度重视黄河泥沙的处理与资源利用。自 2006 年开始，黄委先后组织开展了水库泥沙处理关键技术及装备专题研讨会、黄河泥沙处理空间分布及输送技术研究顶层设计，2011 年黄河泥沙处理与资源利用被列为黄委十大关键技术问题。2012 年 7 月 21 日，黄委依托黄科院成立了"黄河泥沙处理与资源利用工程技术研究中心"。黄委《关于成立黄河水利委员会黄河泥沙处理与资源利用工程技术研究中心的批复》（黄人劳[2012]230 号）文件中明确规定了黄河泥沙处理与资源利用工程技术研究中心的职责：承担制定黄河泥沙处理与资源利用规划，研究和制定黄河泥沙资源开发利用管理政策与办法，开展黄河泥沙处理与资源利用关键技术研究，推广成熟的黄河泥沙资源开发利用技术，培养一批高水平、高素质的科研和技术服务人才，建设国内一流水平的黄河泥沙资源利用、推广、转化研究平台，建设成国内一流水平的黄河泥沙资源利用、推广、转化研究机构等任务。中心的成立，标志着黄委在推进黄河泥沙处理与资源利用这一重大工程实践上迈出了坚实的一步，为科研人员系统开展泥沙处理与资源利用技术的研发构筑了良好的科研平台，对研发技术的及时推广转化，逐步实现黄河泥沙资源的主动、有序、有效与持续利用意义重大。

中心成立以来，站位黄河治理战略高度，以满足治黄需求和社会需求为目标，推行泥沙资源利用研究顶层设计，加大科研和成果推广的投入，目前已在河南孟州建立了"泥沙资源利用成套技术示范基地"，并开展了人工防汛石材等产品的示范生产。

11.1.2 泥沙资源利用产业化概念

1. 泥沙资源利用产业化的概念

产业化是指某种产业在市场经济条件下，以行业需求为导向，以实现效益为目标，依靠专业服务和质量管理，形成系列化和品牌化的经营方式和组织形式。产业化是一个动态的过程，简单而言就是全面的市场化。它包括几方面要点：一是市场化经济的运作形式；二是要达到一定的规模化程度；三与资金有密切关系；四以盈利为目的。因此，具有行业优势、实现规模化经营、有明确的专业分工、有相关行业的配合、有龙头企业的带动、有系统的配套服务、实现市场化运作是产业化的基本特征。

黄河泥沙资源利用的产业化概念，即是按照黄河泥沙资源利用的整体框架和模式，将目前黄河流域采沙（砂）-泥沙分选-泥沙输送-直接利用-转型利用等产业链整合成一个完整的产业体系，调节控制资本、技术和管理，形成一种特定模式，聚合与黄河泥沙资源利用相关参与的主体（政府、科研机构、企业等），使其融入泥沙资源利用产业化中，分工合作，通过产业化的方式推动市场化的进程。

2. 产业化发展阶段

新兴资源的产业化，是将处于萌芽阶段刚起步的产业雏形发展为一个成熟产业，它应该以市场作为导向，将政府统一负责的公益性行为逐渐过渡为由政府负责引导与监督、其他非政府企业参与的企业行为。黄河泥沙资源利用的产业化即属于新兴资源的产业化。目前，无论是技术支撑、市场需求，还是治黄工作的需要，都已具备产业化的基本条件。

产业化即产业形成和发展的过程，这一过程包括：产业化导入阶段，产业化发展阶段，产业化稳定阶段和产业化动荡阶段四个阶段。

黄河泥沙处理与资源利用产业正处于导入阶段，即是指产业的技术研究开发和生产技术的形成阶段。目前人工管道输沙技术、修复沉陷区和充填开采技术、土地改良技术以及石材制作等转型利用技术等都已初步成熟，逐步实现了规模化、产品化。整个产业基本处于人力、物力和财力的大量投入时期，主要依靠政府的投入和研究机构的科研投入及企业的资本输入。

11.1.3 泥沙资源利用产业化驱动机制

驱动机制是黄河泥沙资源利用产业化的驱动力。主要体现在两个方面，一是国家层面治河防洪安全的需求；另一方面是地方经济发展的需求。

泥沙作为一种矿产资源，其价值由其效用性和稀缺性决定，主要体现在它的经济效益、社会效益和生态效益上。在治河、防洪需求和市场、行业需求的双重作用下，黄河泥沙资源利用价值被充分发掘，经济效益、社会效益和生态效益凸显，吸引着各参与方。如流域机构、地方政府和泥沙企业的共同参与、共同协作，驱动泥沙资源产业的可持续发展，一方面实现有效减沙，减少河道淤积，维持河流健康，满足黄河治河、防洪的需求；另一方面，随着泥沙资源利用事业的发展，泥沙利用技术的逐步成熟，应用前景更加广阔，满足了市场、行业的需求，从而形成了黄河泥沙资源利用产业发展强有力的牵引和驱动力。详见黄河泥沙资源利用产业化驱动机制框架分析图 11-1。

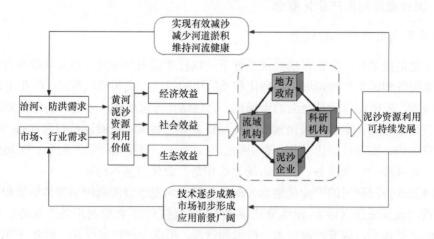

图 11-1　黄河泥沙资源利用产业化驱动机制框架图

泥沙资源利用的主体包括流域机构、地方政府、科研机构、泥沙企业等，各主体在相互作用的过程中产生了一定的价值取向、市场格局和内部矛盾，在共同的作用下推动泥沙利用产业化发展，形成了泥沙资源利用产业发展的内部动力，而社会经济发展对泥沙资源需求的拉动力和黄河治理对泥沙资源利用的推动力形成了泥沙资源利用产业发展的外部动力。

动力系统中的要素并不是孤立的，而是相互作用的（陈佳鹏，2009）。在内部动力中，政府的政策制定对于市场的调控作用，特别是提供相应的优惠政策和技术指导必然会降低泥沙资源利用的成本和提高成功的概率，从而增加泥沙资源利用的效益。此外，政府的舆论宣传也会影响市场和社会对泥沙资源利用的认可，进而影响市场需求和利润状况。同样地，国家经济建设的快速发展作为外部动力对泥沙的需求和黄河治理过程中防洪安全的需求等，对泥沙资源利用起到了刺激与推动作用。

在环境因素的作用和影响下，来自于行业或市场对泥沙资源利用的拉动力、来自于政府的政策及制度保障的推动力，都将直接或间接地转化为泥沙企业投资黄河泥沙转型利用的驱动力，从而激发了泥沙资源利用产业化动力。而泥沙资源利用产业化的发展又反作用于社会、行业和企业，进一步加强各主体对产业可持续发展思想的认可。同时，鼓励政府和流域机构持续推进泥沙资源利用产业发展，以有效降低企业开展泥沙资源利用的成本，提高企业在泥沙资源利用经济过程中的收益，形成一个良性的循环系统。

11.1.4　泥沙资源利用产业化面临的问题

1. 技术水平和装备的产业化能力有待提高

黄河泥沙资源利用产业是一个新兴的产业，实现其产业化还面临着政策支持力度不够、资金需求较大、成本回收周期长、产品生产技术和工艺还不成熟等瓶颈问题。以往的研究成果不够系统，缺乏成套技术与设备，产品附加值低，在市场竞争中没有显著优势，严重制约了泥沙资源利用事业的发展。

2. 融资方式需向多元化转变

在市场不成熟、利润不明显的情况下，投资风险较大，难以吸引众多投资者参与。泥沙资源利用途径大多数前期投入比较大，成本回收周期较长，如淤滩改土、土地修复等泥沙资源利用方向，公益性强，具有巨大的防洪效益、社会效益和环境效益，但投资大、成本高。据初步统计，未来 50 年与下游"二级悬河"治理紧密相关的淤堤河、串沟，其淤筑量和投资分别为 5.79 亿 t、62.50 亿元和 1.38 亿 t、19.62 亿元。因此，黄河泥沙资源利用产业化应采用多样化的融资模式，尝试逐渐从政府主导的融资模式向以Public-Private Partnership（简称 PPP）为核心的多样化模式转变。

3. 管理制度有待完善

鉴于黄河泥沙分布的特殊性，除了经营性采沙如建筑用沙外，还包括公益性采沙（如淤筑防洪工程、淤堤河、串沟、淤滩改土等），半公益性采沙如制作人工防汛备防石、土地修复、充填采空区等采沙活动。这些采沙活动在今后相当长一段时期内很可能长期处于活跃状态。

目前，面对《黄河流域重要河段采砂管理规划》尚未出台，采砂管理费取消，湿地保护区严禁采砂等新情势，为了促进黄河泥沙资源利用产业化发展，十分有必要针对黄河流域特殊情况，制定黄河流域泥沙资源利用管理规划和相关管理办法，对黄河流域泥沙资源开采和利用实施分类管理。对于建筑盈利性采砂，实施采砂许可制度，规范化管理；对于公益性用沙，从利国利民的角度，积极与河务部门合作，争取中央和地方政府各种优惠政策；对于制砖、制陶等转型利用，在初期运行阶段，应给予鼓励、扶持，待市场成熟、利润凸显后，再根据有关规定，按盈利性采沙进行规范管理。

11.1.5　泥沙资源利用产业化的影响因素

资源、资本、技术等生产要素的投入可形成泥沙资源利用产业的雏形。若要实现规模化、市场化，则需要根据市场的需求，企业以合理的战略结构为导向，在政府引导和监督下，消除影响市场化的不利条件（姚磊，2012）；依靠逐渐成熟的泥沙企业和泥沙资源利用成套技术与装备，以及科研机构的技术、人才优势和先进的理念，在与相关行业和同行的竞争中，不断创新，提高质量，降低成本，最终实现黄河泥沙资源的产业化发展，满足黄河流域自身防洪治河、生态环境维持等综合需求。泥沙资源利用产业化发展影响因素见图 11-2。

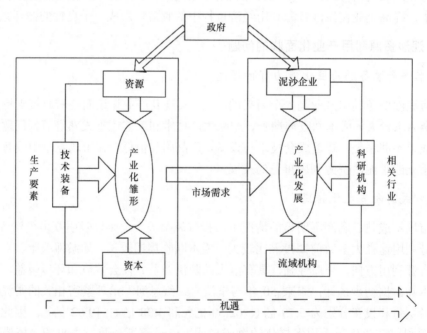

图 11-2　泥沙资源利用产业化影响因素示意图

1. 资源

取之不尽用之不竭的黄河泥沙为泥沙资源利用产业化提供了丰富的原材料，如此巨大的资源数量无疑会降低产业化发展所需的成本，使企业具有一定的竞争潜力，有利于泥沙企业的建立和初期发展。

2. 资本

产业化发展需要巨额的资金支持。如水库泥沙清淤，首先需要一定的抽取泥沙机械设备购置；清淤出来的泥沙，除直接用于建筑材料的那一部分外，企业还面临泥沙产品转型利用的设备购置、技术研发与优化、产品销售等相关环节。从泥沙资源开采到泥沙产品制备，再到泥沙产品的销售，均需要投入大量的资金。鉴于此，泥沙企业一方面可争取国家或政府的补贴政策、扶持措施来减轻企业的压力，企业本身也应该采取多元化的融资方式。

3. 技术

我国多家研究机构和高校已经开展了泥沙资源利用技术的研究，进行了大量的相关实验，目前已在多个利用方向上形成了较为成熟的技术和产品配方，进行了相关的技术示范，初步具备了实现产业化的前提条件。但是，在规模化、产业化推进的过程中，泥沙资源利用技术的研发、推广模式以及装备的产业化水平还需在推广应用的过程中，不断地滚动优化提升。

4. 市场需求

持续的市场需求可以刺激产业化的发展。根据预测数据，黄河泥沙资源利用潜力巨大，加之国家环保、国土保护、基础建设等方面的新政策，使得黄河泥沙资源利用产业在以下几方面的市场需求较为旺盛。

工程材料市场。随着国家生态建设的要求提升，特别是烧结黏土砖的禁用和开山采石的禁止，各类原材料逐步紧缺，黄河泥沙制作生态砖、人工防汛石材等、新型工业原材料、制造业型砂等市场需求逐年上涨。

煤矿地下采空区与地表沉陷区及其他矿业坑塘充填市场。黄河沿岸山西、陕西、河南和山东各省煤矿分布广泛，充填开采空间巨大；同时在沿黄煤矿已开采区域，存在大量采煤沉陷区或其他矿业开发遗留下来的坑塘，不仅造成土地资源的浪费，也对当地生态环境造成极大破坏，也需要大量泥沙进行充填修复。

黄河下游滩区土地和河口地区盐碱地改良。近年来，黄河下游河南、山东滩区扶贫搬迁工程持续进行，滩区居民搬迁后，原村庄占地将通过土地整理改良，变为耕地，滩区土地改良市场潜力巨大。广大的河口三角洲地区，作为国家"渤海粮仓"战略的实施地，盐碱地改良的用沙量也十分惊人。

5. 政府职责

政府在产业化的发展中应该起到一种催化和激发企业创造欲的作用。从事产业竞争的是企业，而非政府，因此政府需要制定好的激励政策来引导企业积极参与到泥沙资源利用产业发展中来，为企业创造一个有利于公平竞争，具有发展动力、良性运行的外部环境。

在黄河泥沙资源利用产业化过程中，政府要加大宣传力度，提高公众的认知度；制定发展规划、技术标准和相应的产业政策，发挥政府部门合力效应，树立政策导向，推动产学研一体化运行，形成完善的推进机制，加快产业化进程。

6. 参与主体的协调性

泥沙资源利用的参与主体包括流域机构、地方政府、企业及科研机构。流域机构代表国家，是泥沙资源利用的直接倡导者，科研机构是泥沙资源利用的主要技术支撑单位；政府部门主要发挥政策的引导作用，包括国家层面的和地方层面的；泥沙企业是泥沙资源利用活动的主要参与者，通过获取市场经济效益，推动泥沙产业的发展，包括社会企业和黄河内部企业。

各参与主体在相互作用的过程中产生了一定的价值取向、市场格局和内部矛盾，通过共同协作推动泥沙资源利用。政府和流域机构是市场的引导者，应制定一些优惠政策鼓励企业投资，帮助他们克服困难，建立信息平台，有利于企业的信息获得，加快形成产业化之势。

11.1.6　推动泥沙资源利用产业化工作思路

1. 确立泥沙资源的权属

应当从法律上确定黄河泥沙资源的权属问题。黄河泥沙的"灾害"属性的定位，决定了长期以来都以被动的处理为主，由流域管理机构黄委统一组织实施。然而，在强调其"资源"属性，大力推进产业化过程中，若资源权属界定不清，则会使泥沙资源利用管理秩序混乱，不利于良性运行机制的建立。因此，在泥沙资源利用产业化过程中，首先需要明确泥沙资源的权属问题。

2. 明确参与主体行为责任

黄河泥沙资源利用活动参与方众多，主要包括流域机构、政府、企业、科研单位。流域机构是泥沙资源利用的直接倡导者，包括管理单位、科研机构和流域企业；政府职责应从国家层面和地方层面发挥政策的引导作用；社会上泥沙企业和黄河内部泥沙企业作为泥沙资源利用活动的主要参与者，在获取市场经济效益的同时，应反哺科研技术研发和管理秩序的健康稳定，推动泥沙产业的发展。

各参与方不同的阶段有不同的行为责任。初期阶段，应以流域机构为主，地方政府逐步介入，通过政府的政策引导，营造良好市场氛围；进入成熟期，则以泥沙企业为主体，逐步形成产业化链条。

3. 建立利益驱动机制

政府应通过各种优惠政策和利益机制调动科研院所和泥沙企业投入泥沙资源利用研究的积极性，将经济效益明显的泥沙资源利用技术尽快推广应用，推动泥沙资源利用事业的快速发展。对泥沙资源利用技术与装备的研发和逐步优化，国家、社会资本等应对从事泥沙资源利用技术研发的企业和科研院所，从税收、项目投入等方面进行扶持，以促进泥沙利用技术向实用、高效、标准层面迈进。

4. 构建收益分配机制

在推动泥沙资源利用产业化进程中，应鼓励市场介入。对有益于社会民生、生态环境的泥沙资源利用方向，如淤筑村台、淤填坑塘、沙荒地和盐碱地的土地改良等，从保护土地资源、改善生态民生环境的战略高度出发，积极争取地方政府和群众的支持，将社会的市场行为与政府行为结合起来，加强对黄河泥沙资源利用采取补贴措施，促进黄河泥沙利用；对有经济收益的建筑用砂、人工防汛备防石生产等，政府应以市场运作手段，通过公平竞争选择市场准入者，实现依法、科学、有序的河道采沙，促进泥沙资源利用产业化；而对于虽然有经济效益但投资较大的泥沙资源利用产业化方向，可以在争取国家财政扶持的基础上，引入市场机制，探讨多元化的投资-研发-应用的全链条推进模式。

5. 加大宣传教育

社会公众对泥沙产品的态度决定了其是否能顺利进入产业化运行。对此，应加大对泥沙制品的宣传和泥沙资源利用事业战略意义的教育力度，让社会大众逐步接受泥沙制品，如人工防汛备防石等。在具体操作中，可定期进行宣传教育活动，发放宣传材料，普及泥沙资源利用的方向、技术途径、战略意义等知识，进一步激发社会公众对泥沙资源利用的热情，吸引社会资本（企业）投入到泥沙产品研发等生产活动中。

11.2 泥沙资源利用产业化运行机制框架

11.2.1 总体框架

运行机制是指在正视事物各个部分存在的前提下，协调各个部分之间关系以更好地发挥作用的具体运行方式。在任何一个系统中，机制都起着基础性的、根本性的作用。在理想状态下，有了良好的运行机制，甚至可以使一个社会系统接近于一个自适应系统——在外部条件发生不确定性变化时，能自动地迅速作出反应，调整原定的策略和措施，实现优化目标。

黄河泥沙资源利用是一项除害兴利的工程系统，需要一个良性运行机制来推动其进程。在前述系统研究与分析基础上，构建了黄河泥沙资源利用产业化运行机制框架，如图 11-3 所示。

流域机构、地方政府、泥沙企业等各参与方共同推进黄河泥沙资源利用的产业化进程。在泥沙资源利用运行初期，应以政府主导的拉动模式为主，随着泥沙资源利用产业的逐步发展，以及相关体制的建立健全，市场初步形成；进入过渡时期，泥沙资源利用将由拉动模式转变为混合模式，通过初期市场状态逐步走向成熟，逐步由混合模式向内生模式转变；在由混合模式向内生模式逐步转变的过程中，充分利用拉动模式中的有利因素，同时学习内生模式的经验，通过政府协调政策的推行实施，最终使各个主体的角色定位向着理想的状态转化。

在整个过程中，组织协调、政策引导、利益共享、制度保障是必不可少的途径，只有将泥沙资源利用市场行为与政府补贴优惠机制有机结合，才能实现泥沙资源利用的社会、经济和生态环境等综合效益的发挥。

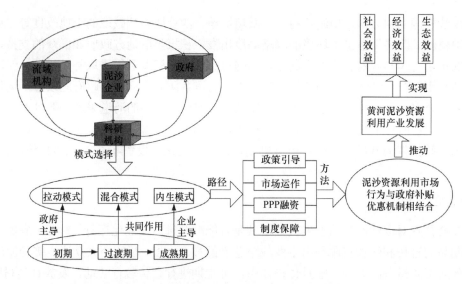

图 11-3　泥沙资源利用产业化运行机制框架图

11.2.2　参与主体职责行为

1. 运行初期

在黄河泥沙资源利用产业化发展初期，主要任务是市场的形成，在这个阶段流域机构，将发挥主导作用。作为倡导者，从黄河长治久安的角度考虑，流域机构应强力推动市场的形成。各方行为分析如下：

1）流域机构

（1）组织制定黄河泥沙资源利用相关规划、政策和管理制度办法等。

（2）成立黄河泥沙资源利用组织管理机构。

（3）组织产业界和学术界等开展泥沙资源利用技术与装备、生产工艺的研究。

（4）利用各种媒体加大宣传力度。

2）科研机构

（1）发挥政府和企业之间的桥梁作用，接受流域管理单位和政府委托的科研任务，做好泥沙资源利用的技术支撑。

（2）依托前期科研成果，在泥沙资源利用规划、整体布局、技术标准制定等方面发挥主导与推动作用。

（3）协助流域管理单位或政府部门做好技术推介、科普工作。

（4）构建有效的政策和信息平台，加大宣传力度，推进泥沙资源利用。

3）地方政府

（1）制定产业政策引导产业发展，利用行政资源、行政手段等营造良好环境，促进产业化发展模式构建。

（2）加大投入力度，尤其是科研投入，拓展泥沙资源利用有效途径。

（3）制定优惠补贴政策，通过政策引导扩大泥沙资源利用效益。

（4）通过各级各类媒体宣传黄河泥沙资源利用的战略意义、社会经济、生态环境效益。

4）泥沙企业（包括流域内部企业和社会企业）

（1）利用信息平台，了解黄河泥沙资源利用途径和技术，寻找商机。

（2）积极与科研机构合作，参与黄河泥沙资源利用的研发、技术成果转化等。

2. 过渡期

市场初步形成之后，即在泥沙资源利用发展的过渡期，流域机构、地方政府和企业的作用逐步向均衡发展。在这个过程中，政府要完全参与其中，与流域机构一起积极的营造黄河泥沙资源利用市场氛围，同时逐步减少对泥沙资源利用工作的干预；泥沙企业要将泥沙资源利用同自身发展战略紧密结合，不仅短期有利于企业提高竞争力，长期也能够有效促进企业的可持续发展。

（1）流域机构：完善管理制度和办法，逐步规范泥沙资源利用市场。

（2）科研机构：为政府和企业提供专业化的技术服务和管理局面的技术支撑。

（3）地方政府：着重培育和发展行业协会，做好具有前瞻性和基础性的工作，如制定准入政策和配套制度，指导行业的发展，防范因市场功能不足，市场竞争无序，市场调节盲目性而导致的"市场失灵"。

（4）泥沙企业：在泥沙资源利用相关政策指导下，在流域机构和地方政府的引导下，根据企业发展状况，积极参与黄河泥沙资源利用的技术研发、成果转化、产品推销等市场营销工作中，与科研机构一起推动黄河泥沙资源利用事业长效发展，从中获取企业利润，实现企业发展目标。

3. 成熟期

泥沙资源利用发展到成熟期，泥沙企业是泥沙资源利用实施的主体，政府以及流域机构的参与起到辅助性作用，各主体按照"公开透明、自愿参与、协商一致"的原则参与到泥沙资源利用事业中，自发形成泥沙资源利用的良性互动关系。由企业主导的内生模式，其主要特点是企业参与为主，政府干预为辅。

（1）流域机构：规范黄河流域采砂和泥沙资源利用活动，通过行业管理，促进黄河泥沙资源利用市场的健康稳定发展。

（2）科研机构：以双重身份积极参与到泥沙资源利用产业发展，接受政府委托的相关科研与监督协助工作；为企业做好技术服务和咨询服务。

（3）地方政府：政府职能逐步弱化，市场行为特征显现。这一时期政府的行为主要包括积极促进泥沙行业技术水平发展，加强关键技术领域的科研力量；稳定泥沙资源利用市场化，鼓励各类科研机构加快泥沙资源利用技术与方向的优化提高。

（4）泥沙企业：按照政府、流域机构相关政策和规划的指引，与科研机构密切合作，提高泥沙资源利用新产品和技术研发水平，将泥沙资源利用和企业自身发展战略紧密结合，从长远发展角度，将黄河泥沙资源利用作为提升企业竞争力的工具。

11.2.3　泥沙资源利用产业化运行模式

黄河泥沙资源利用作为一个产业，前期投资成本较高，而消费者一般不愿意支付足够高的价格来支持泥沙资源利用产品的生产商，也不可能主动考虑泥沙资源利用的公益性，尤其是泥沙资源转型利用产品的成本明显高于现有低级产品开发成本的时候，很难被市场所接受。建立"政府引导、市场运作"的运行机制，符合黄河泥沙资源利用产业化的需求。不同阶段的运行模式应与泥沙资源利用各参与方不同时期的职责行为相一致。

在黄河泥沙资源利用产业化的初期阶段，运行模式应以"政府引导"为主，政府通过制定产业政策引导产业发展，或者利用行政资源、行政手段等营造环境促进产业发展。如积极争取国家有关政策支持，建立研究开发平台，通过产学研相结合，不断拓展泥沙利用与社会需求结合的广度和深度，推动黄河泥沙资源利用产品的研发、中试和推广转化，促进黄河泥沙处理和资源利用标准化、产业化。

有了较为成熟的产品后，通过政府投资干预，为泥沙资源利用产品的生产商提供资金扶持，使其克服成本障碍，能够以较低的价格出售他们的产品，进一步促进泥沙资源利用产品的推广和利用，并出台相关政策，逐步推动泥沙资源利用的运行模式由"政府引导"向"市场运作"转变。

市场初步形成后，政府应着重培育和发展行业协会，做好具有前瞻性和基础性的工作，如制定准入政策、配套制度等指导行业的发展，防止因市场功能不足，市场竞争无序，市场调节盲目性而导致的"市场失灵"。

产业化发展到一定规模，黄河泥沙资源利用市场逐步达到成熟阶段，通过技术研发使产品能够充分满足市场需求、独立地参与市场竞争和吸引私人投资的时候，政府就应适时退出市场，完全转变为"市场运作"模式，防止有些企业获取额外利益，而被认定为间接补贴，同时避免企业为了获取政府的资助而恶性竞争。

综上所述，黄河泥沙资源利用产业化模式，政府引导是必要的，市场化运作是必需的，二者缺一不可。

11.2.4　泥沙资源利用产业化实现路径

1. 政策引导

黄河泥沙处理和资源利用，是以维持黄河健康生命为前提的，目前主要是作为治河的一种措施，虽然有一些市场行为的介入，但在目前阶段尚未形成泥沙资源利用的市场，仍然是以"政府引导"为主体；即便将来形成了一定规模的市场，也并不意味着能够一直保持供需平衡，特别是由于黄河泥沙级配较细，直接利用面较窄，间接利用成本也相对较高，因此不论是现在还是未来，加强政府引导，对实现黄河泥沙的高效利用是十分必要的。黄河泥沙的处理和资源利用是一项系统工程，涉及政府、企业、经济、环境等许多市场经济关系。政策引导主要由政府来完成，主要体现在以下五个方面：

一是利用政策导向，扩大泥沙利用途径。如依据《国家鼓励的资源综合利用认定管理办法》，积极认定黄河泥沙的资源属性，争取或制定优惠政策，推动和指导黄河泥沙综合处理和资源利用，经济上给予鼓励和支持，使黄河泥沙的综合利用产业健康发展。

二是通过制定产业政策，鼓励使用黄河泥沙为原料的产业发展。

三是通过制定技术标准，对黄河采沙、用沙及其加工处理等环节提出严格要求，防止泥沙处理与资源利用过程中影响黄河防洪安全，造成环境二次污染等。

四是协调解决治河部门、用沙单位有关政策和技术方面的矛盾和问题。

五是培育和发展行业协会，推动行业协会加强黄河泥沙综合利用的促进工作。

2. 市场化运作

通过市场配置生产要素和资源是市场经济的基本要求，即使是稀缺资源或者有限资源，也应在政府指导下，按照公开、公平、公正的原则，通过市场竞争，优化配置。市场运作的基本特征是按照价值规律由供需双方自主、有偿交换，政府没有权力也没有必要干预供需双方的行为。黄河泥沙作为一种资源，除了政府行为外，还可以完全通过市场运作的方式进行优化配置；政府可以通过促进科技进步，拓展利用渠道，扩大综合利用途径，建立市场化、社会化、专业化的黄河泥沙处理与资源利用有机结合的运行机制，解决黄河严重的泥沙淤积问题。

3. PPP 融资模式

一般认为，投资规模大、需求长期稳定、价格调整机制灵活、具有一定市场化程度的基础设施及公共服务类项目，适宜采用 PPP 模式。当前，黄河泥沙资源利用正在推进产业化的初期，仅依靠政府财政投入无法满足建设资金的需求。泥沙资源利用一方面可以满足黄河治理的需求，另一方面，其提供的产品和服务在市场上能有稳定可靠的社会需求。因此，若政府能加大扶持力度，使得泥沙产品和服务的收益水平达到一定规模，泥沙产业将成为社会资本希望进入的优质领域。

在国家和行业推行 PPP 融资模式的大背景下，引入社会资本，由社会资本和政府合作，共同推动泥沙资源利用的产业化发展，是解决当前泥沙资源利用走出困境的一个有效手段。引入 PPP 模式，可在泥沙资源利用中引入市场竞争机制，鼓励社会资本特别是民间资本参与泥沙产品生产和社会服务体系的供给，加快供给体制机制创新，推进政府治理体系和治理能力现代化。

泥沙资源产业化采用 PPP 模式，不仅可激发各类市场主体参与泥沙产品供给的积极性，形成多元可持续的投融资体制机制，有助于解决财政投入不足的困境，还可充分发挥企业和社会组织的专业、技术、管理和创新优势，提高泥沙产品和服务供给的质量和效率。因此，在泥沙资源利用产业化过程中，引入 PPP 融资模式，是当前市场经济条件下政府增加和改善公共服务的一种新途径。

4. 制度保障

市场主体的经济运行行为需要法制的规范和保障，市场的运行规则要靠法制来构筑和维系，市场公平竞争需要法制来保证。毋庸置疑，市场条件下黄河泥沙资源利用同样需要法制保障。政府实施对黄河泥沙资源利用的行政管理同样必须依靠法制。而法制保障的基础是设计规划科学、合理的制度体系，使政府管理目标在制度规范内有序实现。

目前，国家、行业和流域机构关于黄河泥沙处理与资源利用的政策还不完善，相应规程规范也比较滞后，对于黄河泥沙处理和资源利用专门的规章制度还处于空白，亟需引起各级政府部门的高度重视，应尽快组织有关力量，在黄河泥沙资源利用管理总体框架下，研究起草适合黄河泥沙处理和资源利用事业发展需求的有关法律法规或规章制度，将黄河泥沙综合利用的管理目标、管理原则、管理措施、促进泥沙资源利用的政策、先进思想纳入法制化轨道，从而保障黄河泥沙综合利用的稳定持续发展。

11.2.5 泥沙资源利用的投融资管理方式

泥沙资源利用投融资管理模式由过去传统经济发展中的政府投资、政府经营的状态，向目前改革发展进程中经济活动的投资多元化、运营管理市场化的方向转变。即让市场和经济作为杠杆来调节和刺激黄河泥沙处理与资源利用事业的发展。

为促进黄河泥沙处理与资源利用的良性循环，需要政府的大力支持以扶持泥沙企业的发展。政府在这期间应该起到一种催化和激发企业创造欲的作用。在当前泥沙资源利用的初始阶段，应在"政府引导"为主的运行模式下，采取政府直接"财政投入"的投融资方式，即"财政投入+政府引导"的方式，或者根据当前政策环境采用"PPP融资+特许经营"的方式，如图11-4所示。黄河泥沙资源利用产业化运行过程还需要统筹考虑采沙许可权、企业选址、投资成本、社会认可度等问题。

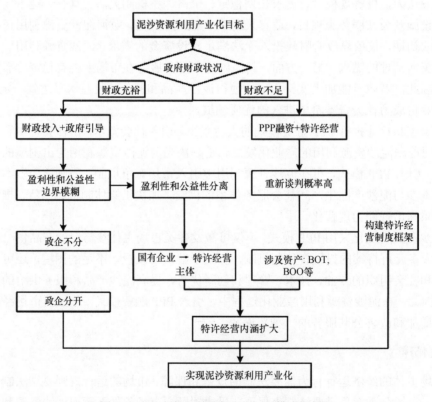

图 11-4　泥沙资源利用产业化运行模式框架图

1. "财政投入+政府引导"方式

泥沙资源利用产业化项目若以财政资金投入，政府往往会指定国企或事业单位对项目进行建设运营,属于常规的泥沙治理运行方式,过去常应用于公益性较强的利用方向,例如黄河下游河道的放淤固堤、标准化堤防建设等。针对一些兼具收益性的泥沙产品,若财政充裕,可以突出政府引导作用的发挥,政府部分出资支持泥沙产品生产线的建设,推动泥沙产品在治河防洪、生态环境维持等相关方面及其他市场的应用,迈出泥沙产品产业化的第一步。

由于政府投资,极易产生政企不分的问题。按照国家推进政企分开,剥离国有企业的政策性负担,解决政企不分的问题,则可促使国有企业成为合格的市场主体,推动泥沙产业化的发展。在此过程中,若将泥沙产品的公益性和经营性用途分开,则可有力推动泥沙产品由国企经营向特许经营主体转变,由公有制转向混合所有制发展,从而进一步推动泥沙产品的市场化。具体方案如下:

(1)由政府指定参与单位开展泥沙产品项目的建设,政府从财政拨付资金给参与单位(如事业单位或国企)建立泥沙产品生产线,同时在河道(或水库)附近提供建设用地给参与单位建厂,科研机构通过技术支援或技术转让的方式提供泥沙资源利用技术给参与单位。

(2)一旦泥沙产品生产线建设完成,则可建立泥沙运营企业,按照现代化企业生产的方式进行生产。可凭借政府引导和主管单位支持的优势,优先获取水库(或河道)泥沙的采沙权。

(3)企业经营业务可分为公益性和经营性两类。企业将黄河泥沙进行筛选,粗砂直接用于经营性利用,做建筑用砂;中粗沙可以用来制备泥沙生态砖、人工防汛备防石等;细沙、淤泥等则可用于改良土壤、充填采空区等。

(4)泥沙资源利用的公益性产品收益,可由地方政府以财政补贴的方式给予泥沙企业;经营性产品的收益则主要来源于市场化经营,但仍需政府、企业在泥沙产品的可利用性方面做大量的宣传工作。

(5)黄河泥沙经营性产品的发展壮大,可吸引私有资本进入行业,促进黄河泥沙资源利用进一步向产业化发展。

2. "PPP融资+特许经营"方式

1)"PPP融资+特许经营"方式内涵

该方式是政府与私人组织之间签订伙伴式合作关系,将部分政府责任以特许经营权的方式转移给企业,政府与社会主体建立起"利益共享、风险共担、全程合作"的共同体关系。

泥沙资源利用属于政府特许经营范畴。政府特许经营是政府按照有关法律法规规定,通过市场竞争机制选择某项公共产品或服务的投资者或者经营者,制定其在一定期限和范围内经营某项公共产品或者提供某项服务的制度。在政府特许经营模式下,特许人和被特许人主观上是自愿的,双方具有互相选择性;且整个过程公开、公平、公正,具有竞争性。

2)前提条件

泥沙资源利用产业化采用PPP方式的前提条件是:

（1）已有成熟产品和生产线，符合规模化生产的要求。

（2）已通过成本核算、防洪影响评价、施工工艺及产品储备方式等论证工作。

（3）在市场上已有潜在的、有投资意向的企业。

3）运营方案

泥沙资源利用产业化的"PPP 融资+特许经营"方式，以政府购买服务、特许经营为基础，引入社会资本，明确双方的权利和义务，利益共享、风险分担，通过引入市场竞争和激励约束机制，充分发挥双方优势，形成一种伙伴式的合作关系，确保合作顺利。其具体运营方案如图 11-5 所示。

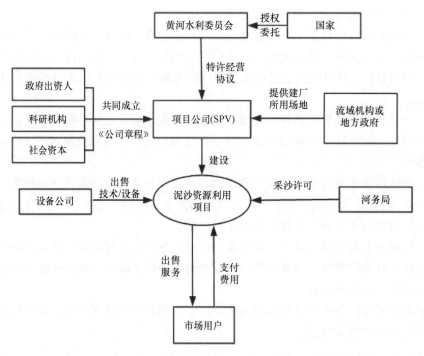

图 11-5　泥沙资源利用"PPP 融资+特许经营"运营方案框图

（1）政府出资人、科研机构及依法定程序选取的社会资本，共同签订 PPP 协议，三方共同出资组建项目公司（Special Purpose Vehicle, SPV），建设泥沙资源利用项目。资本金由政府出资人、科研机构和社会投资人按协议确定的投资比例注入，注入形式包括但不限于现金（研发机构可以以技术入股的方式参加），其余部分由项目公司通过自筹方式（一般为银行贷款融资）解决。

（2）项目建设完成后，项目公司获得项目所有权，获得黄委或地方政府授予的独家特许经营权（一般需要限定运营期限，如 20~30 年）。在特许经营期内，项目公司自行承担风险和责任，运营和维护项目设施，提供相应的泥沙产品并获得合理回报。

（3）项目建设和运营要严格遵守《中华人民共和国水法》、《中华人民共和国防洪法》、《中华人民共和国河道管理条例》等法律法规，接受黄委及河道管理相关部门、社会群体的监督和管理。

（4）项目公司一旦组建，即可进行场地选址、投入资金购买设备。考虑到运输成本，应在河道周围（或水库周围）设置泥沙产品制造厂。政府为项目公司提供土地的使用期限可以和特许经营期联系起来，经营期结束后，项目公司若续租，则需重新谈判。

（5）运营期间原材料的提供，可由县河务局供沙给项目公司；或者由河务局授予项目公司河道采沙特许经营权，由项目公司自行采沙。

（6）运营期间项目公司的收益主要从泥沙产品销售中获利，利润由政府授权机构、研发机构及社会资本按照各自股权进行分配。

（7）为保证项目公司的收益和促进泥沙资源利用的产业化，国家可对泥沙产品进行财政补贴和提供税收优惠，并在泥沙产品推广方面给予大力支持。项目公司（SPV）在运营期间应采取各种手段，努力降低泥沙产品成本，保证泥沙产品质量，促进泥沙企业良性运行。

（8）运营期结束，是否将资产产权移交政府，是 BOT（build-operate-transfer）和 BOO（Building-Owning-Operation）之间的区分。如果项目结束之后，项目公司需要延长对泥沙企业的运营权，则需要和政府进行重新谈判。

3. PPP 融资方式的政策要求和现状情况

2014 年，国务院发布的《国务院关于加强地方政府性债务管理的意见》（以下简称"43 号文"）中明确提出鼓励社会资本通过特许经营等方式，参与到城市基础设施等有一定收益的公益性事业的投资和运营中，并规定政府不允许在这种合作模式中担任投资者。43 号文的出台是 PPP 模式改革的正式开始。

2014 年年末，财政部发布的《政府和社会资本合作模式操作指南》和发改委发布的《关于开展政府和社会资本合作的指导意见》，均规范了 PPP 模式的范围以及操作方式，同时对 PPP 项目从储备到退出机制都进行了详细规定。

2016 年以来，随着各类 PPP 项目的落地，针对项目实际操作中出现的各种问题，发改委、财政部等部委又联合相继出台了《关于切实做好传统基础设施领域政府和社会资本合作有关工作的通知》等，对 PPP 项目的审核、可行性研究论证等相关内容进行了更明确的规定，使得 PPP 运作更加规范化。

2017 年 7 月 21 日国务院法制办联合发改委、财政部起草了《基础设施和公共服务领域政府和社会资本合作条例（征求意见稿）》（以下简称"《条例》"），我国 PPP 项目立法进程加速。《条例》规定，PPP 合作项目协议中不得约定由政府回购社会资本方投资本金，或者承担社会资本方投资本金的损失，同时不得约定社会资本方的最低收益以及由政府为合作项目融资提供担保。同时，《条例》对项目公司的经营范围，也进行了严格的约定。

传统的水利行业基础设施的建设项目、运营、维修以及改扩建等资金来源主要是政府的财政支付，这不仅增加了政府财政负担，同时也使得水利行业的管理效率低下，达不到良好的运行效果，不利于经济的长远有效发展。自十八届三中全会提出"允许社会资本通过特许经营等方式参与城市基础设施建设投资和运营以来"，PPP 模式越来越多地被运用于水利工程中。

2015 年，国家发展和改革委、财政部、水利部等有关单位联合推动水利工程建设的 PPP 模式，并将黑龙江奋斗水库、浙江舟山大陆饮水三期等 12 项水利工程列入第一批试点项目。

2016年12月2日，财政部、水利部印发了《中央财政水利发展资金使用管理办法》（财农[2016]181号），提出水利发展资金鼓励采用政府和社会资本合作（PPP）模式开展项目建设，创新项目投资运营机制；水利发展资金支出范围包括农田水利建设、小型水库建设、中小河流治理等10项，各地方部门将采取竞争立项、建立健全项目库等方式，及时将资金落实到具体项目。

为进一步规范社会资本参与重大水利工程建设和运营操作流程，提升政府和社会资本合作（PPP）质量和效果，2017年12月7日，发改委、水利部印发《政府和社会资本合作建设重大水利工程操作指南（试行）》。适用于采用PPP模式建设运营的重大水利工程项目（简称水利PPP项目），包括重点水源工程、重大引调水工程、大型灌区工程、江河湖泊治理骨干工程等。采用PPP模式建设的其他水利工程可参照做好相关工作。指南提出，除特殊情形外，水利工程建设运营一律向社会资本开放，原则上优先考虑由社会资本参与建设运营。

根据全国PPP综合信息平台项目库，截至2017年9月末，全国入库PPP项目已经达到14220个，累计投资额17.8万亿元，覆盖31个省（自治区、直辖市）及新疆兵团和19个行业领域，其中水利建设项目293项，投资2602亿元，生态建设和环境保护项目481项，投资5899亿元，水利及其相关行业的PPP融资模式得到了蓬勃发展。

11.3　典型运营方案设计

针对水库泥沙处理与资源利用、利用河道泥沙制作人工防汛备防石、煤矿采空区充填、土壤改良等典型泥沙资源利用方向，对其产业化运营方案进行了设计，既能实现黄河泥沙的有效利用，又可满足沿黄经济建设发展需求。

11.3.1　水库泥沙处理与资源利用运营方案

水库泥沙资源利用的主要特点是采沙地点集中，且水库往往具有发电、供水等巨大经济效益，在经济利益驱动下，水库主管部门迫切需要对水库进行清淤。

1. 水库清淤现行案例简介

近几年，一些省市相继开展了水库清淤试点，例如深圳市将科学研究与试点工程紧密结合，清淤与淤积泥沙资源利用互相促进；杭州市余杭区结合水库除险加固工作开展水库清淤，提高了效率，降低了成本；厦门市以恢复库容和改善水质为目标，结合周边环境综合整治开展清淤工作，积累了宝贵经验。

1）深圳市

深圳市石岩水库总库容3198.8万 m^3，是深圳市城市供水网络重要的调蓄和供水水库。该库建库45年来从未进行过清淤工作，库底淤积导致库容减少。到了2004年，水库水质严重恶化，以至于威胁到深圳的城市供水安全。2008年初宝安区水务局组织完成了对石岩水库环保清淤的一期工程建设，工程实施后明显改善了石岩水库水质，使水库的各项指标都得到有效提高。随后又实施了清淤二期工程，对一期工程淤泥进行了资源化利用。工程实施后，水库的污染淤泥将被有效隔离，阻隔污染淤泥超标重金属的释放，确保水库淤泥不再污染水体。淤泥被覆盖后种植水源涵养林及水生植物，进一步净化入库水质，形成河口湿地景观效用，对恢复河口生态系统和美化环境都有重要意义。

2）杭州市

在杭州市余杭区，区内有小（2）型以上水库27座，其中中型水库1座，小（1）型水库5座，小（2）型水库21座。余杭区在进行除险加固的同时，拨出专款开展水库清淤工作，利用水库库区放空的有利条件，采取机械挖掘及泥浆泵冲淤等方法进行库底清淤，通过清淤恢复，增加了1000多万 m³ 库容，相当于新建一个中型水库（任岗和张文芳，2010）。

3）厦门市

厦门市湖边水库由于淤积产生的严重污染，从2003年起就丧失了作为水源水库的功能。2006年9月，厦门市委、市政府批准了湖边水库综合整治与开发建设项目的方案，并成立综合整治与开发建设工程指挥部，经过2年多的不懈努力，通过清淤、截污箱涵和护岸建设、补水调水等综合整治措施，湖边水库"旧貌换新颜"，库容大大增加，根除了污染源，真正为老百姓办了好事实事（任岗和张文芳，2010）。

2. 产业化运行模式

从水库清淤的经验可以看出，以往进行水库清淤，是由政府或水库管理部门投入资金，采用清淤装备进行水库清淤。水库清淤完毕后，可增加水库的兴利库容，根据水库库容的不同用途，获得灌溉效益、发电效益等，同时改善水库的水质，具有较好的生态效益和环境效益。这种纯粹依靠财政投入进行投资的方式，无法对投资进行回收或补偿，无法按照水库的需求进行持续清淤，只能等待财政资金安排，难以形成水库清淤的良性运行机制。

如前所述，泥沙作为资源利用，本身就是有收益的。若在水库清淤过程中，同时引入泥沙资源利用产业化企业，利用泥沙资源的收益弥补水库的清淤费用，就可形成"清淤-利用-清淤"的良性循环。

因此，在水库泥沙处理与资源利用过程中，可由国家先期投入部分启动资金，构建水库泥沙处理基金，对淤积水库进行清淤。一方面可以延长水库的使用寿命，获得灌溉效益、发电效益等，这部分收益可以弥补部分水库清淤费用，并返还到水库泥沙处理基金中去；另一方面，清理出的泥沙可以进行资源利用，如淤田改良土壤、制作建材、制作人工防汛石料、陶冶金属、淤填沟壑等，这部分资源利用获得的收益也可以弥补水库清淤费用，并返还到水库泥沙处理基金中去。

水库清淤和泥沙资源利用相结合的运作方式，一方面改革了原有泥沙清淤的投资方式，实现了投资的良性循环；另一方面通过泥沙资源利用，又改善了水库水质，增加了调蓄库容，具有很好的防洪效益和社会效益、生态效益。具体如图11-6所示。

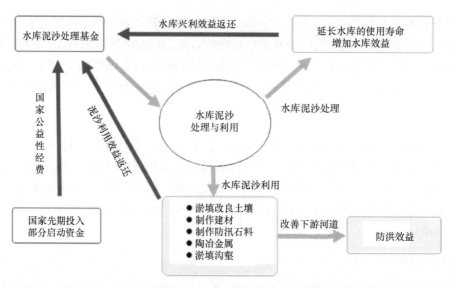

图 11-6　水库清淤与泥沙资源利用相结合的良性运行模式框架图

3. 运营方案

　　水库泥沙处理与资源利用属于公益性的基础设施项目，具有投资规模相对较大、需求长期稳定等特点，且符合发电、灌溉等水库效益对库区泥沙清淤的需求。泥沙资源利用的方向包括建筑用砂、充填采空区、淤改造地、园林绿化、制造生态砖等，适宜采用政府和社会资本合作的投融资方式。

　　水库泥沙处理与资源利用项目也可采用 PPP 模式，以特许经营为基础，引入社会资本，明确双方的权利和义务，利益共享、风险分担，通过引入市场竞争和激励约束机制，充分发挥双方优势，形成伙伴式的合作关系。

　　（1）水库管理单位、泥沙资源利用研发机构及依法定程序选取的社会资本，签订 PPP 协议，三方共同出资组建项目公司，建设泥沙资源利用项目，资本金由水库管理单位、研发机构和社会投资人按一定投资比例注入。

　　（2）项目建设完成后，项目公司获得项目所有权，获得政府授予的独家特许经营权。在特许经营期内，项目公司自行承担风险和责任，处理库区淤积泥沙，运营和维护项目设施，提供相应的泥沙产品获得合理的回报。

　　（3）项目建设和运营需接受水库管理单位、河道管理部门及其他有关单位和社会群体的监督和管理。

　　（4）项目公司一旦组建，即可开展相关工作，取得特许经营权；经营期结束后，项目公司若续租，则需重新进行谈判。

　　（5）运营期间可由水库管理单位提供沙料给项目公司，或者项目公司在获得水库采沙特许经营权后，由项目公司自行采沙。

　　（6）运营期间项目公司的运营范围包括建筑用砂、充填采空区、城市乡村基础设施建设材料等。建筑用砂可通过市场销售的方式获得收益，属于市场化运营；充填采空区主要对煤矿开采等的采空区进行充填，需要政府进行政策性引导，以土地出让获得收益，项目公司以"成本+合理利润"的方式取得投资回报；淤田造地主要改善农业生产用地

（耕地），政府设定每年造地（耕地）规模，置换出相应的建设用地，项目公司的"成本+合理利润"可计入建设用地的成本之中；园林绿化主要是在政府园林绿化项目中采用项目公司生产的营养泥，需要政府以政策的形式引导市政、园林绿化项目使用库区淤泥，项目公司从出售园林绿化用营养泥中获得相应收益。

此外，PPP 项目可从清淤产生的发电收益、灌溉收益中获取一部分收益，用以支付项目公司提供的清淤服务费用，具体比例可在协议中设定。

（7）水库管理单位（或政府授权机构）、研发机构及社会资本，按照各自股权获得利润。在一些情况下，水库管理单位（政府授权机构）可放弃获得利润分红，仅获得水库清淤等服务，以吸引更多社会资本的参与。

11.3.2 人工防汛石材规模化生产运营方案

1. 人工防汛石材规模化生产模式

利用黄河河道淤积泥沙制作人工防汛石材，可变废为宝，消除隐患，实现"以河治河"，具有巨大的资源效益、环境效益、生态效益、经济效益和社会效益。

根据测算，若采用规模化场区式生产人工防汛石料，当地的掺和料、激发剂的价格对产品价格影响较大，人工防汛石材价格从 113.13 元/m³ 到 166.66 元/m³ 不等。根据市场调研，当前天然石料市场价在 290～450 元/m³，随着国家生态环境战略的推进，天然石料的价格还将进一步上涨，甚至无石可采。因此，利用黄河泥沙生产人工防汛石材将是必然趋势，且在经济上是可行的。

制作人工防汛石材，代替天然石材，节约了有限的不可再生资源，还兼具公益性和经营性的行业利益，应争取国家的大力支持，由政府给予鼓励政策，使其广泛用于防汛抢险工作之中。当前黄河下游防洪工程维修养护工作尚未实现市场化，养护公司与水管单位通过签订养护合同来进行维修养护。为深入落实《水利工程管理体制改革实施意见》（国办发[2002]45 号）和《水利部关于深化水利改革的指导意见》（水规计[2014]48 号）要求，黄委提出了进一步深化水管体制改革的方案，积极推进直管水利工程维修养护市场化管理模式，全面提升水管单位管理能力和水平。养护公司在市场化的推动下，可进一步拓展自身的业务范围，加入制作人工防汛石材的队伍之中，由养护公司投资制作人工防汛石材。同时，建议通过政府购买的方式拉动人工防汛石材产业的发展，即将人工防汛石材列入政府采购防汛物资的目录，从政策上给予优惠和补贴，促进市场对人工防汛石材需求的增加。需求的增加会自动引导市场投资生产人工防汛石材，从而走上"需求引导-利益驱动-投入生产-循环利用"的良性运转轨道。

本书重点研究提出了由河务局下属企业投资生产人工防汛石材和社会企业投资生产人工防汛石材两种生产运行方式。

2. 黄河河务局下属企业投资生产人工防汛石材的运行方案

根据泥沙资源利用的现状情况，考虑其长远发展，主要参与主体涉及各级河务部门、技术研发机构（如黄科院、中冶集团），河务局下属企业。

（1）河务部门：主要为县级河务局（即水管单位），负责监管河道采沙，负责采沙许可的审批。

（2）技术研发机构：主要提供技术服务，包括黄科院向企业提供人工防汛石材胶凝材料、黄科院与中冶集团联合研发的人工防汛石材规模化生产成套设备等。

（3）河务局下属企业：负责从河道采沙，投入人力，制作生产人工防汛石材。河务局每年均需对防汛物资储备情况进行普查，登记库存物资及险工、控导工程坝岸备石缺额情况，对防汛备防石进行政府采购。在黄河泥沙资源利用整体架构中，制造人工防汛石材是黄河泥沙资源利用的主要利用方向。经前期调研，河务局下属企业（如养护公司等）具有较强的参与制备防汛石材的愿望。因此，黄河河务局及其下属企业可以和相关科研机构联合，建立人工防汛石材生产企业，共同参与生产人工防汛石材制造。

河务局作为河道主管部门，可为人工防汛石材制造厂提供原材料（泥沙），帮助销售。一般通过招投标程序，由制造厂提供人工防汛石材给黄委相关单位，制造厂通过销售人工防汛石材获得收益，河务局和河务局下属企业以及相关科研机构则通过各自在制造厂的股份获得分红。制造厂的股东包括河务局、河务局下属企业等，在黄河防汛物资采购方面，具备明显的优势。具体运行方式如图11-7所示。

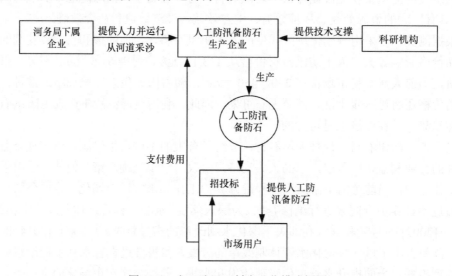

图11-7　人工防汛石材产业化模式框图

人工防汛石材采购需要按照招投标程序进行。因此，建议国家应给予人工防汛石材以优先采购权，在黄河防洪工程维修养护工作中大力推广使用人工防汛石材，并给予政策扶持。在政策引导下，通过利润吸引，实现人工防汛石材生产的市场化。

此外，使用人工防汛石材必须保证石材的质量，确保防汛安全，加强监管和质量抽查，也是市场化过程中理应考虑的关键因素。

3. 社会企业投资人工防汛石材的运行方案

社会企业投资生产人工防汛石材的优点在于资本雄厚，更具备市场竞争力。但是，制作人工防汛石材的主要目的是解决黄河泥沙淤积和天然石材匮乏的问题，所以社会企业如何与河务局合作进行泥沙的开采和人工防汛石材的销售，建立良好的运行管理机制，是需要考虑的重要问题。如果没有特许经营权或政府政策的引导，则产品很难进行市场推广，无利可图则影响社会企业投资的积极性。

社会企业进行投资可采用 PPP 模式，或社会企业单独投资的模式。

A. PPP 模式设计

1）实施机构选定

在 PPP 项目流程中，项目实施机构由政府或由其指定的相关职能部门、事业单位组建，负责项目准备、采购、监管和移交等工作，项目可由黄委直接作为实施机构，或由黄委指定机构如黄河河务局等作为实施机构。

如果由黄委作为项目实施机构，可授权黄河河务局作为实施机构代表，负责 PPP 项目的前期评估论证、实施方案编制、合作伙伴选择、项目合同签订、项目组织实施以及合作期满移交等工作，其组织架构如图 11-8 所示。

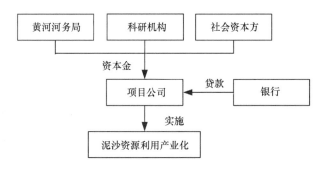

图 11-8　泥沙资源利用项目公司组建架构图

2）社会资本选定

按照 PPP 项目形成特点和项目特性，需要规范设置必要的社会资本选择原则，保障社会大众和政府的权益，主要包括以下几个方面：

（1）坚持合作方应具备强有力的核心竞争力为原则。PPP 项目的核心是政府部门整合私人投资企业的资源优势，而这种资源就是各投标者的核心能力，私人企业不管是具有资金优势、设计优势、建造优势或是其他优势，这种优势必须是政府部门所缺失、而且是项目所必须的优势，这就需要政府部门在筛选合作伙伴的时候，必须以这种核心竞争力为主要选择原则。

（2）社会资本要具有较强的财务与融资能力。社会资本要具备良好的财务实力与融资能力，具有良好的银行资信、财务状况及相应的偿债能力及同类项目成功的盈利模式和竞争模式。较好的财务实力可以增加项目抵御风险的能力，可以高效的实现政府和私营部门之间的风险共担，降低项目实施工程中不确定因素发生对项目造成的冲击。此外，政府吸引私人合作伙伴的根本目的是减小财政压力，社会资金的引入，可以将部分责任转移给私人合作伙伴，这就要求私营部门自身具有一定的资金实力和融资能力，科学设计项目融资方案，并具备良好的融资渠道等。

（3）合作伙伴的信用与信誉良好。PPP 项目合作伙伴的信誉有商业信誉和社会信誉。由于 PPP 项目是依赖政府和私人合作伙伴之间订立的契约和相互间的信任来维持和完成的，选择良好商业信誉的合作伙伴能够减少相互之间的交易成本，从而使项目更好地实施和完成。良好的声誉增加了投资者的信心，提高了企业融资能力；而且，良好的银企关系有利于企业取得银行的信任，容易取得信贷资金的支持。

（4）合作伙伴应具有良好的类似经验业绩。项目实施机构在选择社会资本时，必须考虑私人合作伙伴是否有类似相关经验与业绩，虽然这些表现均是私营企业过去情况的体现，但是却能在一定程度上有效预测私营企业未来的行为。对于私营企业项目经验和业绩的考核，可以参考近3～5年企业承担的项目合同额度、完成情况以及业绩表现。

（5）参与方专业知识与技术力量雄厚。泥沙资源利用产业化 PPP 项目具有运营周期长、过程复杂、参与方式多等特点，这就对社会资本的 PPP 专业知识和技术力量提出了挑战，要求社会资本要具备专业的 PPP 人才、技术人才、财经人才与管理人才团队。

（6）合作伙伴质量管理体系完善。较高的管理效率也是公共部门选择私营部门合作者时考虑的核心因素之一。私人合作伙伴管理能力的强弱会影响到项目建设及运营的效率，进而影响双方合作的质量。

3）盈利机制

国家要授予项目公司人工防汛石材特许经营期，在 PPP 协议签订时，由项目公司与黄河河务局相关部门签订用石协议，项目公司出售人工防汛石材给河务局，并由此获得收益。因人工防汛石材生产属于新兴产业，存在大量风险因素，可能会在项目公司运营过程中，存在反复谈判的可能。

4）运行机制

人工防汛石材企业建成后，其固定资产主要是设备和厂房，在经过 20～30 年的特许经营期（期间主要是河务局以防汛物资采购的方式向项目公司购买人工防汛石材）后，人工防汛石材的制作、销售已经相对成熟，可以由社会资本进行成熟化的市场运作。实际上，人工防汛石材项目比较适合采用 BOT 运行方式，即由政府和社会资本合作投资建设人工防汛石材制造厂，社会资本负责特许经营期内泥沙开采、制作人工防汛石材并进行经营活动，在特许经营期末将所有资产都交还政府。

5）风险分担机制

实施机构依据《中华人民共和国政府采购法》及《政府与社会资本合作项目政府采购管理办法》等法律法规，以合法合规方式确定社会投资者，由黄河河务局、科研机构和社会投资者共同出资成立项目公司，负责项目的投资、建设、运营等相关事宜。由出资人按各自出资比例承担相应的权利和义务。

B. 社会企业投资模式

采用社会企业投资模式制作人工防汛石材运营方案设计如图11-9所示。

1）项目参与方

由社会企业和科研机构合作，社会企业投入人力、财力，科研机构投入技术，共同成立石材生产企业。石材生产企业向黄河河务局提供人工防汛石材。

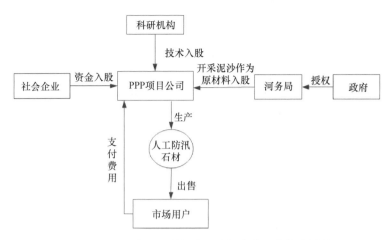

图 11-9　人工防汛石材社会企业投资产业化模式设计

2）盈利机制

社会企业投资建厂的主要目的是为了盈利，而河务局每年的防汛物资采购需要长期稳定的采购来源。但因石材生产企业属于私人企业，河务局采购石材需经过正常的防汛物资采购程序，采购时可将人工防汛石材列入政府采购清单，以保证销量。

3）风险分担机制

社会企业在投资建厂时，要充分与沿黄各河务部门沟通协商，了解防汛石材和地方基本建设材料的需求，做好石材的销量和利润等方面的营销方案，最大限度地降低其前期投资的风险。通过试点、示范，逐步推动泥沙资源利用产业走向成熟，吸引可靠的社会企业进行投资生产。

11.3.3　采空区回填等国土修复项目的运营方案

1. 黄河泥沙充填采空区运行模式

黄河泥沙充填煤矿采空区，需要和土地置换政策结合起来。将黄河泥沙通过各种技术措施输送到煤矿采空区进行充填，在原有的煤矿采空区废地上，形成新的耕地。煤矿采空区形成的耕地可与当地的其他耕地进行土地置换，形成新的建设用地。运用黄河泥沙充填采空区的投资可以作为建设用地的成本，在建设用地拍卖形成收益后，用土地出让收益对前期的投资进行弥补。具体运行机制设计如图 11-10 所示。

采空区充填利益相关者的付出，包括投入的资源、承担的风险、监管的程度等，都会影响充填的最终结果。建立有效的运行机制协调采空区充填的众多利益目标之间的利益是非常有必要的。运行机制包括利益的表达、协商、分配、约束、补偿等一系列制度。各利益主体可以通过这种利益协调机制找到均衡点，重新调整彼此之间的利益关系并使之稳定，从而推动利益最大化（刘静文，2017）。利用黄河泥沙充填采空区运行机制的设计，主要分为动力机制、约束机制和保障机制三方面。

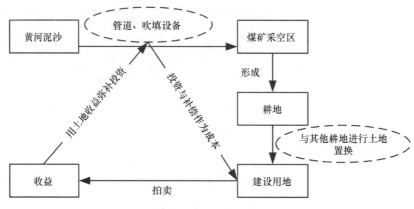

图 11-10　充填采空区产业化模式框图

1）动力机制

动力机制主要来源于地方对经济效益、社会效益和生态效益的需求。

（1）经济效益。通过利用煤矿废弃地充填，可增加耕地面积，实现土地置换，增加土地供应量，缓解城市建设用地供需矛盾，实质上是与城乡建设用地挂钩。但由于其挂钩指标独立于城乡建设用地增减挂钩指标之外，又是一条寻求建设用地指标的一种新的重要途径。充填后，可利用的周转指标由政府统一管理；使用时，与建设项目一对一衔接。煤矿采空区在充填过程中产生的各类补偿和工程投资，在土地供应时分别计入土地征收成本。有利于调整土地利用结构，明晰土地的产权关系，促进采空区经济的可持续发展；有利于盘活存量建设用地，提高土地利用集约度，对拓展沿黄城市建设用地发展空间具有重要意义。

（2）社会效益。工矿废弃地复垦的社会效益反映土地充填后对社会的作用、贡献及价值。一是能发挥较强的示范作用，有利于推动煤矿采空区的综合治理和完善，增进广大群众对土地管理工作的支持和理解；二是缓解建设用地、生态用地与耕地之间的用地矛盾；三是增加耕地面积，缓解耕地压力；四是在土地充填后的农田道路、灌溉设施和环境景观工程将相应配套，有助于改善采空区的农业生产条件，提高土地利用率和农业生产效率。

（3）生态效益。通过土地平整、防护林建设和田间道路修建等工程措施可以有效恢复受损生态环境，治理水土流失、防止土地退化，降低洪涝灾害的发生频率；还可以增加项目区内土壤植被，从而增加生物多样性，保持生态系统的稳定性，提高自然生态效益。

2）约束机制

健全工作机制，根据土地复垦利用的相关规定，研究制定采空区充填复垦实施办法，从项目实施、项目验收、指标使用、权益保障等方面全面规范，对进行采空区充填项目，加强项目监管，严格项目监管制度，规范项目实施。

3）保障机制

一是尽快出台有关推进煤矿开采沉陷区修复"引黄输沙淤填"的国家和地方政策，

和国土资源部门联合推行采空区充填试点，在治理改善煤矿开采环境的基础上，与新增建设用地相挂钩，逐步盘活存量建设用地；二是建立制度保障，保证煤矿采矿区的产权明晰，明确土地盘活后的利益分配机制；三是组织保障，由于"引黄输沙淤填"涉及多个部门，需要政府统一组织，协调解决土地充填过程的疑难问题；四是资金保障，"引黄输沙淤填"资金投入较大，可在财政投入的基础上，拓展多途径的融资方式。

2. 黄河泥沙充填采空区 PPP 融资方式设计

在现行国家政策背景下，建议以 PPP 方式进行"引黄输沙淤填"项目的融资，成立泥沙利用公司，由泥沙利用公司开采泥沙，输送并充填采空区。泥沙公司可与沿线煤矿、当地国土部门签订《充填协议》，为煤矿采空区提供充填泥沙服务，获取耕地，置换出建设用地，并由此获得收益。

"引黄输沙淤填"PPP 项目的实施，需要政府以政策性文件予以引导，一方面强制要求煤矿采空区及时进行充填，另一方面要求国土部门积极参与，进行土地置换。在项目运行中，政府应加强监管，将泥沙充填纳入国土修复成本之中，保障泥沙利用公司产品的稳定收益。此外，在充填采空区收入相对不稳定时，可由当地政府或煤矿给予泥沙利用公司一定的补贴，以保证泥沙利用公司可持续运行。

11.3.4 沿黄农业土壤改良项目的运营方案

1. 沿黄滩区土壤改良背景

黄河下游滩区是大洪水期行洪、滞洪、沉沙的重要场所，是黄河河道的主要组成部分，在防洪工程体系中发挥着重要的作用。长期以来，沿黄滩区群众饱受黄河水患的侵扰，安全保障程度低，经济结构单一，基础设施薄弱，经济发展水平低，黄河滩区已成为较为集中连片的贫困地区和全面实现小康社会目标的"短板地区"。滩区人水矛盾、人地矛盾以及经济社会发展与治河矛盾突出，生态资源环境状况堪忧，治理难度大。一方面加强黄河河道治理，从根本上缓解"人-河"争地矛盾需要对黄河滩区进行改造；另一方面区域经济发展，需要实施黄河滩区移民搬迁。推动滩区居民外迁安置，对于解决滩区群众防洪安全，保证居民生命财产安全至关重要，对促进滩区群众脱贫致富，加快全省全面建成小康社会目标意义重大，对保障黄河生态安全、推动黄河有效治理与加快生态文明建设具有重要意义。

目前，国家和河南省、山东省相继出台了支持滩区搬迁的政策措施，为滩区搬迁提供了强有力的资金支持。随着滩区群众实现共同富裕、迈向小康社会的利益诉求不断提升，搬迁已成为滩区 190 万群众的普遍共识。

在当前黄河滩区移民搬迁中存在的突出问题之一，即是建设用地指标一时难以解决。黄河滩区移民搬迁需要占用大量土地，但建设用地指标非常紧张，目前可申报的建设用地指标属于土地综合整治项目，规模小、环节多、周期长、程序严、审批难，严重影响迁建进度，延长迁建周期。

在此背景下，可在推动黄河滩区搬迁的同时，加大黄河滩区搬迁后的土地整理开发力度，通过引黄河水淤临、淤背、淤台、淤坑塘沟岔等方式，对沿黄滩区土地进行改良，整治原黄河滩区村庄的低滩区土地，形成新的耕地。采用黄河泥沙对沿黄农业土壤进行改良，一方面顺应了国家滩区搬迁政策，另一方面能就近利用黄河泥沙资源，满足黄河治理的需求。滩区滩涂的开发利用对于增加耕地后备资源，缓解占补平衡压力有着积极的意义。

2. 沿黄农业土壤改良运行模式

滩区移民搬迁工程投资额大，公益性强，滩区居民自筹能力有限，当前迁建的资金筹措主要以各级政府财政资金投入为主。但黄河滩区尤其是河南、山东沿线的移民搬迁需巨额资金投入，受资金所限，目前仅进行了试点迁建工程，尚未进行全面搬迁。结合我国现有政策背景，可积极利用社会投资，采用 PPP 融资等多种模式，探索建立多层次、多元化、多渠道的投入保障机制。可在充分考虑迁建安置区用地需求的基础上，将黄河滩区居民迁建安置区所需用地，全部纳入县、乡级土地利用总体规划统筹安排，对有滩区居民搬迁安置任务的县，积极推动滩区建设用地指标通过城乡建设用地增减挂钩、人地挂钩办法交易，优化土地要素合理配置，最大限度地提高土地收益，为安置区建设提供发展空间。结余指标可在政府协调下，采取土地置换、农业合作社托管等方式，在省域范围内流转使用，从而提高土地收益。

(1) 滩区建设用地通过城乡建设用地增减挂钩方式，在土地利用总体规划指导下，将滩区原村庄用地（即建设用地）和拟用于城镇建设的地块（原耕地）共同组成建新拆旧项目区。

(2) 通过利用黄河泥沙进行土壤改良，将原建设用地复垦为新的耕地；再用新的耕地置换出原耕地（即拟用于城镇建设的地块），形成建设用地，最终实现项目区内建设用地总量不增加，耕地面积不减少、质量不降低，用地布局更合理的土地整理工作目标，以满足国家对城市建设用地增减挂钩，"建设用地总量不增加，耕地面积不减少、质量不降低"的基本要求。

(3) 置换出的建设用地一部分归滩区居民居住，另外结余的建设用地，可在政府协调下，由政府指定的土地管理部门代理，将土地进行拍卖，获得土地出让收入。

(4) 土地出让收入的一部分属于成本补偿费用，用于补偿利用黄河泥沙土壤改良土壤的费用和滩区移民征迁的费用，剩余的土地出让收入则由政府所有，属于地方政府的预算外收入。具体运作方式如图 11-11 所示。

因此，在黄河滩区移民搬迁的政策背景下，抽引黄河泥沙进行土壤改良对滩区建设用地进行土地复垦，形成新的耕地，再通过城乡建设用地增减挂钩、人地挂钩办法进行土地交易，抽引黄河泥沙进行土壤改良产生的各类补偿和工程投资等，可计入置换出的建设用地征地成本之中，从而增加土壤改良项目的经济效益，可一定程度地推进项目的市场化进程。

3. 土壤改良项目 PPP 融资方式设计

在黄河滩区进行土壤改良属公益性项目，推荐采用 PPP 模式，以特许经营为基础，引入社会资本，明确双方的权利和义务，利益共享、风险分担，通过引入市场竞争和激励约束机制，充分发挥双方优势，形成伙伴式的合作关系。

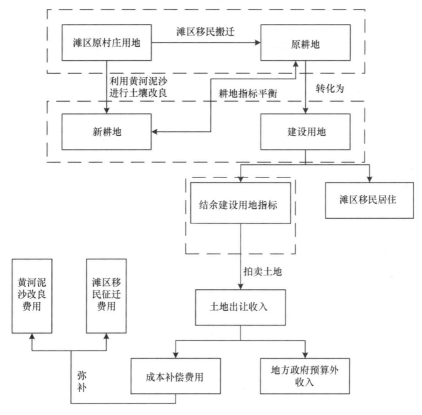

图 11-11　城乡建设用地增减挂钩运作方式图

（1）由滩区地方政府、研发机构及依法定程序选取的社会资本，签订相关 PPP 协议，三方共同出资组建项目公司（SPV），建设土地修复项目（需建设输沙管道、购买设备等），资本金由滩区地方政府、研发机构和社会投资人按投资比例注入。

（2）项目建设完成后，项目公司（SPV）获得项目所有权和政府授予的独家特许经营权。在特许经营期内，项目公司自行承担风险和责任，利用黄河泥沙治理滩区原村庄用地（建设用地），形成新的耕地，置换出新的建设用地指标。在政府协调下，这些建设用地指标可在省域范围内进行流转，项目公司（SPV）从土地流转收益中回收土壤改良成本，获得合理回报。

（3）项目建设接受黄河管理相关部门、社会群体的监督和管理。

（4）项目公司（SPV）组建后，即可投入资金购买设备、修建基础设施，在政府提供的土地上开始项目建设。经营期结束后，项目公司可重新谈判续租。

（5）运营期间项目公司（SPV）利用黄河非灌溉期、小浪底调水调沙期、汛期水沙资源等从河道中或引黄灌区沉沙池中抽取泥沙，获取土壤改良的泥沙资源。

（6）运营期间项目公司（SPV）的收益来源包括两部分，一部分是黄河泥沙的清淤费用，可由河道管理部门支付给项目公司（SPV）相应的清淤费；另一部分是项目公司（SPV）改良土壤置换出建设用地指标后，由政府从土地交易收益中以"成本+合理利润"的方式支付给项目公司。

11.4 山东邱集煤矿采空区淤填案例分析

11.4.1 黄河泥沙作为充填采空区材料的可行性

近年来一些学者提出了引黄河泥沙充填复垦矿区沉陷土地的方法，这是一种新的复垦方法（邵芳等，2016；王培俊等，2014）。该方法首先利用采沙船在黄河上抽采泥沙，输送泥沙到待复垦区域，泥沙沉淀后排走清水，以达到充填复垦的目的。目前该方法已经进行了试验性研究，有望应用于大规模的沉陷区复垦，有效的解决大范围复垦充填材料的潜在污染性以及数量不足等难题（何强等，2015）。

根据王培俊等人的研究，黄河泥沙质地类型属于砂土，保水保肥性能差；黄河泥沙的 pH 值呈弱碱性，电导率值很小，能满足大多数作物的生长要求；黄河泥沙的有机质、全氮、碱解氮、全钾、速效钾、全磷和有效磷含量处于中下、低或很低水平，用作充填复垦材料需要采取适当措施加以改良；黄河泥沙中的 Cd 和 Hg 未检出，Cr、Cu、Zn、Pb、Ni 和 As 含量均未超过《土壤环境质量标准》（GB 15618—1995）二级和三级标准值，不会造成土地二次污染（王培俊等，2014）。因此，黄河泥沙用作采煤沉陷地的充填复垦材料是可行的，但需改善其保水保肥性能和肥力水平。

11.4.2 山东邱集煤矿采空区淤填案例

因十几年的连续开采，山东邱集煤矿矿区周边土地出现了不同程度的沉陷现象，沉陷区常年积水，无法耕种。土地沉陷成为困扰煤矿以及当地政府和村民的难题，甚至一度影响了企地关系。为弥补村民损失，邱集煤矿每年都要拿出大笔资金用以土地补偿。正值当前煤炭市场低迷，邱集煤矿又因资源枯竭面临无煤可采的局面，每年的土地补贴成为企业沉重的负担。

为快速高效地对沉陷土地进行修复，甩掉沉陷补贴的包袱，邱集煤矿联合山东省物化探测勘查院共同规划设计了引黄输沙淤填沉陷地治理方案，并于 2013 年春季启动了此项工程。工程首先为沉陷区修筑了道路和沟渠，方便大型设备进出和排水，然后将沉陷区表面的耕植土剥离，用管道、吹填设备把黄河泥沙灌入沉陷区。由于含沙量高，黄河水很快会在沉陷区存留大量泥沙，沉淀后的清水通过沟渠再次排入黄河。随着淤灌次数的增加，沉陷的洼地越抬越高，一直到距表层土 60cm 左右时，再将被剥离的耕植土重新覆平均匀，沉陷地即恢复成可以耕种的农田。主要工艺如图 11-12 所示（胡振琪等，2015）。

此次沉陷地修复工程共投入 1100 万元，总面积达 800 亩。工程修筑道路、沟渠、桥涵 2000 余米，管道吹填泥沙量约 55 万 m^2。虽然每亩花费过万元，短期投入大，但可以使沉陷区变为良田，企业可以借此实现长期受益。而且 800 亩良田交还给村民，每年还能增加粮食产量 800 多吨，缓解了地企矛盾，实现了双赢。修复后的效果如图 11-13 所示。

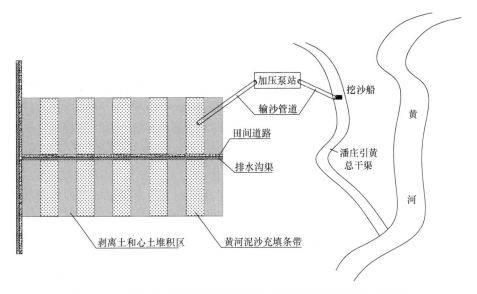

图 11-12　邱集煤矿黄河泥沙间隔条带式充填采煤沉陷地技术工艺

(a)充填复垦前　　　　　　　　(b)充填复垦后　　　　　　　　(c)对照农田

图 11-13　黄河泥沙充填复垦前后景观对比

11.4.3　煤矿采空区泥沙淤填复垦前景

　　山西、河南、山东等地沿黄煤矿分布较多，过去采矿业的粗放开采方式给环境带来了恶劣的影响，造成了地面沉降、土地破坏、植被和景观破坏等一系列问题。利用黄河泥沙进行国土修复、复垦的技术途径，方法新颖，特别是作为国内首次利用黄河泥沙吹填复垦沉陷地的山东邱集煤矿采空区淤填试验获得成功后，有望在山东省乃至整个黄河流域开展大量煤矿和其他矿业开采沉陷区修复、沿黄沙荒地改良的全面推广。

　　采用黄河泥沙对采空区进行充填，能实现工矿废弃地复垦，恢复大量耕地，为城市发展腾退出更多空间，实现节约集约用地，推动空气、土壤和水污染的防治，促进生态和谐家园建设。

11.5 本章小结

在对关键技术研究和对黄河采沙及泥沙资源利用管理现状等系统调研的基础上发现，按照黄河泥沙资源利用的整体框架和模式，将目前黄河流域采沙（砂）-泥沙分选-泥沙输送-直接利用-转型利用等产业链整合成一个完整的产业化体系，调节控制资本、技术和管理，聚合与黄河泥沙资源利用相关的参与主体（政府、科研机构、企业等），使其融入泥沙资源利用产业化事业中，分工合作，通过产业化推动市场化进程，是黄河泥沙资源利用可持续发展的必然途径。良性运行机制的建立将形成泥沙资源利用产业化、规模化的有效推动力。

提出了推进黄河泥沙资源利用产业化的良性运行机制。在剖析市场参与主体即流域机构、科研机构、政府和企业在泥沙资源产业化推进过程中的主体行为职责基础上，提出了产业化实现的路径和"财政投入+政府引导"和"PPP 融资+特许经营"两种泥沙资源产业化运行的融资模式，结合当前投资政策环境，指出当前泥沙资源利用中适宜采用PPP 模式，研究设计了"PPP 融资+特许经营"模式的运营方案。

针对当前黄河泥沙具备产业化条件的典型利用途径，包括水库泥沙处理与资源利用、利用河道泥沙制作人工防汛石材、煤矿采空区充填、土壤改良等，结合各自特点，对其产业化运营方案进行了设计；通过对山东邱集煤矿采空区淤填实践案例分析，认为引黄输沙淤填沉陷地的实践操作方式可行，运用前景广阔。

第12章　主要认识与结论

"自然界的淡水总量是大体稳定的，但一个国家或地区可用水资源有多少，既取决于降水多寡，也取决于盛水的'盆'大小。这个'盆'指的就是水生态。"这是习近平总书记关于系统治水的重要论述。水利部鄂竟平部长指出："开展河湖系统治理，水利部将督促各地管好盛水的'盆'、保护'盆'里的水为核心，组织开展河湖系统治理工作"。对黄河这样水资源严重短缺的多沙河流而言，管好"盛水的'盆'"尤为重要。在生态文明和乡村振兴等国家战略指引下，生态环境保护措施和力度进一步加强，城市与乡村基础设施建设步伐进一步加快，为黄河河流健康与区域社会经济发展的矛盾统一体，提供了一个绝佳的统一基础的机遇。一方面，黄河流域数万座大中小型水库经过多年淤积，"盛水的'盆'"越来越小，其在水资源高效利用中发挥重要作用的前提条件在逐步丧失；另一方面，保障黄河防洪安全的基本料物-防汛石材已经到了无石可买的地步，沿黄城乡人们基本生活保障住房的建设所需基础建材（砖、沙）价格高的到了地方政府和居民难以承受的状态。更重要的是我们坚守的"拦、排、放、调、挖"黄河泥沙综合处理措施，因为缺少接手的"用"和"用"的整体架构与成套技术，不仅实现不了拦-排-放-调-挖的有机融合，也难以实现黄河泥沙资源的规模化利用，彰显泥沙处理与资源利用的综合效应。为此，黄科院自 2008 年开始组建专门的研究团队，历时 10 余年采用系统调研、理论研究、技术研发、精细设计、应用示范的研究思路，产学研相结合，取得了泥沙处理与资源利用普适性强、理论创新突出、技术装备领先的"测-取-输-用-评"全链条技术。

1. 黄河禹门口以下泥沙资源分布及可利用泥沙资源量

研发并集成了一套适合深水水库和河道泥沙淤积物探测、较好地保持泥沙沉积原状的采样设备-振动式柱状取样器，取样深度可达水下 50m，取样长度可达 4m。根据采集的禹门口以下水库与河道 147 个柱状泥沙样品，测算禹门口以下河段可利用泥沙资源量。其中，小北干流河段 10.3 亿 m³；三门峡库区 14.8 亿 m³；小浪底库区 24.66 亿 m³，主要集中在水库 HH24 断面至大坝之间；西霞院库区 0.23 亿 m³，主要集中在坝前区域；西霞院水库至高村河道 3.03 亿 m³。引黄灌区沉沙池可利用泥沙资源量 8.68 亿 m³。

2. 黄河泥沙资源利用整体架构

确定了泥沙资源利用方向。泥沙资源利用方向按作用可分为黄河防洪、放淤改土与生态重建、河口造陆及湿地水生态维持、建筑与工业材料四个方面。按利用方式可分为直接利用和转型利用两种，建筑与工业材料方面的利用以转型利用为主，其他方面的利用以直接利用为主。黄河防洪方面的泥沙资源利用包括放淤固堤、淤填堤河、二级悬河治理、人工防汛石材等；放淤改土与生态重建方面的利用包括土壤改良、修复采煤沉陷区、治理水体污染等；河口造陆及湿地水生态维持方面的利用包括填海造陆、盐碱地改良、湿地水生态维持等；建筑与工业材料方面的利用包括建筑用沙、干混砂浆、免烧免蒸养砖、砼砌块、烧制陶粒、新型工业原材料、型砂、陶冶金属、制备微晶玻璃等。

提出了黄河泥沙资源利用整体架构。在中游黄土高原地区采取林草、淤地坝、梯田等水利水保措施，减少入黄泥沙，促进固沙保肥，提高耕地质量。大中小型水库为泥沙分选提供了绝佳场所，利用水库拦沙减淤，水库将泥沙集中在一个相对较小的范围内，为泥沙的分级利用、集中利用创造了条件；利用中游水库群，适时开展调水调沙，增大下游河道的排洪输沙能力；通过人工塑造异重流，将一部分细泥沙排入下游河道，再输沙入海，通过河口造陆，扩大国土面积，改良盐碱地，维持湿地生态；在小北干流河段和下游河道及引黄灌区，开展引洪放淤、挖河固堤等传统泥沙资源利用，根据不同河段泥沙特性进行不同形式资源利用。

3. 水库泥沙处理与资源利用有机结合应用技术

针对水库淤积制约水库效能的发挥，甚至失去应有作用等问题，以西霞院水库为典型水库，研究提出了西霞院水库泥沙"取-输-用"有机结合的应用技术。系统阐明了水库水力排沙技术、机械清淤技术及其他清淤技术的应用条件及适用范围；结合淤积物的组成分布、适用范围、经济性、生产效率、环境要求以及水库调度等多方面要求，确定了水库泥沙清淤示范试验采用射流冲吸式清淤技术；研究提出了最优泥沙输送浓度为 $400\sim600kg/m^3$，管线敷设坡度为 $6°\sim8°$等泥沙输送技术指标；按照库区清淤能力每年 600 万 t、输送距离 200km，论证了西霞院水库淤积泥沙长距离输送方案及可行性；设计并论证了泥沙处理与输送的南岸过坝方案，确定了出库方式、实施区域、取沙时机、工程布置、作业路线、清淤规模；研制了适用于西霞院水库水深浅、清淤面大等特性的三浮体对称式船舶平台及破土射流冲吸式吸泥头，对泥沙起悬、输送等配套设备选型进行了优化与集成；综合考虑不同库段边界条件、泥沙组成及清淤要求，提出了西霞院水库泥沙资源制作人工防汛石材、生态砖两种利用技术。建成了西霞院水库泥沙处理与利用联合示范基地并开展了示范试验，清淤效率最大达到 $123m^3/h$，平均清淤效率约为 $65m^3/h$，平均含沙量 $147kg/m^3$，最大含沙量 $342.6\ kg/m^3$，示范试验运行流畅，实现了水库泥沙处理与资源利用的有机结合。水库泥沙抽沙和资源利用技术在新疆哈密地区巴里坤县的小柳沟水库进行了推广性试验，取得了显著效果，为从根本上解决水库泥沙淤积问题，充分发挥水库功能提供了技术支撑和示范引导。

4. 非水泥基碱性激发黄河泥沙的固结胶凝机理

阐明了黄河泥沙"解构-重构-凝聚-结晶"非水泥基激发胶凝过程，发现了泥沙本身具有可直接激发的火山灰活性，首次对黄河泥沙进行了直接激发；系统揭示了直接激发黄河泥沙、单项激发黄河泥沙+掺合料、复合激发黄河泥沙+掺合料固结胶凝机理，通过系列配合比对比试验研究，发现了三种激发剂（$Ca(OH)_2$、$NaOH$、$CaSO_4\cdot2H_2O$）复合激发黄河泥沙可使早期生成大量稳定胶凝结构体，大幅度提高黄河泥沙胶凝试块早期强度。不仅在人工防汛石材非水泥基固结胶凝理论取得突破，也为非水泥基固结胶凝技术的提高奠定了理论基础。提出了泥沙固结胶凝配合比通用设计方法，设计了 $1\sim0.001$ 的全级配免分选黄河泥沙、不同掺合料（粉煤灰、矿粉、矿渣、炉灰）、不同激发方式、不同强度等级（5MPa、10MPa、15MPa、20MPa）的人工防汛石材系列配合比，其抗冻性和抗冲磨性完全满足生产要求。研发的非水泥基的黄河泥沙胶凝技术，实现了掺合料的多样化和就近就地取材，大大降低了掺合料成本。

5. 人工防汛石材生产技术及成套装备

研发集成了人工防汛石材规模化厂区生产技术及装备和移动式生产工艺。论证确定了利用黄河泥沙制作人工防汛石材的生产指标，作为散抛石使用时石材边长宜大于300mm，代替防汛抢险铅丝石笼使用时边长宜在 450～700mm 之间，密度不宜小于1950kg/m³。从基底条件、支模方式、压实工艺、切割成型技术等方面改进人工生产黄河防汛石材的技术和工艺，研发了振动挤压耦合成型技术，研制了振动挤压耦合成型机，集成了示范生产线供配料系统，形成了一套利用黄河泥沙制造人工防汛石材的成套技术与装备，降低了人工防汛石材的生产成本，实现了规模化、自动化生产。在快速支模、拆模及切割工艺上获得突破，利用高强钢丝绳简单易行地解决了人工石材的切割难题，集成研发了移动式人工防汛石材生产工艺技术。采用 PLC 过程控制系统，实现了整线从配料、搅拌到成型的全流程监控。规模化厂区生产技术主要解决大尺寸人工防汛石材生产问题，移动式生产工艺用于需求集中度不高、零散防汛石材生产，两种生产方式可灵活布局，相互补充，填补了利用黄河泥沙生产人工防汛石材的装备技术空白。为检验生产技术及成套装备，在孟州建立了泥沙资源利用成套技术示范基地，以孟州黄河泥沙为主要原材料，以粉煤灰、矿渣粉和炉灰（红色煤泥）为主掺合料，采用非水泥基胶凝技术和配合比，开展了人工防汛石材的示范生产，共生产大尺寸防汛石材 1500m³，其中以粉煤灰为掺合料的900m³，矿渣粉和炉灰为主掺合料的各300m³。经现场检测，示范生产的防汛石材各种性能指标满足设计和生产要求。

6. 利用黄河泥沙改良中低产田技术和煤矿充填开采技术

利用黄河泥沙进行沿黄地区土壤质地综合改良技术，构建防洪安全-粮食安全-生态安全的引黄灌区"三位一体"可持续发展模式，不仅可以解决引黄灌区沉沙池和渠系周边堆积如山的泥沙对生态环境的破坏问题，还能够解除灌区大量引沙顾虑，在提高灌区土地质量、改善灌区生态环境的同时，多途径推动黄河泥沙资源利用事业发展。砂质土壤是沿黄中低产田的一个典型种类，其有机质含量和黏粒含量低，黄河泥沙黏粒含量高，且富含氮磷钾等养分。从小区试验和现场改良试验结果看，黄河泥沙物理性黏粒含量在44%～50%，黄河泥沙掺入比例以 20%为最佳，提高了中低产田土壤的黏性颗粒含量，增加了土壤含水率，提高了单位面积小麦产量；黄河泥沙与小鸡粪或者保水剂的组合使用，增产效果更显著。通过山东滨州小开河和韩墩两个灌区浑水灌溉、灌区砂质土壤改良和黏质盐碱地土壤改良效果的分析评价，进一步完善了引黄灌区灌域内水沙系统调配、系统管理的理论技术体系。

通过水泥、粉煤灰、外加剂不同配比试验，研发了煤矿利用黄河泥沙膏体充填开采技术，充填材料配比按泥沙 42%、水泥 20%、粉煤灰 20%、水 19.5%，减水剂按水泥质量的 2%、促凝剂按水泥质量的 30%、激发剂按水泥质量的 2%，确定了充填膏体的抗压强度等力学指标，流动性、保水性、黏聚性等和易性指标良好，初凝时间达 2～4 小时，终凝时间可缩短为 6~8 小时。

7. 黄河泥沙资源利用综合效益评价指标体系和评价模型

对黄河泥沙资源利用综合效益评价的诸要素进行了分层分类，理清了各影响因素之间的同级与上下级关系，确定了黄河泥沙资源利用评价指标和影响因素的层次结构，界定了各评价指标之间对效益贡献的重叠域，给出了对应的协调分配方法。提出了双层三维的黄河泥沙资源利用的综合效益评价指标体系，提出了每一项具体指标的定量计算方法，构建了科学的黄河泥沙资源利用综合评价模型。分别对西霞院水库示范取沙 2000m³ 的情景和西霞院水库虚拟取沙 1000 万 m³ 的情景进行了计算评价。结果表明，三种维度的效益均存在尺度放大效应。其中经济效益的尺度放大效应最强，这是由于经济效益中一次性投入的成本较高，在不断提高产量的同时，一次性投入成本才能被逐渐摊薄；社会效益与生态效应的放大效应次之，但这同样是时间累积效应与空间衰减效应同时发挥作用的结果。正是由于经济效益的尺度放大效应最强，随着泥沙资源利用量的增长，泥沙资源利用的直接效益所占的比例才会不断增大。

8. 黄河泥沙资源利用运行机制框架和产业化运行模式

黄河泥沙作为一种宝贵的资源，利用前景广阔，迫切需要从国家战略和治黄战略的高度，建立良性运行机制，加大黄河泥沙资源利用产业化的推进力度。根据黄河泥沙资源利用的方向及实现途径，研究提出了黄河泥沙资源利用运行机制框架，包括黄河泥沙资源利用产业化的动力机制、运行机制和约束机制；从生产要素、市场需求、政府行为等方面分析了对泥沙资源产业化的影响，确定了泥沙资源产业化的可行性，提出了"财政投入+政府引导"产业化运行模式和"PPP 融资+企业经营"的运营方案。开展了典型泥沙资源利用产业化运营方案设计，针对河道泥沙和水库泥沙沉积特征，以及泥沙资源利用的建筑用砂、人工防汛石材、土地修复、充填采空区等不同利用方向，分别进行了社会企业和黄河河务局内部企业参与的产业化运营方案设计。

9. 黄河泥沙利用技术标准

发布了《胶结泥沙人工防汛石材》团体标准，制订了《黄河泥沙胶结蒸养砖》和《全自动振动挤压耦合成型机》等企业标准，填补了黄河泥沙防汛石材技术和设备标准空白，为人工防汛石材和泥沙胶结蒸养砖的广泛推广应用提供了标准规程依据。

研究团队经过多年的持续研究，在黄河泥沙处理与资源利用的理论、技术、装备、标准与运行机制等层面，取得的系列科技成果及实践经验，为黄河泥沙处理与资源利用提供了示范引导，为维护黄河健康生命、促进流域人水和谐和黄河长治久安、积极践行生态文明建设和乡村振兴战略提供有力的科技支撑。

参 考 文 献

白由路, 李保国. 2002. 黄淮海平原盐渍化土壤的分区与管理. 中国农业资源与区划, (2): 47-50.

包锡成. 1980. 在下游利用泥沙治理黄河. 人民黄河, (2): 55-56.

宝俊. 1996. 勘探地震学资料解释的基础与应用. 北京: 地质出版社.

补家武, 鄢泰宁. 2000a. 非可控制式海底取样器的结构及工作原理——海底取样技术介绍之二. 地质科技情报, 19(3): 93-97.

补家武, 鄢泰宁. 2000b. 可控式海底取样器的结构及工作原理——海底取样技术介绍之三. 地质科技情报, 19(4): 100-104.

补家武, 鄢泰宁, 昌志军. 2001. 海底取样技术发展现状及工作原理概述——海底取样技术专题之一. 探矿工程(岩土钻掘工程), (2): 44-48.

蔡长泗. 2002. 中国港口建设的现状和未来. 中国港湾建设, (4): 1-4.

曹慧群. 2010. 三峡水库挖粗沙减淤方式研究. 北京: 清华大学博士学位论文.

昌增芝, 方萍生. 2012. 煤矿开采对环境的影响. 民营科技, (3): 144-148.

常向前, 兰雁, 张俊霞, 等. 2008. 黄河下游标准化堤防关键技术指标论证. 黄科院报告: 黄科技 ZX-2008-16-26.

常晓辉, 张雷, 杨勇, 等. 2015. 黄河水库淤积泥沙深层取样扰动性分析. 人民黄河, (6): 18-21.

常晓辉, 郑军, 杨勇, 等. 2015. 小浪底库区深层淤积泥沙干容重分析. 人民黄河, (8): 10-12.

陈飞. 2012. 浅地层剖面仪在水库清淤测量中的应用. 科技创业家, (13): 171.

陈佳鹏. 2009. 煤炭资源开发利用标准体系构建及运行机制研究. 北京: 中国矿业大学博士学位论文.

陈明昌, 张强, 程滨, 等. 2005. 土施有机添加剂和硫磺对小白菜生长和养分吸收的影响. 植物营养与肥料学报, (6): 87-93.

陈涛, 雷畅, 晏波, 等. 2014. 一种铜硫尾矿中金属铷资源回收的分选富集处理工艺. 中国: CN103962244A.

陈停. 2012. 贾鲁河底泥中氮磷释放影响因素的研究. 郑州: 郑州大学硕士学位论文.

陈翔兰. 2007. 中低产田及其改良措施. 山西农业(致富科技), (6): 46-47.

程根力. 2011. 辽宁省丹东地区中低产土壤改良意见. 北京农业, (12): 85.

程乐庆. 2018. 夏邑县中低产田改良利用现状、措施与建议. 基层农技推广, 6(1): 104-106.

崔淑芳, 孙战勇, 徐爱国, 等. 2017. 韩墩灌区测土配沙改良土壤运行模式及措施. 人民黄河, (9): 138-140.

代建四. 2010. 煤矿充填开采的现状与发展趋势. 科技创新导报, (18): 60-61.

董亮, 孙泽强, 王学君, 等. 2014. 秸秆全量还田下氮肥调控对小麦产量及土壤不同形态钾的影响. 中国农学通报, 30(36): 37-41.

段丽娜. 2012. 黄河下游河道工程备防石储备定额修正探讨. 河南水利与南水北调, 12: 84.

费祥俊. 1994. 浆体与粒状物料输送水力学. 北京: 清华大学出版社.

费祥俊. 1998. 高含沙水流长距离输沙机理与应用. 泥沙研究, (3): 57-63.

冯艳丽. 2012. 建筑垃圾处理产业化的特许经营模式研究. 沈阳: 沈阳建筑大学硕士学位论文.

高传昌, 尚宏琦, 等. 2007. 小浪底水库清淤方案-射流冲砂的人工异重流方案. 黄河小浪底水库泥沙处理关键技术及装备研讨会论文集.

高玲. 2015. "黄河淤泥资源化利用"的提案得到山东省领导重视. 新浪微博: 砖瓦杂志社, (3)29.

耿明全, 李栓才, 张继合. 2005. 黄河下游人工扰沙措施探讨. 中国水利, (11): 34-35.

郭巧玲, 韩振英, 杨琳洁, 等. 2015. 煤矿开采对窟野河地表径流影响的水文模拟. 水利水电科技进展, 35(4): 19-23.

郭文义, 魏丹, 周宝库, 等. 2008. 东北中低产田现状与综合治理对策. 黑龙江农业科学, (6): 52-55.

郭振华. 2008. 村庄下膏体充填采煤控制地表沉陷的研究. 北京: 中国矿业大学硕士学位论文.

郭志安. 2007. 北宋黄河中下游治理若干问题研究. 保定: 河北大学博士学位论文.

韩其为. 2003. 水库淤积. 北京: 科学出版社.

何强, 吴侃, 许东等. 2015. 南四湖流域采煤沉陷区引黄复垦需沙量估算与分析. 中国矿业, 24(2): 67-71.

贺萍. 2006. 黄河淤泥废料资源化利用规划研究. 郑州: 郑州大学硕士学位论文.

贺学鹏. 2014. 煤矿开采对环境的影响分析及对策探讨. 能源与节能, (6): 105-107.

胡春宏. 2001. 我国江河湖库清淤疏浚展望. 水利水电技术, 32(1): 50-52.

胡春宏. 2005b. 黄河水沙过程变异及河道的复杂响应. 北京: 科学出版社.

胡春宏. 2015a. 黄河水沙变化与下游河道改造. 水利水电技术, 46(6): 10-15.

胡一三. 1996. 中国江河防洪丛书. 黄河卷. 北京: 中国水利水电出版社.

胡一三. 2009. 三门峡水库运用方式原型试验研究. 郑州: 河南科学技术出版社.

胡一三, 宋玉杰, 杨国顺, 等. 2012. 黄河堤防. 郑州: 黄河水利出版社: 120-134.

胡振琪, 王培骏, 邵芳. 2015. 引黄河泥沙充填复垦采煤沉陷地技术的试验研究. 农业工程学报, 31(3): 288-295.

华绍曾, 杨学宁. 1985. 实用流体阻力手册. 北京: 国防工业出版社.

季鹏, 马晓明, 杨学维. 2007. 在线式原油含水率自动监控系统的设计. 微计算机信息, 11(1): 86-87.

江恩慧, 曹永涛, 董其华, 等. 2015. 黄河泥沙资源利用的长远效应. 人民黄河, 37(2): 1-5.

江恩慧, 曹永涛, 郜国明, 等. 2011. 实施黄河泥沙处理与利用有机结合战略运行机制. 中国水利, (14): 16-19.

江恩慧, 曹永涛, 李军华. 2012. 水库泥沙资源利用与河流健康. 见: 贾金生. 水库大坝建设与管理中的技术进展. 中国大坝协会 2012 年学术年会论文集. 郑州: 黄河水利出版社: 34-40.

江恩慧, 赵连军, 张红武. 2008. 多沙河流洪水演进与冲淤演变数学模型研究及应用. 郑州: 黄河水利出版社.

姜秀芳, 潘丽. 2012. 人民胜利渠泥沙处理与资源利用途径. 人民黄河, (8): 39-40.

焦恩泽. 2004. 黄河水库泥沙. 郑州: 黄河水利出版社.

蓝盛芳, 钦佩, 陆宏芳. 2002. 生态经济系统能值分析. 北京: 化学工业出版社.

雷廷武, 赵军, 袁建平. 2002. 利用 γ 射线透射法测量含沙量及算法. 农业工程学报, (1): 18-21.

李德营, 周风华, 等. 2013. 煤矿塌陷区利用黄河泥沙进行治理方案研究. 中国水土保持, (9): 34-36.

李凤义, 陈维新, 刘世明, 等. 2015. 粉煤灰基胶结充填材料试验研究. 西安科技大学学报, (4): 473-479.

李国英. 2001. 论黄河长治久安. 人民黄河, 23(7): 1-2, 5.

李皎. 2014. 我国煤矿充填开采技术的现状及其未来发展. 内蒙古煤炭经济, (5): 11-22.

李景宗. 2006. 黄河小浪底水利枢纽规划设计丛书: 工程规划. 郑州: 黄河水利出版社.

李立刚. 2005. 黄河小浪底水库库区泥沙冲淤规律及减淤运用方式研究. 南京: 河海大学硕士学位论文.

李立刚, 陈洪伟, 李占省, 等. 2016. 小浪底水库泥沙淤积特性及减淤运用方式探讨. 人民黄河, (10): 40-42.

李鹏, 索彬, 汤克章. 2015. 探讨黄河下游泥沙的治理与开发. 科技视界, (1): 374-375.

李平, 杜军. 2011. 浅地层剖面探测综述. 海洋通报, 30(3): 344-350.

李让曾. 1982. 浅谈引水式电站的排沙方法. 广东水利水电, (3): 44-47.

李世伦, 程毅, 秦华伟, 等. 2006. 重力活塞式天然气水合物保真取样器的研制. 浙江大学学报(工学版), (5): 888-892.

李涛, 李杰, 陈洪伟, 等. 2006. 西霞院水电站水轮发电机组的主要特点. 人民黄河, 28(9): 32-34.

李炜. 2006. 水力计算手册(第二版). 北京: 中国水利水电出版社.

李向阳, 刘进良, 赵景礼, 等. 2013. 煤矸石充填胶凝材料活化技术. 煤矿安全, (4): 99-102.

李一保, 张玉芬, 刘玉兰, 等. 2007. 浅地层剖面仪在海洋工程中的应用. 工程地球物理学报, 4(1): 4-8.

李友辉. 2009. 水资源价值的能值分析方法及其应用研究. 南京: 河海大学博士学位论文.

李振连. 屈章彬, 肖强. 2007. 小浪底水库泥沙淤积观测与分析. 人民黄河, (1): 23-24.

李中彬. 2014. 我国煤矿充填开采技术的现状与发展趋势. 科技创新与应用, (23): 105.

连玮. 2013. 煤矿开采对地下水资源的影响及对策. 能源环境保护, (6): 29-31.

梁德亮, 安红岩, 唐行三, 等. 2005. 利用引黄工程沉沙池淤泥生产新型墙体材料. 新型建筑材料, (10): 9-11.

梁志强. 2015. 新型矿山充填胶凝材料的研究与应用综述. 金属矿山, (6): 164-170.

廖义伟, 安新代. 2004. 黄河下游治理方略专家论坛. 郑州: 黄河水利出版社.

刘怀远. 2003. 中国疏浚业: 发展、挑战和机遇. 见: 中国疏浚协会. 中国第一届国际疏浚技术会议论文集.

刘坚. 2003. 粉煤灰在矿山充填中的试验研究. 矿产保护与利用, (5): 43-44.

刘静文. 2017. 晋城市工矿废弃地复垦利用运行机制研究. 北京: 中国地质大学硕士学位论文.

刘俊. 1999. 国内外中小型挖泥船. 第十三次疏浚与吹填技术经验交流会论文集, 中国水利学会机械疏浚专委会: 242-250.

刘孟贺, 李辉. 2007. 干法脱硫灰用作水泥混合材的试验研究. 洛阳理工学院学报(自然科学版), 17(5): 1-5.

刘雨人. 1992. 同位素测沙. 北京: 水利电力出版社.

刘展. 2014. 煤矿矸石压实力学特性及其在充填采煤中的应用. 北京: 中国矿业大学博士学位论文.

刘峥宇, 王根林, 王红蕾. 2013. 我国中低产田发展现状及改良进展. 北方园艺, (15): 188-190.

刘志钧. 2010. 煤矸石似膏体充填开采技术研究. 煤炭工程, (3): 29-31.

娄锋, 田光利, 张佃文. 2011. 东港区花生田土壤酸化现状调查及改良利用. 花生学报, (3): 35-39.

陆宏圻, 付礼英, 王德茂, 等. 1994. 水下射流采砂装置研究. 武汉水利电力大学学报, (12): 628-634.

陆宏圻, 陆东宏. 2011. 喷射技术研究及其发展空间展望. 前沿科学, (3): 32-39.

吕翠美. 2009. 区域水资源生态经济价值的能值研究. 郑州: 郑州大学博士学位论文.

吕升奇. 2004. 利用泥沙治理水体污染的初步研究. 南京: 河海大学硕士学位论文.

马守臣, 吕鹏, 李春喜, 等. 2011. 不同改良措施对煤矸石污染土壤上大豆生长的影响. 生态与农村环境学报, (5): 101-103.

莫技. 2010. 煤矸石似膏体自流充填绿色开采技术研究与实施. 煤炭工程, (5): 47-49.

慕兰, 慕琦, 郑义, 等. 2007. 河南省五大灌区土壤肥力现状及施肥对策. 现代农业科技, (22): 104-106.

倪福生. 2004. 国内外疏浚设备发展综述. 河海大学常州分校学报, 18(1): 1-9.

潘恕, 等. 2004. 黄河大堤合理淤背宽度研究. 黄科院报告: 黄科技第 ZX-2004-08-13.

裴殿阁. 1997. 呼伦贝尔盟阿荣旗中低产田土壤养分现状与改良培肥措施. 内蒙古农业科技, (4): 17-19.

彭建军, 井绪东. 2004. 常见挖泥船疏浚特性及选型. 浙江水利科技, (6): 87-88.

齐仁贵, 贾树宝, 高峰, 等. 2000. 河南省中低产田分区研究. 灌溉排水, (3): 50-53.

钱鸣高, 许家林, 缪协兴. 2004. 煤矿绿色开采技术的研究与实践. 能源技术与管理, (4): 1-4.

钱宁. 1990. 钱宁论文集. 北京: 清华大学出版社.

钱宁, 万兆惠. 2003. 泥沙运动力学. 北京: 科学出版社.

钱宁, 谢鉴衡. 1992. 泥沙手册. 北京: 中国环境科学出版社.

乔增淼, 赵何晶. 2017. 黄科院在新疆开展自吸式管道水库清淤技术示范. 黄河网, 10-17.

覃霜. 2008. 变质岩粉末作为生态水泥掺合料的研究. 大连: 大连理工大学硕士学位论文.

屈孟浩. 2005. 黄河动床模型试验理论和方法. 郑州: 黄河水利出版社.

任昂, 冯国瑞, 郭育霞, 等. 2014. 粉煤灰对煤矿充填膏体性能的影响. 煤炭学报, (12): 2374-2380.

任岗, 张文芳. 2010. 水库清淤的必要性与可行性分析. 浙江水利科技, (6): 34-35.

任裕民, 安凤玲, 詹秀玲. 1999. 红外测沙仪的研制和应用. 试验技术与管理, (3): 26-29.

山东工业陶瓷研究设计院. 2002. 以黄河淤泥、煤矸石、工业尾矿等废弃物制作新型墙体材料. 山东建材, (6): 40-42.

邵芳, 胡振琪, 王培俊, 等. 2016. 基于黄河泥沙充填复垦采煤沉陷地覆土材料的优选. 农业工程学报, (S2): 352-358.

申冠卿, 尚红霞, 李小平. 2009. 黄河小浪底水库异重流排沙效果分析及下游河道的响应. 泥沙研究, (1): 39-47.

沈艳, 兰剑, 谢应忠. 2012. 碱化土壤施用脱硫废弃物对几种牧草种子产量和质量的影响. 种子, (6): 45-48.

水利部黄河水利委员会. 2006. 人民治理黄河六十年. 郑州: 黄河水利出版社.

水利部黄河水利委员会. 2013. 黄河流域综合规划(2012—2030 年). 郑州: 黄河水利出版社.

水利部水利水电规划设计总院. 2014. 中国水资源及其开发利用调查评价. 北京: 中国水利水电出版社.

《水利系统优秀调研报告》编委会. 2014. 水利系统优秀调研报告(第 12 辑). 北京: 中国水利水电出版社.

宋洪柱. 2013. 中国煤炭资源分布特征与勘查开发前景研究. 北京: 中国地质大学博士学位论文.

苏宏斌, 张庆庭, 倪克文. 1998. 哈密地区中低产田调查及改造意见. 新疆农业科学, (4): 174-177.

孙庆巍, 朱涵, 崔正龙. 2012. 粉煤灰-煤矸石基胶结充填材料制备与性能研究. 中国安全科学学报, (11): 74-80.

谭培根. 2006. 自排沙廊道排沙技术及其应用. 南水北调与水利科技, (5): 28-30.

唐光木, 葛春辉, 徐万里, 等. 2011. 施用生物黑炭对新疆灰漠土肥力与玉米生长的影响. 农业环境科学学报, (9): 1797-1802.

唐志坚. 1991. 贵州省中低产田土的主要类型及改造措施. 耕作与栽培, (3): 48-49.

田桂桂. 2016. 基于物质循环的生态用水价值能值评估方法研究. 郑州: 郑州大学硕士学位论文.

田桂桂, 吴泽宁, 郭溪. 2014. 生态水系生态环境效益能值评估方法及其应用. 人民黄河, 36(8): 76-78.

田勇, 林秀芝, 等. 2009. 不同时期黄河泥沙淤积灾害分析. 水利科技与经济, (6): 471-473.

童丽萍, 吴本英. 2003. 利用黄河淤泥研制承重烧结多孔砖. 新型建筑材料, (11): 26-28.

涂启华, 杨赉斐. 2006. 泥沙设计手册. 北京: 中国水利水电出版社.

瓦斯普(E. J. Wasp). 1980. 固体物料的浆体管道输送. 北京: 水利出版社.

王芳芳. 2012. 快速城市化背景下中国城市水务产业化模式的研究. 上海: 复旦大学博士学位论文.

王光谦. 2007. 河流泥沙研究进展. 泥沙研究, (2): 64-81.

王浩林, 李金洪, 侯磊, 等. 2011. 硅藻土的火山灰活性研究. 硅酸盐通报, 30(1): 19-24.

王厚广, 王娜. 2011. 黄河泥沙特性及资源化利用途径. 全国非金属矿加工利用技术交流会暨 2011 年非金属矿物材料发展战略研讨会.

王辉, 徐仁扣, 黎星辉. 2011. 施用碱渣对茶园土壤酸度和茶叶品质的影响. 生态与农村环境学报, (1): 75-78.

王建军. 2013. 深海静水压力驱动沉积物取样技术研究. 杭州: 浙江大学博士学位论文.

王景元, 刘翠丽, 王兴霞, 等. 2016. 小开河引黄泥沙堆积区综合修复措施的改土效应评价. 海河水利, (1): 46-47, 70.

王立志, 陈明昌, 张强, 等. 2011. 脱硫石膏及改良盐碱地效果研究. 中国农学通报, (20): 241-245.

王培俊. 2016. 引黄泥沙复垦采煤沉陷地的充填排水技术研究. 北京: 中国矿业大学博士学位论文.

王培俊, 胡振琪, 邵芳, 等. 2014. 黄河泥沙作为采煤沉陷地充填复垦材料的可行性分析. 煤炭学报, (6): 1133-1139.

王萍, 郑光和, 邵菁, 等. 2007. 利用碾压混凝土技术制作黄河防汛用备防石. 第五届碾压混凝土坝国际研讨会论文集(下册).

王萍, 郑光和, 邵菁, 等. 2012. 利用黄河泥沙制作防汛备防石的试验研究. 人民黄河, (5): 12-13.

王普庆. 2012. 小浪底水库运用初期库区泥沙淤积分布特征. 人民黄河, (10): 26-27.

王青峰, 邢振贤, 陈征, 等. 2015. 黄河库区泥沙制备煤矿充填材料的配合比设计及性能试验研究. 华北水利水电大学学报(自然科学版), (4): 55-58.

王婷, 陈书奎, 马怀宝, 等. 2011. 小浪底水库 1999—2009 年泥沙淤积分布特点. 泥沙研究, (5): 60-66.

王文, 张德罡. 2011. 白茎盐生草对盐碱土壤的改良效果. 草业科学, (6): 902-904.

王娅娜, 蔡辉, 马洪蛟. 2007. 红外实时测沙仪研制及其应用. 海洋工程, (3): 132-135.

王延贵, 胡春宏. 2006. 流域泥沙灾害与泥沙资源性的研究. 泥沙研究, (2): 65-71.

王延贵, 胡春宏, 史红玲. 2010. 黄河流域泥沙配置状况及其资源化. 中国水土保持科学, 8(4): 20-26.

王延红, 魏洪涛, 武亚斐. 2007. 西霞院电站上网电价测算. 水利经济, 25(6): 33-36.

王兆印, 林秉南. 2003. 中国泥沙研究的几个问题. 泥沙研究, (4): 73-81.

王珍, 冯浩, 吴淑芳. 2011. 秸秆不同还田方式对土壤低吸力段持水能力及蒸发特性的影响. 土壤学报, (3): 533-539.

吴海亮, 何予川, 刘娟, 等. 2009. 黄河泥沙资源化利用研究. 人民黄河, 31(5): 49-51.

吴建锋, 邓大侃. 2009. 黄河泥沙制备陶瓷清水砖的研究. 砖瓦世界, (2): 35-37.

谢承陶, 李志杰, 林治安. 1989. 黄淮海平原中低产土壤综合改良治理的任务和途径. 农业现代化研究, (5): 28-30.

谢金明, 吴保生. 2012. 基于 Gould-Dincer 方法的水库发电能力计算. 清华大学学报(自然科学版), 52(2): 164-169.

谢金明, 吴保生, 刘孝盈. 2013. 水库泥沙淤积管理综述. 泥沙研究, (3): 71-80.

行红磊, 侯晓蕊, 行鑫鑫, 等. 2015. 浅谈黄河泥沙的开采和有效利用. 中国水土保持, 6: 14.

邢继亮, 杨宝贵, 李永亮, 等. 2013. 煤矿充填开采技术的发展方向探讨. 煤矿安全, (12): 189-191.

徐法奎. 2012. 我国煤矿充填开采现状及发展前景. 煤矿开采, (4): 6-7.

徐建华, 李晓东, 李树森. 2007. 小浪底库区异重流潜入点判别条件的讨论. 泥沙研究, (12): 71-74.

许冬. 2015. 济宁采煤沉陷区水土资源时空演变及引黄河泥沙充填复垦研究. 北京: 中国矿业大学硕士学位论文.

许发文, 任晓慧, 闫晓敏, 等. 2014. 河南黄河泥沙利用的有效方式与途径. 治黄科技信息, (3): 5-8.

鄢泰宁, 补家武. 2000. 浅析国外海底取样技术的现状及发展趋势: 海底取样技术介绍之一. 地质科技情报, 19(2): 67-70.

鄢泰宁, 补家武, 陈汉中. 2001b. 海底取样器的理论探讨及参数计算——海底取样技术介绍之五. 地质科技情报, (2): 103-106.

鄢泰宁, 昌志军, 补家武. 2001a. 海底取样器工作机理分析及选用原则——海底取样技术专题之二. 探矿工程(岩土钻掘工程), (3): 19-22.

闫大鹏, 李德营, 周风华, 等. 2013. 煤矿塌陷区利用黄河泥沙进行治理方案研究. 中国水土保持, (9): 34-36.

闫少宏, 张华兴. 2008. 我国目前煤矿充填开采技术现状. 煤矿开采, (3): 1-3.

闫文周, 赵彬, 朱亮亮. 2009. 建筑垃圾资源化产业的运作与发展研究. 建筑经济, (4): 17-19.

杨胜利, 白亚光, 李佳. 2013. 煤矿充填开采的现状综合分析与展望. 煤炭工程, (10): 4-6.

杨勇, 张雷, 郑军, 等. 2015. 黄河泥沙淤积层理及水下驱赶关键技术试验. 黄科院报告: 黄科技 ZX-2015-21..

杨志明. 2010. 筱溪水电站排沙廊道设计. 湖南水利水电, (4): 1-2, 9.

姚磊. 2012. 建筑垃圾的再生利用及其产业化研究. 西安: 长安大学硕士学位论文.

易耀林, 李晨, 孙川, 等. 2013. 碱激发矿粉固化连云港软土试验研究. 岩石力学与工程学报, 32(9): 1820-1826.

殷保合. 2010. 小浪底水库泥沙淤积问题初步探索. 人民黄河, (9): 20-21.

殷培义, 余明清. 1997. 利用黄河泥沙生产彩釉地砖的新型辊道窑. 现代技术陶瓷, 18(3): 45-47.

尹小玲, 张红武, 任杰. 2009. 应用 ADP 对虎门洪季悬沙浓度的观测研究. 环境科学与技术, (6): 1-5.

游通焰. 1999. 明溪县中低产田障碍因素和改良技术. 土壤肥料, (6): 22-24.

于霖. 2010. 碱激发矿渣胶凝材料的制备及其性能研究. 郑州: 郑州大学硕士学位论文.

余其俊, 赵三银, 冯庆革. 2003. 高活性稻壳灰的制备及其对水泥性能的影响. 武汉理工大学学报, 25(1): 15-18.

岳陶, 冯锐敏, 李秀山. 2012. 膏体充填采煤技术及其应用前景. 煤矿开采, (6): 72-74.

岳瑜素. 2009. 黄河泥沙资源化利用前景预测及管理政策研究. 黄河水利科学研究院研究报告.

臧启运, 韩贻兵, 徐孝诗. 1999. 重力活塞取样器取样技术研究. 海洋技术, (2): 57-62.

曾立亚. 1991. 挖泥船在湖南省洞庭湖区的应用. 水利水电技术, (5): 25-28.

曾庆祝. 1997. 浅谈中低产田改造必须集中连片治理. 中国减灾, (4): 10-12.

曾希柏, 张佳宝, 魏朝富, 等. 2014. 中国低产田状况及改良策略. 土壤学报, 51(4): 675-682.

张金升, 陈伟, 曲志远等. 2016. 黄河沙芯符合结构备防石技术优势和经济分析. 人民黄河, 38(11): 23-25.

张金升, 冯刚, 吴卫华, 等. 1996. 利用黄河淤泥沙生产墙地砖. 中国建材科技, (4): 38-41.

张金升, 李希宁, 李长海, 等. 2005. 利用黄河泥沙制作备防石的研究. 人民黄河, 27(3): 14-16.

张金升, 任成林. 2000. 利用黄河淤泥砂生产多孔砖的研究. 新型建筑材料, (8): 19-20.

张静芃, 李瑞玲, 张林, 等. 2007. 利用黄河淤泥沙生产人工备防石大有可为. 山东建材, (1): 12-15.

张军, 郭艳军, 苏运州. 2011. 黄河下游泥沙的开发与利用. 治黄科技信息, (6): 11-12.

张俊波, 李飞, 张开放. 2014. 煤矿充填开采技术现状及发展方向. 煤炭与化工, (5): 13-17.

张俊峰, 王煜, 安催花, 等. 2009. 从维持黄河健康生命角度看黄河水沙调控体系. 人民黄河, 31(12): 6-10.

张雷, 余孝志, 郑军, 等. 2014. 小浪底库区深层泥沙基本特性分析. 中国水利学会: 中国水利学会 2014 学术年会论文集(下册). 天津.

张磊, 吕宪俊, 金子桥. 2011. 粉煤灰在矿山胶结充填中应用的研究现状. 矿业研究与开发, (4): 22-25.

张林忠, 江恩慧, 赵连军, 等. 1999. 高含沙洪水输水输沙特性及对河道的破坏作用与机理研究. 泥沙研究, (8): 39-43.

张瑞瑾. 1998. 河流泥沙动力学. 北京: 中国水利水电出版社.

张世坤, 张建军, 田依林, 等. 2006. 黄河花园口典型污染物自净降解规律研究. 人民黄河, 28(4): 46-47.

张天存. 1991. 我国机械疏浚发展概况及其在水利水电工程中的应用. 水力发电, (7): 59-62.

张天存. 1995. 水利水电机械疏浚工程综述. 水力发电学报, (3): 85-93.

张新爱, 田文杰, 袁媛, 等. 2009. 黄河泥砂粉煤灰蒸压砖的研制. 新型建筑材料, (5): 47-49.

赵传卿, 胡乃联. 2008. 充填胶凝材料的发展与应用. 黄金, (1): 25-29.

赵桂慎. 2008. 生态经济学. 北京: 化学工业出版社.

赵铁虎, 许枫. 2002. 浅水区浅地层剖面测量典型问题分析. 物探化探计算技术, 24(3): 215-219.

赵文林. 1996. 黄河水利科技丛书《黄河泥沙》. 郑州: 黄河水利出版社.

郑娟荣, 孙恒虎. 2000. 矿山充填胶凝材料的研究现状及发展趋势. 有色金属(矿山部分), (6): 12-15.

郑娟荣, 覃维祖, 张涛. 2004. 碱-偏高岭土胶凝材料的凝结硬化性能研究. 湖南大学学报: 自然科学版, 31(4): 60-63.

郑军, 丁泽霖, 杨勇, 等. 2015. 小浪底库区深层淤积泥沙层理特性分析. 人民黄河, (9): 17-19.

郑军, 唐华, 郭维克, 等. 2014. 小浪底库区深层淤积泥沙物理特性分析. 人民黄河, (10): 23-25.

郑乾坤. 2018. 配沙改良对滨海黏质盐土水分和物理性质的影响. 济南: 山东农业大学硕士学位论文.

《中国河湖大典》编纂委员会. 2014. 中国河湖大典·黄河卷. 北京: 中国水利水电出版社.

周城. 2007. 利用黄河泥沙研制新一代陶瓷酒瓶. 武汉: 武汉理工大学硕士学位论文.

周建伟, 李宪景, 姜明星. 2006. 泰西煤矿开采地下水对东平湖区域水资源环境的影响. 山东水利科技论坛, (0): 53-56.

周念斌, 曹克军, 曹振东. 2002. 大块石抢险可行性研究. 治黄科技信息, (6): 12-13.

周泉生. 2002. 黄骅港一期工程外航道施工期回淤与疏浚施工方法关系之探讨. 天津航道, (2): 1-5.

周三多, 陈传明, 鲁明泓. 2003. 管理学—原理与方案. 上海: 复旦大学出版社.

周文浩, 曾庆华, 等. 1994. 黄河下游河道输沙能力的分析. 泥沙研究, 2: 1-11.

朱安福, 刘新阳, 高传昌. 2016. 库区水下泥沙探测信号处理技术应用研究. 人民黄河, (8): 18-19.

庄佳, 赖冠文, 程禹平, 等. 2007. 水库清淤绕库排沙初探. 广东水利水电, (6): 1-5.

邹德均, 曹树刚, 王勇, 等. 2014. 巷旁泵送煤矸石胶结充填材料的应用. 重庆大学学报, (5): 111-116.

附表 黄河泥沙处理与资源利用研究过程重大事件

序号	时间	事项	项目来源	承担单位	记事内容
1	2006年12月	"黄河小浪底水库泥沙处理关键技术及装备"研讨会		黄河水利委员会、小浪底水利枢纽建设管理局、黄河研究会等	1. 治河、航道、疏浚、机械等多个行业的128位专家参会，有31位专家进行了专题报告和发言，会议提交论文40余篇。 2. 会议达成以下共识：小浪底水库泥沙处理是必要的；小浪底水库作为黄河冲沙调控体系中的关键性控制工程，要利用高水位条件下泄水下排水更多更适宜地块冲沙入海，减少水库容的淤积，并辅以必要和适当的人工干预；在处理泥沙的过程中，要充分利用自然的力量，技术和设备，要汇聚智慧联合攻关。国内外均缺乏可供借鉴的经验、技术和设备，要汇聚智慧联合攻关。也为多泥沙河流其他水库排沙中提供经验与借鉴。 3. 黄委主任在本国英指出：小浪底水库泥沙处理关键技术和设备研究是黄委的一项重点工作，黄委将成立专门的小浪底水库泥沙处理关键技术及装备研究项目课题组，并给予大量人力、物力支持……
2	2007年1~12月	小浪底水库泥沙处理排沙系统研究	黄科院科技发展基金项目	黄科院	1. 主要完成人：李远发、高航、江恩慧等，经费20万元 2. 在系统分析已建水库各种排沙方式的基础上，提出了小浪底水库自吸式管道排沙系统总体思路，即利用水库自然水头，在三门峡库区内铺设可移动并带有能源泥头，可逐渐加大的管道，自动地将细颗粒泥沙和通过过坝隧洞或左岸山体内的隧洞排出库外，初步估算每年可排出泥沙3亿t。排出库外的泥沙可采用管道进行远距离输送，实现泥沙资源利用 3. 研究了过坝方案，自吸式泥头型研制，排沙管道关键技术问题
3	2007年2月至2009年12月	小浪底水库泥沙处理关键技术研究	黄委防汛项目	黄科院、三门峡库区水文水资源局	1. 主要完成人：杨勇、鲁立三、李长征、高德松等，经费75万元 2. 通过对不同清淤技术的分析比较，主要对水下驱赶清淤方案中的射流清淤技术进行了研究，为制定更加详细的清淤作业方案提供了技术支撑
4	2007年7月至2009年9月	黄河下游滩区新农村建设生态建筑材科技术推广	科技部农业科技成果转化资金项目	黄科院、黄科公司、郑州太隆建筑材料公司	1. 主要完成人：江恩慧、冷元宝、赵圣立等，经费70万元 2. 通过优化的企业技术配合比设计，达到了工业化生产的要求。提出了一套符合黄河泥沙生产"绿色节能建筑"材料实际的企业技术标准，已在河南省质量技术监督局备案并发布实施。建设推广示范基地两处，推广期间累计生产专用活性激发剂20t，车生产用标准砖生产线活性激发剂350万块，年生产建筑用标准砖3000万块以上的规模生产能力。项目形成了吸纳民间资本、技术支持和培训相结合的推广"模式，推广期间培训技术工人343人次
5	2007年10月至2009年10月	小浪底库区泥沙启动、输移方案比较研究	水利部公益性行业科研专项	黄科院	1. 主要完成人：江恩慧、高航、张俊华等，经费356万元 2. 针对小浪底水库淤积特征、输沙规律和运用特点，重点研究射流冲刷泥沙启动与驱赶技术、排沙管道自吸式冲沙技术、过坝隧洞布置、水沙监测技术等内容。对不同泥沙启动与输移设备技术方案进行论证、比选和整合
6	2008年9月至2010年12月	脉冲射流水下高效清淤关键技术研究	水利部公益性行业科研专项	黄科院	1. 主要完成人：高佳昌（华北水院）、王普庆等，经费367万元 2. 开展了高效脉冲射流装置理论研究，建立了流体网络模型关系，分析了影响脉冲射流喷嘴装置频率特性的能参数

续表

序号	时间	事项	项目来源	承担单位	记事内容
7	2009年1~12月	小浪底水库汛前调水调沙出库沙流加沙方案初步研究	水利部小浪底水利枢纽建设管理局	黄科院、河南黄河河务局	1. 主要成人：江恩慧、杨勇、耿明全、陈俊杰；总经费为342万元 2. 在前期水利部公益性行业专项目"小浪底库区泥沙起动输移出库方案比较研究"基础上，黄科院与河南黄河河务局等单位合作，开展了小浪底水库汛前调水调沙加沙方案协作，针对自吸式排沙区支流研究 3. 通过现场取材、现场试验、室内试验等相结合的方法，现场调查等相结合的方法，提出了自吸式射流清淤输沙方案三种加沙技术对其进行了综合比较；冲吸式射流清淤输沙方案与潜吸沙方案对比进行了综合比较
8	2009年5月8~16日	黄河上中游水库运行及泥沙淤积情况调研		黄科院	1. 为摸清各类水库泥沙淤积现状、成因及其清淤排沙技术，5月8日~16日，黄科院江恩慧副院长、邹国明主任一行10人对黄河上中游干流及渭河干支流的部分水库进行业务调研 2. 调研组先后对黄河干流上的青铜峡水库、沙坡头水库、点钢峡水库、渭河流域的甘肃省境内的北岔集水库、巴家咀水库，陕西省境内的黑松林水库、王家崖水库、冯家山水库、小华山水库，库区淤积情况，对各个水库运行情况、泥沙淤积处理等方面进行了实地考察 3. 调研得到了宁夏水利厅、甘肃水利厅、陕西水利厅及当地水利部门的大力支持，为黄科院更好地开展水库泥沙调度与处理研究打下了基础。调研组搜集了大量资料、泥沙淤积及处理、防汛管理、病险探测、防渗处理等内容进行了交流 4. 黄科院沙所、防汛所，工力所和高新中心等新技术人员参加了调研
9	2009年10月20~23日	第四届黄河国际论坛多沙河流泥沙处理及水库泥沙处理重大技术专题会		黄科院	1. 2009年10月20~23日，第四届黄河国际论坛在河南郑州举办，黄科院承办的"多沙河流泥沙处理及水库泥沙处理重大技术"专题会于2009年10月21日成功召开 2. 来自美国、荷兰等国家的专家与国内清华大学、武汉大学等单位的专家学者分别针对流域水沙变化、多沙河流沙管理、泥沙输移理论与基本规律、水库调度与泥沙淤积、河道整治生态与河道及水库疏浚与清淤、河道模拟、原型监测等问题进行了广泛深入的交流研讨 3. 通过与会专家学者充分交流讨论认为，对黄河水沙分级调控管理，并采用人工放淤等辅助措施，实现黄河泥沙资源利用，同时加强水库运动与河床演变规律及模拟技术研究，加强原型观测、调高预测预报精度，充分利用黄河中游水库有效库容，通过水库群科学精细联合调度，尽量减少黄河下游河道的淤积速率，才能真正减轻河道防洪压力，实现黄河长治久安
10	2011年1月	黄河泥沙处理与资源利用问题研究被列为十大关键技术问题		黄河水利委员会	1. 黄委李国英主任在2011年全河工作会议上做了"着眼长治久安强化基础支撑为实现黄河治理开发与管理事业的更大发展而努力奋斗"的报告 2. 在全河工作会议上，黄委提出要深入开展黄河十大关键技术和十大经济生态三个问题的研究，要求尽快取得突破和进展 3. "黄河泥沙处理与资源利用空间分布及输送"列入十大关键技术问题，黄科院为总牵头单位，提出了黄河泥沙处理与资源利用总体架构设计
11	2011年4月	2011年海峡两岸河川整治技术研讨会		黄河研究会	1. 2011年海峡两岸河川整治技术研讨会 2. 黄科院副院长江恩慧做了《水库泥沙处理与利用与管理有机结合运用机制的思考》大会发言

序号	时间	事项	项目来源	承担单位	记事内容
12	2011年6月	国际大坝委员会第79届年会		国际大坝委员会	1. 国际大坝委员会（International Commission on Large Dam）第79届年会在瑞士卢塞恩召开 2. 黄科院副院长江恩慧作为水库泥沙专委会主席组织召开了专委会学术会议，并作了"黄河泥沙淤积与治理措施（The Sedimentation and Management Measures of the Yellow River）"专题报告，提交并经专委会委员会讨论决定对一届专委会关注的议题为"水库泥沙处理与资源利用"，Bulletin编写计划上报国际大坝委员会办公室备案
13	2012年1月至2014年12月	黄河泥沙淤积层理及水下驱进关键技术试验	水利部公益性行业科研专项	黄科院、三门峡库区水文水资源局、华北水利水电大学	1. 主要完成人：高航、杨勇、张喜；经费374万元 2. 黄科院在借鉴国内外深水取样技术及设备的基础上，研制出基于重力活塞式取样器设备及配套深层淤积沙的导流刀头、取样刀头，密封装置及其他配套装置进行了改进，很好地解决了库区深水条件下室内和小浪底部分库段进行现场取样试验，确定了水下自激吸气式脉冲射流和自激数与结构参数之间的冲沙效果，验证了自激吸气式脉冲射流装置为分层清淤提供技术支撑；开展了现场清淤试验，分析了不同喷射角度下自激吸气式脉冲射流的优越性；初步提出了深水库气式激吸式脉冲射流的高效清淤冲沙的技术方案
14	2012年6月	国际大坝委员会第80届年会		国际大坝委员会	1. 国际大坝委员会（International Commission on Large Dam）第80届年会在日本召开 2. 黄科院副院长江恩慧作为水库泥沙淤积专委会主席召开了专委会学术会议，组织讨论了《水库泥沙淤积研究》报告，并作了 The Research on Reservoir Sedimentation（水库泥沙淤积）报告，组织讨论了 Bulletin 编写提纲和部分内容
15	2012年7月	"黄河泥沙处理与资源利用工程技术研究中心"成立		黄科院	1. 2012年7月21日上午，黄河泥沙处理与资源利用工程技术研究中心在黄科院揭牌成立。黄委主任陈小江、总工薛松贵，河南省发改委、省科技厅、省建设厅、省水利厅，郑州大学、广州大学等单位相关负责人及代表参加了揭牌仪式。仪式由黄委院党委书记航主持 2. 黄委以黄科院为依托单位，联合委内有关单位及高等院校，成立了"黄河泥沙资源利用工程技术研究中心"，江恩慧任中心主任 3. 中心主要承担制定黄河泥沙处理与资源利用相关规划，研究和制定黄河泥沙资源开发利用管理政策办法，开展黄河泥沙处理与资源利用关键技术研究，推广成熟的黄河泥沙资源开发利用技术，培养一批高水平、高素质的科研和技术服务人才，建设国内一流水平的黄河泥沙资源利用，推广、转化研究成果，转化研究机构等任务
16	2012年10月11~12日	中国大坝协会2012年学术年会		中国大坝协会	1. 中国大坝协会2012年学术年会主要围绕"水库大坝建设和管理中的技术进展"展开深入探讨与交流。全国人大财经委员会副主任委员、水利部原部长汪恕诚主持会议，水利部党组组副书记、副部长、中国大坝协会副理事长矫勇出席会议并致辞。会议针对"十二五"期间我国水库大坝建设新形势、重大病险水库工程的建设管理经验进行了回顾总结，对现工界关注的水库泥沙资源利用、环境友好新技术等内容，邀请国内外专家作专题报告 2. 黄科院副院长江恩慧，应邀在大会上做了《水库泥沙资源利用与河流健康》的学术报告，强调为了维持河流健康，应将泥沙的处理与利用有机结合起来，建立一套良性的运行机制，从根本上解决水库泥沙淤积问题。报告在大会上引起了很大的反响，会后很多专家与江院长进行了深入交流

序号	时间	事项	项目来源	承担单位	记事内容
17	2013年1月至2015年12月	深水库区泥沙底水下综合探测关键技术与示范	水利部公益性行业科研专项	黄科院	1. 主要完成人：杨勇、张雷、李长征、郑军、李贵勋；经费426万元。2. 针对深水库区底泥大范围取样效率低的问题，研究了高效深水库区底泥综合探测等物探技术，快速获取了底泥分层信息；利用低扰动取样设备取得其物理化学特性，获取了底泥点信息；融合声波探测面信息和声呐数据融合及基于声呐数据两种计算方法，开发了基于泥沙声学探测分析软件"；在小浪底库区和三门峡库区开展了示范和应用，进行了多次取样和扫描试验工作，取得了良好的试验效果，获得了底泥物理化学特性参数，为库区沉积结构和淤积规律研究提供基础数据支撑；建立了基于GIS的小浪底库区底泥沉积结构数字平台
18	2013年1月至2015年12月	高含沙水流远距离管道输送技术试验研究	水利部公益性行业科研专项	黄科院	1. 主要完成人：端木礼明（河南黄河河务局）、李远发等；经费440万元。2. 在小浪底库区内开展了抽沙试验工程线布置，抽沙平台和输沙管线固定与移动，水下抽沙方法技术研究，探讨了水沙等因素对管道摩阻输沙能力的影响，提出了管道输沙的技术参数。总体布置方案能够满足运行需要：②现场试验管道运行泥沙发生淤积；③费祥模型的坡降计算值与实验值较为相近，其次为杜兰德模型；④流速为1.50~2.08m/s，含沙量为950kg/m³，中值粒径为0.0409~0.0612mm时，含沙水流远距离管道输送设备和操作技术方面是可行的
19	2013年1月至2015年12月	利用小浪底库区泥沙充填采煤技术工艺研究	科技部科研院所技术开发研究专项	黄科院	1. 主要完成人：张俊华、杨勇等；经费108万元。2. 着眼于对黄河淤积泥沙及矿产资源开采及矿区周边煤矿的双重治理，在研究小浪底库区淤积泥沙特性的基础上，通过分析输沙模式和煤矿采空区充填要求的泥沙固结材料、选择适宜的矿区开采工作，开展充填现场试验，根据充填流态动力和密实度等特性，设计充填设备和操作工艺；用小浪底库区淤积泥沙进行充填采煤的技术工艺
20	2013年5月	"黄河泥沙资源利用管理规划"项目	水利前期项目	黄科院	1. 主要完成人：江恩慧、邵国明、蒋思奇等。2. 为了体现黄河特殊性的实际需要，真正解决黄河泥沙问题，编制《黄河泥沙资源利用管理规划》，在全国流域采砂规划框架下引导在河道淤积严重的河段的良性采砂、防洪、治黄的同时考虑合理的经济效益，通过规划指导，制订相应的管理制度和激励机制，明确流域机构、河务局与省（区）水行政，提高地方群众采砂控制力度，实现河道治理和经济发展的双赢。项目启动后将做以下六方面工作：①黄河泥沙资源调查及评价分析；②黄河道治理和经济发展利用布局；③黄河泥沙保障及效果评价；④黄河泥沙资源利用方式；⑤黄河泥沙资源利用控制方案；⑥规划实施管理政策。3. 2013年9月水利总院已经通过水规总院对项目任务书进行的审查

序号	时间	事项	项目来源	承担单位	记事内容
21	2013年8月3日	黄河泥沙处理与资源利用工程技术研究中心焦作示范基地揭牌及座谈会		黄科局	1. 地点：焦作孟州局。 2. 参会人员：薛松贵、王勇、孙寿松、王振宇、端木礼明、时明立、江恩慧、张俊华等。 3. 会议内容：①黄科院副院长、黄河泥沙利用中心主任江恩慧介绍示范基地筹建情况；②黄河泥沙处理与资源利用工程技术研究中心焦作示范基地揭牌；③对示范基地博源沙场现场调研。 4. 薛松贵、江恩慧、端木礼明分别在座谈会上讲话。薛主任指出，示范基地工作是紧密结合国家经济社会发展需求、黄河治理管理需求，建成可起到带动效应的黄河泥沙处理与资源利用产研示范平台，构筑和带动的推广示范作用，为黄河泥沙资源利用具有较好的推广示范作用，多元化和产业化奠定坚实基础
22	2013年8月14日	国际大坝委员会第81届年会		国际大坝委员会	1. 国际大坝委员会（International Commission on Large Dam）第81届年会在西雅图召开。 2. 黄科院副院长江恩慧作为江恩慧组织召开了子委会学术会本会议，并就白小浪底水库调水调沙问题进行了发言，组织讨论了Bulletin编写内容
23	2013年8月24~25日	第167场中国工程科技论坛		黄科院	1. 中国工程院主办的第167场中国工程科技论坛暨2013水安全与水利水电可持续发展高层论坛在大连工业大学举行。水利部副部长胡四一、大连市副市长卢林出席开幕式并致辞。马洪琪、张超然等13位院士和来自全国水利行业科研、高校、企业单位的170余位专家学者出席了会议。 2. 黄科院副院长江恩慧在大会上作了《黄河泥沙资源利用整体架构及时空效应》的专题报告，论述了目前黄委在泥沙综合处理方面的策略与实施效果；鉴于未来黄河水少沙多的矛盾将更加突出，现有泥沙处理技术、泥沙输送技术的发展情况、以及沿黄经济社会发展对泥沙资源的需求，提出了逐步建立基于泥沙资源利用的良性治理运行机制，实现黄河长治久安的泥沙处理与资源利用有机结合的黄河泥沙处理整体架构及发展思路，初步构建了基于泥沙资源利用的时空效应应对了初步评价。报告受到与会人员的广泛关注。会议期间与多专家与江院展等方面，对这种架构的时空应对进行了初步评价。报告受到与会人员的广泛关注，会议期间与多专家与江院长等方面，对这种架构进行了深入交流
24	2013年11月至2014年12月	水下泥沙射流驱赶试验及水库支流清淤方案研究	中国保护黄河基金会研究项目	黄科院	1. 主要党成人：杨勇、于保完、郑军，经费58万元。 2. 分析了泥沙淤积形态。在支流河口断面进行了深层泥沙取样，获取了淤积泥沙的物理特性；对射流清淤技术和吸扬式清淤试验进行了综合对比分析，确定选择潜吸式清淤技术和普通水下射流清淤技术开展现场试验；对大峪河、东洋河等6条支流河口历史水文资料进行了分析，得到了该支流河口淤积的淤积形态；采用潜吸式清淤试验设备在小浪底典型支流河口开展射流冲刷试验，并对清淤试验效果进行了评估；开展了水下普通射流清淤式清淤ADCP和双频测深仪等仪器进行观测，分析了水下射流清淤起动、编移情况；提出了射流冲沟式清淤方案 和水槽模型试验，分析了水下射流清淤的起动土体冲刷能力及泥沙起动，编写情况；提出了水下普通式清淤方案

序号	时间	事项	项目来源	承担单位	记事内容
25	2014 年 1 月至 2016 年 12 月	黄河石嘴山至巴彦高勒段风积沙入黄量研究之专题 5-利用河道泥沙改良中低产田土壤质地的技术研究	水利部公益性行业科研专项	黄科院	1. 主要完成人：杨勇、郑军；经费 42 万元 2. 通过建立典型砂质试验区，研究提出了利用河道泥沙改良中低产田土壤质地的技术
26	2014 年 3 月～2016 年 12 月	小浪底水库畛水支流库容恢复技术研究	水利部公益性行业科研专项	黄科院	1. 主要完成人：郜国明、蒋思奇；经费 328 万元 2. 项目针对小浪底水库畛水支流倒回灌形成拦门沙坎导致其库容不能有效利用的问题，拟通过原型资料分析、水槽试验、实体模型试验以及数学模型计算等技术手段，提出有利于减缓畛水支流拦门沙坎淤积抬高的综合方案，拓展水库调度及拦门沙治理的思路，为充分利用支流库容提供技术支撑
27	2014 年 10 月 16～17 日	中国大坝协会 2014 年年会		中国大坝工程协会	1. 2014 年 10 月 16～17 日，中国大坝协会 2014 年年会暨中非水库大坝与水电可持续发展圆桌会议在贵阳召开。会议以"水库大坝建设和管理中的技术进展"为主题，对我国近年来水利水电工程的新技术、新产品和新工艺，以及水电开发中生态文明建设的新理念和新做法进行了交流探讨 2. 黄科院副院长江恩慧应邀作了《黄河泥沙资源利用的长远效应》学术报告；工力学所杨勇博士应邀作了《多泥沙河流水工混凝土及水利机械磨蚀防护关键技术》特邀报告
28	2014 年 10 月 28～30 日	中国水利学会 2014 年学术年会		中国水利学会	1. 2014 年 10 月 28～30 日，中国水利学会 2014 年年会在天津召开，本次会议的主题是科技创新与水利改革。本届年会主要将围绕水生态文明建设、农村水利技术创新与管理、水利岩土工程创新与发展、疏浚淤泥处理利用、水权等方面开展学术研讨 2. 黄科院王远见博士在疏浚淤泥处理利用分会场作了《多沙河流水库泥沙处理利用运行模式研究》报告
29	2015 年 5 月 6～8 日	第四届水库大坝新技术推广研讨会		中国大坝工程学会	1. 2015 年 5 月 6 日～8 日，中国大坝协会主办的第四届水库大坝新技术推广研讨会在云南丽江召开。会议特邀国内相关专家围绕面板堆石坝新技术进展、胶结颗粒料坝技术进展、水下检测与修补加固、水工建筑物修复技术、大坝风险管理、高坝技术进展等开展了广泛交流，举办了水利水电技术展览 2. 黄科院杨勇博士作了《水轮机抗磨技术专题报告》，并与同行进行深入交流
30	2015 年 9 月 9 日	黄河水库泥沙处理与资源利用技术推广会		黄科院	1. 2015 年 9 月 9～10 日，由黄河水利科学研究院主办的黄河水库泥沙处理与资源利用技术推广会在三门峡市召开。水利部科技推广中心、黄委会国科局以及来自沿黄省（区、市）防办、科研单位、水库管理单位、工程管理及内陆河流域水库管理单位 50 多名技术人员参加了会议 2. 会议围绕水库泥沙处理、泥沙资源利用、机械设备输沙等 3 个方面进行了探讨。与会专家分别就《多沙水库泥沙淤积与异重流调度技术》《黄河水沙现状和趋势研究》《黄河水库水沙联合调度》《黄河中游砒砂岩特征及其资源利用》《黄河泥沙资源利用现状及趋势》《黄河骨干水库淤积泥沙深层取样技术》《防腐抗磨新技术在多沙河流水电站上的应用》《水库自吸式管道排沙技术》进行了专题演讲，展开了深入交流和探讨 3. 会议展示了黄科院近年来研发的实用先进的黄河泥沙处理和资源利用技术（装备），这些技术引起参会水管单位代表的兴趣

。
（续表）

序号	时间	事项	项目来源	承担单位	记事内容
31	2015年11月至2017年12月	土石坝长效安全运行重大关键技术研究（《水库淤积影响评估与防治关键技术专题》）	水利部公益性行业科研专项	黄科院	1. 主要完成人：江恩慧、蒋思奇等；经费89万元 2. 通过理论研究、历时资料和勘测资料的收集，在水库淤积现状调研分析基础上，系统开展了水库淤积成因和性态分析、清淤适用性（冲、挖、吸）及其适用性、清淤综合效应评估与效益防治长效机制，非建立水库清淤评估防治关键技术研究，编制了《水库清淤技术指南》，为国家层面的水库清淤工程建设提供技术支撑
32	2016年10月27～30日	水利部公益性行业科研专项中期专家咨询及泥沙资源利用技术交流会	水利部公益性行业科研专项	黄科院	1. 2016年10月27～30日，水利部公益性行业科研专项"黄河泥沙资源利用成套技术研发与示范"在小浪底中州国际饭店召开中期项目中期专家咨询及泥沙资源利用技术交流会。中国水利水电科学研究院、水利部科技推广中心等单位的14位知名专家，以及来自黄河水利委员会、山东黄河河务局、大连理工大学等20余家单位的80余名代表参加了本次会议 2. 会议由黄科院副院长刘红宾主持。泥沙研究所总工曾应超、黄科院小浪底基地考察和专家咨询四个阶段。项目示范基地水清时明立时党委书记时明立本次会议发言。项目咨询专家组组长、水利部原总工曾应超指出："黄河的根本问题是水少沙多。发表的有关示范性的工作，一是安排了示范内容，因此无论是什么程度还是深度，都是咨询意见多，兴利率要求高。"咨询意见"黄河泥沙资源利用问题多，且多项目针对黄河的长治久安意义重大"。"黄河泥沙资源利用实现规模化、转化率要高，系列化利用更多项目突破的关键技术研究，泥沙资源利用成套技术研究，取得了多项突破性的技术成果、标准化、系列化发展良性运行机制，工作进度符合任务书要求 3. 黄科院副院长在黄河泥沙方面已经做了大量的工作，发表了示范性成果，研究工作成效长，挑战性问题多，明确指出研究成果全链条研究，综合效益评估在泥沙资源利用方面全链条研究，对各位专家评估成果的肯定，各位与代表对小浪底水利枢纽运行方面研究方面的肯定，取得了广泛突破，协办单位水利部小浪底水利枢纽管理中心对泥沙资源利用方面的不懈探索 4. 黄科院副院长江恩慧进行了答谢，对各位专家、参与交流代表的支持，参与本次交流会江恩慧的支持帮助和表示感谢
33	2017年1月至2019年12月	深水库自吸式管道排沙系统高效吸泥头技术研究	中央级公益性科研院所基本科研业务费	黄科院	1. 主要完成人：张文效、赵连军；经费43万元 2. 结合理论分析、三维数值模拟及概化试验等手段，考虑水头差自然作用形成的吸泥头的负面影响，研究吸泥头尺寸及其局部流态、高速射流喷头与加高速射流动力的共同作用，提出一种适用于深水细颗粒淤泥的自吸式管道排沙系统吸泥头等水库的自吸式管道排沙系统高速射流喷头群最优组合方案，水动力条件对吸泥效率对吸泥系统效果，建立可以高效、稳定吸泥头技术研究
34	2017年1～12月	多沙河流水库调度的生态效益评价方法研究	黄科院科技发展基金	黄科院	1. 主要完成人：王远见、张向萍；经费15万元 2. 大坝截流改变了水流条件，因此也改变了水库和下游河段的水质，从而影响水库和下游河段的野生生物。水库修建形成的大型水坝对生态效益评价学术界广泛关注，也造成越来越大的社会影响。本研究针对黄河下流典型的多沙水库小浪底水库及其反调节水库西霞院。从可动性。组织化、弹性三个维度构建多沙水库调度生态效益的全面评价，最终实现多个维度调度生态效益的指标。运行调度水平对各项评价指标计算多因素，本项目将是对水库调度的生态效益的全面评价，从定性走向定量的一次尝试，具有科学价值与工程实践意义

序号	时间	事项	项目来源	承担单位	记事内容
35	2017年4月26~28日	第六届水库大坝新技术推广研讨会		中国大坝工程学会	1. 2017年4月26~28日，中国大坝工程学会主办的第六届水库大坝新技术推广研讨会在杭州召开。会议围绕堆颗粒坝筑坝技术、水库泥沙处理与利用、水库大坝新材料等议题展开充分研讨 2. 黄科院副院长江恩慧作《水库泥沙处理与资源利用研究发展及推广应用》大会报告，全面阐述了我院近年来在水库泥沙处理与资源利用方面取得的成果
36	2017年7月8~12日	国际大坝委员会第85届年会		国际大坝委员会	1. 2017年7月8~12日，国际大坝委员会第85届年会在捷克布拉格召开 2. 黄科院王远见博士在水库泥沙分会场作了 *Economic analysis of the sediment excavated in reservoir areas* 报告
37	2017年10月14日	自吸式管道水力吸泥技术推广示范	水利部推广示范项目	黄科院	1. 完成人：武彩萍、赵连军、江恩慧等；经费100万元 2. "项目"武科院水力学研究所所长赵连军、计算研究了吸头的结构体型，建立了吸坑自然塌落供给泥沙速率、管道输沙射流冲刷供给泥沙速率与管道输沙匹配关系，提出了吸坑利用现有进水建筑物、增建进水建筑物、倒虹吸，管道输沙射流冲刷等方式，扩宽应用范围 3. 2017年10月14日，来自水利部门的专家来到新疆维吾尔自治区哈密市巴里坤县小柳沟水库，现场观看自吸式利用经过技术改进的自吸式管道水力吸泥示范项目的示范情况，测量结果显示，排出的含沙量为200~600kg/m³，排沙效果良好
38	2017年11月	"水库泥沙处理与资源利用技术专业委员会"成立		黄科院	1. 2017年11月10日，在中国大坝工程学会2017学术年会上，黄科院发起并承办的"水库泥沙处理与资源利用技术专业委员会"成立 2. 中国大坝工程学会副理事长、秘书长贾金生宣读水库泥沙专委会成立公函。水利部原副部长、中国大坝工程学会理事长矫勇到会讲话，黄河水利委员会总工程师李文学致辞，黄科院院长王道席主持成立仪式。会上，水库泥沙专委会主任委员、黄科院副院长江恩慧详细介绍李研究的主要研究方向及近些年的工程实践。多位代表应邀就水库泥沙淤积与处理技术、水库泥沙淤积、水库远距离输送、泥沙资源利用技术与装备、水库泥沙处理与资源利用等主题进行交流发言 3. 黄科院作为水利部所属工程技术研究机构，拥有"水利部黄河泥沙重点实验室""黄河泥沙处理与资源利用工程技术研究中心"等研究平台，在多年持续研究的基础上，已形成"测-取-输-用-评"全链条技术："产-学-研-用"有机结合的水库泥沙处理与资源利用良性运行机制初步形成，共同推动水库泥沙处理与资源利用向前发展
39	2015年1月至2017年12月	黄河泥沙资源利用成套技术研发与示范	水利部公益性行业科研专项	黄科院	1. 主要完成人：江恩慧、未万增等；总经费1347万元，黄科院经费1132万元 2. 通过泥沙资源利用现状的调查和泥沙淤积快速探测、处理利用成套技术及装备、长距离输送、综合效益评估等技术的研发，编制了黄河泥沙资源利用技术和措施，初步形成了黄河泥沙资源利用"测-取-输-用-评"的全链条技术
40	2016年10月至2017年11月	泥沙资源利用成套技术示范基地孟州基地建立	水利部公益性行业科研专项	黄科院	1. "泥沙资源利用成套技术示范基地"由黄科院承担水利部公益性行业可研专项"黄河泥沙资源利用成套技术研发与示范"项目与协作单位为河南黄河河务局建设共同建设的。示范基地处黄河左岸，紧邻温县控导工程焦作市孟州河务局原龙村防汛备防石1500m³，其中粉煤灰为主掺合料900m³，矿渣粉和炉灰为主掺合料的各300m³，经示范生产人工防汛备防石，其中粉煤灰为主掺合料的各300m³，经试验能能检测，各种性能指标满足设计要求

序号	时间	事项	项目来源	承担单位	记事内容
41	2017 年 5 月	2017 年全国节水年会		滨州	1. 滨州市 2017 年全国城市节约用水宣传周启动仪式举行，会议主题为以"全面建设节水城市，修复城市水生态"式"专题报告。 2. 黄科院副院长江恩慧在会上作了"防洪安全-粮食安全-生态安全三位一体的黄河下游可持续发展模式"专题报告。 3. 报告内容主要有以下五个方面：①黄河下游发展面临的问题；②黄河下游引黄灌区可持续发展对国家安全层面的影响；③"三位一体"引黄灌区可行性；④"三位一体"模式的协同效应——以小开河引黄灌区为例。为河流泥沙之间的合理转化提供一条有益途径
42	2017 年 8 月至 2020 年 12 月	淤损水库库容恢复及淤积物处理利用技术与示范	国家级重点研发计划课题	黄科院	1. 负责人：赵连军；经费 297 万元 2. 从水库泥沙利用效益、以淤积处理利用为突破口，研究水库泥沙利用角度出发，水库兴利用效益、以淤积水库容恢复技术、100m 级深水疏浚技术、淤积物小处理利用技术以及水库清淤疏浚技术为淤损水库库容恢复方案制定和优化提供技术支持
43	2017 年 9 月 14 日	第 20 届海峡两岸多沙河川整治与管理研讨会		黄科院	1. 2017 年 9 月 14 日，第 20 届海峡两岸多沙河川整治与管理研讨会在西宁市召开，设水土保持生态建设、气候变化影响与应对、水资源高效可持续利用、水利工程建设与管理和水利资源管理"四个专题，来自海峡两岸应邀近 100 名代表参加会议，20 多位专家做了大会学术报告。 2. 黄科院长王道席应邀做了"水库泥沙处理与资源利用方面的研究成果，提高了黄科院的行业影响力
44	2017 年 10 月至 2019 年 12 月	塔里木河人工防汛石材技术推广及示范	水利部科技示范项目	黄科院	1. 主要完成人：刘慧，项目经费 100 万元 2. 基于塔里木河泥沙特性及矿"物组成。当地掺合料资源等情况，以黄科院近年来在利用黄河泥沙制作人工石材方面的研究成果和成套装备为基础，开展以下研究：进行塔河典型河段泥沙颗级配、床沙级配的研究，对沿岸工业废料进行等调查，开展现场应泥沙可利用性及可利用掺合料调查，提出适宜塔河制作防汛石材胶凝材料的激发剂活性，性价比等原位激发剂料，揭示激发机理，开展现场应泥沙可制作防汛石材胶凝强度指标、耐久性指标研究，提验研究，形成塔河泥沙制作防汛石材胶凝型方式和单体制作成型方式及激发方式影响研究，提出一套适合于塔里木河的抢险石材应规模化生产技术，进行人工防汛石材示范生产 1000m³
45	2017 年 12 月 10～12 日	黄河泥沙资源利用成套技术研发与示范项目成果咨询会	水利部公益性行业科研专项	黄河水利委员会科学技术委员会	1. 参加会议的单位有郑州大学、南京水利科学研究院、长江科学院、华北水利水电大学、黄委总工办、黄委规划局、水政局、建管局、水保局、防办、山东黄河河务局、河南黄河河务局、黄河上中游管理局、黄河勘测规划设计有限公司、山西黄河河务局、陕西黄河河务局和黄河水利科学研究院等 2. 会议认为：泥沙资源利用是解决黄河泥沙问题的主要途径之一，潜在的社会经济生态效益有效益巨大。黄河泥沙难以实现规模化。标准化利用的主要原因机制不成熟外，其利用方向和良性运用机制的系统研究等方面的缺乏，处理与利用成套技术、综合效益评价方法和良性运行机制的研究结果明确，也直接影响整体推进技术。黄河泥沙资源利用成套技术与示范结果，非水泥基防汛石材抗压强度可以达到 5～15MPa，抗冻融、抗磨蚀、抗风化等耐久性根据项目组现场检测结果，开展，可进行生产示范 良好，非水泥基成套技术。黄河泥沙良好，可进行生产示范

续表

序号	时间	事项	项目来源	承担单位	记事内容
46	2017年12月至今	水库清淤与泥沙资源利用小浪底库区垣曲科研示范基地		黄河泥沙处理与资源利用工程技术研究中心	1. 黄河水利科学研究院、山西省垣曲县人民政府经协商，同意建立"水库清淤与泥沙资源利用小浪底库区垣曲科研示范基地"。黄河泥沙处理与资源利用工程技术研究中心为行政单位，合作建立"水库清淤与泥沙资源利用小浪底库区垣曲科研示范基地" 2. 围绕水库清淤与泥沙资源利用技术等开展相关研究与示范，为实现黄河泥沙处理的规模化、标准化、系列化，检验水库泥沙资源使用寿命奠定基础 3. 黄河泥沙处理与资源利用工程技术研究中心为基地建设和管理提供技术服务支撑；垣曲县鑫聚源石有限公司在工程中心指导下，依据工程中心对基地建设和管理的相关要求，为基地提供足够的场地、建设、运行及生产运营
47	2018年1月至2020年12月	深水库水排沙系统吸排与射流造浆协同机制	国家自然科学基金青年基金	黄科院	1. 负责人：张文皎；经费25万元 2. 本课题借鉴现有成果的基础上，采用概化试验及理论分析的方法，研究射流水动力条件下浑水体浓度空间分布规律，探讨浑水体浓度变化规律，建立自然塌落速率计算公式；探究高浓度水体、冲坑形态，射流喷头布局形态及射流效率等对射流流量的影响；探明管道吸排与射流造浆耦合作用下冲刷下泄泥沙的发展机制，揭示吸排作用对浑水体动力扩散的作用机理，建立复杂水动力作用下管道吸排与射流造浆协同机制
48	2018年1月11日	2018年黄委工作会议		黄河水利委员会	1. 2018年1月11日，黄委在郑州召开2018年全河工作会议 2. 黄委主任岳中明提出，要紧紧围绕"两个坚持，三个转变"的总体要求。统筹上下游、左右岸，开发与保护等性，统筹防洪减淤，协调浑水沙关系，治水治沙治滩整体推进，山水林田湖草系统治理，构建完善的防洪减淤、水沙调控体系，处理好黄河洪水和泥沙。既要实现防洪安全的目的，又要稳妥推进洪水泥沙资源化工作，达到趋利避害的效果
49	2018年1月至今	泥沙资源利用成型产品市场化运营			1. 在西霞院水库建立了"黄河泥沙处理与资源利用联合示范基地"，在焦作孟州内滩区建立的主要特示范基地 2. 东韩县未来三年内滩区迁建需求达30亿块，已与该县政府达成合作协议，正在筹建该县滩区建大村台；获得国家实用新型专利"一种黄河下游免烧砖加工厂"，也即将在该县观免滩区建大村台建设中应用 3. 正着手开展黄河下游人工防汛石料生产性试验应用